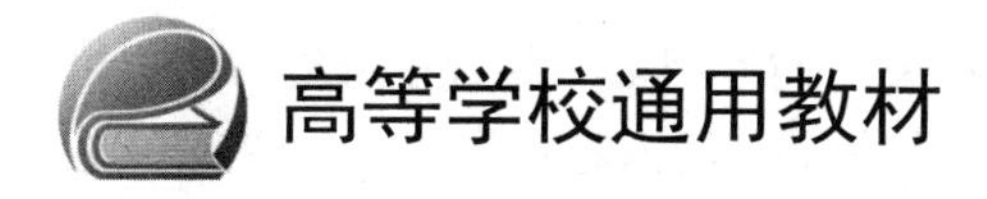

数学分析习题课教材

（上册）

魏光美　冯伟杰　李　娅　高颖辉　编著

北京航空航天大学出版社

内 容 简 介

本书吸取了国内外多种教材的研究成果，是在编者们使用多年的数学分析习题课讲义的基础上编写而成的。本书分为上下两册，按章编写，上册内容包含集合与映射、数列极限、函数极限与连续函数、导数与微分、微分中值定理及其应用、不定积分、定积分、反常积分和附录。每章有内容提要、典型例题讲解、基本习题、提高和综合习题、自测题、思考探索和实验题。

本书可供高等学校理工科数学专业与非数学专业的教师和学生使用，也可以作为参加研究生考试和数学竞赛的同学的复习用书。

图书在版编目（CIP）数据

数学分析习题课教材. 上册/魏光美等编著. --北京：北京航空航天大学出版社，2024.9

ISBN 978-7-5124-4057-9

Ⅰ. ①数… Ⅱ. ①魏… Ⅲ. ①数学分析—高等学校—教学参考资料 Ⅳ. ① O17

中国国家版本馆 CIP数据核字(2023)第 040541号

数学分析习题课教材（上册）

魏光美　冯伟杰　李　娅　高颖辉　编著

策划编辑　蔡　喆　责任编辑　蔡　喆

*

北京航空航天大学出版社出版发行

北京市海淀区学院路 37 号(邮编 100191)　http://www.buaapress.com.cn

发行部电话：(010)82317024　传真：(010)82328026

读者信箱：goodtextbook@126.com　邮购电话：(010)82316936

三河市华骏印务包装有限公司印装　各地书店经销

开本：787×1 092　1/16　印张：17.25　字数：442 千字

2024 年 9 月第 1 版　2024 年 9 月第 1 次印刷　印数：2 000 册

ISBN 978-7-5124-4057-9　定价:59.00 元

国家在21世纪初就提出加强工科数学基础的战略目标, 随之一些高校的部分专业将微积分课程《高等数学》更换为《工科数学分析》, 在保留工科特色的同时, 加强了数学理论的教学. 随着国家对宽口径和强基础的高水平人才的迫切需求, 部分高校又实施了大类招生的教学改革. 北京航空航天大学 2017 年开始进行招生改革, 全校分为航空航天、信息、理科、文科等大类, 实行大类招生和大类培养, 北航的理工科微积分课程从过去的《高等数学》、《工科数学分析》和数学专业《数学分析》改革成如今的《工科数学分析》和《理科数学分析》, 真正意义上实现了理工融合. 然而, 在大类教学实践中, 仍缺乏合适的教学参考书和学生辅导书. 近几年, 编者在教学中注重积累, 不断优化教学内容, 将部分成果固化在本套习题课讲义中. 实践证明这套讲义所配的习题对多层次的学校和学生都是适用的. 本书的目的是希望课堂教学和课后训练有机配合, 达到学好数学的两个基本要求——理解和熟练. 北航的学生连续在北京市以及全国数学竞赛中都取得了优异的成绩, 这也从一个侧面反映了本讲义在大班授课中辅助教学的成功.

本书有以下的特点:

1. 最新的试题

本书的题目除了与教材同步的基本习题外, 还特别精选了提高和综合题目, 其中很多是来自近几年一些高校的期末试题和考研试题、全国考研试题和全国竞赛初赛决赛试题. 编者对习题进行了有机组织, 并对其中一些题目给出了更便于理解的新解答. 书中还有部分题目是编者原创或改编的.

2. 经典的解析

本书的编者根据多年的经验积累, 每章都配有从教学基本要求和能力素养培养的角度精选典型例题, 并配有PPT电子教案, 既可以用于教师的习题课教学, 又方便学生自学, 希望起到夯实基础、抛砖引玉和画龙点睛的作用.

3. 便捷的结构

本书的章节设置与大多数数学分析教材相同或相似(如复旦大学编的数学分析教材), 上册分为8章和附录, 每章有内容提要、典型例题讲解、基本习题、提高和综合习题、自测题、思考探索和实验题. 基本习题的难度与作业同级, 提高和综合习题用于提高、考研和竞赛, 学生可通过章节目录, 迅速找到自己所需要的内容, 层次清楚、重点突出. 附录中有6套期中模拟试题和期末模拟试题, 并附有参考解答.

本书集知识性、资料性、方法性、应试性、技术性于一体, 不仅是理科、工科、经济类的学生学习《数学分析》与《高等教学》的参考书, 也是参加考研和竞赛同学的良师益友, 还可作为高校微积分授课教师的教学参考用书.

在本书的编写过程中, 得到了很多同学的帮助, 特别是杜中豪、关盛楠、郭易霖、郭芝伊、胡伟、李骐、王清枫、王延泽、王旭、幸天驰、叶瑜琰和祝全亮12位同学, 他们对书中题目及解答进行了详细的验算和校对等工作. 在此, 编者对所有为本书付出辛苦努力的老师、同学、编辑以及相关人士一并致谢!

尽管本书编者都有15年以上的教学经验, 同时也付出了大量心血, 但是由于编写经验不足和学识所限, 不妥和错误之处在所难免, 恳请读者给予批评指正, 以便再版时修正.

数字资源说明

本书配套了丰富的数字资源，请读者根据需要合理使用。

1. 提供每章“自测题解答”（PDF格式文件），可在各章对应位置扫描二维码下载。

2. 提供每章“数学实验题解答”（PDF格式文件），可在各章对应位置扫描二维码下载。

3. 提供每章的“数学实验题解答” 的 Mathematica 程序（.nb格式文件），并附上软件 Mathematica 的使用方法简介（PDF格式文件），请扫描下方二维码下载。

4. 本书每章“典型例题讲解” 配有PPT课件，仅限使用本教材的授课教师申请。请教师本人发送邮件至 goodtextbook@126.com，并请在邮件中写明：《数学分析习题课教材（上册）》PPT申领，以及您的所在学校、使用年级、课程名称和学年授课人数。

作　者

2024 年 5 月于北航

目 录
CONTENTS

第1章　集合与映射

§1.1　内容提要

一、基本概念

集合, 子集, 有限集, 无限集, 有界集, 无界集, 可列集(或可数集), Descartes 乘积集合, 映射, 单射, 满射, 双射(一一映射), 逆映射, 函数的定义与表示方法, 复合函数, 反函数, 基本初等函数, 初等函数.

二、基本定理、性质

1. 集合的运算性质;

2. 自然数集、整数集和有理数集的可列性, 实数集的不可列性;

3. 有理数、无理数和实数的稠密性;

4. 函数的基本性质: 奇偶性、有界性、周期性、单调性;

5. 基本初等函数的性质;

6. 绝对值三角不等式, 均值不等式.

三、基本要求

1. 熟练掌握集合的各种运算;

2. 熟悉自然数(集)、整数(集)、有理数(集)和实数(集)的基本性质;

3. 掌握初等函数定义域与值域的求法;

4. 掌握三角函数与反三角函数的基本公式和等式;

5. 掌握第一数学归纳法和第二数学归纳法的用法.

四、常用公式

(一)三角函数

$\sin(2k\pi+\alpha)=\sin\alpha,\ \cos(2k\pi+\alpha)=\cos\alpha;$

$\sin(\pi+\alpha)=-\sin\alpha,\ \cos(\pi+\alpha)=-\cos\alpha;$

$\sin\left(\dfrac{\pi}{2}-\alpha\right)=\cos\alpha,\ \cos\left(\dfrac{\pi}{2}-\alpha\right)=\sin\alpha;$

$\sin\left(\dfrac{\pi}{2}+\alpha\right)=\cos\alpha,\ \cos\left(\dfrac{\pi}{2}+\alpha\right)=-\sin\alpha;$

$\sin^2\alpha+\cos^2\alpha=1,\ \tan^2\alpha+1=\sec^2\alpha, \cot^2\alpha+1=\csc^2\alpha;$

$\sin(2\alpha)=2\sin\alpha\cos\alpha=\dfrac{2\tan\alpha}{1+\tan^2\alpha};$

$\cos(2\alpha)=\cos^2\alpha-\sin^2\alpha=2\cos^2\alpha-1=1-2\sin^2\alpha=\dfrac{1-\tan^2\alpha}{1+\tan^2\alpha};$

$\tan(2\alpha)=\dfrac{2\tan\alpha}{1-\tan^2\alpha};$

$\sin(\alpha+\beta)=\sin\alpha\cos\beta+\cos\alpha\sin\beta;$

$\sin(\alpha-\beta)=\sin\alpha\cos\beta-\cos\alpha\sin\beta;$

$\cos(\alpha+\beta)=\cos\alpha\cos\beta-\sin\alpha\sin\beta;$

$\cos(\alpha-\beta)=\cos\alpha\cos\beta+\sin\alpha\sin\beta;$

$\sin\alpha\,\cos\beta=\frac{1}{2}[\sin(\alpha+\beta)+\sin(\alpha-\beta)];$

$\cos\alpha\,\sin\beta=\frac{1}{2}[\sin(\alpha+\beta)-\sin(\alpha-\beta)];$

$\cos\alpha\,\cos\beta=\frac{1}{2}[\cos(\alpha+\beta)+\cos(\alpha-\beta)];$

$\sin\alpha\,\sin\beta=-\frac{1}{2}[\cos(\alpha+\beta)-\cos(\alpha-\beta)];$

$\sin\alpha+\sin\beta=2\sin\frac{\alpha+\beta}{2}\cos\frac{\alpha-\beta}{2};$

$\sin\alpha-\sin\beta=2\cos\frac{\alpha+\beta}{2}\sin\frac{\alpha-\beta}{2};$

$\cos\alpha+\cos\beta=2\cos\frac{\alpha+\beta}{2}\cos\frac{\alpha-\beta}{2};$

$\cos\alpha-\cos\beta=-2\sin\frac{\alpha+\beta}{2}\sin\frac{\alpha-\beta}{2}.$

(二)双曲函数

双曲正弦 $\sinh x=\frac{\mathrm{e}^x-\mathrm{e}^{-x}}{2}$;　双曲余弦 $\cosh x=\frac{\mathrm{e}^x+\mathrm{e}^{-x}}{2}$;

双曲正切 $\tanh x=\frac{\sinh x}{\cosh x}$;　双曲余切 $\coth x=\frac{\cosh x}{\sinh x}$;

双曲正割 $\mathrm{sech}x=\frac{1}{\cosh x}$;　双曲余割 $\mathrm{csch}x=\frac{1}{\sinh x}$;

$\cosh^2 x-\sinh^2 x=1$, $\mathrm{sech}^2x+\tanh^2 x=1$, $\coth^2 x-\mathrm{csch}^2x=1$.

(三)其他 (n 是正整数)

1. $a^n-b^n=(a-b)(a^{n-1}+a^{n-2}b+\cdots+ab^{n-2}+b^{n-1})$.

2. $(a+b)^n=C_n^0a^n+C_n^1a^{n-1}b+\cdots+C_n^{n-1}ab^{n-1}+C_n^n b^n$.

3. $1+2+\cdots+n=\frac{n(n+1)}{2}$.

4. $1^2+2^2+\cdots+n^2=\frac{n(n+1)(2n+1)}{6}$.

5. $1+q+q^2+\cdots+q^n=\frac{1-q^{n+1}}{1-q}\ (q\neq 1)$.

6. $\sin x+\sin 2x+\cdots+\sin nx=\dfrac{\cos\frac{x}{2}-\cos\frac{(2n+1)x}{2}}{2\sin\frac{x}{2}}\ (x\neq 2k\pi)$.

7. $\cos x+\cos 2x+\cdots+\cos nx=\dfrac{\sin\dfrac{(2n+1)x}{2}-\sin\dfrac{x}{2}}{2\sin\dfrac{x}{2}}\ (x\neq 2k\pi)$.

8. Stirling 公式 (斯特林公式)

$$n!=\sqrt{2\pi n}\left(\frac{n}{\mathrm{e}}\right)^n\cdot \mathrm{e}^{\frac{\theta}{12n}}\sim\sqrt{2\pi n}\left(\frac{n}{\mathrm{e}}\right)^n\ (0<\theta<1).$$

9. 均值不等式

设 $a_1,a_2,\cdots,a_n$ 是 n 个正数, 称 $\dfrac{a_1+a_2+\cdots+a_n}{n}$, $\sqrt[n]{a_1a_2\cdots a_n}$, $\dfrac{n}{\dfrac{1}{a_1}+\dfrac{1}{a_2}+\cdots+\dfrac{1}{a_n}}$ 分别为这 n 个正数的**算术平均值**, **几何平均值**和**调和平均值**, 这三个平均值之间成立下面的均值不等式:

$$\frac{a_1+a_2+\cdots+a_n}{n}\geqslant\sqrt[n]{a_1a_2\cdots a_n}\geqslant\frac{n}{\dfrac{1}{a_1}+\dfrac{1}{a_2}+\cdots+\dfrac{1}{a_n}},$$

且等号成立当且仅当n 个数全相等, 即 $a_1=a_2=\cdots=a_n$. 左不等式对 $a_i\geqslant 0\,(i=1,2,\cdots,n)$ 也成立.

五、常用特殊函数和曲线

(一)特殊函数

1. 符号函数

$$\operatorname{sgn}x=\begin{cases}1, & x>0,\\ 0, & x=0,\\ -1, & x<0,\end{cases}$$ 定义域为 $D=(-\infty,+\infty)$, 值域 $R=\{-1,0,1\}$, 如图 1-1.

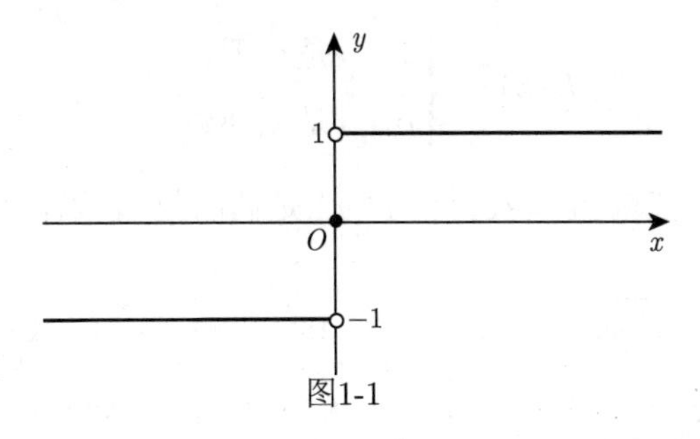

图1-1

2. 取整函数

$y=[x]$, 当 $n\leqslant x<n+1$, $y=n$, $n\in\mathbb{Z}$, 如图 1-2, $x\in[-3,4)$.

3. 非负小数函数

$y=(x)=x-[x]$, $x\in(-\infty,+\infty)$, 如图 1-3, $x\in[-3,4]$.

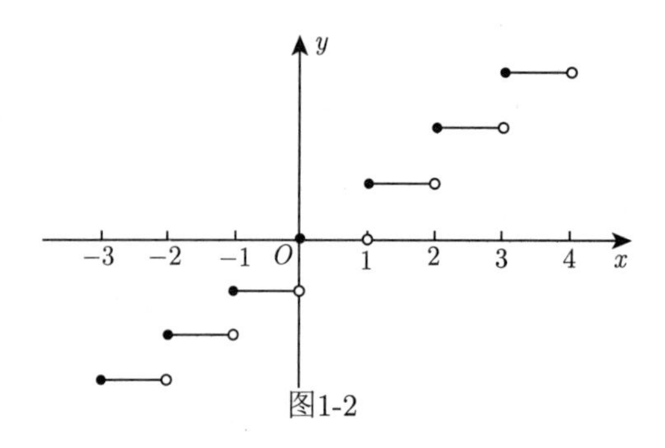

图1-2

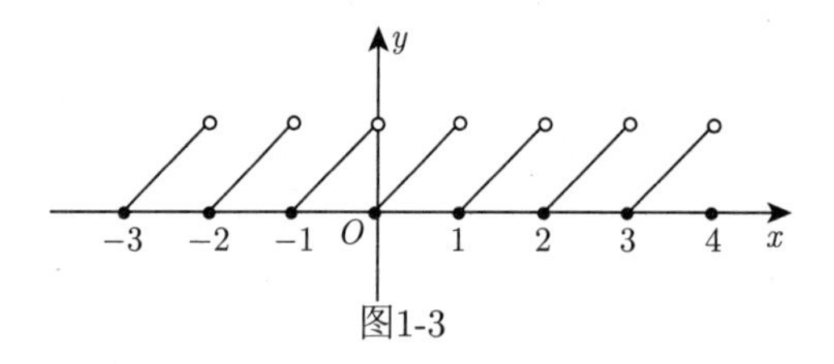

图1-3

4. 最大值和最小值函数

$f(x)$, $g(x)$ 是定义在集合 D 上的函数, 它们的最大值函数

$$\max_{x\in D}\{f(x),g(x)\}=\begin{cases}f(x), & f(x)\geqslant g(x),\\ g(x), & f(x)<g(x),\end{cases}$$

它们的最小值函数

$$\min_{x\in D}\{f(x),g(x)\}=\begin{cases}f(x), & f(x)<g(x),\\ g(x), & f(x)\geqslant g(x).\end{cases}$$

5. Dirichlet① 函数

$$D(x)=\begin{cases}1, & x\text{是有理数},\\ 0, & x\text{是无理数},\end{cases}$$

定义域 $D=(-\infty,+\infty)$, 值域 $R=\{0,1\}$. $D(x)$ 是偶函数, 且以任何有理数为周期, 没有最小正周期.

① 狄利克雷(Peter Gustav Lejeune Dirichlet, 1805—1859), 德国数学家, 对数论、数学分析和数学物理有突出贡献, 是解析数论的创始人之一. 1805 年 2 月 13 日生于迪伦, 1859 年 5 月 5 日卒于哥廷根. 中学时曾受教于物理学家欧姆; 1822—1826 年在巴黎求学, 深受傅里叶的影响. 回国后先后在布雷斯劳大学、柏林军事学院和柏林大学任教27年, 对德国数学发展产生巨大影响. 1839 年任柏林大学教授, 1855 年接任高斯在哥廷根大学的教授职位. 在分析学方面, 他是最早倡导严格化方法的数学家之一. 1837 年他提出函数是 x 与 y 之间的一种对应关系的现代观点. 在数论方面, 他是高斯思想的传播者和拓广者. 1863 年狄利克雷撰写的《数论讲义》, 对高斯划时代的著作《算术研究》作了明晰的解释并有创见, 使高斯的思想得以广泛传播. 1837 年, 他构造了狄利克雷级数. 1838—1839年, 他得到确定二次型类数的公式. 1846 年, 使用抽屉原理, 阐明代数数域中单位数的阿贝尔群的结构. 在数学物理方面, 他对椭球体产生的引力、球在不可压缩流体中的运动、由太阳系稳定性导出的一般稳定性等课题都有重要论著. 1850 年发表了有关位势理论的文章, 论及著名的第一边界值问题, 现称狄利克雷问题.

6. Riemann[①] 函数

$$R(x)=\begin{cases}\dfrac{1}{p}, & x=\dfrac{q}{p}\,(p\in\mathbb{N}^+, q\in\mathbb{Z}\backslash\{0\},\ p,\ q\text{互素}),\\ 1, & x=0,\\ 0, & x\text{是无理数}.\end{cases}$$

(二)特殊曲线

1. 摆线 (也称旋轮线) $\begin{cases}x=a(t-\sin t),\\ y=a(1-\cos t),\end{cases}$ 如图 1-4, $t\in[0,2\pi]$.

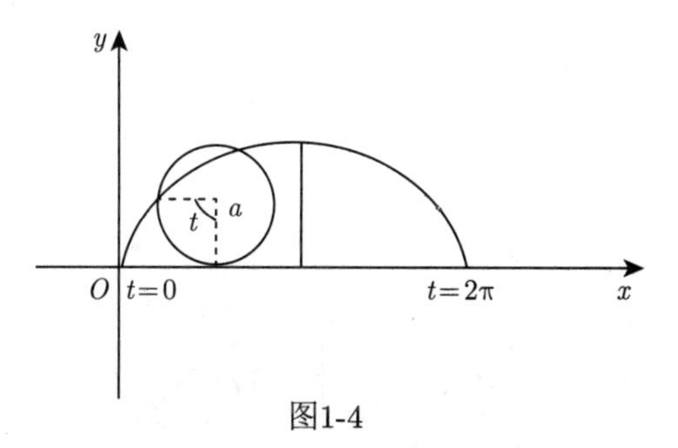

图1-4

2. 星形线 $\begin{cases}x=a\cos^3 t,\\ y=a\sin^3 t\end{cases}$ (或$x^{\frac{2}{3}}+y^{\frac{2}{3}}=a^{\frac{2}{3}}$), 如图 1-5.

① 黎曼(Georg Friedrich Bernhard Riemann, 1826—1866), 德国数学家, 1826 年9 月 17 日生于德国汉诺威的布雷斯伦茨, 1866 年 7 月 20 日卒于意大利塞那斯加. 1846年进入哥廷根大学学习哲学和神学, 不久转向数学, 成为高斯晚年的学生. 1847 年后曾到柏林就读, 在那里受到狄利克雷、雅可比、施泰纳和艾森斯坦等数学家的影响. 1850 年回到哥廷根. 1851 年以《单复变函数的一般理论基础》一文获博士学位. 1854年成为哥廷根大学讲师, 并发表了著名的就职演说《关于几何基础的假设》. 1859 年接替狄利克雷的教授职务, 同年当选为德国科学院院士. 黎曼是 19 世纪极富创造性的数学家之一. 他在复变函数论、傅立叶级数、几何学基础、素数分布等方面都有重要贡献. 他在博士论文中, 把单值解析函数推广到多值解析函数, 用拓扑学方法研究复变函数论, 发展成黎曼曲面论. 他的工作为 19 世纪复变函数论的全面发展奠定了基础. 黎曼在1854年的就职论文《关于用三角级数表示函数的可能性》中, 讨论了函数的傅立叶级数及其收敛性问题, 并举例阐明函数的连续性与可微性之间的区别. 他的就职演说《关于几何基础的假设》已成为著名的历史文献, 其中发扬了高斯关于曲面的微分几何研究, 阐述了曲率和流形的概念, 建立了黎曼空间的概念, 为几何学开拓了更广阔的研究领域——黎曼几何学, 这些工作后来成为广义相对论的数学基础. 1859 年, 黎曼在德国科学院院刊上发表了题为《论小于给定数的素数个数》的论文, 该文中研究了黎曼 ζ 函数, 并将素数分布问题归结为对该函数的研究, 提出了关于黎曼 ζ 函数的6 个猜想, 包括著名的“黎曼猜想”. 黎曼广泛使用解析函数的工具研究数论, 开创了解析数论这一新的分支. 此外, 他在阿贝尔函数、积分论、椭圆函数论、超几何级数、微分方程等许多方面都有成就, 在数学物理方面也发表了一些创造性的论文.

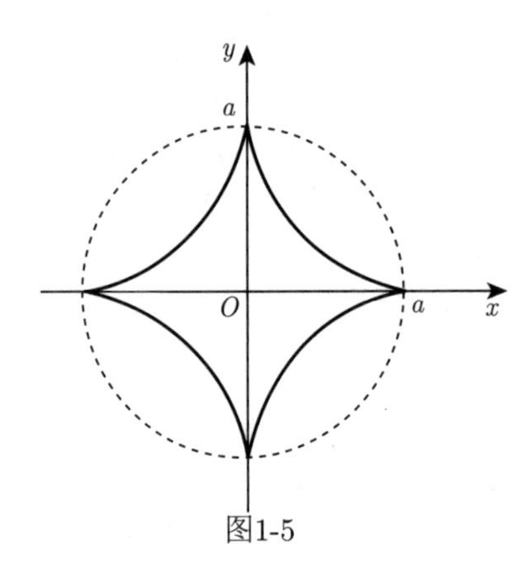

图1-5

3. 圆的渐开线 $\begin{cases} x = a(\cos t + t\sin t), \\ y = a(\sin t - t\cos t), \end{cases}$ 如图 1-6, $t \in [0, \frac{3}{2}\pi]$.

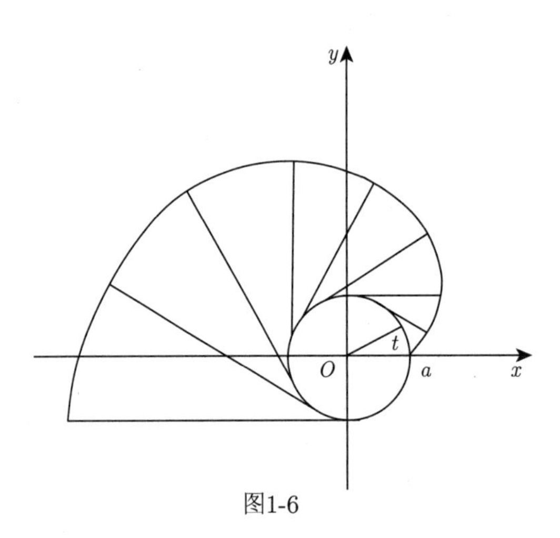

图1-6

4. Descartes [①] 叶形线 $x^3 + y^3 = 3axy$ 或 $\begin{cases} x = \dfrac{3at}{1+t^3}, \\ y = \dfrac{3at^2}{1+t^3} \end{cases}$ $(t \neq -1)$, 如图 1-7.

① 笛卡尔(René Descartes, 1596—1650), 法国哲学家、数学家、物理学家. 1596 年3 月31日生于法国安德尔- 卢瓦尔省的图赖讷, 1650年2月11日逝于瑞典斯德哥尔摩, 他对现代数学的发展做出了重要的贡献, 因将几何坐标体系公式化而被认为是解析几何之父. 他还是西方现代哲学思想的奠基人之一, 是近代唯心论的开拓者, 提出了“普遍怀疑” 的主张. 他的哲学思想深深影响了之后的几代欧洲人, 并为欧洲的“理性主义” 哲学奠定了基础. 笛卡尔最为世人熟知的是其作为数学家的成就. 他于1637年发明了现代数学的基础工具之一 —— 坐标系, 将几何和代数相结合, 创立了解析几何学. 同时, 他也推导出了笛卡尔定理等几何学公式. 在哲学上, 笛卡尔是一个二元论者以及理性主义者. 他是欧陆“理性主义”的先驱. 关于笛卡尔的哲学思想, 最著名的就是他那句“我思故我在”. 他的《第一哲学沉思集》(又名《形而上学的沉思》)仍然是许多大学哲学系的必读书目之一. 在物理学方面, 笛卡尔将其坐标几何学应用到光学研究上, 在《屈光学》中第一次对折射定律作出了理论上的推证. 在他的《哲学原理》第二章中以第一和第二自然定律的形式首次比较完整地表述了惯性定律, 并首次明确地提出了动量守恒定律. 这些都为后来牛顿等人的研究奠定了一定的基础.

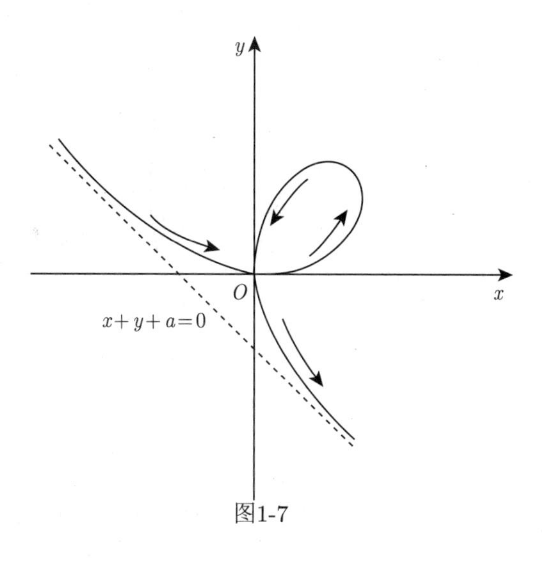

图1-7

5. Archimedes [①] 螺线 $r = a\theta$, 如图 1-8, $a > 0$.

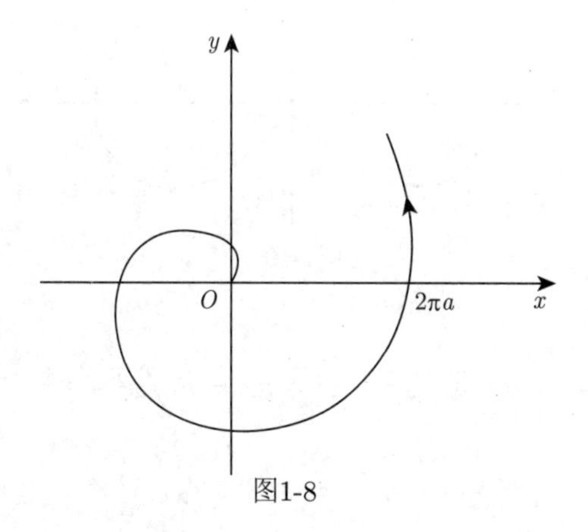

图1-8

6. 对数螺线 $r = ae^{\theta}$, 如图 1-9, $a > 0$.

① 阿基米德(Archimedes, 公元前287年—公元前212年), 伟大的古希腊哲学家、百科式科学家、数学家、物理学家、力学家, 静态力学和流体静力学的奠基人, 并且享有“力学之父”的美称, 与高斯和牛顿并列为世界三大数学家. 阿基米德曾说过: “给我一个支点, 我就能撬起整个地球.” 阿基米德确立了静力学和流体静力学的基本原理. 阿基米德证明物体在液体中所受浮力等于它所排开液体的重量, 这一结果后被称为阿基米德原理. 他还给出正抛物旋转体浮在液体中平衡稳定的判据. 阿基米德发明的机械有引水用的水螺旋, 能牵动满载大船的杠杆滑轮机械, 能说明日食、月食现象的地球-月球-太阳运行模型. 但他认为机械发明比纯数学低级, 因而没写这方面的著作. 阿基米德在数学上也有着极为光辉灿烂的成就, 特别是在几何学方面. 阿基米德的数学思想中蕴涵微积分, 阿基米德的《方法论》中论述已经十分接近现代微积分, 这里有对数学上“无穷”的超前研究, 贯穿全篇的则是如何将数学模型进行物理上的应用. 他所缺的是极限概念, 但其思想实质却伸展到17世纪趋于成熟的无穷小分析领域里去, 预告了微积分的诞生. 阿基米德将欧几里德提出的趋近观念作了有效的运用. 他利用“逼近法”算出球面积、球体积、抛物线、椭圆面积, 后世的数学家依据这样的“逼近法”加以发展成近代的“微积分”. 阿基米德还利用割圆法求得 π 的值介于3.14163和3.14286之间. 另外他算出球的表面积是其内接最大圆面积的四倍, 又推导出圆柱内切球体的体积是圆柱体积的三分之二, 这个定理就刻在他的墓碑上. 阿基米德研究出螺旋形曲线的性质, 现今的“阿基米德螺线” 是因为纪念他而命名. 另外他在《数沙者》一书中, 他创造了一套记大数的方法, 简化了记数的方式. 阿基米德的几何著作是希腊数学的顶峰. 他把欧几里得严格的推理方法与柏拉图鲜艳的丰富想象和谐地结合在一起, 达到了至善至美的境界, 从而使得后来由开普勒、卡瓦列利、费马、牛顿、莱布尼茨等人继续培育起来的微积分日趋完美.

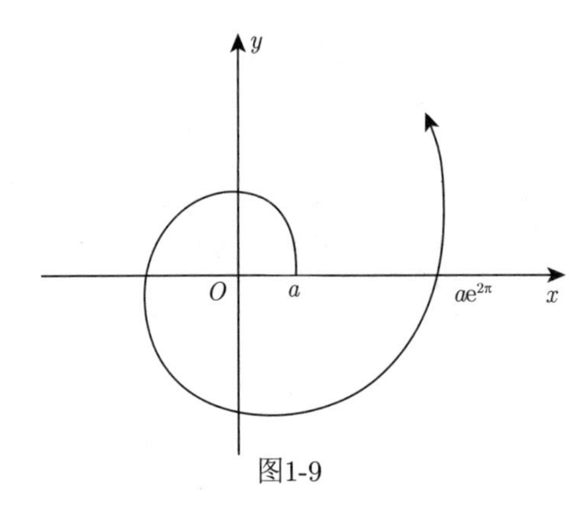

图1-9

7. Bernoulli 双纽线 $r^2 = a^2\cos 2\theta$ 或 $(x^2+y^2)^2 = a^2(x^2-y^2)$, 如图 1-10.

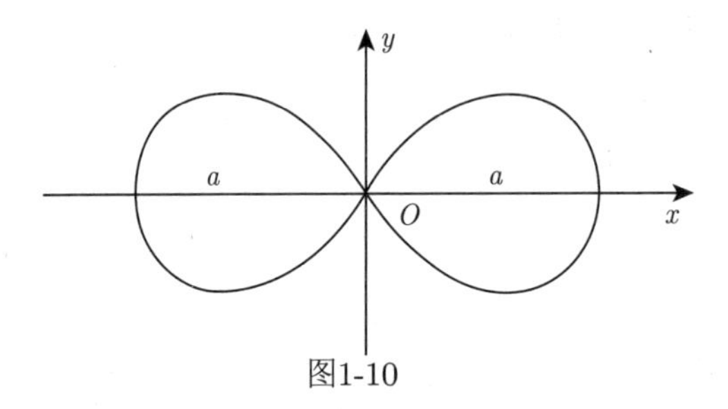

图1-10

8. 心脏线 $r = a(1-\cos\theta)$ 或 $x^2+y^2+ax = a\sqrt{x^2+y^2}$, 如图 1-11.

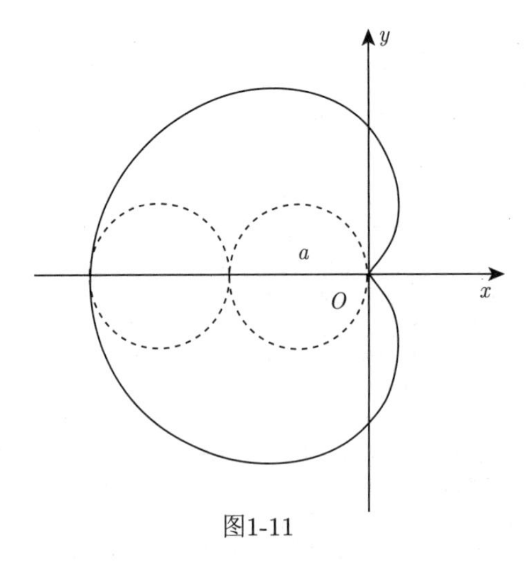

图1-11

9. 三叶玫瑰线 (1) $r = a\cos 3\theta$, 如图 1-12 (a); (2) $r = a\sin 3\theta$, 如图 1-12 (b).

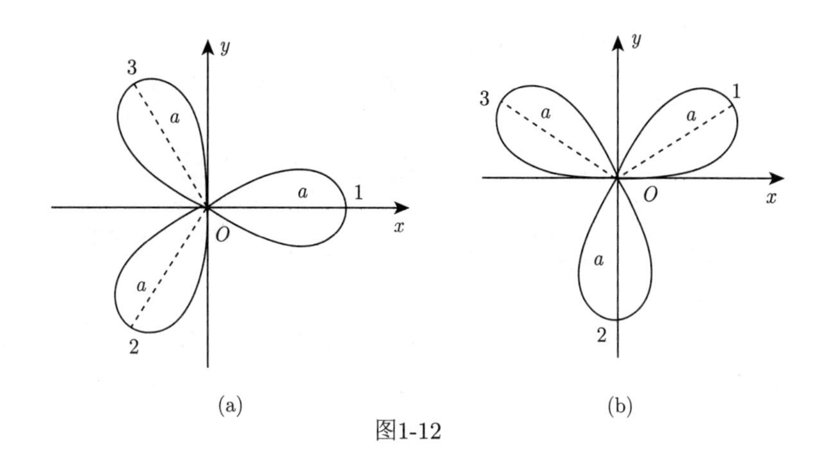

(a)　(b)

图1-12

§1.2　典型例题讲解

例 1.2.1　求定义域和值域: (1) $y=2\arcsin\dfrac{2x+1}{3}$; (2) $y=\arctan\sqrt{3-2x-x^2}$.

分析　此题考查反三角函数的定义域与值域.

解　(1) 由于反正弦函数的定义域为 $[-1,1]$, 值域为 $\left[-\dfrac{\pi}{2},\dfrac{\pi}{2}\right]$, 于是 x 应该满足

$$-1\leqslant\frac{2x+1}{3}\leqslant 1,$$

解得 $-2\leqslant x\leqslant 1$. 所以定义域 $D=[-2,1]$, 值域 $R=[-\pi,\pi]$.

(2) 由于反正切函数的定义域为 $(-\infty,+\infty)$, 值域为 $\left(-\dfrac{\pi}{2},\dfrac{\pi}{2}\right)$, 于是 x 只需要满足

$$3-2x-x^2\geqslant 0,$$

解得 $-3\leqslant x\leqslant 1$. 又 $\sqrt{3-2x-x^2}$ 的值域为 $[0,2]$, 所以原函数的定义域 $D=[-3,1]$, 值域 $R=[0,\arctan 2]$.

例 1.2.2　设 $x>0$ 时, $f(x)$ 满足等式:

$$f\left(\frac{1}{x}\right)=x+\sqrt{1+x^2},$$

试求 $f(x)$ 的表达式.

解　设 $\dfrac{1}{x}=u$, 则

$$f(u)=\frac{1}{u}+\sqrt{1+\frac{1}{u^2}}=\frac{1+\sqrt{1+u^2}}{u},$$

故 $f(x)=\dfrac{1+\sqrt{1+x^2}}{x}\ (x>0)$.

例 1.2.3　最大最小值函数的绝对值形式表示.

解　设 $f(x)$, $g(x)$ 定义在集合 $D \subset \mathbb{R}$ 上, 则

$$\Phi(x) = \max\{f(x),\ g(x)\} = \frac{f(x)+g(x)+|f(x)-g(x)|}{2},$$

$$\varphi(x) = \min\{f(x),\ g(x)\} = \frac{f(x)+g(x)-|f(x)-g(x)|}{2}.$$

例 1.2.4　证明任何一个定义在对称区间 $(-a,a)$ 内的函数 $f(x)$ 都可以写成一个奇函数与偶函数之和.

解　记

$$g(x) = \frac{f(x)+f(-x)}{2},\quad h(x) = \frac{f(x)-f(-x)}{2},$$

则易证明 $g(x)$ 是偶函数, $h(x)$ 是奇函数, 显然 $f(x) = g(x) + h(x)$.

例 1.2.5　证明: (1) $\sqrt{2}$ 是无理数; (2) 存在两个无理数 α, β 使得 α^β 是有理数.

分析　不是整数的有理数都可以由分数表示.

证　(1) (反证法) 假设 $\sqrt{2}$ 是有理数, 则存在互素的正整数 m, n 使得

$$\sqrt{2} = \frac{m}{n}.$$

上式两端同时平方, 整理可得

$$m^2 = 2n^2,$$

于是可知 m 是偶数, 设 $m = 2k$, 代入化简可得 $n^2 = 2k^2$, 故 n 是偶数, 这与m, n 互素矛盾, 所以 $\sqrt{2}$ 是无理数.

(2) 记 $a = \sqrt{2}^{\sqrt{2}}$. 分情况讨论.

(i) 当 a 是有理数时, 取 $\alpha = \sqrt{2}$, $\beta = \sqrt{2}$, 则 α^β 是有理数. (ii) 当 a 是无理数时, 取 $\alpha = a$, $\beta = \sqrt{2}$, 则 $\alpha^\beta = 2$ 是有理数.

例 1.2.6　证明 $\sqrt[3]{2}$ 是无理数.

证　(方法一) 同上例.

(方法二) 设 $\sqrt[3]{2}$ 是有理数, 则存在互素的正整数 m, n 使得

$$\sqrt[3]{2} = \frac{m}{n}.$$

上式两端同时立方, 整理可得

$$m^3 = 2n^3,$$

即

$$n^3 + n^3 = m^3,$$

上式表明存在正整数 $x=n$, $y=n$, $z=m$ 满足 $x^3+y^3=z^3$, 而由 Fermat 大定理 ① 知这是不成立的, 所以 $\sqrt[3]{2}$ 是无理数.

例 1.2.7　证明: (1) 整数集 $\mathbb{Z}$ 是可列集;

(2) 有理数集 $\mathbb{Q}$ 是可列集;

(3) 实数集 $\mathbb{R}$ 是不可列集.

证 (1) 将 $\mathbb{Z}$ 的元素按以下方式排列:

$$0,1,-1,2,-2,3,-3,\cdots,$$

这样就可以建立$\mathbb{Z}$ 与 $\mathbb{N}$ 之间的一一对应, 所以 $\mathbb{Z}$ 是可列集.

(2) 将 $\mathbb{Q}$ 的元素按以下方式排列:

$$0,1,-1,2,-2,3,-3,\frac{1}{2},-\frac{1}{2},4,-4,\frac{1}{3},-\frac{1}{3},5,-5,\frac{3}{2},-\frac{3}{2},\frac{2}{3},-\frac{2}{3},\frac{1}{4},-\frac{1}{4},6,-6,\frac{1}{5},-\frac{1}{5},\cdots,$$

其中 $\dfrac{n}{m}$ 是既约分数, 这样就可以建立 $\mathbb{Q}$ 与 $\mathbb{N}$ 之间的一一对应, 所以 $\mathbb{Q}$ 是可列集.

(3) (反证法) 只需要证明 $(0,1)$ 是不可列集.

设 $(0,1)$ 是可列集, 则 $(0,1)$ 的元素可以排序, 设为 x_1, x_2, $\cdots,x_n$, $\cdots$.

---

① 费马大定理, 又被称为“费马最后的定理”, 它具体的形式可以表述为: 当整数 $n>2$ 时, 代数方程 $x^n+y^n=z^n$ 没有正整数解. 费马(Pierre de Fermat, 1601年8 月17日—1665年1 月12 日), 法国律师和业余数学家. 他在数学上的成就毫不逊色于职业数学家, 他对数论最有兴趣, 对现代微积分的建立有所贡献, 被誉为“业余数学家之王”. 公元 17 世纪初, 欧洲流传着公元三世纪古希腊数学家丢番图所写的《算术》一书. 1621 年, 费马在巴黎买到此书, 他利用业余时间对书中的不定方程进行了深入研究. 费马将不定方程的研究限制在整数范围内, 从而开始了数论这门数学分支. 费马在数论领域中的成果是巨大的, 费马提出费马猜想, 即费马大定理, 他给出了$n=4$ 时无穷下降法的证明思路, 并认为对于其他的n 时证法也一样, 但没有给出具体的证明方法. 事实上, 费马的证明思路是不完善的. 此后三百多年, 费马猜想一直是数学界最吸引人的问题之一. 直到 1995 年, 英国数学家安德鲁·怀尔斯以一篇109页的论文(Annals of Mathematics, 141(1995): 443-551)成功证明了这一猜想的正确性. 费马大定理表述虽简单, 但它的证明耗费了几代数学家的努力, 包括欧拉、狄利克雷、库默尔、柯西、高斯与勒贝格等许多数学家, 在它的证明过程中出现了许多新的数学理论, 拓展了新的数学方法, 证明费马大定理的过程可以算得上是一部数学史. 此外, 还有费马小定理: $a^p-a\equiv 0(\bmod p)$, 其中 p 是素数, a 是与 p 互素的正整数. 关于数论还有:

(1) 大于2的素数可分为$4n+1$和$4n+3$两种形式.

(2) 形如$4n+1$的素数能够而且只能够以一种方式表为两个平方数之和.

(3) 没有一个形如$4n+3$的素数, 能表示为两个平方数之和.

(4) 形如$4n+1$的素数能够且只能够作为一个直角边为整数的直角三角形的斜边; $4n+1$的平方是且只能是两个这种直角三角形的斜边; 类似地, $4n+1$的m次方是且只能是m个这种直角三角形的斜边.

(5) 边长为有理数的直角三角形的面积不可能是一个平方数.

(6)$4n+1$ 形的素数与它的平方都只能以一种方式表达为两个平方数之和, 它的3 次和4 次方都只能以两种表达为两个平方数之和, 5次和6次方都只能以3种方式表达为两个平方数之和, 以此类推,直至无穷.

(7) 发现了第二对亲和数: 17296 和 18416. 这是距离第一对亲和数诞生 2500 多年以后, 费马找到第二对亲和数 17296 和 18416, 重新点燃寻找亲和数的火炬. 两年之后, 笛卡尔于 1638 年 3 月 31 日又宣布找到了第三对亲和数 9437056 和 9363584. 费马和笛卡尔在两年的时间里, 打破了二千多年的沉寂, 激起了数学界重新寻找亲和数的波涛. 费马也是微积分先驱者中的重要人物, 他建立了求切线、求极大值和极小值以及定积分方法, 对微积分做出了重大贡献. 曲线的切线问题和函数的极大、极小值问题是微积分的起源之一, 这项工作较为古老, 最早可追溯到古希腊时期. 阿基米德为求出一条曲线所包任意图形的面积, 曾借助于穷竭法. 由于穷竭法繁琐笨拙, 后来渐渐被人遗忘, 直到 16 世纪才又被重视. 由于开普勒在探索行星运动规律时, 遇到了如何确定椭圆形面积和椭圆弧长的问题, 无穷大和无穷小的概念被引入并代替了繁琐的穷竭法. 尽管这种方法并不完善, 但却为自卡瓦列里到费马以来的数学家开辟了一个十分广阔的思考空间.

趣事: 2011年8月17日, Google 的 Logo 又更新了, 这次的比较有意思, Logo 的标签上写着: “我发现了一个美妙的关于这个定理的证法, 可惜这里地方太小, 写不下.” 这次谷歌 (Google) 的 Logo 是纪念业余数学家之王费马诞辰 410 周年, Logo 里的标签是引用费马说的那句话: “我确信已找到了一个极佳的证明, 但书的空白太窄, 写不下.”

将 $x_n\,(n=1,2,\cdots)$ 写成十进制形式:

$$x_1=0.a_{11}a_{12}a_{13}\cdots,$$

$$x_2=0.a_{21}a_{22}a_{23}\cdots,$$

$$x_3=0.a_{31}a_{32}a_{33}\cdots,$$

$$\cdots\cdots$$

$$x_n=0.a_{n1}a_{n2}a_{nn}\cdots,$$

其中 $a_{ij}=0,1,\cdots,9$. 现构造一个十进制的数

$$b=0.b_1b_2b_3\cdots b_k\cdots,$$

其中

$$b_k=\begin{cases}1, & \text{若 } a_{kk}\neq 1,\\ 2, & \text{若 } a_{kk}=1,\end{cases}$$

显然 $b\in(0,1)$, 但是 $b\neq x_n\,(n=1,2,\cdots)$, 故 $(0,1)$ 不可列, 所以 $\mathbb{R}$ 是不可列集.

例 1.2.8 简述第一数学归纳法 (Ordinary Mathematical Induction), 并利用它证明:

(1) $1-\dfrac{1}{2}+\dfrac{1}{3}-\dfrac{1}{4}+\cdots+\dfrac{1}{2n-1}-\dfrac{1}{2n}=\dfrac{1}{n+1}+\cdots+\dfrac{1}{2n}$.

(2) $1+\dfrac{1}{2^2}+\dfrac{1}{3^2}+\cdots+\dfrac{1}{n^2}\leqslant 2-\dfrac{1}{n}$.

解 对于关于自然数的命题 P, 第一数学归纳法可以概括为以下三步:

(I) 若 $n=1$ 时命题 P 成立;

(II) 归纳假设: 假设 $n=k$ 时命题 P 成立;

(III) 若由归纳假设可证明 $n=k+1$ 时命题 P 也成立;

则命题 P 对所有自然数成立.

(1) 当 $n=1$ 时, 等式左端 $=1-\dfrac{1}{2}=\dfrac{1}{2}$, 右端 $=\dfrac{1}{1+1}=\dfrac{1}{2}$, 所以等式成立.

假设 $n=k$ 时成立, 即 $1-\dfrac{1}{2}+\dfrac{1}{3}-\dfrac{1}{4}+\cdots+\dfrac{1}{2k-1}-\dfrac{1}{2k}=\dfrac{1}{k+1}+\cdots+\dfrac{1}{2k}$.

当 $n=k+1$ 时, 由归纳假设, 则有

$$\begin{aligned}\text{左}&=1-\frac{1}{2}+\frac{1}{3}-\frac{1}{4}+\cdots+\frac{1}{2k-1}-\frac{1}{2k}+\frac{1}{2k+1}-\frac{1}{2k+2}\\&=\frac{1}{k+1}+\cdots+\frac{1}{2k}+\frac{1}{2k+1}-\frac{1}{2k+2}\\&=\frac{1}{k+2}+\cdots+\frac{1}{2k}+\frac{1}{2k+1}-\frac{1}{2k+2}+\frac{1}{k+1}\end{aligned}$$

$$= \frac{1}{k+2} + \cdots + \frac{1}{2k} + \frac{1}{2k+1} + \frac{1}{2k+2} = \text{右}.$$

所以由归纳法可知所证等式对任何自然数成立.

(2) 当 $n=1$ 时, 等式左端 $=1$, 右端 $=2-1=1$, 所以等式成立.

假设 $n=k$ 时成立, 即 $1+\frac{1}{2^2}+\frac{1}{3^2}+\cdots+\frac{1}{k^2} \leqslant 2-\frac{1}{k}$.

当 $n=k+1$ 时, 由归纳假设, 则有

$$1+\frac{1}{2^2}+\frac{1}{3^2}+\cdots+\frac{1}{k^2}+\frac{1}{(k+1)^2} \leqslant 2-\frac{1}{k}+\frac{1}{(k+1)^2} \leqslant 2-\frac{1}{k+1}.$$

所以由归纳法可知所证不等式对所有自然数成立.

注记: 实际使用时, $n=1$ 可以换成自然数 $n=n_0>1$, 则命题 P 对所有大于等于 n_0 的自然数成立.

例 1.2.9 简述第二数学归纳法 (Strong Mathematical Induction), 并利用它证明如下命题: 将素数从小到大顺序编号, 2 是第一个素数, 3 是第二个素数, 依此类推, 求证第 n 个素数 P_n 满足 $P_n < 2^{2^n}$.

解 对于关于自然数的命题 P, 第二数学归纳法可以概括为以下三步:

(I) 若 $n=1$ 时命题 P 成立;

(II) 归纳假设: 假设当 $n \leqslant k$ 时命题 P 成立;

(III) 若由归纳假设可证明 $n=k+1$ 时命题 P 也成立;

则命题 P 对所有自然数成立.

当 $n=1$ 时, $P_1=2<2^{2^1}$, 结论成立.

假设 $n \leqslant k$ 时结论成立, 即 $P_i < 2^{2^i} (i=1,2,3,\cdots,k)$, 将这 k 个不等式两边分别相乘, 得 $P_1P_2\cdots P_k < 2^{2^1+2^2+\cdots+2^k} = 2^{2^{k+1}-2}$.

考虑由前 k 个素数的乘积加1 构成的自然数: $P_1P_2\cdots P_k+1$, 它满足

$$P_1P_2\cdots P_k+1 < 2^{2^{k+1}-2}+1 < 2^{2^{k+1}}.$$

因为 $P_1,P_2,\cdots,P_k$ 都不能整除 $P_1P_2\cdots P_k+1$, 所以 $P_1P_2\cdots P_k+1$ 的素因子 q 不可能是 $P_1,P_2,\cdots,P_k$, 则只能大于或等于P_{k+1}, 于是

$$P_{k+1} \leqslant q \leqslant P_1P_2\cdots P_k+1 < 2^{2^{k+1}},$$

即 $P_{k+1} < 2^{2^{k+1}}$, 故结论在 $n=k+1$ 时也成立. 所以由第二归纳法可知, 对任意自然数 n, 都有 $P_n < 2^{2^n}$.

§1.3 基本习题

一、判断题(在正确的命题后打 $\surd$, 在错误的命题后面打$\times$)

1. 两个周期函数的和仍是周期函数. (　　)
2. 两个周期函数的乘积仍是周期函数. (　　)

3. 单调函数的反函数也是单调函数. (　　)
4. 整数集与有理数集之间存在一一映射. (　　)
5. 设 n 为正整数, 则$\sin n$ 都是无理数. (　　)

二、选择题

1. 设 A 是包含 n 个元素的有限集, 则 A 的子集个数为(　　)个.

(A) n;　(B) 2^n;

(C) $n-1$;　(D) 2^n-1.

2. 假设 m 和 n 都是有理数, 且$\sqrt{m}+\sqrt{n}$ 也是有理数, 下列说法正确的是(　　).

(A) $\sqrt{m}$ 和 $\sqrt{n}$ 可能都是无理数;

(B) $\sqrt{mn}$ 可能是无理数;

(C) $\sqrt{m}$ 和 $\sqrt{n}$ 可能一个是有理数, 一个是无理数;

(D) $\sqrt{m}$ 和 $\sqrt{n}$ 都是有理数.

3. 函数 $y=\sqrt{\sin(\sqrt{x})}$ 的定义域为(　　).

(A) $4k^2\pi^2 \leqslant x \leqslant (2k+1)^2\pi^2$;　(B) $2k\pi \leqslant x \leqslant (2k+1)\pi$;

(C) $[0, \pi^2]$;　(D) $[0, \pi]$.

4. 函数 $y=\arccos(2\sin x)$ 的定义域为(　　).

(A) $|x-2k\pi| \leqslant \dfrac{\pi}{3}$;　(B) $|x| < \dfrac{\pi}{6}$;

(C) $|x-k\pi| \leqslant \dfrac{\pi}{6}$;　(D) $|x-k\pi| \leqslant \dfrac{\pi}{3}$.

5. 函数 $y=\cot\dfrac{\pi x}{4}(0<|x|\leqslant 1)$ 的值域为(　　).

(A) $0<y<1$;　(B) $1<y<+\infty$;

(C) $1 \leqslant |y| < +\infty$;　(D) $0 \leqslant y < 1$.

6. 函数 $y=x+[2x]\,(0<x<1)$ 的值域为(　　).

(A) $(0, 3)$;　(B) $\left(0, \dfrac{1}{2}\right)\cup\left[\dfrac{3}{2}, 2\right)$;

(C) $\left(0, \dfrac{1}{2}\right)\cup\left(\dfrac{1}{2}, 3\right)$;　(D) $(0, 1)\cup\left(\dfrac{3}{2}, 2\right)$.

三、填空题

1. 填写二项式定理:$(a+b)^n=$ ________________.

2. 求差比数列的和:$\sum\limits_{k=1}^{n}\dfrac{k}{2^k}=$ ________________.

3. 计算双曲函数的反函数.

(1) $(\sinh x)^{-1}=$ ________________;

(2) $(\cosh x)^{-1}=$ ________________;

(3) $(\tanh x)^{-1}=$ ________________.

4. 反三角函数恒等式:

(1) $\arcsin x+\arccos x=$ ________________, $x\in[-1, 1]$;

(2) $\arccos x+\arccos(-x)=$ ________________, $x\in[-1, 1]$;

(3) $\arctan(-x)+\arctan x=$ ________________;

(4) $\operatorname{arccot}(-x)+\operatorname{arccot}x=$ ________________;

(5) $\arctan x+\operatorname{arccot}x=$ ________________;

(6) $\arctan x+\arctan\dfrac{1}{x}=$ ________________ ($x\neq 0$).

四、解答题

1. 求一个映射使区间 (0, 1) 和 $\mathbb{R}$ 一一对应.

2. 计算 $\sum\limits_{i=1}^{n}\sin i$.

3. 类比 Riemann 函数, 试构造一个函数, 满足在 $\mathbb{R}$ 上任意一点为有限值, 但在任意点的邻域内都无界.

五、证明题

1. (de Morgan 律)证明集合等式:

(1) $(A\bigcup B)^C=A^C\bigcap B^C$;

(2) $(A\bigcap B)^C=A^C\bigcup B^C$.

2. (绝对值不等式) (1) $||a|-|b||\leqslant|a\pm b|\leqslant|a|+|b|$; (2) $|\sqrt{|a|}-\sqrt{|b|}\,|\leqslant\sqrt{|a-b|}$.

3. (Bernoulli 不等式)对于实数 $x>-1$, 求证当 $n\in\mathbb{N}^+$ 时, $(1+x)^n\geqslant 1+nx$.

4. 设自然数 n 不是完全平方数, 证明 $\sqrt{n}$ 是无理数.

5. 称 $\dfrac{P_n(x)}{Q_m(x)}$ 为有理函数, 其中 $P_n(x)=a_nx^n+a_{n-1}x^{n-1}+\cdots+a_1x+a_0$, $Q_m(x)=b_mx^m+b_{m-1}x^{m-1}+\cdots+b_1x+b_0\ (m,n\geqslant 0, a_n\neq 0, b_m\neq 0)$. 试证明: $y=\sqrt{x}$ 不是有理函数.

6. 证明不等式

(1) Cauchy 不等式: $\left(\sum\limits_{i=1}^{n}a_ib_i\right)^2\leqslant\left(\sum\limits_{i=1}^{n}a_i^2\right)\left(\sum\limits_{i=1}^{n}b_i^2\right)$.

(2) Minkowski 不等式: $\left[\sum\limits_{i=1}^{n}(a_i+b_i)^2\right]^{\frac{1}{2}}\leqslant\left(\sum\limits_{i=1}^{n}a_i^2\right)^{\frac{1}{2}}+\left(\sum\limits_{i=1}^{n}b_i^2\right)^{\frac{1}{2}}$.

(3) 设$a_i>0$, $i=1,2,\cdots,n$, 且 $a_1a_2\cdots a_n=1$, 证明$a_1+a_2+\cdots+a_n\geqslant n$, 且等号成立当且仅当$a_1=a_2=\cdots=a_n$.

§1.4　提高与综合习题

一、判断题(在正确的命题后打 $\surd$, 在错误的命题后面打×)

1. (Archimedes 性质) $\forall a,\ b\in\mathbb{R}$, 若$b>a>0$, 则$\exists n\in\mathbb{N}^+$ 使得$na>b$. (　　)

2. 定义平面上横纵坐标均为有理数的点为有理点, 则全体有理点构成集合是可数集. (　　)

3. 全体代数数构成的集合是不可数集 (代数数的定义: 设 α 是实数, 若存在整系数非零多项式 $P(x)$ 满足 $P(\alpha)=0$, 则称 α 是代数数, 否则称 α 是超越数. 比如 $\sqrt{2}$ 是代数数, 因为它满足 $x^2-2=0$). (　　)

4. 可以用可数条直线覆盖全平面. (　　)

5. 设 n 为自然数, 则$|\sin 2+\sin 4+\cdots+\sin 2n|\leqslant \dfrac{1}{\sin 1}$. (　　)

二、解答题

1. 类比二项式公式, 先写出 $(a+b+c)^n$ 的公式, 并推广到$(a_1+a_2+\ldots+a_m)^n$.
2. (Abel 变换) 对数列$\{a_n\}$ 和 $\{b_n\}$, 定义 $A_0=0$, $A_k=\sum\limits_{i=1}^{k}a_i(1\leqslant k\leqslant n)$. 将和式 $\sum\limits_{i=1}^{n}a_ib_i$ 用 A_i 和 b_i 表示.
3. 举例说明存在这样的函数, 它在 $[0,1]$ 上每点取有限值, 但在此区间的任何点的任意邻域内无界.
4. 求 Fibonacci 数列① $\{a_n\}$ 的通项公式, 其中 $a_1=a_2=1$, $a_{n+2}=a_{n+1}+a_n(n=1,2,\cdots)$.

三、证明题

1. 定义集合的对称差 $A\Delta B$ 为只包含于 A 或 B 的元素的集合, 证明:
   (1) $A\Delta(B\Delta C)=(A\Delta B)\Delta C$;
   (2) $A\bigcap(B\Delta C)=(A\bigcap B)\Delta(A\bigcap C)$.
2. (排序不等式) 设$a_1\leqslant a_2\leqslant\cdots\leqslant a_n$, $b_1\leqslant b_2\leqslant\cdots\leqslant b_n$, $c_1,c_2,\cdots,c_n$ 是$b_1,b_2,\cdots,b_n$ 的一个乱序排列, 求证
$$\sum_{i=1}^{n}a_ib_{n+1-i}\leqslant\sum_{i=1}^{n}a_ic_i\leqslant\sum_{i=1}^{n}a_ib_i.$$
3. (Chebyshev ② 不等式)若$a_1\leqslant a_2\leqslant\cdots\leqslant a_n$, $b_1\leqslant b_2\leqslant\cdots\leqslant b_n$, 求证
$$\sum_{i=1}^{n}a_i\sum_{i=1}^{n}b_i\leqslant n\sum_{i=1}^{n}a_ib_i.$$
4. (1)(有理数的稠密性) 设 a, b是实数, $a<b$, 则存在有理数$r:a<r<b$.
   (2)(无理数的稠密性) 设 a, b是实数, $a<b$, 则存在无理数$c:a<c<b$.
5. 设函数 $f(x)=\sin x^2, x\in(-\infty,+\infty)$, 证明$f(x)$ 不是周期函数.
6. 设函数 $f:\mathbb{R}\to\mathbb{R}$, 若存在 $x\in\mathbb{R}$ 使得 $f(x)=x$, 则称 x 为f 的一个不动点. 若$f\circ f$ 有唯一的不动点, 求证 f 也有唯一的不动点.
7. 设 $f:\mathbb{R}\to\mathbb{R}$, 若$f\circ f$ 有且仅有两个不动点a, $b(a\neq b)$, 证明对函数 f, 只存在以下两种情况:
   (1) a,b都是f的不动点;
   (2) $f(a)=b$, $f(b)=a$.

---

① 斐波那契数列(Fibonacci sequence), 又称黄金分割数列, 因数学家列昂纳多·斐波那契引入而得名. 在现代物理、准晶体结构、化学等领域, 斐波纳契数列都有直接的应用, 为此, 美国数学会从1963起出版了以《斐波纳契数列季刊》为名的一份数学杂志, 用于专门刊载这方面的研究成果. 斐波那契(Leonardo Fibonacci, 1175—1250), 中世纪意大利数学家. 1202年, 他撰写了《珠算原理》(Liber Abaci, 也译《算盘全书》、《算经》或者《计算之书》) 一书. 他是第一个研究了印度和阿拉伯数学理论的欧洲人.

② 切比雪夫 (Chebyshev,1821—1894), 俄罗斯数学家、力学家. 1821 年5 月26 日生于卡卢加省奥卡托沃, 1894年12月8日卒于圣彼得堡. 他一生发表了70 多篇科学论文, 内容涉及数论、概率论、函数逼近论、积分学等方面, 是圣彼得堡数学学派的奠基人和领袖.

8. 记 $f^m(x)$ 是对 x 作用函数f 迭代 m 次的结果. 设 $f(x)=3x+2$, 试证存在 $n\in\mathbb{N}^+$, 使得$f^{100}(n)$ 可被2021整除.
9. 试证: $\sin x+\cos(\sqrt{2}x)$ 不是周期函数.
10. 设 $f:\mathbb{R}\to\mathbb{R}$满足方程

$$f(x+y)=f(x)+f(y),\ x,\ y\in\mathbb{R}.$$

试证: 对一切有理数x, 有$f(x)=xf(1)$.

11. 设$f(x+T)=kf(x)$对一切$x\in\mathbb{R}$成立,其中T和k是两个正数.证明$f(x)=a^x\varphi(x)$ 对一切$x\in\mathbb{R}$成立, 其中a为常数,φ 是周期为T的函数.
12. 设 $a<b$, 证明:
(1) 若 f 的图象关于直线 $x=a$ 对称, 也关于点$(b,\ y_0)$中心对称, 则f是以$4(b-a)$为周期的函数.
(2) 若 f 的图象关于点 $(a,\ y_0)$ 中心对称, 也关于点 $(b,\ y_1)$ 中心对称,则 $f(x)=\varphi(x)+cx$, $x\in\mathbb{R}$, 其中 φ 是一周期函数, c 是常数. 特别地, 当 $y_0=y_1$ 时, $c=0$.

§1.5　自测题

一、判断题

1. 与自己的真子集能建立一一对应的集合不一定是无穷集. (　　)
2. 两个单调增加的函数的乘积仍是单调增加函数. (　　)
3. 对加、减、乘和除四则运算封闭且包含整数的最小数集是有理数集. (　　)
4. 设定义在 $(-\infty,+\infty)$ 上的函数的曲线图形 $y=f(x)$ 关于直线 $x=a$ 以及 $x=b(b>a)$ 对称, 则 $f(x)$ 是以 $2(b-a)$ 为周期的周期函数. (　　)
5. Riemann 函数是有界函数. (　　)

二、填空题

1. $y=\arcsin\dfrac{2x}{1+x^2}$ 的定义域是 ＿＿＿＿＿＿, 值域是 ＿＿＿＿＿＿＿＿.
2. 设 $f(x+\dfrac{1}{x})=x^2+\dfrac{1}{x^2}+3$, 则 $f(x)=$ ＿＿＿＿＿＿.
3. 设 $f(x)=\begin{cases}x, & x\leqslant 0\\ -x, & x>0\end{cases}$, 而$g(x)=\sqrt{f^2(x)}$, 则$f(g(x))=$ ＿＿＿＿＿＿.
4. 设 $y=\dfrac{1-\sqrt{1+4x}}{1+\sqrt{1+4x}}$, 则其反函数为 ＿＿＿＿＿＿.
5. 函数 $y=|\sin x|+|\cos x|$ 的最小正周期为 ＿＿＿＿＿＿.

三、选择题

1. 设$f(x)$ 满足 $af(x)+bf\left(\dfrac{1}{x}\right)=\dfrac{c}{x}(x\neq 0,\ a,\ b,\ c$ 均为常数,$c\neq 0)$ 且 $|a|\neq|b|$, 则$f(x)$ 是(　　).

(A) 偶函数; (B) 奇函数;

(C) 非奇非偶函数; (D) 可能是奇函数, 又可能是偶函数.

2. 在 $(-\infty,+\infty)$上的函数$f(x)=\ln(x+\sqrt{1+x^2})$是(　　).

(A) 奇函数且单调; (B) 偶函数且单调;

(C) 非奇非偶函数但单调; (D) 既非奇非偶函数又非单调.

3. 若函数 $y=f(x)=\ln(a+b\,\mathrm{e}^x)$的反函数 $y=f^{-1}(x)$ 与其相同, 则(　　).

(A) $a(1+b)=0,\ b^2=1$; (B) $a(1-b)=0,\ b^2=1$;

(C) $b(1+a)=0,\ a^2=1$; (D) $b(1-a)=0,\ a^2=1$.

4. 下列论断正确的是(　　).

(A) 两个周期函数的和与积仍是周期函数;

(B) 两个有界函数的和与积仍是有界函数;

(C) 两个单调减少函数的和与积仍是单调减少函数;

(D) 两个奇函数的和与积仍是奇函数.

5. 设$f(x)=\dfrac{x}{\sqrt{1+x^2}}$, 则 n 次复合函数$(f\circ f\circ f\circ\cdots\circ f)(x)=$(　　).

(A) $\dfrac{nx}{\sqrt{1+x^2}}$; (B) $\dfrac{nx}{\sqrt{1+n^2x^2}}$; (C) $\dfrac{x}{\sqrt{1+nx^2}}$; (D) $\dfrac{x}{\sqrt{1+n^2x^2}}$.

四、解答题

1. 设下面所考虑的函数都是定义在对称区间$(-l,\ l)$上, 试讨论

(1) 两个偶函数之和、之积的奇偶性;

(2) 两个奇函数之和、之积的奇偶性;

(3) 一个偶函数与一个奇函数之积的奇偶性.

2. 设 $f(x)$ 与 $g(x)$ 分别是 $(-\infty,+\infty)$上的奇函数与偶函数, 试讨论下列函数的奇偶性:

(1) $f(f(x))$; (2) $f(g(x))$; (3) $g(f(x))$; (4) $f(f(g(x)))$.

3. 设 $f(x)$与$g(x)$ 分别是 $(-\infty,+\infty)$ 上的单调增加与单调减少函数, 试讨论下列函数的单调性:

(1) $f(f(x))$; (2) $f(g(x))$; (3) $g(f(x))$; (4) $g(g(x))$.

4. 已知$f(\mathrm{e}^x)=1+x\ (0<x<+\infty)$. 若 $f(\varphi(x))=1+x+\ln x$, 试求$\varphi(x)$ 的表达式.

5. 设函数$f(x)=\begin{cases} x, & 0\leqslant x\leqslant 1,\\ 2x-1, & 1<x\leqslant 2,\end{cases}$ $x\in[0,2]$, 试判断$f(x)$是否是初等函数?

五、证明题

1. 设 $a_n=\left(1+\dfrac{1}{n}\right)^n$, $n\in\mathbb{N}^+$, 证明: $a_{n+1}>a_n$ 且 $a_n<3$.

2. 设 $f(x)$ 定义在 $(-\infty,+\infty)$上, 若存在$T>0$, 使得

(1) $f(x+T)=-f(x)$;

(2) $f(x+T)=\dfrac{1}{f(x)}$.

试证明在上述两种情形之下 $f(x)$ 都是周期函数.

3. 设$g(x)$, $f(x)$, $h(x)$都为单调增加函数, 若$g(x)\leqslant f(x)\leqslant h(x)$, 试证明

$$g(g(x))\leqslant f(f(x))\leqslant h(h(x)).$$

4. 设$\dfrac{f(x)}{x}$在$(0,+\infty)$上单调减少, 试证明: 对于任意的 x, $y\in(0,+\infty)$, 成立

$$f(x+y)\leqslant f(x)+f(y).$$

§1.6 思考、探索与数学实验题

一、思考与探索题

1. 如何理解集合的可列性与不可列性?
2. 请说明映射与函数的联系与区别.
3. 如何理解反函数的存在性与原函数的关系?
4. 探索当 n 足够大时, $f(n)=1+\dfrac{1}{2}+\cdots+\dfrac{1}{n}-\ln n$ 随 n 变化的性质及其取值范围.
5. 探索当 n 足够大时, Fibonacci 数列的性质与变化趋势.
6. 函数 $f:\mathbb{R}\to\mathbb{R}$, 若每一实数都是 $f\circ f$的不动点, 试讨论:

(1) 有几个这样的函数?

(2) 若还满足 f 在 $\mathbb{R}$ 上单调增加, 有几个这样的函数?

二、数学实验题

1. 作图: $y=\cot x$, $y=\sec x$, $y=\csc x$, $y=\arcsin x$, $y=\arccos x$, $y=\arctan x$, $y=\operatorname{arccot} x$.
2. 作图: $y=\sinh x$, $y=\cosh x$, $y=\tanh x$, $y=\operatorname{sech} x$.
3. 参数形式表示的函数作图:

(1) $x=1-t$, $y=1-t^2$; (2) $x=t+\dfrac{1}{t}$, $y=t+\dfrac{1}{t^2}$ $(t>0)$;

(3) $x=10\cos t$, $y=\sin t$; (4) $x=\cosh t$, $y=\sinh t$;

(5) $x=5\cos^2 t$, $y=3\sin^2 t$; (6) $x=2(t-\sin t)$, $y=2(1-\cos t)$;

(7) $x=\sqrt[t+1]{t}$, $y=\sqrt[t]{t+1}(t>0)$.

4. 极坐标 (r,θ) 表示的函数作图:

(1) $r=\theta$(阿基米德螺线); (2) $r=\dfrac{\pi}{\theta}$(双曲螺线);

(3) $r=\dfrac{\theta}{\theta+1}(0\leqslant\theta<+\infty)$; (4) $r=2^{\frac{\theta}{2\pi}}$(对数螺线);

(5) $r=2(1+\cos\theta)$(心脏线); (6) $r=10\sin 3\theta$(三叶玫瑰线).

5. 作隐函数 $x^2-xy+y^2=1$ 图形.
6. 用 Mathematica 计算 10!, 100!, 1000!.
7. 求当 $n=100$, 150, 200 时, $f(n)=1+\dfrac{1}{2}+\cdots+\dfrac{1}{n}-\ln n$ 的近似值.

§1.7 本章习题答案与参考解答

§1.7.1 基本习题

一、判断题

1. × ; 2. × ; 3. √ ; 4. √ ; 5. √ .

二、选择题

1. B; 2. D; 3. A; 4. C; 5. C; 6. B.

三、填空题

1. $\sum\limits_{k=0}^{n}\binom{n}{k}a^{n-k}b^k$; 2. $2-\dfrac{n+2}{2^n}$; 3. (1) $y=\ln(x+\sqrt{x^2+1})$, (2) $y=\ln(x+\sqrt{x^2-1})$, (3) $y=\dfrac{1}{2}\ln\dfrac{1+x}{1-x}$; 4. (1)$\dfrac{\pi}{2}$, (2) π, (3) 0, (4) π, (5) $\dfrac{\pi}{2}$, (6) $\dfrac{\pi}{2}\cdot\operatorname{sgn} x$.

四、解答题

1. $y=\tan\left(\left(x-\dfrac{1}{2}\right)\pi\right)$; 2. $\dfrac{\cos\frac{1}{2}-\cos\frac{2n+1}{2}}{2\sin\frac{1}{2}}$; 3. $f(x)=\begin{cases}0, & x=0,1,-1,\\ n, & x=\pm\dfrac{m}{n}\ (m,\ n\in\mathbb{N}^+,(m,n)=1),\\ 0, & x\text{为无理数}.\end{cases}$

五、证明题

1. 提示: 根据集合相等, 证明左右互为对方子集即可.
2.提示: 平方即可.
3. 提示: 对n进行归纳即可.
4. (反证法) 假设 $\sqrt{n}=\dfrac{p}{q}$, p, q 是互素的自然数, 则由 $nq^2=p^2$ 知 q^2 是 p^2 的因子, 从而得 $q^2=1$, 即 $n=p^2$, 与题设矛盾, 故 $\sqrt{n}$ 是无理数.
5. (反证法) 假设 $\sqrt{x}=\dfrac{a_0+a_1x+\cdots+a_nx^n}{b_0+b_1x+\cdots+b_mx^m}$, 则取 $x=k^2$ (k为正整数), 记

$$P(k)=a_0-b_0k+a_1k^2-b_1k^3+\cdots+a_nk^{2n}=0(n>m)$$

$$\text{或}\ \ P(k)=a_0-b_0k+a_1k^2-b_1k^3+\cdots+a_nk^{2n}+\cdots-b_mk^{2m+1}=0(n\leqslant m),$$

这说明多项式 $P(x)=0$ 有无穷多个不同实根, 故 $P(x)\equiv 0$, 因此有

$$a_0=b_0=a_1=b_1=\cdots=0,$$

这与题设矛盾. 故 $\sqrt{x}$ 不能表示成有理函数.

6. 提示: (1) 利用数学归纳法. (2) 利用Cauchy不等式. (3) 利用均值不等式.

§1.7.2 提高与综合习题

一、判断题

1. √; 2. √; 3. ×; 4. ×(可数条直线无法覆盖所有方向); 5. √.

二、解答题

1. $\sum\limits_{k_1+k_2+k_3=n,\ k_i\geqslant 0}\dfrac{n!}{k_1!k_2!k_3!}a^{k_1}b^{k_2}c^{k_3}$; $\sum\limits_{k_1+\cdots+k_m=n}\dfrac{n!}{k_1!\cdots k_m!}a_1^{k_1}\cdots a_m^{k_m}$.

2. $\sum\limits_{i=1}^{n}a_ib_i=\sum\limits_{i=1}^{n}(A_i-A_{i-1})b_i=\sum\limits_{i=1}^{n-1}A_i(b_i-b_{i+1})+A_nb_n$.

3. 提示: $f(x)=\begin{cases}1, & x=0,1,\\ n, & x=\dfrac{m}{n}\ (m,n\in\mathbb{N}^+,(m,n)=1),\\ 0, & x\text{为无理数}.\end{cases}$

4. $a_n=\dfrac{1}{\sqrt{5}}\left[\left(\dfrac{1+\sqrt{5}}{2}\right)^n-\left(\dfrac{1-\sqrt{5}}{2}\right)^n\right]$. 提示: $a_{n+2}=a_{n+1}+a_n$ 的特征方程为 $x^2-x-1=0$, 其解为 $x_1=\dfrac{1+\sqrt{5}}{2}$, $x_2=\dfrac{1-\sqrt{5}}{2}$. 故 $a_n=c_1\left(\dfrac{1+\sqrt{5}}{2}\right)^n+c_2\left(\dfrac{1-\sqrt{5}}{2}\right)^n$. 由 $a_1=a_2=1$ 知 $c_1x_1+c_2x_2=c_1x_1^2+c_2x_2^2=1$, 解得 $c_1=\dfrac{1}{\sqrt{5}}$, $c_2=-\dfrac{1}{\sqrt{5}}$.

三、证明题

1. 提示: 根据集合相等的定义, 证明左右互为对方子集即可.
2. 提示: 利用Abel变换.
3. 提示: 使用n次排序不等式.
4. (1) 因为 $b-a>0$, 所以存在正整数 n, 使得 $0<\dfrac{1}{n}<b-a$, 即有 $na<1+na<nb$. 另一方面, 存在正整数 m, 使得 $m\leqslant na+1<m+1$, 从而 $na<m$. 于是成立 $na<m\leqslant na+1<nb$, 即有 $a<\dfrac{m}{n}<b$.
(2) 由 $a<b$ 知 $\sqrt{2}a<\sqrt{2}b$, 可知存在有理数 r, 使得 $\sqrt{2}a<r<\sqrt{2}b$, 易知 $a<\dfrac{r}{\sqrt{2}}<b$. 若 $r\neq 0$, 则 $\dfrac{r}{\sqrt{2}}$ 是无理数. 若 $r=0$, 则 $a<0<b$, 知存在有理数 $s: 0<s<\sqrt{2}b$, 即 $a<\dfrac{s}{\sqrt{2}}<b$, 且 $\dfrac{s}{\sqrt{2}}$ 是无理数.
5. (反证法) 假设 $T>0$ 是它的周期, 即 $\sin(x+T)^2=\sin x^2$, 取 $x=0$ 得 $\sin T^2=0$, 即 $T^2=n\pi, T=\sqrt{n\pi}$, n是某个正整数. 当 $x\in(0,\sqrt{\pi})$ 时, $\sin x^2\neq 0$, 因 $\sqrt{n\pi}$ 是周期, 故 $\sin(x+\sqrt{n\pi})^2\neq 0$. 当 $x=\sqrt{\pi}$ 时, 有 $\sin\left(\sqrt{\pi}+\sqrt{n\pi}\right)^2=\sin\left(\sqrt{\pi}\right)^2=0$. 这说明 $\sqrt{\pi}+\sqrt{n\pi}$ 是使 $\sin x^2=0$ 且 $x>\sqrt{\pi}$ 的最小的数, 又 $\sin\left(\sqrt{(n+1)\pi}\right)^2=0$, 于是 $\sqrt{\pi}+\sqrt{n\pi}\leqslant\sqrt{(n+1)\pi}$, 即得 $\sqrt{n+1}-\sqrt{n}\geqslant 1$, 这与 n 是自然数矛盾. 故 $f(x)=\sin x^2$ 不是周期函数.
6. 设b为f的不动点,则b也为$f\circ f$的不动点. 于是f至多只有一个不动点.
设a为$f\circ f$之不动点, 则$f(a)$也是$f\circ f$不动点. 由$f\circ f$ 不动点唯一性知$f(a)=a$, 于是a 是f的不动点,f至少有一个不动点.于是f恰好有一个不动点.
7. 假设a, b不都是f的不动点不妨设$c=f(b)\neq b$, 则由 c为$f\circ f$ 的不动点, 于是$c=a$. 由于b 是$f\circ f$的不动点, 于是$f(a)=f(c)=b$.
8. $f^{100}(n)=3^{100}n+(3^{99}+3^{98}+\cdots+3^2+3+1)\cdot 2=3^{100}(n+1)-1$, 由于2021 与$3^{100}$互素, 于是存在整数 p, q使得 $3^{100}p+2021q=1$ 且 $p>1$. 取正整数$n=p-1$ 即可.
9. (反证法) 设周期为 T, 则 $\sin(x+T)+\cos(\sqrt{2}(x+T))=\sin x+\cos\sqrt{2}x$. 取 $x=0$和$x=-2T$, 有 $\sin T+\cos\sqrt{2}T=1$, $-\sin T+\cos\sqrt{2}T=1$, 由此可得 $\sin T=0$. 因为 $2T$ 也是函数的周期, 于是$\sin(x+2T)-\sin x+\cos(\sqrt{2}x+2\sqrt{2}T)-\cos\sqrt{2}x=0$. 由和差化积公式, $2\cos(x+T)\sin T-2\sin(\sqrt{2}x+\sqrt{2}T)\sin\sqrt{2}T=0$. 又$\sin T=0$, 故 $\sin\sqrt{2}T\neq 0$, 于是 $\sin(\sqrt{2}x+\sqrt{2}T)\equiv 0$. 矛盾!
10. 提示: 先考虑整数,再考虑有理数. (1) $\forall n\in\mathbb{N}^+, f(n)=nf(1)$. (2) $\forall m\in\mathbb{N}^+, f(1)=f\left(m\cdot\dfrac{1}{m}\right)=mf\left(\dfrac{1}{m}\right)$, 即 $f\left(\dfrac{1}{m}\right)=\dfrac{1}{m}f(1)$.
11. 设$a=k^{\frac{1}{T}}$, 考虑函数$\varphi(x)=\dfrac{f(x)}{a^x}$, 则$\varphi(x)$ 是以 T 为周期的周期函数.

12. (1) 已知$f(2a-x)=f(x)$, $f(2b-x)+f(x)=2y_0$.则

$$\begin{aligned}f(x+4(b-a))&=f(2b-(4a-2b-x))=2y_0-f(4a-2b-x)\\&=2y_0-f(2a-(2b+x-2a))=2y_0-f(2b+x-2a)\\&=f(2a-x)=f(x).\end{aligned}$$

(2) 已知$f(2a-x)+f(x)=2y_0$, $f(2b-x)+f(x)=2y_1$.于是

$$f(x)-f(2b-2a+x)=2(y_0-y_1).$$

令$\varphi(x)=f(x)+\dfrac{y_0-y_1}{b-a}x$, 则$\varphi(x+2b-2a)=\varphi(x)$.

第2章　数列极限

§2.1　内容提要

一、基本概念

数列, 子列, 单调数列, 单调增加数列, 单调减少数列, 有界数列, 无界数列, 基本列, Cauchy 列, 极限, 收敛, 发散, 无穷小量, 无穷大量, 上界, 下界, 上确界, 下确界.

二、基本定理、性质

1. 数列的性质: 单调, 有界;

2. 数列极限的性质: 唯一性, 保序性, 保号性, 有界性, 与子列的关系, 四则运算;

3. 无穷小量、无穷大量的性质: 与收敛数列和有界量的关系, 运算性质;

4. 极限存在准则: 夹逼定理, 单调有界收敛定理, 柯西收敛原理;

5. 实数系的基本定理及等价性.

确界定理	$\Leftarrow$	柯西准则	$\Leftarrow$	致密性
$\Downarrow$				$\Uparrow$
单调有界	$\Rightarrow$	闭区间套	$\Rightarrow$	有限覆盖定理

三、基本计算与证明

1. 求数列极限的方法: 典型极限, 四则运算, 极限存在准则与性质, 无穷小量性质, Stolz 公式;

2. 用极限定义和性质证明数列极限存在或不存在;

3. 用极限定义和性质证明数列的性质;

4. 实数系的基本定理的等价性证明及其应用.

四、典型极限

1. $\lim\limits_{n\to\infty} q^n = 0\,(|q|<1)$.

2. $\lim\limits_{n\to\infty} \dfrac{n}{q^n} = 0\,(q>1)$.

3. $\lim\limits_{n\to\infty} \sqrt[n]{a} = 1\,(a>0)$,　$\lim\limits_{n\to\infty} \sqrt[n]{n} = 1$.

4. $\lim\limits_{n\to\infty} \left(1+\dfrac{1}{n}\right)^n = \mathrm{e}$.

5. 若 $\lim\limits_{n\to\infty} a_n = a$, 则 $\lim\limits_{n\to\infty} \dfrac{a_1+a_2+\cdots+a_n}{n} = a$.

§2.2　典型例题讲解

例 2.2.1　设 $x_n = (-1)^{n+1}\dfrac{n}{2n-\sqrt{n}}$, 求 $\sup\limits_n\{x_n\}$, $\inf\limits_n\{x_n\}$, $\lim\limits_{n\to\infty} x_n$.

分析 此题考查上下确界和极限的定义.

解 因为 $x_{2n}<0$, $\{x_{2n}\}$ 单调增加, $x_{2n+1}>0$, $\{x_{2n+1}\}$ 单调减少, 所以

$$\sup_n\{x_n\}=1,\ \inf_n\{x_n\}=-\frac{4+\sqrt{2}}{7},\ \lim_{n\to\infty}x_{2n}=-\frac{1}{2},\ \lim_{n\to\infty}x_{2n+1}=\frac{1}{2},$$

故 $\lim\limits_{n\to\infty}x_n$ 不存在.

例 2.2.2 设 $x_n\to a\,(x_n\neq 0,\ n=1,2,\cdots)$, 试讨论 $\lim\limits_{n\to\infty}\dfrac{x_{n+1}}{x_n}$ 的存在性.

分析 极限 $\lim\limits_{n\to\infty}\dfrac{x_{n+1}}{x_n}$ 的存在性与 a 的值有关.

解 (1) 当 $a=0$ 时, $\left\{\dfrac{x_{n+1}}{x_n}\right\}$ 可能有极限, 也可能没有极限. 比如 $x_n=\dfrac{1}{n}\to 0$, $\lim\limits_{n\to\infty}\dfrac{x_{n+1}}{x_n}=1$; 又如 $x_n=\begin{cases}\dfrac{1}{2k}, & n=2k,\\ \dfrac{1}{(2k+1)^2}, & n=2k+1,\end{cases}$ 易知 $x_n\to 0$, 而 $\lim\limits_{n\to\infty}\dfrac{x_{2n+1}}{x_{2n}}=0$, $\lim\limits_{n\to\infty}\dfrac{x_{2n}}{x_{2n-1}}=+\infty$, 故 $\lim\limits_{n\to\infty}\dfrac{x_{n+1}}{x_n}$ 不存在.

(2) 当 $a\neq 0$ 时, $\lim\limits_{n\to\infty}\dfrac{x_{n+1}}{x_n}$ 存在且 $\lim\limits_{n\to\infty}\dfrac{x_{n+1}}{x_n}=1$, 这由 $x_{n+1}\to a$ 和极限的四则运算可得.

例 2.2.3 (无界数列与无穷大数列的关系) 若 $\{x_n\}$ 是一个无界数列, 则存在子列 $\{x_{n_k}\}$, 使得 $\lim\limits_{k\to\infty}x_{n_k}=\infty$;

证 由于 $\{x_n\}$ 无界, 因此对任意 $M>0$, $\{x_n\}$ 中必存在无穷多项 x_n, 满足 $|x_n|>M$ (否则 $\{x_n\}$ 有界).

令 $M_1=1$, 则存在 x_{n_1} 使得 $|x_{n_1}|>1$;

令 $M_2=2$, 因为在 $\{x_n\}$ 中有无穷多项满足 $|x_n|>2$, 所以可以取到位于 x_{n_1} 之后的 x_{n_2}, $n_2>n_1$, 使得 $|x_{n_2}|>2$;

令 $M_3=3$, 同理可以取到 x_{n_3}, $n_3>n_2$, 使得 $|x_{n_3}|>3$;

$$\cdots\cdots$$

这样便得到 $\{x_n\}$ 的一个子列 $\{x_{n_k}\}$, 满足 $|x_{n_k}|>k$, 由定义, $\lim\limits_{k\to\infty}x_{n_k}=\infty$.

推论 不是无穷大的无界数列一定有收敛子列.

例 2.2.4 举例说明无限个无穷小量的乘积不一定是无穷小量.

解 记

$$x_n^{(1)}:1,\frac{1}{2},\frac{1}{3},\frac{1}{4},\frac{1}{5},\cdots;$$

$$x_n^{(2)}:1,2,\frac{1}{3},\frac{1}{4},\frac{1}{5},\cdots;$$

$$x_n^{(3)}:1,1,3^2,\frac{1}{4},\frac{1}{5},\cdots;$$

$$x_n^{(4)}: 1, 1, 1, 4^3, \frac{1}{5}, \cdots;$$

$$\cdots\cdots$$

$$x_n^{(k)}: 1, 1, 1, \cdots, k^{k-1}, \frac{1}{k+1}, \cdots;$$

则对于任意的 k, $\lim\limits_{n\to\infty} x_n^{(k)} = 0$, 但是 $\lim\limits_{n\to\infty} \prod\limits_{k=1}^{n} x_n^{(k)} = 1$.

例 2.2.5 证明 $\lim\limits_{n\to\infty} \sin n$ 不存在.

分析 数列极限不存在可表述为:

(1) $\lim\limits_{n\to\infty} x_n \neq a \Leftrightarrow \exists\varepsilon_0, \forall N > 0, \exists n > N$, 成立$|x_n - a| \geqslant \varepsilon_0$;

(2) $\lim\limits_{n\to\infty} x_n$ 不存在 $\Leftrightarrow \forall a, \exists\varepsilon_0, \forall N > 0, \exists n > N$, 成立$|x_n - a| \geqslant \varepsilon_0$;

(3) $\lim\limits_{n\to\infty} x_n$ 不存在 $\Leftrightarrow \exists\varepsilon_0, \forall N > 0, \exists n, m > N$, 成立$|x_n - x_m| \geqslant \varepsilon_0$.

证 (方法1) 取 $\varepsilon_0 = \frac{\sqrt{2}}{2}, \forall N > 0$, 令 $n = [2N\pi + \frac{3\pi}{4}]$, $m = [2N\pi + 2\pi]$, 则 $m > n > N$, 且

$$2N\pi + \frac{\pi}{4} < n < 2N\pi + \frac{3\pi}{4},\ 2N\pi + \pi < m < 2N\pi + 2\pi,$$

于是

$$|\sin n - \sin m| \geqslant \varepsilon_0 = \frac{\sqrt{2}}{2},$$

因而 $\lim\limits_{n\to\infty} \sin n$ 不存在.

(方法2) (反证法)

假设 $\lim\limits_{n\to\infty} \sin n$ 存在, 并设 $\lim\limits_{n\to\infty} \sin n = a$.

由 $\sin(n+2) - \sin n = 2\sin 1\cos(n+1)$ 知

$$\lim_{n\to\infty} 2\sin 1\cos(n+1) = \lim_{n\to\infty} [\sin(n+2) - \sin(n)] = a - a = 0,$$

于是有 $\lim\limits_{n\to\infty} \cos(n+1) = 0$, 即 $\lim\limits_{n\to\infty} \cos n = 0$, 从而

$$\lim_{n\to\infty} \sin^2 n = 1 - \lim_{n\to\infty} \cos^2 n = 1,$$

于是有

$$\lim_{n\to\infty} \sin n = 1 \ \text{或}\ \lim_{n\to\infty} \sin n = -1.$$

又

$$\lim_{n\to\infty} \sin 2n = 2\lim_{n\to\infty} \sin n \cdot \lim_{n\to\infty} \cos n = 0,$$

所以矛盾, 故 $\lim\limits_{n\to\infty} \sin n$ 不存在.

例 2.2.6　设 $x_1 \in (0,1)$, $x_{n+1} = x_n(1-x_n)$, $n = 1,2,3,\cdots$.

(1) 证明 $\{x_n\}$ 收敛, 并求其极限;

(2) 证明 $\{nx_n\}$ 收敛, 并求其极限.

证　(1) 由数学归纳法不难证明对所有的正整数 n, 都有 $0 < x_n < 1$. 且对任何正整数 n 有

$$x_{n+1} = x_n(1-x_n) < x_n,$$

于是 $\{x_n\}$ 是一个单调有界数列, 因此 $\{x_n\}$ 收敛. 设 $\lim\limits_{n\to\infty} x_n = a$, 则在递推公式

$$x_{n+1} = x_n(1-x_n)$$

两边令 $n \to \infty$ 可得: $a = a(1-a)$. 解方程可得 $a = 0$, 因此 $\{x_n\}$ 的极限为 0.

(2) 由于 $\{x_n\}$ 单调减少且极限为 0, 因此有 $\dfrac{1}{x_n}$ 单调增加趋于 $+\infty$. 由 Stoltz 公式可得

$$\lim_{n\to\infty} nx_n = \lim_{n\to\infty} \frac{n}{\dfrac{1}{x_n}} = \lim_{n\to\infty} \frac{1}{\dfrac{1}{x_{n+1}} - \dfrac{1}{x_n}} = \lim_{n\to\infty} \frac{x_n x_{n+1}}{x_n - x_{n+1}}$$

$$= \lim_{n\to\infty} \frac{x_n^2(1-x_n)}{x_n - x_n(1-x_n)} = \lim_{n\to\infty} \frac{x_n^2(1-x_n)}{x_n^2} = 1.$$

例 2.2.7　已知数列 $\{a_n\}$ 有界, 证明数列 $\{b_n\}$ 收敛, 其中

$$b_n = \frac{a_1}{2} + \frac{a_2}{2^2} + \cdots + \frac{a_n}{2^n}, \quad n = 1,2,3,\cdots .$$

证　由题设, 存在 $M > 0$, 使得对所有的正整数 n, 都有 $|a_n| \leqslant M$.

对任意的正整数 n, 以及任意的正整数 p, 有

$$|b_{n+p} - b_n| = \left|\frac{a_{n+1}}{2^{n+1}} + \cdots + \frac{a_{n+p}}{2^{n+p}}\right| \leqslant M\left(\frac{1}{2^{n+1}} + \cdots + \frac{1}{2^{n+p}}\right) \leqslant \frac{M}{2^n}.$$

因为 $\lim\limits_{n\to\infty} \dfrac{M}{2^n} = 0$, 所以对于任意的 $\varepsilon > 0$, 存在 N, 使得 $n > N$ 时, 有 $\dfrac{M}{2^n} < \varepsilon$, 则当 $n > N$ 时, 任取正整数 p 都有

$$|b_{n+p} - b_n| \leqslant \frac{M}{2^n} < \varepsilon.$$

因此 $\{b_n\}$ 为一 Cauchy 列, 故收敛.

例 2.2.8　设 $x_n = 1 + \dfrac{1}{2^p} + \cdots + \dfrac{1}{n^p}\ (p > 0)$, $n = 1,2,3,\cdots$. 利用 Cauchy 准则证明当 $p = 1$ 时, $\{x_n\}$ 发散; $p = 2$ 时, $\{x_n\}$ 收敛.

证　(1) 当 $p = 1$ 时, 对任意的正整数 n, 有

$$x_{2n} - x_n = \frac{1}{n+1} + \frac{1}{n+2} + \cdots + \frac{1}{2n} > \frac{n}{2n} = \frac{1}{2}.$$

取 $\varepsilon_0=\dfrac{1}{2}$, 对于任意的 N, 都存在正整数 $n>N$, $m=2n>N$, 成立

$$|x_m-x_n|=|x_{2n}-x_n|>\varepsilon_0.$$

所以由 Cauchy 收敛准则知 $\{x_n\}$ 发散.

(2) 当 $p=2$ 时, 对任意的正整数 n, m, $m>n$, 有

$$\begin{aligned}x_m-x_n&=\frac{1}{(n+1)^2}+\frac{1}{(n+2)^2}+\cdots+\frac{1}{m^2}\\&<\left(\frac{1}{n}-\frac{1}{n+1}\right)+\left(\frac{1}{n+1}-\frac{1}{n+2}\right)+\cdots+\left(\frac{1}{m-1}-\frac{1}{m}\right)=\frac{1}{n}-\frac{1}{m}<\frac{1}{n}.\end{aligned}$$

于是对于任意的 $\varepsilon>0$, 取 $N=\left[\dfrac{1}{\varepsilon}\right]+1$, 当 $m>n>N$ 时, 成立

$$|x_m-x_n|<\frac{1}{n}<\frac{1}{N}<\varepsilon.$$

所以由 Cauchy 收敛准则知 $\{x_n\}$ 收敛.

例 2.2.9　(1) 证明数列 $\{x_n\}$ 收敛, 其中 $x_n=1+\dfrac{1}{2}+\cdots+\dfrac{1}{n}-\ln n$;

(2) 求极限 $\displaystyle\lim_{n\to\infty}\left[\frac{1}{n+1}+\frac{1}{n+2}+\cdots+\frac{1}{2n}\right]$;

(3) 求极限 $\displaystyle\lim_{n\to\infty}\left[1-\frac{1}{2}+\frac{1}{3}-\cdots+(-1)^{n+1}\frac{1}{n}\right]$.

解　(1) 对不等式 $\left(1+\dfrac{1}{n}\right)^n<\mathrm{e}<\left(1+\dfrac{1}{n}\right)^{n+1}$ 取对数并整理可得

$$\frac{1}{n+1}<\ln\frac{n+1}{n}<\frac{1}{n}.$$

于是有

$$x_{n+1}-x_n=\frac{1}{n+1}-\ln(n+1)+\ln n=\frac{1}{n+1}-\ln\left(\frac{n+1}{n}\right)<0,$$

又

$$x_n>\ln\frac{2}{1}+\ln\frac{3}{2}+\cdots+\ln\left(\frac{n+1}{n}\right)-\ln n=\ln(n+1)-\ln n>0,$$

这说明数列 $\{x_n\}$ 单调减少有下界, 从而收敛.

注记　$x_n=1+\dfrac{1}{2}+\dfrac{1}{3}+\cdots+\dfrac{1}{n}-\ln n$ 的极限 γ 称为欧拉[①] 常数, 由欧拉在1735 年发

① 莱昂哈德·欧拉(Leonhard Euler, 1707 年4 月15 日—1783 年9 月18 日), 瑞士数学家、自然科学家. 出生于牧师家庭, 13 岁时入读巴塞尔大学, 15 岁大学毕业, 16 岁获得硕士学位. 欧拉是18 世纪数学界最杰出的人物之一, 也是数学史上最多产的数学家之一. 他的《无穷小分析引论》、《微分学原理》、《积分学原理》等都成为数学界中的经典著作, 许多数学的分支中都有以他的名字命名的重要常数、公式和定理. 法国数学家拉普拉斯说: 读读欧拉, 他是所有人的老师. 2007 年, 为庆祝欧拉诞辰300 周年, 瑞士政府、中国科学院及中国教育部于2007 年4 月23 日下午在北京的中国科学院文献情报中心共同举办纪念活动, 回顾欧拉的生平、工作以及对现代生活的影响.

表的文章中首次给出, γ 是有理数还是无理数至今未知.

(2) 记 $y_n = \dfrac{1}{n+1} + \dfrac{1}{n+2} + \cdots + \dfrac{1}{2n}$, 由

$$x_n = 1 + \frac{1}{2} + \cdots + \frac{1}{n-1} + \frac{1}{n} - \ln n \to \gamma (n \to \infty),$$

知

$$x_{2n} = 1 + \frac{1}{2} + \frac{1}{3} + \frac{1}{4} + \cdots + \frac{1}{2n-1} + \frac{1}{2n} - \ln 2n \to \gamma (n \to \infty).$$

于是有

$$y_n = x_{2n} - x_n + \ln(2n) - \ln n = x_{2n} - x_n + \ln 2,$$

故

$$\lim_{n\to\infty} y_n = \lim_{n\to\infty} (x_{2n} - x_n + \ln 2) = \ln 2.$$

(3) 记 $z_n = 1 - \dfrac{1}{2} + \dfrac{1}{3} - \cdots + (-1)^{n+1}\dfrac{1}{n}$.

考虑 $x_{2n} - x_n$, 用 x_{2n} 中的第 $2k$ 项与 x_n 中的第 k 项($k = 1, 2, \cdots, n$) 对应相减, 得到

$$x_{2n} - x_n = 1 - \frac{1}{2} + \frac{1}{3} - \frac{1}{4} + \cdots + \frac{1}{2n-1} - \frac{1}{2n} - \ln 2 = z_{2n} - \ln 2 \to 0 \ (n \to \infty).$$

又由于 $z_{2n+1} = z_{2n} + \dfrac{1}{2n+1}$ 及 $\lim\limits_{n\to\infty} \dfrac{1}{2n+1} = 0$, 所以可得

$$\lim_{n\to\infty} z_n = \lim_{n\to\infty} \left[1 - \frac{1}{2} + \frac{1}{3} - \cdots + (-1)^{n+1}\frac{1}{n}\right] = \ln 2.$$

例 2.2.10 Fibonacci 数列与兔群增长率：设一对刚出生的小兔要经过两个季度, 即经过成长期后到达成熟期, 才能再产小兔, 且每对成熟的兔子每季度产一对小兔. 在不考虑兔子死亡的前提下, 求兔群逐年增长率的变化趋势.

解 设一季度只有一对刚出生的小兔, 则各季度兔对总数见表2.1.

表2.1

季度	小兔对数	成长期兔对数	成熟期兔对数	兔对总和
1	1	0	0	1
2	0	1	0	1
3	1	0	1	2
4	1	1	1	3
5	2	1	2	5
6	3	2	3	8
7	5	3	5	13

设 a_n 是第 n 季度兔对总数, 则$a_1 = 1, a_2 = 1, a_3 = 2, a_4 = 3, a_5 = 5, \cdots$, 数列 $\{a_n\}$ 称为 Fibonacci 数列.

到第 $n+1$ 季度, 能产小兔的兔对数为 a_{n-1}, 所以第$n+1$ 季度兔对的总数应等于第n 季度兔对的总数 a_n 加上新产下的小兔对数 a_{n-1}, 于是a_n 具有性质:

$$a_{n+1}=a_n+a_{n-1}, n=2,3,4,\cdots.$$

令 $b_n=\dfrac{a_{n+1}}{a_n}$, 则b_n-1 表示了兔群在第$n+1$ 季度的增长率. 由

$$b_n=\frac{a_{n+1}}{a_n}=\frac{a_n+a_{n-1}}{a_n}=1+\frac{a_{n-1}}{a_n}=1+\frac{1}{b_{n-1}},$$

知当 $b_n>\dfrac{\sqrt{5}+1}{2}$ 时, $b_{n+1}<\dfrac{\sqrt{5}+1}{2}$; 当$b_n<\dfrac{\sqrt{5}+1}{2}$ 时,$b_{n+1}>\dfrac{\sqrt{5}+1}{2}$. 且

$$b_{n+1}-b_n=1+\frac{1}{b_n}-\left(1+\frac{1}{b_{n-1}}\right)=-\frac{b_n-b_{n-1}}{b_nb_{n-1}},$$

所以 $\{b_n\}$ 不是单调数列. 而由

$$b_{2n+1}-b_{2n-1}=1+\frac{1}{b_{2n}}-b_{2n-1}=\frac{1+b_{2n-1}-b_{2n-1}^2}{1+b_{2n-1}},$$

$$b_{2n+2}-b_{2n}=1+\frac{1}{b_{2n+1}}-b_{2n}=\frac{1+b_{2n}-b_{2n}^2}{1+b_{2n}},$$

可知

$$b_{2k-1}\in\left(0,\frac{\sqrt{5}+1}{2}\right),\quad b_{2k}\in\left(\frac{\sqrt{5}+1}{2},+\infty\right),$$

所以

$$b_{2n+1}-b_{2n-1}=\frac{1+b_{2n-1}-b_{2n-1}^2}{1+b_{2n-1}}>0,\quad b_{2n+2}-b_{2n}=\frac{1+b_{2n}-b_{2n}^2}{1+b_{2n}}<0,$$

即奇子列 $\{b_{2n+1}\}$ 单调增加有上界; 偶子列 $\{b_{2n+2}\}$ 单调减少有下界. 所以 $\{b_{2n+1}\}$ 和 $\{b_{2n+2}\}$ 都收敛.

设 $\lim\limits_{n\to\infty}b_{2n+1}=a(>0)$, $\lim\limits_{n\to\infty}b_{2n+2}=b(>0)$, 由

$$\lim_{n\to\infty}b_{2n+1}=\lim_{n\to\infty}\frac{1+2b_{2n-1}}{1+b_{2n-1}}$$

可得

$$a=\frac{1+2a}{1+a}\ \text{解得}\ a=\frac{\sqrt{5}+1}{2};$$

以及

$$\lim_{n\to\infty}b_{2n+2}=\lim_{n\to\infty}\frac{1+2b_{2n}}{1+b_{2n}}$$

可知

$$b = \frac{1+2b}{1+b} \quad 解得 \quad b = \frac{\sqrt{5}+1}{2};$$

于是奇偶子列收敛且极限相等, 由此可知 $\lim\limits_{n\to\infty} b_n$ 存在且 $\lim\limits_{n\to\infty} b_n = \dfrac{\sqrt{5}+1}{2}$.

结论 在不考虑兔子死亡的前提下, 经过一段时间后, 兔群逐季增长率趋于 $\dfrac{\sqrt{5}+1}{2} - 1 \approx 0.618$.

注记 此题涉及的数列的性质很特殊, 本身不是单调数列, 但奇偶子列都是单调的, 只不过一个单调增加, 一个单调减少, 它们分别都可以用单调有界有极限的准则.

例 2.2.11 证明: $\left(\dfrac{n+1}{\mathrm{e}}\right)^n < n! < \left(\dfrac{n+1}{\mathrm{e}}\right)^n (n+1)$ ($n!$ 的一种估计).

证 所证不等式等价于 $(n+1)^n < \mathrm{e}^n n! < (n+1)^{n+1}$. 下面利用数学归纳法证明此不等式.

$n=1$, 不等式为 $2 < \mathrm{e} < 4$, 成立.

设 $n=k$ 时不等式成立, 当$n=k+1$ 时,

$$\begin{aligned}(k+2)^{k+1} &= (1+k+1)^{k+1} = (k+1)^{k+1} \cdot \left(1+\frac{1}{k+1}\right)^{k+1} \\ &< (k+1)^k \cdot (k+1) \cdot \mathrm{e} < \mathrm{e}^k k! \cdot (k+1) \cdot \mathrm{e} = \mathrm{e}^{k+1}(k+1)!, \\ (k+2)^{k+2} &= (1+k+1)^{k+2} = (k+1)^{k+2} \cdot \left(1+\frac{1}{k+1}\right)^{k+2} \\ &> \mathrm{e}^k k! \cdot \mathrm{e} \cdot (k+1) = \mathrm{e}^{k+1}(k+1)!,\end{aligned}$$

故由数学归纳法可知原不等式成立.

例 2.2.12 证明: $\lim\limits_{n\to\infty} \dfrac{n}{\sqrt[n]{n!}} = \mathrm{e}$.

证 (方法1) 根据例 2.2.11 可得:

$$\frac{n+1}{\mathrm{e}} < \sqrt[n]{n!} < \frac{n+1}{\mathrm{e}} \cdot \sqrt[n]{n+1},$$

于是有

$$\frac{1}{\mathrm{e}} \cdot \frac{n+1}{n} < \frac{\sqrt[n]{n!}}{n} < \frac{1}{\mathrm{e}} \cdot \frac{n+1}{n} \cdot \sqrt[n]{n+1}.$$

而

$$\lim_{n\to\infty} \frac{n+1}{n} = 1, \quad \lim_{n\to\infty} \left(\frac{n+1}{n} \cdot \sqrt[n]{n+1}\right) = 1,$$

所以由夹逼定理可得

$$\lim_{n\to\infty} \frac{\sqrt[n]{n!}}{n} = \frac{1}{\mathrm{e}}, \quad 即 \quad \lim_{n\to\infty} \frac{n}{\sqrt[n]{n!}} = \mathrm{e}.$$

(证法2) 利用Stirling 公式 $n! \sim \sqrt{2n\pi}\left(\frac{n}{\mathrm{e}}\right)^n$ $(n \to +\infty)$, 则有

$$\lim_{n\to\infty}\frac{n}{\sqrt[n]{n!}} = \lim_{n\to\infty} n\cdot\left[\sqrt{2n\pi}\left(\frac{n}{\mathrm{e}}\right)^n\right]^{-\frac{1}{n}} = \mathrm{e}.$$

注记 此题求解过程中用到重要极限 $\lim\limits_{n\to\infty}\sqrt[n]{n}=1$, 此极限还可以推广为: $\lim\limits_{n\to\infty}\sqrt[n]{an^k}=1(a>0, k$ 为常数).

例 2.2.13 设 $\lim\limits_{n\to\infty} a_n = a$. 证明:

(1) $\lim\limits_{n\to\infty}\frac{a_1+a_2+\cdots+a_n}{n}=a$;

(2) 若 $a_n>0$, 则 $\lim\limits_{n\to\infty}\sqrt[n]{a_1 a_2\cdots a_n}=a$;

(3) $\lim\limits_{n\to\infty}\frac{a_1+2a_2+\cdots+na_n}{n^2}=\frac{a}{2}$;

(4) $\lim\limits_{n\to\infty}\frac{1}{2^n}(C_n^0 a_0+C_n^1 a_1+C_n^2 a_2+\cdots+C_n^{n-1}a_{n-1}+C_n^n a_n)=a$ $(a_0=0)$.

证 (1) (方法一) 利用极限的定义.

$\left|\frac{a_1+a_2+\cdots+a_n}{n}-a\right| \leqslant \frac{|a_1-a|+|a_2-a|+\cdots+|a_n-a|}{n}$, 由 $\lim\limits_{n\to\infty} a_n = a$ 知, 对于任意的 $\varepsilon>0$, 存在 N_1, 当 $n>N_1$ 时, 使得

$$|a_n-a|<\frac{\varepsilon}{2}.$$

对于有限数 $|a_1-a|+|a_2-a|+\cdots+|a_{N_1}-a|$, 存在 $N_2>N_1$, 当 $n>N_2$ 时, 使得

$$\frac{|a_1-a|+|a_2-a|+\cdots+|a_{N_1}-a|}{n}<\frac{\varepsilon}{2}.$$

所以对于任意的 $\varepsilon>0$, 存在 $N_2\in\mathbb{N}^+$, 当 $n>N_2$ 时, 有

$$\left|\frac{a_1+a_2+\cdots+a_n}{n}-a\right| \leqslant \frac{\varepsilon}{2}+\frac{n-N_1}{n}\cdot\frac{\varepsilon}{2}=\varepsilon.$$

(方法二) 利用Stolz 公式.

$$\lim_{n\to\infty}\frac{a_1+a_2+\cdots+a_n}{n}=\lim_{n\to\infty}\frac{a_n}{n-(n-1)}=a.$$

(2) (i) $a=0$. 由

$$\frac{a_1+a_2+\cdots+a_n}{n}\geqslant\sqrt[n]{a_1 a_2\cdots a_n}\geqslant 0$$

和夹逼定理知结论成立.

(ii) $a>0$. 由 $\lim\limits_{n\to\infty}a_n=a$ 知 $\lim\limits_{n\to\infty}\dfrac{1}{a_n}=\dfrac{1}{a}$, 于是有

$$\lim_{n\to\infty}\frac{a_1+a_2+\cdots+a_n}{n}=a,\quad \lim_{n\to\infty}\frac{\dfrac{1}{a_1}+\dfrac{1}{a_2}+\cdots+\dfrac{1}{a_n}}{n}=\frac{1}{a}.$$

故由平均值不等式

$$\frac{a_1+a_2+\cdots+a_n}{n}\geqslant\sqrt[n]{a_1a_2\cdots a_n}\geqslant\frac{n}{\dfrac{1}{a_1}+\dfrac{1}{a_2}+\cdots+\dfrac{1}{a_n}}$$

和夹逼定理可知结论成立.

(3) 由 Stolz 公式可得

$$\lim_{n\to\infty}\frac{a_1+2a_2+\cdots+na_n}{n^2}=\lim_{n\to\infty}\frac{na_n}{n^2-(n-1)^2}=\lim_{n\to\infty}\frac{na_n}{2n-1}=\frac{a}{2}.$$

(4) 由 $1=\dfrac{(1+1)^n}{2^n}=\dfrac{1}{2^n}\sum\limits_{k=0}^{n}C_n^k$ 知 $a=\dfrac{1}{2^n}\sum\limits_{k=0}^{n}C_n^ka$, 于是

$$\left|\frac{1}{2^n}\sum_{k=0}^{n}C_n^ka_k-a\right|\leqslant\sum_{k=0}^{n}\frac{C_n^k}{2^n}|a_k-a|.$$

因为 $\lim\limits_{n\to\infty}a_n=a$, 所以对于任意的 $\varepsilon>0$, 存在 N_1, 当 $n>N_1$ 时, 使得

$$|a_n-a|<\frac{\varepsilon}{2},$$

且存在 $M>0$, 使得 $|a_k-a|\leqslant M,\ k=0,1,\cdots,N_1$. 于是有

$$\left|\frac{1}{2^n}\sum_{k=0}^{n}C_n^ka_k-a\right|\leqslant\sum_{k=0}^{N_1}\frac{n^{N_1}}{2^n}M+\frac{1}{2^n}\sum_{k=0}^{n}C_n^k\cdot\frac{\varepsilon}{2}\leqslant\frac{MN_1n^{N_1}}{2^n}+\frac{\varepsilon}{2}.$$

又因为 $\lim\limits_{n\to\infty}\dfrac{MN_1n^{N_1}}{2^n}=0$, 故存在 $N>N_1>0$, 使得 $n>N$ 时, $\left|\dfrac{MN_1n^{N_1}}{2^n}\right|<\dfrac{\varepsilon}{2}$. 所以对于任意的 $\varepsilon>0$, 存在 N, 当 $n>N$ 时, 有

$$\left|\frac{1}{2^n}\sum_{k=0}^{n}C_n^ka_k-a\right|<\frac{\varepsilon}{2}+\frac{\varepsilon}{2}=\varepsilon.$$

§2.3 基本习题

§2.3.1 数列极限

一、判断题

1. 两个非负的发散数列, 其和可能收敛. ( )

2. 两个非负的发散数列, 其乘积也是发散的. (　　)
3. 若数列 $\{a_n\}$ 收敛, 则数列 $\{|a_n|\}$ 收敛. (　　)
4. 若数列 $\{|a_n|\}$ 收敛, 则数列 $\{a_n\}$ 收敛. (　　)
5. 若 $\lim\limits_{n\to\infty} a_n = 0$, $\{b_n\}$ 有界, 则$\{a_nb_n\}$ 收敛. (　　)
6. 若 $\{a_n\}$ 发散, $\{b_n\}$ 收敛, 则 $\{a_n+b_n\}$, $\{a_nb_n\}$ 中最多有一个收敛. (　　)
7. 设 $a_n \leqslant b_n \leqslant c_n$, 且 $\lim\limits_{n\to\infty}(c_n-a_n)=0$, 则数列 $\{a_n\},\{b_n\},\{c_n\}$ 均为收敛数列. (　　)
8. 若数列 $\{x_n\}$ 收敛,$\{y_n\}$ 发散, 则 $\{x_ny_n\}$ 发散. (　　)
9. 若 $\{x_n\},\{y_n\}$ 都发散, 则$\{x_ny_n\}$ 也发散. (　　)
10. 若 $\{x_{n_k}\}$ 为$\{x_n\}$ 的任一子列, 且 $\lim\limits_{k\to\infty} x_{n_k}$ 存在, 则 $\lim\limits_{n\to\infty} x_n$ 存在. (　　)

二、填空题

1. 若 $\lim\limits_{n\to\infty} x_{3n} = \lim\limits_{n\to\infty} x_{3n+1} = \lim\limits_{n\to\infty} x_{3n+2} = a$, 则 $\lim\limits_{n\to\infty} x_n =$ ＿＿＿＿＿＿.
2. $\lim\limits_{n\to\infty}(\sin\sqrt{n+1}-\sin\sqrt{n}) =$ ＿＿＿＿＿＿.
3. $\lim\limits_{n\to\infty} \dfrac{\dfrac{1}{2}+\dfrac{1}{2^2}+\cdots+\dfrac{1}{2^n}}{\dfrac{1}{3}+\dfrac{1}{3^2}+\cdots+\dfrac{1}{3^n}} =$ ＿＿＿＿＿＿.
4. $\lim\limits_{n\to\infty}(\sqrt{n^2+n}-n) =$ ＿＿＿＿＿＿.
5. $\lim\limits_{n\to\infty}(\arctan n)^{\frac{1}{n}} =$ ＿＿＿＿＿＿.
6. $\lim\limits_{n\to\infty}(1-\dfrac{2}{n})^n =$ ＿＿＿＿＿＿.
7. 若 $|\alpha|<1$, 则 $\lim\limits_{n\to\infty}(1+\alpha)(1+\alpha^2)\cdots(1+\alpha^{2^n})=$＿＿＿＿＿＿.
8. $\lim\limits_{n\to\infty}\left(1+\dfrac{1}{\sqrt{2}}+\dfrac{1}{\sqrt{3}}+\cdots+\dfrac{1}{\sqrt{n}}\right)^{\frac{1}{n}} =$ ＿＿＿＿＿＿.
9. $\lim\limits_{n\to\infty}\dfrac{1+2\sqrt{2^2}+3\sqrt[3]{3^2}+\cdots+n\sqrt[n]{n^2}}{n^2} =$ ＿＿＿＿＿＿＿＿.
10. $\lim\limits_{n\to\infty}\sqrt[n]{a^n+b^n} =$ ＿＿＿＿＿＿ $(a,b>0)$.

三、选择题

1. 若数列$\{a_n\}$ 有极限a, 则在a 的任一邻域之外, 数列$\{a_n\}$ 中的点 (　　).

(A) 必不存在;　　(B) 至多只有有限多个;

(C) 必定有无穷多个;　　(D) 可以有有限多个, 也可以有无穷多个.

2. 与 $\lim\limits_{n\to\infty} x_n = a$ 等价的命题为 (　　).

(A) $\forall\varepsilon>0,\exists$ 正整数N 和$n_0>N$, 使$|x_{n_0}-a|<\varepsilon$;

(B) $\forall\varepsilon>0,\exists$ 正整数N, 使得当$n>N$ 时总有$x_n-a<\varepsilon$;

(C) $\forall\varepsilon>0,\exists$ 正整数N, 使得当$n>N$ 时总有$|x_n-a|<M\varepsilon(M>0$ 为常数);

(D) $\exists$ 正整数N, $\forall\varepsilon>0$, 当$n>N$ 时有$|x_n-a|<\varepsilon$.

3. 下列命题中正确的是(　　).

(A) 若 $\lim\limits_{n\to\infty} x_n y_n = 0$, 则 $\lim\limits_{n\to\infty} x_n$ 与 $\lim\limits_{n\to\infty} y_n$ 中至少有一个为0;

(B) 若$\{x_n\}$ 与$\{y_n\}$ 都发散, 则$\{x_n y_n\}$ 一定发散;

(C) 若$\{x_n\}$ 与$\{y_n\}$ 都发散, 则$\{x_n + y_n\}$ 一定发散;

(D) 若 $\lim\limits_{n\to\infty} x_n = 0$, $\{y_n\}$ 有界, 则$\{x_n y_n\}$ 一定收敛.

4. 下列命题中正确的是(　　).

(A) 若 $\lim\limits_{n\to\infty} |x_n| = a(a \neq 0)$, 则 $\lim\limits_{n\to\infty} x_n = a$;

(B) $\lim\limits_{n\to\infty} |x_n| = 0$ 的等价条件为 $\lim\limits_{n\to\infty} x_n = 0$;

(C) 若 $\lim\limits_{n\to\infty} x_n = a(a > 0)$, 则$x_n > 0, n = 1, 2, \cdots$;

(D) 若 $\lim\limits_{n\to\infty} x_n = a$, $\lim\limits_{n\to\infty} y_n = b$, 且存在正整数$N$, 当$n > N$ 时$x_n < y_n$, 则$a < b$.

5. 下列命题中错误的是 (　　).

(A) 若 $\lim\limits_{n\to\infty} x_n y_n = 0$, 则$\{x_n\}$ 和 $\{y_n\}$ 中至少有一个是有界的;

(B) 若 $\lim\limits_{n\to\infty} x_{2n} = \lim\limits_{n\to\infty} x_{2n+1} = a(a$ 为有限数), 则 $\lim\limits_{n\to\infty} x_n = a$;

(C) 若 $\lim\limits_{n\to\infty} x_n = a > 0$, 则存在正整数$N$, 当$n > N$ 时, $x_n > \dfrac{a}{3} > 0$;

(D) $\lim\limits_{n\to\infty} x_n = a$ 的充分必要条件是 $\lim\limits_{n\to\infty} x_{n+k} = a\,(k$ 是正整数).

四、计算题

1. $\lim\limits_{n\to\infty} \dfrac{a^n}{a^n+1}(a > 0)$.

2. $\lim\limits_{n\to\infty} \dfrac{(-4)^n + 6^n}{5^{n+1} + 6^{n+1}}$.

3. $\lim\limits_{n\to\infty} \dfrac{\sqrt{n+\sqrt{n}}}{\sqrt{n+1}}$.

4. $\lim\limits_{n\to\infty} \left(\dfrac{n^3-1}{n^3-2}\right)^{4n^3}$.

5. $\lim\limits_{n\to\infty} \dfrac{(-2)^n + 3^n}{(-2)^{n+1} + 3^{n+1}}$.

6. $\lim\limits_{n\to\infty} \sqrt[n]{1+a^n}(a > 0)$.

7. $\lim\limits_{n\to\infty} (\sqrt{n^2+n} - n)^{\frac{1}{n}}$.

8. $\lim\limits_{n\to\infty} (\sqrt[4]{n^2+1} - \sqrt{n+1})$.

9. $\lim\limits_{n\to\infty} (2\sin^2 n + \cos^2 n)^{\frac{1}{n}}$.

10. $\lim\limits_{n\to\infty} \left(\dfrac{1^2}{n^3} + \dfrac{2^2}{n^3} + \cdots + \dfrac{n^2}{n^3}\right)$.

11. $\lim\limits_{n\to\infty} \sqrt[n]{2^n + 3^n + \cdots + 10^n}$.

12. $\lim\limits_{n\to\infty} \dfrac{1}{n}\left|1 - 2 + 3 - 4 + \cdots + (-1)^{n-1}n\right|$.

13. 设$a_n \leqslant a \leqslant b_n$, 且$\lim\limits_{n\to\infty}(b_n-a_n)=0$, 求$\lim\limits_{n\to\infty}a_n$, $\lim\limits_{n\to\infty}b_n$.

14. 对于数列$x_0=a, 0<a<\dfrac{\pi}{2}, x_n=\sin x_{n-1}(n=1,2,\cdots)$, 求$\lim\limits_{n\to\infty}x_n$.

15. 设$\alpha\leqslant -1$, 求$\lim\limits_{n\to\infty}\dfrac{1^{\alpha+1}+2^{\alpha+1}+\cdots+n^{\alpha+1}}{n(1^{\alpha}+2^{\alpha}+\cdots+n^{\alpha})}$.

16. 设$a>0, x_1=\sqrt{a}, x_2=\sqrt{a+\sqrt{a}},\cdots,x_{n+1}=\sqrt{a+x_n}$, 求$\lim\limits_{n\to\infty}x_n$.

五、证明题

1. 利用 $\varepsilon-N$ 定义证明: $\lim\limits_{n\to\infty}\dfrac{n^2-n}{2n^2+n-6}=\dfrac{1}{2}$.

2.设 $a_n>0$, 若 $\lim\limits_{n\to\infty}\dfrac{a_{n+1}}{a_n}=a$. 则 $\lim\limits_{n\to\infty}\sqrt[n]{a_n}=a$.

3.证明：

(1)若 $\lim\limits_{n\to\infty}(a_{n+1}-a_n)=a$, 则 $\lim\limits_{n\to\infty}\dfrac{a_n}{n}=a$;

(2)若 $\lim\limits_{n\to\infty}a_n=a$, 且 $\lim\limits_{n\to\infty}n(a_n-a_{n-1})=l$, 则 $l=0$.

4.设 $a>1$, 证明: $\lim\limits_{n\to\infty}\left(\dfrac{1}{a}+\dfrac{2}{a^2}+\cdots+\dfrac{n}{a^n}\right)=\dfrac{a}{(1-a)^2}$.

5.已知 $\lim\limits_{n\to\infty}a_n=a$, $\lim\limits_{n\to\infty}b_n=b$, 证明: $\lim\limits_{n\to\infty}\dfrac{a_1b_n+a_2b_{n-1}+\cdots+a_nb_1}{n}=ab$.

6.证明:

(1)若 $\{a_{2n-1}\}$ 和 $\{a_{2n}\}$ 都收敛, 且极限相同, 则 $\{a_n\}$ 收敛;

(2)若 $\{a_{3n-2}\}, \{a_{3n-1}\}$ 和 $\{a_{3n}\}$ 都收敛, 且极限相同, 则$\{a_n\}$ 收敛.

§2.3.2　实数系基本定理

1.设 $\{(a_n,b_n)\}$ 是一列开区间, 满足条件:

(1) $a_1<a_2<\cdots<a_n<\cdots<b_n<\cdots<b_2<b_1$;

(2) $\lim\limits_{n\to\infty}(b_n-a_n)=0$.

证明存在唯一的实数$\xi\in(a_n,b_n), n\in\mathbb{N}^+$, 且 $\lim\limits_{n\to\infty}a_n=\lim\limits_{n\to\infty}b_n=\xi$. 又若条件(1)换为(1)$'$: $a_1\leqslant a_2\leqslant\cdots\leqslant a_n\leqslant\cdots\leqslant b_n\leqslant\cdots\leqslant b_2\leqslant b_1$, 问结论是否仍成立?

2.设数列 $\{x_n\}$ 满足压缩性条件: $|x_{n+1}-x_n|\leqslant k|x_n-x_{n-1}|, 0<k<1, n=2,3,\cdots$, 则 $\{x_n\}$ 收敛.

3.试用闭区间套定理证明单调有界定理, 即单调有界数列必收敛.

§2.4　提高与综合习题

一、判断题

1. 若$\{a_n\},\{b_n\}$ 都发散, 且$a_n\leqslant c_n\leqslant b_n$, 则$\{c_n\}$ 也发散. (　　)

2. 若$\forall\varepsilon>0, \exists N$, 当$n>N$ 时$|x_{n+1}-x_n|<\varepsilon$, 则$\lim\limits_{n\to\infty}x_n$ 存在. (　　)

3. 设 $\lim\limits_{n\to\infty}a_n=a$, $\lambda_i>0$, 且 $\sum\limits_{i=1}^{n}\lambda_i=1$, 则$\lim\limits_{n\to\infty}\sum\limits_{i=1}^{n}\lambda_ia_i=a$. (　　)

4. 若$f(x),g(x)$ 为区间$[a,b]$ 上的有界函数, 且$f(x)\geqslant g(x)$, 则 $\sup\limits_{x\in[a,b]} f(x)\geqslant \sup\limits_{x\in[a,b]} g(x)$. ( )

5. 若$f(x),g(x)$ 为区间$[a,b]$ 上的有界函数,则 $\sup\limits_{x\in[a,b]} f(x)g(x)=\sup\limits_{x\in[a,b]} f(x)\cdot \sup\limits_{x\in[a,b]} g(x)$. ( )

二、填空题

1. $\lim\limits_{n\to\infty}(n!)^{\frac{1}{n^2}}=$__________.

2. $\lim\limits_{n\to\infty}\sqrt{2}\sqrt[4]{2}\cdots\sqrt[2^n]{2}=$__________.

3. $\lim\limits_{n\to\infty}\sum\limits_{k=1}^{n}\dfrac{1}{1+2+\cdots+k}=$__________.

4. $\lim\limits_{n\to\infty}\sum\limits_{k=1}^{n}[(n^k+1)^{-\frac{1}{k}}+(n^k-1)^{-\frac{1}{k}}]=$__________.

5. $\lim\limits_{n\to\infty}\left(\dfrac{2}{2^2-1}\right)^{\frac{1}{2^{n-1}}}\left(\dfrac{2^2}{2^3-1}\right)^{\frac{1}{2^{n-2}}}\cdots\left(\dfrac{2^{n-1}}{2^n-1}\right)^{\frac{1}{2}}=$__________.

三、计算题

1. 求 $\lim\limits_{n\to\infty}\left(\dfrac{1}{\sqrt{n^2}}+\dfrac{1}{\sqrt{n^2+1}}+\cdots+\dfrac{1}{\sqrt{(n+1)^2}}\right)$.

2. 求 $\lim\limits_{n\to\infty}\left(\dfrac{1}{1\cdot2\cdot3}+\dfrac{1}{2\cdot3\cdot4}+\cdots+\dfrac{1}{n(n+1)(n+2)}\right)$.

3. 求 $\lim\limits_{n\to\infty}\dfrac{a^n}{n!}$, 其中$a>0$.

4. 求 $\lim\limits_{n\to\infty}\dfrac{n^k}{a^n}$, 其中$k>0,a>1$.

5. 设数列$\{p_n\},\{q_n\}$ 满足 $p_{n+1}=p_n+2q_n,q_{n+1}=p_n+q_n,p_1=q_1=1$, 求 $\lim\limits_{n\to\infty}\dfrac{p_n}{q_n}$.

6. 给定数列 $\{x_n\}$: 2, $2+\dfrac{1}{2}$, $2+\dfrac{1}{2+\dfrac{1}{2}}$, $\cdots$, 求其极限.

7. 设$x_0=0,x_1=1,x_{n+1}=\dfrac{x_n+x_{n-1}}{2}$, 求 $\lim\limits_{n\to\infty}x_n$.

8. 设$x_0=1,x_1=\mathrm{e},x_{n+1}=\sqrt{x_nx_{n-1}}$, 求 $\lim\limits_{n\to\infty}x_n$.

9. $\lim\limits_{n\to\infty}\dfrac{3}{2}\cdot\dfrac{5}{4}\cdot\dfrac{17}{16}\cdots\dfrac{2^{2n}+1}{2^{2n}}$.

10. $\lim\limits_{n\to\infty}\left(\dfrac{1}{2}+\dfrac{3}{2^2}+\dfrac{5}{2^3}+\cdots+\dfrac{2n-1}{2^n}\right)$.

11. $\lim\limits_{n\to\infty}\left(\dfrac{1^p+2^p+\cdots+n^p}{n^p}-\dfrac{n}{p+1}\right)$ (p 为正整数).

12. 求 $\sup\limits_{n}\{x_n\}$, $\inf\limits_{n}\{x_n\}$, $\overline{\lim\limits_{n\to\infty}}x_n$, $\underline{\lim\limits_{n\to\infty}}x_n$:

(1) $x_n=(-1)^{n+1}\dfrac{n^2}{2n^2+\sqrt{n}}$; (2) $x_n=(-1)^n\dfrac{n^2}{2n^2-\sqrt{n}}$.

13. 求下列极限

(1) $\lim\limits_{n\to\infty}\dfrac{1}{\sqrt{n}}\sum\limits_{k=1}^{n}\dfrac{a_k}{\sqrt{k}}$, 其中 $\lim\limits_{n\to\infty}a_n=a$;

(2) $\lim\limits_{n\to\infty}\dfrac{1}{\ln n}\sum\limits_{k=1}^{n}\dfrac{1}{k}$;

(3) $\lim\limits_{n\to\infty}\dfrac{1+a+2a^2+\cdots+na^n}{na^{n+2}}(a>1)$;

(4) $\lim\limits_{n\to\infty}\dfrac{1}{\ln n}\sum\limits_{k=1}^{n}\dfrac{a_k}{k}$, 这里 $A_n=\dfrac{a_1+a_2+\cdots+a_n}{n}\to A$.

四、证明题

1. 设 $a_1>b_1>0$, 记 $a_n=\dfrac{a_{n-1}+b_{n-1}}{2}, b_n=\dfrac{2a_{n-1}\cdot b_{n-1}}{a_{n-1}+b_{n-1}}, n=2,3,\cdots$, 证明数列 $\{a_n\}$ 和 $\{b_n\}$ 的极限都存在且等于 $\sqrt{a_1b_1}$.

2. 设数列 $\{a_n\}$ 满足: 存在正数 M, 对一切正整数 n 有

$$A_n=|a_2-a_1|+|a_3-a_2|+\cdots+|a_n-a_{n-1}|\leqslant M,$$

证明 $\{a_n\}$ 与 $\{A_n\}$ 都收敛.

3. (1) 证明: 若 $a_n>0$, 且 $\lim\limits_{n\to\infty}\dfrac{a_{n+1}}{a_n}=l<1$, 则 $\lim\limits_{n\to\infty}a_n=0$;

(2) 求极限 $\lim\limits_{n\to\infty}\dfrac{2^n\cdot n!}{n^n}$.

4. 已知 $a_1>b_1>c_1>0$, 设

$$a_{n+1}=\frac{a_n+b_n+c_n}{3},\ b_{n+1}=\sqrt[3]{a_nb_nc_n},\ \frac{1}{c_{n+1}}=\frac{1}{3}\left(\frac{1}{a_n}+\frac{1}{b_n}+\frac{1}{c_n}\right),\ n\in\mathbb{N}^+.$$

证明 $\{a_n\}$, $\{b_n\}$ 与 $\{c_n\}$ 均收敛, 且有相同的极限.

5. 数列$\{a_n\}$ 满足 $\lim\limits_{n\to\infty}a_n=a$, 证明 $\lim\limits_{n\to\infty}\dfrac{a_{n+1}+a_{n+2}+\cdots+a_{2n}}{n}=a$.

6. 数列$\{a_n\}$ 满足 $\lim\limits_{n\to\infty}na_n=0$, 证明 $\lim\limits_{n\to\infty}(a_{n+1}+a_{n+2}+\cdots+a_{2n})=0$.

7. 证明下列不等式:

(1) $\left(1+\dfrac{1}{n}\right)^n>\mathrm{e}^{1-\frac{1}{n}}\,(n\in\mathbb{N}^+)$;

(2) $\mathrm{e}-\left(1+\dfrac{1}{n}\right)^n<\dfrac{3}{n}\,(n\in\mathbb{N}^+)$.

8. 设 $\{O_n\}$ 为 $[a,b]$ 的一个开覆盖, 证明: 存在 $\delta>0$, 对任意 $x',x''\in[a,b]$, 只要 $|x'-x''|<\delta$, 就有开区间 $O\in\{O_n\}$, 使得 $x',x''\in O$.

9. 试用有限覆盖定理证明致密性定理, 即有界数列必有收敛子列.

10. 试用闭区间套定理证明确界存在定理、单调有界定理、柯西收敛准则和致密性定理, 再用这四个定理分别证明闭区间套定理; 利用上面五个定理分别证明有限覆盖定理, 再利用有限覆盖定理证明这五个定理.

§2.5 自测题

一、判断题

1. 若单调数列有一个子列收敛, 则此单调数列也收敛. (　　)
2. 若$\{a_n\}$, $\{b_n\}$ 都收敛, 且 $a_n \leqslant c_n \leqslant b_n$, 则$\{c_n\}$ 也收敛. (　　)
3. 若 $\lim\limits_{n\to\infty} a_n = a \neq 0$, $\{b_n\}$ 发散, 则数列$\{a_n b_n\}$ 发散. (　　)
4. 若 $\lim\limits_{n\to\infty} x_n = a$, 则 $\lim\limits_{n\to\infty} \dfrac{x_{n+1}}{x_n} = 1$. (　　)
5. 若数列$\{a_n\}$在点a的任意邻域内都包含无穷多个数列中的点, 则此数列收敛到 a.(　　)

二、填空题

1. $\lim\limits_{n\to\infty} \left[\dfrac{1}{1\cdot 2} + \dfrac{1}{2\cdot 3} + \cdots + \dfrac{1}{(n-1)\cdot n}\right] =$ __________.
2. $\lim\limits_{n\to\infty} \left(\dfrac{1}{\sqrt{n^2+1}} + \dfrac{1}{\sqrt{n^2+2}} + \cdots + \dfrac{1}{\sqrt{n^2+n}}\right) =$ __________.
3. $\lim\limits_{n\to\infty} \dfrac{1^p + 2^p + \cdots + n^p}{n^{p+1}} =$ __________ $(p \in \mathbb{N})$.
4. $\lim\limits_{n\to\infty} (1 + \dfrac{1}{n} + \dfrac{1}{n^2})^n =$ __________.
5. $\lim\limits_{n\to\infty} (1+a)(1+a^2)\cdots(1+a^{2^n})(|a|<1) =$ __________.

三、选择题

1. 若数列 $\{a_n\}$ 在 a 的某一邻域之内有无穷多个数列中的点, 则 (　　).
   (A) $\{a_n\}$ 必有极限, 且极限为 a;
   (B) $\{a_n\}$ 必有极限, 且极限不一定为 a;
   (C) $\{a_n\}$ 不一定存在极限;
   (D) $\{a_n\}$ 一定不存在极限.
2. 若 $\lim\limits_{n\to\infty} x_n y_n = 0$, 则下列论断正确的是 (　　).
   (A) 若 $\{x_n\}$ 发散, 则 $\{y_n\}$ 发散;
   (B) 若 $\{x_n\}$ 无界, 则 $\{y_n\}$ 必为无穷小量;
   (C) 若 $\{x_n\}$ 有界, 则 $\{y_n\}$ 必有界;
   (D) 若 $\left\{\dfrac{1}{x_n}\right\}$ 为无穷小量, 则 $\{y_n\}$ 必为无穷小量.
3. 设 $a_n \leqslant b_n \leqslant c_n$, 且 $\lim\limits_{n\to\infty}(c_n - a_n) = 0$, 则下列论断正确的是 (　　).
   (A) $\{a_n\}$, $\{b_n\}$,$\{c_n\}$ 都收敛,且极限相等;
   (B) $\{a_n\}$, $\{b_n\}$,$\{c_n\}$ 都收敛,但极限不一定相等;
   (C) $\{a_n\}$, $\{b_n\}$,$\{c_n\}$ 都发散;
   (D) $\{a_n\}$, $\{b_n\}$,$\{c_n\}$ 同收敛同发散.

4. 下列命题中正确的是(　　).

(A) 若 $\lim\limits_{n\to\infty}|x_n|=a(a\neq 0)$, 则 $\lim\limits_{n\to\infty}x_n=a$ 或 $\lim\limits_{n\to\infty}x_n=-a$;

(B) 若 $\lim\limits_{n\to\infty}x_n=a(a>0)$, 则$x_n>0, n=1,2,\cdots$;

(C) $\lim\limits_{n\to\infty}|x_n|=0$ 的等价条件为 $\lim\limits_{n\to\infty}x_n=0$;

(D) 若 $\lim\limits_{n\to\infty}x_n=a$, $\lim\limits_{n\to\infty}y_n=b$, 且存在正整数$N$, 当$n>N$ 时$x_n>y_n$, 则$a>b$.

5. 下列命题中错误的是(　　).

(A) 若 $\{x_n\}$ 无界但不是无穷大, 则存在收敛子列;

(B) 若 $\lim\limits_{n\to\infty}x_{2n}=\lim\limits_{n\to\infty}x_{2n+1}=a(a$ 为有限数), 则 $\lim\limits_{n\to\infty}x_n=a$;

(C) 若$\{x_n\}$ 发散, $\{y_n\}$ 发散, 则 $\{x_n+y_n\}$, $\{x_ny_n\}$ 中至少有一个发散;

(D) $\lim\limits_{n\to\infty}x_n=a$ 的充分必要条件是 $\lim\limits_{n\to\infty}x_{n+k}=a,\ k>0$.

四、计算题

1. $\lim\limits_{n\to\infty}\left(\dfrac{n+1}{n+2}\right)^{3n}$.

2. $\lim\limits_{n\to\infty}\left[\dfrac{1}{n^2}+\dfrac{1}{(n+1)^2}+\cdots+\dfrac{1}{(2n)^2}\right]$.

3. 设 $x_1=1, x_2=\dfrac{1}{2},\cdots,x_{n+1}=\dfrac{1}{1+x_n}$, 证明 $\{x_n\}$ 收敛并求 $\lim\limits_{n\to\infty}x_n$.

4. $\lim\limits_{n\to\infty}\left(\dfrac{1}{1}+\dfrac{1}{1+2}+\cdots+\dfrac{1}{1+2+\cdots+n}\right)$.

5. $\lim\limits_{n\to\infty}\dfrac{(2n-1)!!}{(2n)!!}$.

五、证明题

1. 分别用 $\varepsilon-N$ 定义和 Stolz 公式证明: $\lim\limits_{n\to\infty}\dfrac{n}{2^n}=0$.

2. 若 $\lim\limits_{n\to\infty}a_n=a,\ \lim\limits_{n\to\infty}b_n=b$, 证明: $\lim\limits_{n\to\infty}\max\{a_n,\ b_n\}=\max\{a,b\}$.

3. 证明 $\lim\limits_{n\to\infty}\cos n$ 不存在.

4. 设 $x_n=\dfrac{\sin 1}{2}+\dfrac{\sin 2}{2^2}+\cdots+\dfrac{\sin n}{2^n}$, 证明 $\{x_n\}$ 收敛.

§2.6　思考、探索与数学实验题

一、思考与探索题

1. 当集合 E 满足 $\sup E=\inf E$ 时, E 有什么特点?
2. 如何理解集合 E 的上界、下界、界、上确界与下确界以及它们之间的关系?
3. 请整理证明数列收敛的各种方法.
4. 请探索闭区间套定理的使用特点与适用问题.
5. 请思考 Stirling (斯特灵)公式在求极限中的应用特点, 并探索它的其他学科中的应用.
6. 查阅 Fibonacci 数列在数学和其他学科中的应用.

二、数学实验题

1. 计算 Fibonacci 数列前 50 项的值, 并绘图.

2. 已知数列 $x_n=\left(1+\dfrac{1}{n}\right)^n$, $\lim\limits_{n\to\infty}x_n=\mathrm{e}$.

(1) 在平面直角坐标系中画出此数列的散点图;

(2) 利用软件直接计算, 求最小的 n, 使得 $x_{n+1}=x_n$(精确到小数点后三位).

3. 利用软件计算下列数列的极限:

(1) $\lim\limits_{n\to\infty}\sqrt[n]{\dfrac{(2n)!!}{(2n+1)!!}}$;

(2) $\lim\limits_{n\to\infty}\left(\dfrac{1}{n^2}+\dfrac{1}{(n+1)^2}+\cdots+\dfrac{1}{(2n)^2}\right)$;

(3) 设数列 x_n 满足 $x_1=\dfrac{1}{6}$, $x_{n+1}=x_n(2-3x_n)$, $n=1,2,\cdots$, 求 $\lim\limits_{n\to\infty}x_n$.

§2.7　本章习题答案与参考解答

§2.7.1　基本习题

数列极限:

一、判断题

1. √; 2. ×, 反例: $x_n=1+(-1)^n, y_n=1-(-1)^n$, $x_ny_n=0$, $\{x_n,\ y_n\}$ 均发散, 但 $\{x_ny_n\}$ 收敛; 3. √; 4. ×, 反例: $a_n=(-1)^n$; 5. √; 6. √; 7. ×, 反例: $a_n=n+\dfrac{1}{3n}, b_n=n+\dfrac{1}{2n}, c_n=n+\dfrac{1}{n}$; 8. ×, 反例: $x_n=0, y_n=n$;

9. ×, 反例: $x_n=\begin{cases}0, n=2k\\ n, n=2k+1\end{cases}, y_n=\begin{cases}0, n=2k+1\\ n, n=2k\end{cases}$; 10. √.

二、填空题

1. a; 2. 0; 3. 2; 4. $\dfrac{1}{2}$; 5. 1; 6. e^{-2}; 7. $\dfrac{1}{1-\alpha}$; 8. 1; 9. $\dfrac{1}{2}$; 10. $\max\{a,b\}$.

三、选择题

1. B; 2. C; 3. D; 4. B; 5. A.

四、计算题

1. $\begin{cases}0, & 0<a<1,\\ \dfrac{1}{2}, & a=1,\\ 1, & a>1;\end{cases}$ 2. $\dfrac{1}{6}$; 3. 1; 4. e^4; 5. $\dfrac{1}{3}$; 6. $\begin{cases}1, & 0<a\leqslant 1,\\ a, & a>1;\end{cases}$ 7. 1; 8. 0; 9. 1;

10. $\dfrac{1}{3}$; 11. 10; 12. $\dfrac{1}{2}$; 13. a; 14. 0; 15. 0; 16. $\dfrac{1}{2}(1+\sqrt{1+4a})$.

五、证明题

1. 因为 $\left|\dfrac{n^2-n}{2n^2+n-6}-\dfrac{1}{2}\right|=\left|\dfrac{6-3n}{2(2n^2+n-6)}\right|$, 显然当$n\geqslant 6$ 时, 有 $\left|\dfrac{n^2-n}{2n^2+n-6}-\dfrac{1}{2}\right|<\dfrac{3n}{4n^2}<\dfrac{1}{n}$, 于是对任意$\varepsilon>0$, 取$N=\max\{6,[\dfrac{1}{\varepsilon}]\}$, 当$n>N$ 时, 有

$\left|\dfrac{n^2-n}{2n^2+n-6}-\dfrac{1}{2}\right|<\varepsilon$, 故 $\lim\limits_{n\to\infty}\dfrac{n^2-n}{2n^2+n-6}=\dfrac{1}{2}$.

2. 若 $a=0$, 则

$$0\leqslant \sqrt[n]{a_n}=\sqrt[n]{\frac{a_1}{1}\cdot\frac{a_2}{a_1}\cdots\frac{a_n}{a_{n-1}}}\leqslant\frac{\dfrac{a_1}{1}+\dfrac{a_2}{a_1}+\cdots+\dfrac{a_n}{a_{n-1}}}{n}\to 0(n\to\infty),\text{ 即 }\lim_{n\to\infty}\sqrt[n]{a_n}=0.$$

若 $a>0$, 则由不等式

$$a=\frac{1}{\dfrac{1}{a}}=\lim_{n\to\infty}\frac{1}{\dfrac{\dfrac{1}{a_1}+\dfrac{a_1}{a_2}+\cdots+\dfrac{a_{n-1}}{a_n}}{n}}\leqslant\lim_{n\to\infty}\sqrt[n]{a_n}=\lim_{n\to\infty}\sqrt[n]{\frac{a_1}{1}\cdot\frac{a_2}{a_1}\cdots\frac{a_n}{a_{n-1}}}$$

$$\leqslant\lim_{n\to\infty}\frac{\dfrac{a_1}{1}+\dfrac{a_2}{a_1}+\cdots+\dfrac{a_n}{a_{n-1}}}{n}=a,$$

可得 $\lim\limits_{n\to\infty}\sqrt[n]{a_n}=a$.

3. (1) $\lim\limits_{n\to\infty}\dfrac{a_n}{n}=\lim\limits_{n\to\infty}\dfrac{a_1+(a_2-a_1)+\cdots+(a_n-a_{n-1})}{n}=a$.

(2) 记 $a_0=0$,

$$l=\lim_{n\to\infty}\frac{(a_1-a_0)+2(a_2-a_1)+\cdots+n(a_n-a_{n-1})}{n}$$

$$=\lim_{n\to\infty}\frac{-(a_0+a_1+\cdots+a_{n-1})+na_n}{n}=-a+a=0.$$

4. 设 $S_n=\dfrac{1}{a}+\dfrac{2}{a^2}+\cdots+\dfrac{n}{a^n}$, 等式两端同乘 $\dfrac{1}{a}$, 得 $\dfrac{1}{a}S_n=\dfrac{1}{a^2}+\dfrac{2}{a^3}+\cdots+\dfrac{n}{a^{n+1}}$. 两式相减可得:

$$\left(1-\frac{1}{a}\right)S_n=\frac{1}{a}+\frac{1}{a^2}+\cdots+\frac{1}{a^n}-\frac{n}{a^{n+1}}=\frac{\dfrac{1}{a}\left(1-\dfrac{1}{a^n}\right)}{1-\dfrac{1}{a}}-\frac{n}{a^{n+1}},$$

又 $\lim\limits_{n\to\infty}\dfrac{1}{a^n}=0$, $\lim\limits_{n\to\infty}\dfrac{n}{a^{n+1}}=0$, 于是 $\lim\limits_{n\to\infty}S_n=\dfrac{a}{(a-1)^2}$.

5. 令 $a_n=a+\alpha_n, b_n=b+\beta_n$, $\lim\limits_{n\to\infty}\alpha_n=\lim\limits_{n\to\infty}\beta_n=0$.

设 $|\beta_n|\leqslant M$, 因为

$$\frac{a_1b_n+a_2b_{n-1}+\cdots+a_nb_1}{n}=ab+\frac{b}{n}\sum_{k=1}^n\alpha_k+\frac{a}{n}\sum_{k=1}^n\beta_k+\frac{1}{n}\sum_{k=1}^n\alpha_k\beta_{n-k+1},$$

又 $\dfrac{1}{n}\sum\limits_{k=1}^n|\alpha_k\beta_{n-k+1}|\leqslant\dfrac{M}{n}\sum\limits_{k=1}^n|\alpha_k|$, $\lim\limits_{n\to\infty}\dfrac{\sum\limits_{k=1}^n\alpha_k}{n}=0$, $\lim\limits_{n\to\infty}\dfrac{\sum\limits_{k=1}^n\beta_k}{n}=0$,

$\lim\limits_{n\to\infty}\dfrac{\sum\limits_{k=1}^n|\alpha_k|}{n}=0$, 所以 $\lim\limits_{n\to\infty}\dfrac{a_1b_n+a_2b_{n-1}+\cdots+a_nb_1}{n}=ab$.

6. 提示: 利用数列极限的定义可证.

实数系基本定理

1. $\{a_n\}$ 单调增有上界, $\{b_n\}$ 单调减有下界.

当条件(1) 换成条件(1)' 时, 则结论不一定成立, 例如,

$$(a_n,b_n)=\left(0,\frac{1}{n}\right),n\in\mathbb{N}^+,\lim_{n\to\infty}a_n=\lim_{n\to\infty}b_n=0,\text{但}\xi=0\notin\left(0,\frac{1}{n}\right).$$

2. 略. 3. 略.

§2.7.2　提高与综合习题

一、判断题

1.×, 反例: $a_n=-n, c_n=0, b_n=n$.

2. ×, 反例: $x_n=\sin\sqrt{n}, |x_{n+1}-x_n|=|\sin\sqrt{n+1}-\sin\sqrt{n}|=2|\sin\frac{\sqrt{n+1}-\sqrt{n}}{2}\cos\frac{\sqrt{n+1}+\sqrt{n}}{2}|$
$\leqslant\sqrt{n+1}-\sqrt{n}=\frac{1}{\sqrt{n+1}+\sqrt{n}}\to 0$, 但 $\lim\limits_{n\to\infty}x_n$ 不存在.

3. ×. 反例: $a_n=\frac{1}{n}\to 0, \lambda_1=\frac{1}{2}, \lambda_2=\cdots=\lambda_n=\frac{1}{2(n-1)}$, $\sum\limits_{i=1}^{n}\lambda_i a_i\to\frac{1}{2}$.

4. √.

5. ×. 反例: $[a,b]=[0,1], f(x)=g(x)=-x$, 则 $\sup\limits_{x\in[0,1]}f(x)=\sup\limits_{x\in[0,1]}g(x)=0$. 而 $f(x)g(x)=x^2$, $\sup\limits_{x\in[0,1]}f(x)g(x)=1$.

二、填空题

1. 1;　2. 2;　3. 2;　4. 2;　5. $\frac{1}{2}$ (提示: 记原数列为 x_n, 令 $y_n=\ln x_n$, 则
$y_n=\dfrac{\ln\frac{2}{2^2-1}+2\ln\frac{2^2}{2^3-1}+\cdots+2^{n-2}\ln\frac{2^{n-1}}{2^n-1}}{2^{n-1}}$, 利用 Stolz 公式, $\lim\limits_{n\to\infty}y_n=-\lim\limits_{n\to\infty}\ln\left(2-\frac{1}{2^{n-1}}\right)=\ln\frac{1}{2}$).

三、计算题

1. 2. 提示: $\frac{2n+2}{\sqrt{(n+1)^2}}\leqslant\frac{1}{\sqrt{n^2}}+\frac{1}{\sqrt{n^2+1}}+\cdots+\frac{1}{\sqrt{(n+1)^2}}\leqslant\frac{2n+2}{\sqrt{n^2}}$, 又 $\frac{2n+2}{\sqrt{(n+1)^2}}=\frac{2(n+1)}{n+1}=2$, $\lim\limits_{n\to\infty}\frac{2n+2}{\sqrt{n^2}}=2$, 再利用夹逼定理可得.

2. $\frac{1}{4}$. 提示: 由 $\frac{1}{n(n+1)(n+2)}=\frac{1}{2}\left[\frac{1}{n(n+1)}-\frac{1}{(n+1)(n+2)}\right]$ 知

$$\frac{1}{1\cdot2\cdot3}+\frac{1}{2\cdot3\cdot4}+\cdots+\frac{1}{n(n+1)(n+2)}=\frac{1}{2}\left[\frac{1}{1\cdot2}-\frac{1}{2\cdot3}+\frac{1}{2\cdot3}-\frac{1}{3\cdot4}+\cdots+\frac{1}{n(n+1)}-\frac{1}{(n+1)(n+2)}\right]$$
$$=\frac{1}{2}\left[\frac{1}{2}-\frac{1}{(n+1)(n+2)}\right]\to\frac{1}{4}.$$

3. 0. 提示: 利用 Stirling 公式.

4. 0. 提示: 取对数. 由 $\lim\limits_{n\to\infty}\frac{\ln n}{n}=\lim\limits_{n\to\infty}\frac{\ln n-\ln(n-1)}{n-(n-1)}=0$ 知 $k\ln n-n\ln a=-n\left(\ln a-\frac{k\ln n}{n}\right)\to-\infty$.

5. $\sqrt{2}$. 提示: 记 $x_n=\frac{p_n}{q_n}$, 则 $x_{n+1}=\frac{2+x_n}{1+x_n}$. 可证 $1\leqslant x_n\leqslant 2$, 且 $\{x_{2n}\}$ 单调减少, $\{x_{2n+1}\}$ 单调增加, 故 $\{x_{2n}\}$ 和$\{x_{2n+1}\}$ 收敛.

6. $1+\sqrt{2}$. 提示: $x_{n+1}=2+\frac{1}{x_n}$, 再用第5 题的解法.

7. $\frac{2}{3}$. 提示: 利用特征方程法. $2x_{n+1}=x_n+x_{n-1}$, 其特征方程为 $2x^2-x-1=0$, 有两个实根 $x_1=1$, $x_2=-\frac{1}{2}$. 于是 $x_n=c_1+c_2\left(-\frac{1}{2}\right)^n$, 由 $x_0=0, x_1=1$ 解得 $c_1=\frac{2}{3}$, $c_2=-\frac{2}{3}$, 因而 $x_n=\frac{2}{3}-\frac{2}{3}\left(-\frac{1}{2}\right)^n$.

8. $e^{\frac{2}{3}}$. 提示: 对等式 $x_{n+1}=\sqrt{x_n x_{n-1}}$ 两端取对数可得 $\ln x_{n+1}=\dfrac{1}{2}(\ln x_n+\ln x_{n-1})$. 设 $y_n=\ln x_n$, 再利用第7 题的方法.

9. 2. 提示: $\dfrac{3}{2}\cdot\dfrac{5}{4}\cdot\dfrac{17}{16}\cdots\dfrac{2^{2n}+1}{2^{2n}}=\left(1+\dfrac{1}{2}\right)\left(1+\dfrac{1}{2^2}\right)\left(1+\dfrac{1}{2^4}\right)\cdots\left(1+\dfrac{1}{2^{2n}}\right)$

$$=\frac{\left(1-\frac{1}{2}\right)\left(1+\frac{1}{2}\right)\left(1+\frac{1}{2^2}\right)\left(1+\frac{1}{2^4}\right)\cdots\left(1+\frac{1}{2^{2n}}\right)}{1-\frac{1}{2}}=\frac{1-\left(\frac{1}{2^{2n}}\right)^2}{1-\frac{1}{2}}\to 2.$$ 故原极限$=2$.

10. 3. 提示: 令 $a_n=\dfrac{1}{2}+\dfrac{3}{2^2}+\dfrac{5}{2^3}+\cdots+\dfrac{2n-1}{2^n}$, 则 $2a_n=1+\dfrac{3}{2}+\dfrac{5}{2^2}+\cdots+\dfrac{2n-1}{2^{n-1}}$,

于是 $a_n=1+\dfrac{2}{2}+\dfrac{2}{2^2}+\cdots+\dfrac{2}{2^{n-1}}-\dfrac{2n-1}{2^n}=1+2\left[1-\left(\dfrac{1}{2}\right)^{n-1}\right]-\dfrac{2n-1}{2^n}\to 3$.

11. $\dfrac{1}{2}$. 提示:

$$\begin{aligned}\frac{1^p+2^p+\cdots+n^p}{n^p}-\frac{n}{p+1}&=\frac{(p+1)(1^p+2^p+\cdots+n^p)-n^{p+1}}{(p+1)n^p}\\&=\frac{1}{p+1}\cdot\frac{(p+1)(1^p+2^p+\cdots+n^p)-n^{p+1}}{n^p}.\end{aligned}$$

由 Stolz 公式得

$$\begin{aligned}&\lim_{n\to\infty}\frac{(p+1)(1^p+2^p+\cdots+n^p)-n^{p+1}}{n^p}\\=&\lim_{n\to\infty}\frac{(p+1)[1^p+2^p+\cdots+n^p+(n+1)^p]-(n+1)^{p+1}-[(p+1)(1^p+2^p+\cdots+n^p)-n^{p+1}]}{(n+1)^p-n^p}\\=&\lim_{n\to\infty}\frac{(p+1)(n+1)^p-(n+1)^{p+1}+n^{p+1}}{(n+1)^p-n^p}.\end{aligned}$$

又

$$(n+1)^p=n^p+pn^{p-1}+\frac{p(p-1)}{2}n^{p-2}+\cdots+1,$$

$$(n+1)^{p+1}=n^{p+1}+(p+1)n^p+\frac{(p+1)p}{2}n^{p-1}+\cdots+1,$$

$$(p+1)(n+1)^p=(p+1)[n^p+pn^{p-1}+\frac{p(p-1)}{2}n^{p-2}+\cdots+1],$$

$$n^{p+1}-(n+1)^{p+1}=-(p+1)n^p-\frac{(p+1)p}{2}n^{p-1}-\cdots-1,$$

所以

$$(p+1)(n+1)^p-(n+1)^{p+1}+n^{p+1}=\frac{(p+1)p}{2}n^{p-1}+\cdots+p,$$

$$(n+1)^p-n^p=pn^{p-1}+\frac{p(p-1)}{2}n^{p-2}+\cdots+1.$$

故 $\displaystyle\lim_{n\to\infty}\frac{(p+1)(n+1)^p-(n+1)^{p+1}+n^{p+1}}{(n+1)^p-n^p}=\lim_{n\to\infty}\frac{\frac{(p+1)p}{2}n^{p-1}+\cdots+p}{pn^{p-1}+\frac{p(p-1)}{2}n^{p-2}+\cdots+1}=\frac{p+1}{2}$.

12. (1) $\sup\limits_n\{x_n\}=\varlimsup\limits_{n\to\infty}x_n=\dfrac{1}{2}$, $\inf\limits_n\{x_n\}=\varliminf\limits_{n\to\infty}x_n=-\dfrac{1}{2}$; (2) $\sup\limits_n\{x_n\}=\dfrac{2(8+\sqrt{2})}{31}$, $\inf\limits_n\{x_n\}=-1$, $\varlimsup\limits_{n\to\infty}x_n=\dfrac{1}{2}$, $\varliminf\limits_{n\to\infty}x_n=-\dfrac{1}{2}$.

13. (1) $\lim\limits_{n\to\infty}\dfrac{1}{\sqrt{n}}\sum\limits_{k=1}^{n}\dfrac{a_k}{\sqrt{k}}=\lim\limits_{n\to\infty}\dfrac{\dfrac{a_{n+1}}{\sqrt{n+1}}}{\sqrt{n+1}-\sqrt{n}}=\lim\limits_{n\to\infty}\dfrac{\sqrt{n+1}+\sqrt{n}}{\sqrt{n+1}}a_{n+1}=2a.$

(2) $\lim\limits_{n\to\infty}\dfrac{1}{\ln n}\sum\limits_{k=1}^{n}\dfrac{1}{k}=\lim\limits_{n\to\infty}\dfrac{\dfrac{1}{n+1}}{\ln(n+1)-\ln n}=\lim\limits_{n\to\infty}\dfrac{1}{\ln\left(1+\dfrac{1}{n}\right)^n}\cdot\dfrac{n}{n+1}=1.$

(3) $\lim\limits_{n\to\infty}\dfrac{1+a+2a^2+\cdots+na^n}{na^{n+2}}=\lim\limits_{n\to\infty}\dfrac{a^{n+1}(n+1)}{a^{n+3}(n+1)-a^{n+2}\cdot n}=\lim\limits_{n\to\infty}\dfrac{n+1}{(n+1)a^2-na}=\dfrac{1}{a(a-1)}.$

(4) $a_1=A_1,a_2=2A_2-A_1,\cdots,a_n=nA_n-(n-1)A_{n-1}(n\geqslant 2)$,

所以原式 $=\lim\limits_{n\to\infty}\dfrac{\dfrac{A_1}{2}+\dfrac{A_2}{3}+\cdots+\dfrac{A_{n-1}}{n}+A_n}{\ln n}=\lim\limits_{n\to\infty}\dfrac{\dfrac{A_1}{2}+\dfrac{A_2}{3}+\cdots+\dfrac{A_{n-1}}{n}}{\ln n}+\lim\limits_{n\to\infty}\dfrac{A_n}{\ln n}$

$=\lim\limits_{n\to\infty}\dfrac{\dfrac{A_{n-1}}{n}}{\ln n-\ln(n-1)}=A.$

四、证明题

1. 提示: 由题设知 $a_n-b_n=\dfrac{(a_{n-1}-b_{n-1})^2}{2(a_{n-1}+b_{n-1})}$, 可证 $\{a_n\}$ 单调减少有下界; $\{b_n\}$ 单调增加有上界. 又 $a_nb_n=a_1b_1$, 故结论成立.

2. 提示: $\{A_n\}$ 单调增有上界, 故收敛, 再利用 Cauchy 收敛原理证明 $\{a_n\}$ 收敛.

3. (1) 因为 $\lim\limits_{n\to\infty}\dfrac{a_{n+1}}{a_n}=l<1$, 所以存在 r, 使得 $\lim\limits_{n\to\infty}\dfrac{a_{n+1}}{a_n}=l<r<1$.

由极限的保号性知, 存在 $N>0$, 当$n>N$ 时, $\dfrac{a_{n+1}}{a_n}<r$, 即 $a_{n+1}<ra_n$, 从而有 $0<a_{n+1}<ra_n<r^2a_{n-1}<\cdots<r^{n-N}a_{N+1}$, 由 $\lim\limits_{n\to\infty}r^{n-N}=0$ 知 $\lim\limits_{n\to\infty}a_n=0$.

(2) 令 $a_n=\dfrac{2^n\cdot n!}{n^n}$, 则 $\lim\limits_{n\to\infty}\dfrac{a_{n+1}}{a_n}=\dfrac{2}{\mathrm{e}}<1$, 故 $\lim\limits_{n\to\infty}a_n=\lim\limits_{n\to\infty}\dfrac{2^n\cdot n!}{n^n}=0$.

4. 提示: 易知 $a_n>0,b_n>0,c_n>0$, 且有 $c_n\leqslant b_n\leqslant a_n$.

由 $c_n\leqslant a_{n+1}=\dfrac{a_n+b_n+c_n}{3}\leqslant a_n$ 及

$\dfrac{1}{a_n}\leqslant\dfrac{1}{c_{n+1}}=\dfrac{1}{3}\left(\dfrac{1}{a_n}+\dfrac{1}{b_n}+\dfrac{1}{c_n}\right)\leqslant\dfrac{1}{c_n}(n\in\mathbb{N}^+)$

可知 $c_n\leqslant c_{n+1}\leqslant a_{n+1}\leqslant a_n$. 又

$0\leqslant a_{n+1}-c_{n+1}\leqslant a_{n+1}-c_n=\dfrac{a_n+b_n-2c_n}{3}\leqslant\dfrac{2}{3}(a_n-c_n),\ n\in\mathbb{N}^+$,

于是有 $0\leqslant a_n-c_n\leqslant\left(\dfrac{2}{3}\right)^{n-1}(a_1-c_1)$, 故 $\lim\limits_{n\to\infty}(a_n-c_n)=0$. 又$\{a_n\}$ 单调减少有下界, $\{c_n\}$ 单调增加有上界, 故 $\lim\limits_{n\to\infty}a_n$与 $\lim\limits_{n\to\infty}c_n$ 都存在, 所以 $\lim\limits_{n\to\infty}a_n=\lim\limits_{n\to\infty}c_n$. 由 $c_n\leqslant b_n\leqslant a_n$ 知 $\lim\limits_{n\to\infty}a_n=\lim\limits_{n\to\infty}b_n=\lim\limits_{n\to\infty}c_n$.

5. 由 $\lim\limits_{n\to\infty}a_n=a$ 可知 $\lim\limits_{n\to\infty}\dfrac{a_1+a_2+\cdots+a_n}{n}=a$.

令$s_n=a_1+a_2+\cdots+a_n$, 则 $\lim\limits_{n\to\infty}\dfrac{s_n}{n}=a$, 从而有 $\lim\limits_{n\to\infty}\dfrac{s_{2n}}{2n}=a$.

又 $\dfrac{a_{n+1}+a_{n+2}+\cdots+a_{2n}}{n}=\dfrac{s_{2n}-s_n}{n}=\dfrac{s_{2n}}{n}-\dfrac{s_n}{n}=2\dfrac{s_{2n}}{2n}-\dfrac{s_n}{n}$,

所以 $\lim\limits_{n\to\infty}\dfrac{a_{n+1}+a_{n+2}+\cdots+a_{2n}}{n}=2\lim\limits_{n\to\infty}\dfrac{s_{2n}}{2n}-\lim\limits_{n\to\infty}\dfrac{s_n}{n}=a$.

6. 令$b_n=na_n$, 则 $\lim\limits_{n\to\infty}b_n=0$, 因此

$$\lim_{n\to\infty}|b_n|=0,\ 且\ \lim_{n\to\infty}\frac{|b_1|+|b_2|+\cdots+|b_n|}{n}=0.$$

而 $|a_{n+1}+a_{n+2}+\cdots+a_{2n}|=\left|\dfrac{b_{n+1}}{n+1}+\dfrac{b_{n+2}}{n+2}+\cdots+\dfrac{b_{2n}}{2n}\right|$

$$\leqslant\left|\frac{b_{n+1}}{n+1}\right|+\left|\frac{b_{n+2}}{n+2}\right|+\cdots+\left|\frac{b_{2n}}{2n}\right|\leqslant\frac{|b_{n+1}|+|b_{n+2}|+\cdots+|b_{2n}|}{n},$$

由上题结论及夹逼定理可知 $\lim\limits_{n\to\infty}|a_{n+1}+a_{n+2}+\cdots+a_{2n}|=0$, 从而 $\lim\limits_{n\to\infty}(a_{n+1}+a_{n+2}+\cdots+a_{2n})=0$.

7. (1) 由 $\left(1+\dfrac{1}{n}\right)^n<\mathrm{e}$ 知

$$\left(1+\frac{1}{n}\right)^n\mathrm{e}^{\frac{1}{n}}>\left(1+\frac{1}{n}\right)^n\left(1+\frac{1}{n}\right)^{n\cdot\frac{1}{n}}=\left(1+\frac{1}{n}\right)^{n+1}>\mathrm{e},$$

所以有 $\left(1+\dfrac{1}{n}\right)^n>\mathrm{e}^{1-\frac{1}{n}}(n\in\mathbb{N}^+)$.

(2) 当 $n\in\mathbb{N}^+$时, 由 $\left(1+\dfrac{1}{n}\right)^{n+1}>\mathrm{e}$ 知

$$0<\mathrm{e}-\left(1+\frac{1}{n}\right)^n<\left(1+\frac{1}{n}\right)^{n+1}-\left(1+\frac{1}{n}\right)^n<\left(1+\frac{1}{n}\right)^n\cdot\frac{1}{n}<\frac{\mathrm{e}}{n}<\frac{3}{n}.$$

8-10. 略.

第3章　函数极限与连续函数

§3.1　内容提要

一、基本概念

六种形式($x \to \infty, +\infty, -\infty, x_0, x_0^+, x_0^-$) 的函数极限, 左右极限, 函数连续, 左右连续, 一致连续, 间断点及其类型, 无穷小量与无穷大量的阶, 高(低,同)阶无穷小(大)量, 等价无穷小量

二、基本定理、性质

1. 函数极限的性质

唯一性, 局部保序性, 局部保号性, 局部有界性, 夹逼性, Heine (海涅)定理, 四则运算, 复合函数的极限性质

2. 初等函数的连续性

基本初等函数在其定义域内是连续的, 初等函数在其定义区间内是连续的(定义区间是指包含在定义域内的区间)

3. 闭区间上连续函数的性质

唯一性, 有界性定理, 最值定理, 零点存在定理, 介值定理, Cantor(康托)定理

4. 无穷小量的性质

无穷小量的运算性质, 等价无穷小量替换定理

5. 常用的等价无穷小量($x \to 0$)

(1) $\sin x \sim x$;　(2) $\ln(1+x) \sim x$;　(3) $\mathrm{e}^x - 1 \sim x$;　(4) $a^x - 1 \sim x\ln a\,(a>0)$;

(5) $\tan x \sim x$;　(6) $\arctan x \sim x$;　(7)$1-\cos x \sim \dfrac{1}{2}x^2$;　(8) $(1+x)^\alpha - 1 \sim \alpha x$.

6. 重要与典型极限

(1) $\lim\limits_{x\to 0}\dfrac{\sin x}{x} = 1$;　(2) $\lim\limits_{x\to 0}\dfrac{\tan x}{x} = 1$;　(3) $\lim\limits_{x\to 0}\dfrac{\ln(1+x)}{x} = 1$;

(4) $\lim\limits_{x\to 0}\dfrac{1-\cos x}{x^2} = \dfrac{1}{2}$;　(5) $\lim\limits_{x\to \infty}\left(1+\dfrac{1}{x}\right)^x = \mathrm{e}$;　(6) $\lim\limits_{x\to 0}(1+x)^{\frac{1}{x}} = \mathrm{e}$;

(7) $\lim\limits_{x\to 0}\dfrac{\mathrm{e}^x-1}{x} = 1$;　(8) $\lim\limits_{x\to 0}\dfrac{a^x-1}{x} = \ln a\ (a>0)$.

三、基本计算与证明

1. 求极限方法:

四则运算, 夹逼定理, Heine 定理, 重要极限与典型极限, 无穷小量替换定理, 连续性;

2. 用定义证明函数的极限存在或不存在、函数连续或间断、函数是或不是无穷大量;

3. 用定义和性质证明函数的性质;

4. 闭区间上连续函数性质的多种证法以及应用.

§3.2 典型例题讲解

例 3.2.1 判断题

(1) 若在区间 I 上 $f(x)>0$, $a\in I$, 且 $\lim\limits_{x\to a}f(x)=k$, 则 $k>0$. ( )

(2) 若 $\lim\limits_{x\to a}f(x)=k$, 则对于任何满足 $x_n\to a\,(n\to\infty)$ 且 $x_n\neq a$ 的数列 $\{x_n\}$, 均有 $\lim\limits_{n\to\infty}f(x_n)=k$. ( )

(3) 若对于任何的 $M>0$, 都存在 $a\in(0,+\infty)$ 使得 $|f(a)|>M$, 则 $\lim\limits_{x\to+\infty}f(x)=\infty$. ( )

(4) 若 $f(x),g(x)$在区间I上一致连续, 则$f(x)\pm g(x)$在I上一致连续. ( )

(5) 若 $f(x),g(x)$在区间I上一致连续, 则$f(x)\cdot g(x)$在I上一致连续. ( )

解 答案为: (1) ×; (2) √; (3) ×; (4) √; (5) ×.

解析

(1) 根据保号性, 只能得到 $k\geqslant 0$. 反例: 设 $f(x)=\begin{cases}x^2, & x\neq 0,\\ 1, & x=0,\end{cases}$ 显然有 $f(x)>0$, 但是 $\lim\limits_{x\to 0}f(x)=0$. 此题若增加 "$f(x)$ 连续" 的条件, 则结论成立.

(2) 这就是函数极限与数列极限的关系定理, 即 Heine 定理.

(3) 反例: 当 $x>0$ 时, 定义 $f(x)=\begin{cases}0, & x\neq n,\\ n, & x=n,\end{cases}$ $n\in\mathbb{N}^+$.

(4) 此结论可以由一致连续的定义证明.

(5) $f(x)=g(x)=x$ 在$I=(-\infty,+\infty)$ 上一致连续, 但是 $f(x)\cdot g(x)=x^2$ 在I 上不一致连续. 此题若将区间 I 换成有限区间, 则结论成立.

例 3.2.2 填空题

(1) $\lim\limits_{x\to\infty}x\sin\dfrac{1}{x}\cos\dfrac{1}{x}=$ ________.

(2) 已知 $x=1$ 和 $x=\mathrm{e}$ 分别是函数 $f(x)=\dfrac{\mathrm{e}^x-a}{(x-a)(x-b)}$ 的可去间断点和无穷间断点, 则$a=$ ________, $b=$ ________.

(3) $\lim\limits_{x\to 0}\dfrac{3\sin x+x^2\cos\dfrac{1}{x}}{(1+\cos x)\ln(1-x)}=$ ________.

(4) 当$x\to 1^+$时, $\sqrt{2x^2-x-1}\ln x$ 是 $x-1$ 的 ________ 阶无穷小量.

(5) 设 $f(t)=\lim\limits_{x\to\infty}t\left(1+\dfrac{1}{x}\right)^{2tx}$, 则 $f(t)=$ ________.

解 答案为: (1) 1; (2) $a=\mathrm{e}$, $b=1$; (3) $-\dfrac{3}{2}$; (4) $\dfrac{3}{2}$; (5) $t\mathrm{e}^{2t}$.

解析

(1) 令 $t=\dfrac{1}{x}$, 则

$$\lim_{x\to\infty} x\sin\frac{1}{x}\cos\frac{1}{x}=\lim_{t\to 0}\frac{\sin t}{t}\cos t=1.$$

(2) 由 $x=\mathrm{e}$ 是函数的无穷间断点知 $a=\mathrm{e}$ 或 $b=\mathrm{e}$; 再由$x=1$是函数的可去间断点知 $a=\mathrm{e}, b-1=0$, 所以有 $a=\mathrm{e},\ b=1$.

(3) 由 $\lim\limits_{x\to 0}\cos x=1,\ \lim\limits_{x\to 0}x\cos\dfrac{1}{x}=0$ 以及 $\ln(1-x)\sim -x(x\to 0)$ 可得.

(4) 当 $x\to 1^+$ 时,

$$\sqrt{2x^2-x-1}=\sqrt{(2x+1)(x-1)}\sim\sqrt{3}(x-1)^{\frac{1}{2}},\ \ln x=\ln(1+x-1)\sim(x-1).$$

(5) 当 $t=0$ 时, $f(0)=0$. 当 $t\neq 0$ 时, $\lim\limits_{x\to\infty}\left(1+\dfrac{1}{x}\right)^{2tx}=\mathrm{e}^{2t}$.

例 3.2.3 选择题

(1) 当 $x\to 0$ 时, 下列函数中哪一个是其他三个的高阶无穷小量 (　　).

(A) $\tan x$; (B) $\ln(1+x)$; (C) $\sin x$; (D) $1-\cos x$.

(2) 设 $\lim\limits_{x\to x_0}f(x)=A, \lim\limits_{x\to x_0}g(x)$ 不存在, 则 $\lim\limits_{x\to x_0}[f(x)+g(x)]$ (　　).

(A) 等于 A; (B) 存在, 但不能确定其值; (C) 不存在; (D) 不能确定其是否存在.

(3) 设 $\lim\limits_{x\to x_0}f(x)=0,\ \lim\limits_{x\to x_0}g(x)$ 不存在, 则 $\lim\limits_{x\to x_0}f(x)\cdot g(x)$ (　　).

(A) 等于 0; (B) 存在, 但不一定等于 0; (C) 不存在; (D) 不能确定是否存在.

(4) 极限 $\lim\limits_{x\to\infty}\left(\dfrac{2+\mathrm{e}^x}{1+\mathrm{e}^{2x}}+|x|\sin\dfrac{1}{x}\right)$ (　　).

(A) 等于 0; (B) 等于 1; (C) 等于 2; (D) 不存在.

(5) $x=0$是函数$f(x)=\dfrac{\mathrm{e}^{\frac{1}{x}}-\mathrm{e}^{-\frac{1}{x}}}{\mathrm{e}^{\frac{1}{x}}+\mathrm{e}^{-\frac{1}{x}}}\arctan\dfrac{1}{x}$ 的 (　　).

(A) 可去间断点; (B) 跳跃间断点; (C) 无穷间断点; (D) 振荡间断点.

解 答案为: (1) D; (2) C; (3) D; (4) B; (5) A.

解析

(1) 当 $x\to 0$ 时, $\tan x\sim x,\ \ln(1+x)\sim x,\ \sin x\sim x,\ 1-\cos x\sim\dfrac{1}{2}x^2$.

(2) (反证) 若 $\lim\limits_{x\to x_0}[f(x)+g(x)]$ 存在, 则有极限的四则运算法则可知 $\lim\limits_{x\to x_0}g(x)$ 存在.

(3) 反例: 当 $x\to 0$ 时, 函数 $\sin\dfrac{1}{x}$ 和 $\dfrac{1}{x^2}$ 的极限都不存在, 但是

$$\lim_{x\to 0}x\sin\frac{1}{x}=0,\ \ \lim_{x\to 0}x\cdot\frac{1}{x^2}=\infty.$$

(4) $$\lim_{x\to+\infty}\left(\frac{2+\mathrm{e}^x}{1+\mathrm{e}^{2x}}+|x|\sin\frac{1}{x}\right)=\lim_{x\to+\infty}\left(\frac{2\mathrm{e}^{-2x}+\mathrm{e}^{-x}}{1+\mathrm{e}^{-2x}}+x\sin\frac{1}{x}\right)=1,$$

$$\lim_{x\to-\infty}\left(\frac{2+\mathrm{e}^x}{1+\mathrm{e}^{2x}}+|x|\sin\frac{1}{x}\right)=\lim_{x\to-\infty}\left(2-x\sin\frac{1}{x}\right)=1.$$

(5) 因为当 $x \to 0^+$ 时, $\dfrac{1}{x} \to +\infty$, $\lim\limits_{x\to 0^+} \mathrm{e}^{\frac{1}{x}} = +\infty$; 当$x \to 0^-$ 时, $\dfrac{1}{x} \to -\infty$, $\lim\limits_{x\to 0^-} \mathrm{e}^{\frac{1}{x}} = 0$, 所以

$$\lim_{x\to 0^+} \frac{\mathrm{e}^{\frac{1}{x}} - \mathrm{e}^{-\frac{1}{x}}}{\mathrm{e}^{\frac{1}{x}} + \mathrm{e}^{-\frac{1}{x}}} \arctan\frac{1}{x} = 1 \cdot \frac{\pi}{2} = \frac{\pi}{2};\quad \lim_{x\to 0^-} \frac{\mathrm{e}^{\frac{1}{x}} - \mathrm{e}^{-\frac{1}{x}}}{\mathrm{e}^{\frac{1}{x}} + \mathrm{e}^{-\frac{1}{x}}} \arctan\frac{1}{x} = -1 \cdot \left(-\frac{\pi}{2}\right) = \frac{\pi}{2}.$$

例 3.2.4　求极限: (1) $\lim\limits_{x\to\frac{\pi}{4}} (\tan x)^{\tan 2x}$; (2) $\lim\limits_{x\to 0} \left(\dfrac{a^x + b^x + c^x}{3}\right)^{\frac{1}{x}}$ $(a>0, b>0, c>0)$.

解　(1) $\lim\limits_{x\to\frac{\pi}{4}} (\tan x)^{\tan 2x} = \lim\limits_{x\to\frac{\pi}{4}} (1 + \tan x - 1)^{\frac{1}{\tan x - 1}(\tan x - 1)\tan 2x}$

$$= \lim_{x\to\frac{\pi}{4}} \left[(1+\tan x - 1)^{\frac{1}{\tan x - 1}}\right]^{(\tan x - 1)\frac{2\tan x}{1-\tan^2 x}} = \mathrm{e}^{-1}.$$

(2) $\lim\limits_{x\to 0} \left(\dfrac{a^x + b^x + c^x}{3}\right)^{\frac{1}{x}} = \lim\limits_{x\to 0} \left[\left(1 + \dfrac{a^x + b^x + c^x - 3}{3}\right)^{\frac{3}{a^x+b^x+c^x-3}}\right]^{\frac{a^x+b^x+c^x-3}{3x}}$

$= \mathrm{e}^{\frac{1}{3}\ln(abc)} = \sqrt[3]{abc}.$

例 3.2.5　设数列$\{x_n\}$满足 :$n\sin\dfrac{1}{n+1} < x_n < (n+2)\sin\dfrac{1}{n+1}$, 求 $\lim\limits_{n\to\infty} \dfrac{1}{n+1}\sum\limits_{k=1}^{n} x_k$.

解　因为

$$n\sin\frac{1}{n+1} = \frac{n}{n+1} \cdot \frac{\sin\dfrac{1}{n+1}}{\dfrac{1}{n+1}} \to 1, (n+2)\sin\frac{1}{n+1} \to 1 (n\to\infty),$$

又由夹逼定理和平均值极限知

$$\lim_{n\to\infty} x_n = 1,\quad \lim_{n\to\infty} \frac{x_1 + x_2 + \cdots + x_n}{n} = 1.$$

故可得

$$\lim_{n\to\infty} \frac{1}{n+1}\sum_{k=1}^{n} x_k = \lim_{n\to\infty} \frac{n}{n+1} \cdot \lim_{n\to\infty} \frac{1}{n}\sum_{k=1}^{n} x_k = 1.$$

例 3.2.6　设 $f(x)$ 在区间 $[a,b]$ 上连续且非常数, 则 $f(x)$ 在区间 $[a,b]$ 上的值域 $R(f)$ 为一闭区间.

分析　首先确定闭区间的端点, 然后再证明函数能取到区间内的每一个值.

证　由最值定理知$f(x)$在$[a,b]$上存在最小值m和最大值M. 又$f(x)$ 非常数, 故$m < M$. 且由介值定理知$f(x)$能取到最大值M 与最小值m 之间的任何值. 所以$R(f) = [m,M]$. 即$f(x)$在$[a,b]$上的值域$R(f)$为一闭区间.

注记　1. 该例反映了连续函数的又一性质: 非常值连续函数将闭区间映为闭区间.

2. 由此题可以得到推论: 设 $f(x)$ 在区间 $[a,b]$上连续, 若其所有函数值皆为有理数或无理数, 则$f(x)$ 在区间$[a,b]$ 上恒为常数.

例 3.2.7　设 $f(x)$ 是 $[0,1]$ 上的非负连续函数, 且 $f(0) = f(1) = 0$, 求证: 对任意的实数 $r(0 < r < 1)$, 必存在 $x_0 \in [0,1]$, 使得 $x_0 + r \in [0,1]$, 且 $f(x_0) = f(x_0 + r)$.

证 设辅助函数 $F(x)=f(x+r)-f(x), x\in[0,1-r]$, 则 $F(x)$ 在 $[0,1-r]$ 上连续, 且

$$F(0)=f(r)-f(0)=f(r)\geqslant 0,\ F(1-r)=f(1)-f(1-r)=-f(1-r)\leqslant 0.$$

当 $f(r)=0$ 时, 取 $x_0=r$, 所以有 $f(x_0)=f(x_0+r)$;

当 $f(1-r)=0$ 时, 取 $x_0=1-r$, 所以有 $f(x_0)=f(x_0+r)$;

当 $f(r)\cdot f(1-r)\neq 0$ 时, $F(0)\cdot F(1-r)<0$, 由零点存在定理知, 存在 $x_0\in[0,1-r]\subset[0,1]$, 使得 $F(x_0)=0$, 即 $f(x_0)=f(x_0+r)$.

例 3.2.8 证明：奇次实系数代数方程 $p(x)=a_0x^{2n+1}+a_1x^{2n}+\cdots+a_{2n+1}=0$ 至少存在一个实根, 其中a_i都是实数, 且$a_0\neq 0$.

分析 构造使 $p(a)p(b)<0$ 的闭区间 $[a,b]$.

证 将 $p(x)$ 改写$p(x)=x^{2n+1}(a_0+\dfrac{a_1}{x}+\cdots+\dfrac{a_{2n+1}}{x^{2n+1}})$.

不妨设$a_0>0$, 则有 $\lim\limits_{x\to+\infty}p(x)=+\infty$ 与 $\lim\limits_{x\to-\infty}p(x)=-\infty$. 于是存在$r>0$, 使$p(r)>0$ 与$p(-r)<0$. 又 $p(x)\in C[-r,r]$, 根据零点存在定理, 在$(-r,r)$内至少存在一点 ξ, 使 $p(\xi)=0$. 即奇次多项式$p(x)$ 至少存在一个实根.

例 3.2.9 若 $f(x),g(x)$ 在区间 I 上连续, 则 $\phi(x)=\min\{f(x),g(x)\}$ 和 $\psi(x)=\max\{f(x),g(x)\}$ 在区间 I 上都连续.

证 (方法1) 根据定义(留作练习).

(方法2) **准备**: 若$f(x)$是连续的, 则 $|f(x)|$ 是连续的; 但反之不成立, 比如设 $x\in[0,1]$, 定义

$$f(x)=\begin{cases}1, & x\text{是有理数},\\ -1, & x\text{是无理数},\end{cases}$$ 显然 $f(x)$ 在 $[0,1]$ 上不连续, 但是 $|f(x)|$ 在 $[0,1]$ 上是连续的.

根据表达式

$$\phi(x)=\frac{1}{2}[f(x)+g(x)-|f(x)-g(x)|],\quad \psi(x)=\frac{1}{2}[f(x)+g(x)+|f(x)-g(x)|],$$

再利用函数绝对值的连续性, 可知所证结论成立.

例 3.2.10

(1) 设函数 $f(x)$ 在 $[a,+\infty)$ 上连续, 且 $\lim\limits_{x\to+\infty}f(x)$ 存在, 证明 $f(x)$ 在 $[a,+\infty)$ 上一致连续.

(2) 举例说明: 存在函数 $f(x)$, 它在 $[a,+\infty)$ 上一致连续, 但是 $\lim\limits_{x\to+\infty}f(x)$ 不存在.

证 (1) 因为 $\lim\limits_{x\to+\infty}f(x)$ 存在, 所以由 Cauchy 收敛准则可知

对于任意的实数 $\varepsilon>0$, 存在 $X>0$, 对于任意的 $x_1>X,\ x_2>X$, 有

$$|f(x_1)-f(x_2)|<\varepsilon.$$

由于 $f(x)$ 在 $[a,+\infty)$ 上连续, 所以在闭区间 $[a,X+1]$ 上连续, 根据 Cantor 定理知 $f(x)$ 在在闭区间 $[a,X+1]$ 上一致连续, 于是对于任意的实数 $\varepsilon>0$, 存在 $\delta_1>0$, 对于任

意的 x_1, $x_2 \in [a, X+1]$, 当 $|x_1 - x_2| < \delta_1$ 时, 有

$$|f(x_1) - f(x_2)| < \varepsilon.$$

取 $\delta = \min\{\delta_1, 1\}$, 对于任意的实数 $\varepsilon > 0$, 当 x_1, $x_2 \in [a, +\infty)$, 且 $|x_1 - x_2| < \delta$ 时, 有 x_1, $x_2 \in [a, X+1]$ 或者 $x_1 > X$, $x_2 > X$, 于是有

$$|f(x_1) - f(x_2)| < \varepsilon.$$

即 $f(x)$ 在 $[a, +\infty)$ 上一致连续.

(2) 可取 $f(x) = x$, $f(x) = \sin x$, $f(x) = \cos x, f(x) = \ln x$, $f(x) = \sqrt{x}$ 等, 它们在 $[1, +\infty)$ 上一致连续, 但 $\lim\limits_{x \to +\infty} f(x)$ 不存在.

例 3.2.11　证明: 函数 $y = \cos x^3$ 在区间 $[0, +\infty)$ 上不一致连续, 但对任意给定的 $A > 0$, 它在区间 $[0, A]$ 上一致连续.

证　(1) 在区间 $[0, +\infty)$ 上选取两个数列

$$x_n' = (2n\pi)^{\frac{1}{3}},\ x_n'' = \left(2n\pi + \frac{\pi}{2}\right)^{\frac{1}{3}}, n = 1, 2, 3, \cdots.$$

因为

$$\begin{aligned}\lim_{n\to\infty}(x_n' - x_n'') &= \lim_{n\to\infty}\left[(2n\pi)^{\frac{1}{3}} - \left(2n\pi + \frac{\pi}{2}\right)^{\frac{1}{3}}\right] \\ &= \lim_{n\to\infty}\frac{\frac{\pi}{2}}{(2n\pi)^{\frac{2}{3}} + (2n\pi)^{\frac{1}{3}}\left(2n\pi + \frac{\pi}{2}\right)^{\frac{1}{3}} + \left(2n\pi + \frac{\pi}{2}\right)^{\frac{2}{3}}} \\ &= 0,\end{aligned}$$

$$\lim_{n\to\infty}[\cos(x_n')^3 \cos(x_n'')^3] = \lim_{n\to\infty}\left[\cos 2n\pi - \cos\left(2n\pi + \frac{\pi}{2}\right)\right] = 1.$$

所以 $y = \cos x^3$ 在区间 $[0, +\infty)$ 上不一致连续.

(2) 由于函数 $y = \cos x^3$ 是初等函数, 且在区间 $[0, A]$ 上有定义, 因此它在 $[0, A]$ 上连续, 由 Cantor 定理知它在 $[0, A]$ 上一致连续.

§3.3　基本习题

一、判断题(在正确的命题后打 √, 在错误的命题后面打×)

1. 设正数列 $\{\varepsilon_k\}$ 为一给定的无穷小量, 函数 $f(x)$ 在 x_0 的某个去心邻域内有定义, 则 $\lim\limits_{x\to x_0} f(x) = A$ 的充分必要条件是: 任给正整数 k, 存在 $\delta > 0$, 使得当 $0 < |x - x_0| < \delta$ 时, 有 $|f(x) - A| < \varepsilon_k$. (　　)

2. 已知对任意的 $0<\delta<\dfrac{b-a}{2}$, 函数 $f(x)$ 在闭区间 $[a+\delta,b-\delta]$ 上都连续, 则 $f(x)$ 在闭区间 $[a,b]$ 上连续. (　　)
3. 已知对任意的 $0<\delta<\dfrac{b-a}{2}$, 函数 $f(x)$ 在闭区间 $[a+\delta,b-\delta]$ 上都连续, 则 $f(x)$ 在开区间 (a,b) 内连续. (　　)
4. 若 $\lim\limits_{x\to+\infty}f(x)=A$, 则 $\lim\limits_{x\to0^+}f\left(\dfrac{1}{x}\right)=A$, 反之也真. (　　)
5. 开区间 (a,b) 内的单调有界函数 $f(x)$ 在区间 (a,b) 内只有第一类间断点. (　　)
6. 若函数 $f(x)$ 在点 x_0 处连续, $g(x)$ 在点 x_0 处不连续, 则$f(x)+g(x)$ 在点 x_0 处一定不连续. (　　)
7. 若函数 $f(x)$, $g(x)$ 在点 x_0 处不连续, 则$f(x)\cdot g(x)$ 在点 x_0 处一定不连续. (　　)
8. 连续函数 $f(x)$在闭区间 $[a,b]$ 上的值域一定是闭区间. (　　)
9. 若 $\lim\limits_{x\to0}f(x^3)=A$, 则 $\lim\limits_{x\to0}f(x)=\lim\limits_{x\to0}f(x^3)=A$. (　　)
10. 若 $\lim\limits_{x\to0}f(x^2)=A$, 则 $\lim\limits_{x\to0}f(x)=\lim\limits_{x\to0}f(x^2)=A$. (　　)
11. 若函数 $f(x)$, $g(x)$ 在有限开区间 (a,b) 一致连续, 则$f(x)\cdot g(x)$ 在开区间 (a,b) 一致连续. (　　)
12. 若函数 $f(x)$ 在有限开区间 (a,b) 一致连续, 则$f(a+0)$, $f(b-0)$ 都存在. (　　)
13. 若函数 $f(x)$, $g(x)$ 在区间 I 上一致连续, 则$f(x)+g(x)$ 在区间 I 上一致连续. (　　)
14. 若函数 $f(x)$ 在区间 I 上一致连续, 则 $|f(x)|$ 在区间 I 上一致连续. (　　)
15. $f(x)$ 在 $[a,b]$ 上满足 Lipschitz① 条件: $\forall x,\ y\in[a,b], |f(x)-f(y)|\leqslant L|x-y|$ (常数$L>0$), 则 $f(x)$ 在 $[a,b]$ 上一致连续. (　　)

二、填空题

1. $\lim\limits_{\Delta x\to0}\dfrac{(x+\Delta x)^n-x^n}{\Delta x}=$__________.
2. $\lim\limits_{x\to0}\dfrac{\arcsin x}{x}=$__________.
3. $\lim\limits_{x\to0}\dfrac{2ax-\sin ax}{3bx+\sin bx}=$__________ $(b\neq0)$.
4. $\lim\limits_{x\to0}\sqrt[x]{1-2x}=$__________.
5. $\lim\limits_{x\to1}\dfrac{x^3+ax^2+b}{x-1}=5$, 则 $a=$__________, $b=$__________.
6. $\lim\limits_{x\to\infty}\dfrac{x^2\arctan\dfrac{1}{x}}{x-\cos x}=$__________.
7. $\lim\limits_{x\to0}\dfrac{\sqrt{1+x}-\mathrm{e}^{\frac{x}{3}}}{\ln(1+2x)}=$__________.

---

① 鲁道夫·利普希茨(Rudolf Otto Sigismund Lipschitz, 1832年5月14日—1903年10月7 日), 也译作李普希茨, 德国数学家. 1847年入柯尼斯堡大学, 1853 年获柏林大学博士学位, 1864年起任波恩大学教授, 先后当选为巴黎、柏林、哥廷根、罗马等科学院的通讯院士. 李普希茨的数学研究涉及数论、贝塞尔函数论、傅里叶级数论、常微分方程、分析力学、位势理论及黎曼微分几何, 其中在微分方程和微分几何方面尤为突出. 1873 年他对柯西提出的微分方程初值问题解的存在惟一性定理作出改进, 提出著名的“李普希茨条件”.

8. $\lim\limits_{x\to 0}\dfrac{\ln(\sec x+\tan x)}{\sin x}=$__________.

9. $\lim\limits_{x\to 0}\dfrac{(x-1)^3+(1-3x)}{x^2+2x^3}=$__________.

10. $\lim\limits_{x\to -1}\dfrac{x^3-2x-1}{x^5-2x-1}=$__________.

11. $\lim\limits_{x\to\infty}\dfrac{(2x-3)^{20}(3x+2)^{30}}{(2x+1)^{50}}=$__________.

12. $\lim\limits_{x\to+\infty}\dfrac{\sqrt{x}+\sqrt[3]{x}+\sqrt[4]{x}}{\sqrt{2x+1}}=$__________.

三、选择题

1. $\lim\limits_{x\to\infty}\left[\dfrac{x^2+1}{x+1}-(ax+b)\right]=0$, 则（　　）.

(A) $a=1,b=-1$;　　(B) $a=-1,b=1$;

(C) $a=-1,b=-1$;　　(D) $a=1,b=1$.

2.$f(x)=\begin{cases}\cos^2 x+1, & x\geqslant 0\\ (x+a)^2, & x<0\end{cases}$ 满足$f(0+0)=f(0-0)$, 则$a=$（　　）.

(A) $\sqrt{2}$;　　(B) $-\sqrt{2}$;　　(C) $\pm\sqrt{2}$;　　(D) 不能确定.

3. 当$x\to 0$时, $(1+\alpha x^2)^{\frac{1}{3}}-1$与$\cos x-1$是等价无穷小, 则 $\alpha=$（　　）.

(A) $-\dfrac{2}{3}$;　　(B) $-\dfrac{3}{2}$;　　(C) $\dfrac{3}{2}$;　　(D) $\dfrac{2}{3}$.

4.函数$f(x)=\begin{cases}\dfrac{x}{1-e^{\frac{x}{x-1}}}, & x\neq 0,\ 1\\ 1, & x=0,\ 1\end{cases}$ 的间断点为（　　）.

(A) 只有$x=1$;　　(B) 只有$x=0$;　　(C) $x=1$和$x=0$;　　(D) 没有间断点.

5. $f(x)=\dfrac{e^x-b}{(x-a)(x-1)}$有无穷间断点$x=0$和可去间断点$x=1$, 则（　　）.

(A) $a=e,b=0$;　　(B) $a=0,b=e$;

(C) $a=b=e$;　　(D) $a=b=0$.

四、计算题

1. 求极限:

(1) $\lim\limits_{x\to 0}x\cot 2x$;　　(2) $\lim\limits_{x\to 0}2^x\sin\dfrac{1}{2^x}$;

(3) $\lim\limits_{x\to 2}\dfrac{\sin(x-2)}{x^2-4}$;　　(4) $\lim\limits_{x\to\infty}x^2\left(1-\cos\dfrac{\pi}{x}\right)$;

(5) $\lim\limits_{x\to 0}\dfrac{\sin 5x}{\sin 7x}$;　　(6) $\lim\limits_{x\to 0}\dfrac{\sin 3x}{\sqrt{2x+1}-1}$;

(7) $\lim\limits_{x\to 0}\dfrac{\tan 9x}{4x}$;　　(8) $\lim\limits_{x\to 0}\dfrac{\arctan x}{x}$.

2. 求极限:

(1) $\lim\limits_{x\to\infty}(1+\dfrac{2}{x})^{3x}$;　　(2) $\lim\limits_{x\to\infty}(1-\dfrac{3}{x})^{2x}$;

(3) $\lim\limits_{x\to\infty}(\dfrac{x^2+1}{x^2})^{x^2+1}$;　　(4) $\lim\limits_{x\to 0}\cos x^{\frac{1}{1-\cos x}}$;

(5) $\lim\limits_{x\to 0}(\dfrac{1+x}{1-x})^{\frac{1}{x}}$;　　(6) $\lim\limits_{x\to 0}(1+\tan x)^{\cot x}$.

3. 求极限:

(1) $\lim\limits_{x\to 0}\dfrac{x\tan^4 x}{\sin^3 x(1-\cos x)}$;　　(2) $\lim\limits_{x\to 0}\dfrac{\sqrt{1+\tan x}-\sqrt{1-\tan x}}{\mathrm{e}^x-1}$;

(3) $\lim\limits_{x\to 0}\dfrac{3\sin x+x^2\cos\dfrac{1}{x}}{(1+\cos x)\ln(1+x)}$;　　(4) $\lim\limits_{x\to 0}\dfrac{\cos x(\mathrm{e}^{\sin x}-1)^4}{\sin^2 x(1-\cos x)}$;

(5) $\lim\limits_{x\to 0}\dfrac{x(1-\cos x)}{(1-\mathrm{e}^x)\sin x^2}$;　　(6) $\lim\limits_{x\to 0}\dfrac{\arctan x}{\ln(1+\sin x)}$;

(7) $\lim\limits_{x\to 0}\dfrac{\tan(\tan x)}{\sin x}$;　　(8) $\lim\limits_{x\to 0}\left[2-\dfrac{\mathrm{e}^{2x}-1}{\ln(1+2x)}\right]$.

4. 求极限:

(1) $\lim\limits_{n\to\infty}\dfrac{n^3\sqrt[n]{2}(1-\cos\dfrac{1}{n^2})}{\sqrt{n^2+1}-n}$;　　(2) $\lim\limits_{x\to 1}\dfrac{1-x^m}{1-x}$($m$是正整数);

(3) $\lim\limits_{x\to+\infty}\dfrac{\mathrm{e}^x+\sin x}{\mathrm{e}^x-\cos x}$;　　(4) $\lim\limits_{x\to+\infty}(\sin\sqrt{x+1}-\sin\sqrt{x-1})$.

5. $\lim\limits_{x\to+\infty}(\sqrt{x^2+x}-\sqrt[3]{x^3+x^2})$.　　6. $\lim\limits_{x\to 1}(1-x)\tan\dfrac{\pi}{2}x$.

7. $\lim\limits_{x\to+\infty}\dfrac{x\sqrt{x}\sin\dfrac{1}{x}}{\sqrt{x}-1}$.　　8. $\lim\limits_{x\to\infty}x(\sqrt[3]{x^3+x}-\sqrt[3]{x^3-x})$.

9. $\lim\limits_{x\to n\pi}\dfrac{\sin x}{x-n\pi}$.　　10. $\lim\limits_{x\to 0}\dfrac{\sqrt{1+x\sin x}-\cos x}{x\sin x}$.

11. $\lim\limits_{x\to 0}\dfrac{\tan(a+x)\tan(a-x)-\tan^2 a}{x^2}$.　　12. $\lim\limits_{x\to+\infty}\dfrac{(x+a)^{x+a}(x+b)^{x+b}}{(x+a+b)^{2x+a+b}}$.

13. $\lim\limits_{x\to+\infty}x^2(a^{\frac{1}{x}}-a^{\frac{1}{x+1}})\ (a>0)$.　　14. $\lim\limits_{x\to+\infty}(a^x+b^x)^{\frac{1}{x}}(a>b>0)$.

15. $\lim\limits_{n\to\infty}\left(\dfrac{\sqrt[n]{2}+\sqrt[n]{3}+\sqrt[n]{4}}{3}\right)^n$.　　16. $\lim\limits_{x\to 0}\dfrac{(1+mx)^n-(1+nx)^m}{x^2}(m,n\in\mathbb{N}^+)$.

17. $\lim\limits_{x\to 1}(2-x)^{\tan\frac{\pi x}{2}}$.　　18. $\lim\limits_{n\to\infty}\left(\cos\dfrac{x}{n}+\lambda\sin\dfrac{x}{n}\right)^n(x\neq 0)$.

19. $\lim\limits_{x\to 0}\dfrac{\sqrt[4]{1+\alpha\sin x}-\sqrt[3]{1+\beta\tan x}}{\ln(1+x)}$.　　20. $\lim\limits_{x\to 0}\left(\dfrac{1+\tan x}{1+\sin x}\right)^{\frac{1}{x^3}}$.

21. $f(x)=\dfrac{[4x]}{1+x}$, 求$f(1+0)$及$f(1-0)$.

22.求下列函数的间断点, 并指出其类型.

(1) $y=\dfrac{1+\mathrm{e}^{\frac{1}{x}}}{1-\mathrm{e}^{\frac{1}{x}}}$;　　(2) $y=\dfrac{x}{\sin x}$;　　(3) $\sin\dfrac{1}{x}$;　　(4) $\dfrac{\sin x}{x^2}$.

五、证明题

1. 利用极限定义证明 $\lim\limits_{x\to\infty}\dfrac{2x^2+1}{x^2-3}=2$.
2. 设 $f(x)$ 为定义在 $[a,+\infty)$ 上的单调增加(减少)函数, 证明 $\lim\limits_{x\to+\infty}f(x)$ 存在的充分必要条件是: $f(x)$ 在 $[a,+\infty)$ 上有上(下)界.
3. 设 a,b,A 均不为零, 证明: $\lim\limits_{x\to a}\dfrac{f(x)-b}{x-a}=A$ 的充分必要条件是 $\lim\limits_{x\to a}\dfrac{\mathrm{e}^{f(x)}-\mathrm{e}^b}{x-a}=A\mathrm{e}^b$.
4. 设 $f(x)$ 对 $(-\infty,+\infty)$内一切x, 有 $f\left(x^2\right)=f(x)$, 且 $f(x)$ 在 $x=0, x=1$ 处连续, 证明 $f(x)$为常值函数.
5. 证明函数 $f(x)=\dfrac{1}{x}\sin\dfrac{1}{x}$ 在 $(a,+\infty)(a>0)$ 内一致连续, 而在 $(0,a)$ 内不一致连续.
6. 证明: 若函数 $f(x)$ 和 $g(x)$ 在区间 I 上一致连续, 则 $\varphi(x)=\max\limits_{x\in I}\{f(x),g(x)\}$ 和 $\psi(x)=\min\limits_{x\in I}\{f(x),g(x)\}$ 在 I 上一致连续.
7. 设 $f(x)\in C(-\infty,+\infty)$, 且 $\lim\limits_{x\to\infty}f(x)=+\infty$, 证明: $f(x)$ 在 $(-\infty,+\infty)$ 内取到它的最小值.
8. 设 $f(x)\in C(-\infty,+\infty)$, 且 $\lim\limits_{x\to\infty}f\left(f(x)\right)=\infty$, 证明: $\lim\limits_{x\to\infty}f(x)=\infty$.
9. 设 $f(x)$ 在 $[a,b]$ 上单调增加, 且有 $f(a)>a$, $f(b)<b$, 则存在 $x_0\in(a,b)$, 使得 $f(x_0)=x_0$.
10. 设函数 $f(x)$ 在 $[a,b]$ 上只有第一类间断点, 证明 $f(x)$ 在 $[a,b]$ 上有界.

§3.4　提高与综合习题

一、填空题

1. $\lim\limits_{x\to-1}\left(\dfrac{1}{x+1}-\dfrac{3}{x^3+1}\right)=$ ________.
2. $\lim\limits_{\alpha\to\beta}\dfrac{\mathrm{e}^\alpha-\mathrm{e}^\beta}{\alpha-\beta}=$ ________.
3. $\lim\limits_{x\to2\pi}\dfrac{\sqrt[n]{1+(x-2\pi)^2}-1}{1-\cos x}=$ ________.
4. $\lim\limits_{x\to0^+}\dfrac{1-\sqrt{\cos x}}{x(1-\cos\sqrt{x})}=$ ________.
5. $\lim\limits_{x\to0}\dfrac{\mathrm{e}^{\tan x}-\mathrm{e}^{\sin x}}{\tan x-\sin x}=$ ________.
6. $\lim\limits_{x\to\frac{\pi}{4}}\dfrac{\sec^2x-2\tan x}{1+\cos4x}=$ ________.
7. $\lim\limits_{n\to\infty}\sin^2(\pi\sqrt{n^2+n})=$ ________.
8. $\lim\limits_{x\to\frac{\pi}{2}}\dfrac{1-\sin^{\alpha+\beta}x}{\sqrt{(1-\sin^\alpha x)(1-\sin^\beta x)}}(\alpha,\beta>0)=$ ________.

二、计算题

1. $\lim\limits_{x\to\frac{\pi}{4}}(\tan x)^{\tan 2x}$.

2. $\lim\limits_{x\to 0^+}\sqrt[x]{\cos\sqrt{x}}$.

3. $\lim\limits_{n\to\infty}\cos\dfrac{x}{2}\cos\dfrac{x}{2^2}\cdots\cos\dfrac{x}{2^n}(x\neq 0)$.

4. $\lim\limits_{x\to 0}\dfrac{\sqrt{1+x}-1}{\sqrt[3]{1+x}-1}$.

5. $\lim\limits_{x\to+\infty}x^{\frac{3}{2}}(\sqrt{x+1}+\sqrt{x-1}-2\sqrt{x})$.

6. $\lim\limits_{x\to a}\sin\dfrac{x-a}{2}\tan\dfrac{\pi x}{2a}$.

7. $\lim\limits_{x\to 0}\dfrac{1-\cos(a_1x)\cdots\cos(a_nx)}{x^2}$.

8. $\lim\limits_{x\to\infty}\left(\dfrac{\sqrt[x]{a}+\sqrt[x]{b}}{2}\right)^x$.

9. $\lim\limits_{x\to 0}\left(\dfrac{a_1^x+a_2^x+\cdots+a_n^x}{n}\right)^{\frac{1}{x}}(a_i>0)$.

10. $\lim\limits_{x\to 0}\left(\dfrac{2+\mathrm{e}^{\frac{1}{x}}}{1+\mathrm{e}^{\frac{4}{x}}}+\dfrac{\sin x}{|x|}\right)$.

11. $\lim\limits_{n\to\infty}\sin\left(\pi\sqrt{n^2+1}\right)$.

12. $\lim\limits_{x\to+\infty}\left(\dfrac{1}{x}\cdot\dfrac{a^x-1}{a-1}\right)^{\frac{1}{x}}\ (a>0,a\neq 1)$.

13. $\lim\limits_{x\to 0^+}\left(\sqrt{\dfrac{1}{x}+\sqrt{\dfrac{1}{x}+\sqrt{\dfrac{1}{x}}}}-\sqrt{\dfrac{1}{x}-\sqrt{\dfrac{1}{x}+\sqrt{\dfrac{1}{x}}}}\right)$.

14. 已知$\lim\limits_{x\to 0}\dfrac{\ln\left(1+\dfrac{f(x)}{\sin 2x}\right)}{3^x-1}=5$, 求$\lim\limits_{x\to 0}\dfrac{f(x)}{x^2}$.

15. 已知$f(x)=\lim\limits_{n\to\infty}\dfrac{n^x-n^{-x}}{n^x+n^{-x}}$, 求$f(x)$.

16. 设 $f(x)=\lim\limits_{n\to\infty}\dfrac{x^{2n+1}+ax^2+bx}{x^{2n}+1}$ 是连续函数, 求 a,b 的值.

三、证明题

1. 设 $\lim\limits_{x\to 0}\dfrac{f(x)}{x}=1, x_n=\sum\limits_{k=1}^{n}f\left(\dfrac{2k-1}{n^2}\right)\ (n\in\mathbb{N}^+)$, 证明 $\lim\limits_{n\to\infty}x_n=1$.

2. 设 $f(x)>0$, 在区间 $[0,1]$ 上连续, 试证

$$\lim_{n\to\infty}\sqrt[n]{\sum_{i=1}^{n}\left(f\left(\frac{i}{n}\right)\right)^n\frac{1}{n}}=\max_{x\in[0,1]}f(x).$$

3. 设函数 $f(x)$ 在 $[a,b]$ 上连续, 对任意 $x\in[a,b]$, 记 $M(x)=\sup\limits_{t\in[a,x]}f(t)$. 证明 $M(x)$ 在 $[a,b]$ 上连续.
4. 设函数 $f(x)$ 在 $\mathbb{R}$上一致连续, 则存在正数 A 和B, 使得对任意 $x\in\mathbb{R}$, 有 $|f(x)|\leqslant A|x|+B$.
5. 证明:
   (1) 对于函数 $f(x)$, 记 $f^+(x)=\max\{f(x),0\}, f^-(x)=\max\{-f(x),0\}$, 若函数 $f(x)$ 在点 x_0 处连续, 则 $f^+(x)$ 和 $f^-(x)$ 在点 x_0 处连续;
   (2) 任一连续函数皆可表示为两个非负连续函数之差.
6. 设 $f(x)$ 在 $[0,+\infty)$ 上连续, 若当 $x\to+\infty$ 时, $f(x)$ 以 $y=ax+b$ 为渐近线, 则 $f(x)$ 在 $[0,+\infty)$ 上一致连续.
7. 证明下列命题:
   (1) 设 $f(x)\in C(-\infty,+\infty)$. 若存在极限 $\lim\limits_{x\to-\infty}f(x)=A$, $\lim\limits_{x\to+\infty}f(x)=B$, 则 $f(x)$ 在 $(-\infty,+\infty)$ 上一致连续.
   (2) 设 $f(x)$ 在 $[a,+\infty)$ 上一致连续, 且 $g(x)\in C[a,+\infty)$. 若有 $\lim\limits_{x\to+\infty}[f(x)-g(x)]=0$, 则 $g(x)$ 在 $[a,+\infty)$ 上一致连续.
   (3) 设 $f(x)$ 在 $(-\infty,+\infty)$ 上有定义, 且在 $x=0$ 处连续, $f(0)=0$, 若有 $f(x+y)\leqslant f(x)+f(y)$,
   $\forall x,y\in(-\infty,+\infty)$, 则 $f(x)$ 在 $(-\infty,+\infty)$ 上一致连续.
8. 设 $f(x)$ 在 $[a,b]$ 上连续, 且对于区间 $[a,b]$ 上的每一点 x, 总存在 $y\in[a,b]$, 使得 $|f(y)|\leqslant\dfrac{1}{2}|f(x)|$. 求证: 至少存在一点 $\xi\in[a,b]$, 使 $f(\xi)=0$.
9. 设 $f(x)$ 在 $[0,+\infty)$ 上一致连续, 且 $\forall h>0$, 序列 $\{f(nh)\}$ 收敛, 求证: $\lim\limits_{x\to+\infty}f(x)$ 存在.
10. 设 $f(x)$ 在 $(-\infty,+\infty)$ 上有定义, 且满足

$$f(x+y)=f(x)+f(y),\ \forall x,y\in(-\infty,+\infty).$$

   若 $f(x)$ 在 $x=0$ 处连续, 证明 $f(x)\in C(-\infty,+\infty)$, 且 $f(x)=f(1)x$.
11. 设 $f(x)$ 是 $(a,+\infty)$ 上的有界连续函数, 则对于任意的 T, 皆存在 $\{x_n\}:x_n\to+\infty(n\to\infty)$, 使得 $\lim\limits_{n\to\infty}[f(x_n+T)-f(x_n)]=0$.
12. 在 $(0,1)$ 上讨论函数

$$f(x)=\begin{cases}x, & x\text{是无理数},\\ \dfrac{nx}{n+1}, & x=\dfrac{m}{n}\ (m,n\in\mathbb{N}^+\text{且互素})\end{cases}$$

   的连续性.
13. 设函数 $f(x)$ 对 (a,b) 内的一切点 x, 存在 $\delta_x>0$, 使得 $f(x)$ 在 $(x-\delta_x,x+\delta_x)$ 内递增, 试证 $f(x)$ 在 (a,b) 内递增.
14. 试用确界存在定理证明闭区间上连续函数的有界性定理.

15. 试用有限覆盖定理证明闭区间上连续函数的零点定理.

16. 试用有限覆盖定理证明Cantor定理.

§3.5　自测题

一、判断题

1. 若 $f(x)$ 在点x_0 连续且 $f(x_0)>0$, 则存在 $\delta>0$, 使得$f(x)$ 在 $U(x_0,\delta)$ 内的函数值都大于零. (　　)

2. 若$f(x)$ 当$x\to x_0$ 时不是无穷大量, 则存在数列 $\{a_n\}$ 满足 $a_n\to x_0$, 数列 $\{f(a_n)\}$ 收敛. (　　)

3. 若$f(x)$ 在点x_0 连续, $g(x)$ 在点x_0 处不连续, 则$f(x)g(x)$ 在点x_0 处一定不连续. (　　)

4. 若非常值连续函数 $f(x)$ 在闭区间 $[a,b]$ 上存在零点, 则存在 $\xi,\eta\in[a,b]$, 满足 $f(\xi)f(\eta)<0$. (　　)

5. 若函数 $f(x)$ 在 $(a,+\infty)$ 上一致连续, 则 $\lim\limits_{x\to a^+}f(x)$ 和 $\lim\limits_{x\to+\infty}f(x)$ 都存在. (　　)

二、填空题

1. $\lim\limits_{x\to0^+}\dfrac{1+4\mathrm{e}^{\frac{1}{x}}}{1+\mathrm{e}^{\frac{1}{x}}}\arctan\dfrac{1}{x}=$ ________________.

2. $\lim\limits_{x\to0}\left(\sqrt{1-x}\right)^{\frac{1}{\sin x}}=$ ________________.

3. $\lim\limits_{x\to0}\dfrac{\sin x-\tan x}{\ln(1+2x^3)}=$________________.

4. $\lim\limits_{x\to0}(x^2+\cos x)^{\frac{1}{\ln(\cos x)}}=$ ________________.

5. 在 $x\to0$ 时, 函数 $u(x)=\sqrt{1+\tan x}-\sqrt{1+\sin x}$ 是 x 的________________ 阶无穷小.

三、选择题

1.下列命题中正确的是(　　).

(A) 若$f(x)$和$g(x)$在点x_0 处都不连续, 则$f(x)g(x)$在x_0 处一定不连续;

(B) 初等函数在其定义域内都是连续的;

(C) 若$f(x)$在点x_0连续, 则$f^2(x)$和$|f(x)|$在点x_0处都连续;

(D) 若$f(x)$在点x_0的某一邻域内有定义, 且$\lim\limits_{h\to0}[f(x_0+h)-f(x_0-h)]=0$, 则$f(x)$ 在 x_0 点连续.

2.下列关于无穷小量的描述中正确的是(　　).

(A) 若$\forall\varepsilon>0$, 存在正整数 N 使当 $n>N$ 时成立$x_n<\varepsilon$, 则 $\{x_n\}$ 是无穷小量;

(B) 若 $\forall\varepsilon>0$, 存在无穷多个x_n 使 $|x_n|<\varepsilon$, 则 $\{x_n\}$ 是无穷小量;

(C) 很小的数是无穷小量;

(D) 无穷小量就是极限为0 的量.

3.下列关于函数极限的论述中正确的是(　　).

(A) 设 $f(x)$ 在点 x_0 的某一邻域内单调有界, 则 $f(x)$ 在点 x_0 处极限可能不存在;

(B) 若对任意 $x_0 \in I$, $\lim\limits_{x \to x_0} f(x)$ 存在, 则 $f(x)$ 在 I 上有界;

(C) 若 $\lim\limits_{x \to x_0} g(x) = u_0$, $\lim\limits_{u \to u_0} f(u) = A$, 则 $\lim\limits_{x \to x_0} f(g(x)) = A$;

(D) 若$g(x)$连续, 且 $\lim\limits_{x \to x_0} g(x) = u_0$, $\lim\limits_{u \to u_0} f(u) = A$, 则 $\lim\limits_{x \to x_0} f(g(x)) = A$.

4.下列关于无穷大量的论述中正确的是(　　).

(A) 若$f(x)$在区间$(a,b]$的左端点$x=a$的右邻域内无界, 则 $\lim\limits_{x \to a^+} f(x) = \infty$;

(B) 若 $\lim\limits_{x \to a^+} f(x) = \infty$, 则$f(x)$在点$x=a$ 的右邻域内无界;

(C) 若$\forall M > 0, \exists a \in (X, +\infty)$使$|f(a)| > M$, 则 $\lim\limits_{x \to +\infty} f(x) = \infty$;

(D) 若 $\lim\limits_{x \to \infty} f(x) = a$, 且 $\lim\limits_{x \to \infty} g(x) = \infty$, 则 $\lim\limits_{x \to \infty} f(x)g(x) = \infty$.

5.下列命题中错误的是(　　).

(A) 若$f(x)$在(a,b)内连续且$f(a+0)$与$f(b-0)$存在, 则$f(x)$ 在 (a,b) 内有界;

(B) 若$f(x)$在$[a,b]$上连续, 且$a \leqslant f(x) \leqslant b$, 则$f(x)$在$[a,b]$ 上存在不动点;

(C) 若$f(x)$在(a,b)上一致连续, 则 $f(a+0)$ 与 $f(b-0)$ 存在.

(D) 若$f(x)$在$[a,b]$上有定义, 在(a,b)内连续, 且$f(a)f(b) < 0$, 则一定存在 $\xi \in (a,b)$, 使$f(\xi) = 0$.

四、求极限

1.$\lim\limits_{x \to 0} (1-3x)^{\frac{1}{\ln(1+2x)}}$.

2.$\lim\limits_{x \to 0} (2x + \mathrm{e}^x)^{\frac{1}{x}}$.

3. $\lim\limits_{x \to 0^+} (\cos\sqrt{x})^{\frac{1}{\sin x}}$.

五、证明题

1. 证明: $\lim\limits_{x \to +\infty} \cos x$ 不存在.

2. 设函数 $f(x)$ 在 $(-\infty, +\infty)$ 上连续, 且 $\lim\limits_{x \to \infty} f(x)$ 存在, 证明 $f(x)$ 在 $(-\infty, +\infty)$ 上一致连续.

3. 举例说明: 存在函数 $f(x)$, 它在 $(-\infty, +\infty))$ 上一致连续, 但是 $\lim\limits_{x \to \infty} f(x)$ 不存在.

§3.6　思考、探索题与数学实验题

一、思考与探索题

1. 如何理解 Dirichlet 函数与 Riemann 函数的连续性?

2. 试从定义和性质两个方面, 举例说明函数连续与一致连续的联系与区别.

3. 如何理解闭区间上连续函数的性质? 从它们的证明过程看, 如何理解实数系基本定理的作用?

4. 当$x \to x_0$ 时, 函数是否存在单调有界定理? 若有, 该如何叙述与证明? 若没有, 请举例说明.

5. 整理本章出现的等价无穷小量, 并分别给出具体应用.

6. 如何理解无穷小量的性质和高阶、低阶和同阶的含义?

7. 研究复合函数的极限运算法则: 设函数 $y=f(g(x))$ 是由函数 $u=g(x)$ 和 $y=f(u)$ 复合而成, $y=f(g(x))$ 在点 x_0 的某去心领域内有定义, 若 $\lim\limits_{x\to x_0} g(x)=u_0$, $\lim\limits_{u\to u_0} f(u)=A$, 且存在 $\delta_0>0$, 当 $x\in\mathring{U}(x_0,\delta_0)$ 时, 有 $g(x)\neq u_0$, 则 $\lim\limits_{x\to x_0} f(g(x))=\lim\limits_{u\to u_0} f(u)=A$. 试探索去除条件“ 存在 $\delta_0>0$, 当 $x\in\mathring{U}(x_0,\delta_0)$ 时, 有 $g(x)\neq u_0$”, 以及增加条件, 比如 $u=g(x)$ 和 $y=f(u)$ 分别连续, 或者都连续等, 法则的结论是否成立? 请证明或举例说明你的结论.
8. 研究区间 $[a,b]$ 上单调函数的间断点的个数问题.
9. 已知区间 $[0,1]$ 上的 Riemann 函数在无理点处连续, 在有理点处间断, 请问是否存在定义在区间 $[a,b]$ 上的函数 $f(x)$: $f(x)$ 在有理点处连续, 在无理点处间断.
10. 请问是否存在定义在实数集 $\mathbb{R}$ 上的函数 $f(x)$: 对于任意的 $x_0\in\mathbb{R}$, 有 $\lim\limits_{x\to x_0} f(x)=\infty$.

二、数学实验题

1. 求极限:

(1) $\lim\limits_{x\to 0}\dfrac{|x|}{x}$;

(2) $\lim\limits_{x\to 0^+}\left(\cos\sqrt{x}\right)^{\frac{1}{x}}$;

(3) $\lim\limits_{x\to 0}\dfrac{\cos x(\mathrm{e}^{\sin x}-1)^4}{\sin^2 x(1-\cos x)}$.

2. 绘制函数图像, 并判断函数在$x=0$处是否间断以及间断点类型:

(1) $f(x)=\begin{cases} x^2+1, x\geqslant 0,\\ x-1, x<0;\end{cases}$

(2)$f(x)=\sin\dfrac{1}{x}$;

(3)$f(x)=\mathrm{e}^{\frac{1}{x}}$.

3. 在区间$[-0.1,0.1]$ 上画出函数 $f(x)=\dfrac{\sin x}{x}$的图像, 观察其在 $x=0$ 点附近的图形特征. 若将区间换为$[0,0.1]$, 会出现什么结果?
4. 利用二分法求方程 $f(x)=\mathrm{e}^x-x^2-1=0$ 的一个实根 x_n, 要求 $|f(x_n)|<10^{-5}$.
5. 绘制函数 $f(x)=x^3-2x^2+x-1$的图像, 并用二分法求此函数的零点, 要求精确到小数点后 4 位.
6. 思考如何利用图形说明函数 $f(x)=\dfrac{1}{x}$ 在区间 $(0,1)$ 内与 $f(x)=x^2$ 在区间 $[1,+\infty)$ 上是不一致连续的.

§3.7　本章习题答案与参考解答

§3.7.1　基本习题

一、判断题

1. $\surd$; 2. $\times$; 3. $\surd$; 4. $\surd$; 5. $\surd$; 6. $\surd$; 7. $\times$; 8. $\times$; 9. $\surd$; 10. $\times$; 11. $\surd$;
12. $\surd$; 13. $\surd$; 14. $\surd$; 15. $\surd$.

二、填空题

1. nx^{n-1}; 2. 1; 3. $\dfrac{a}{4b}$; 4. e^{-2}; 5. $1,-2$; 6. 1; 7. $\dfrac{1}{12}$; 8. 1; 9. -3; 10. $\dfrac{1}{3}$; 11. $(\dfrac{3}{2})^{30}$; 12. $\dfrac{1}{\sqrt{2}}$.

三、选择题

1. A; 2. C; 3. B; 4. A; 5. B.

四、计算题

1. (1) $\dfrac{1}{2}$; (2) $\sin 1$; (3) $\dfrac{1}{4}$; (4) $\dfrac{\pi^2}{2}$; (5) $\dfrac{5}{7}$; (6) 3; (7) $\dfrac{9}{4}$; (8) 1.

2. (1) e^6; (2) e^{-6}; (3) e; (4) e^{-1}; (5) e^2; (6) e.

3. (1) 2; (2) 1; (3) $\dfrac{3}{2}$; (4) 2; (5) $-\dfrac{1}{2}$; (6) 1; (7) 1; (8) 1.

4. (1) 1; (2) m; (3) 1; (4) 0.

5. $\dfrac{1}{6}$; 6. $\dfrac{2}{\pi}$; 7. 1; 8. $\dfrac{2}{3}$; 9. $(-1)^n$; 10. 1; 11. $\tan^4 a-1$; 12. $\mathrm{e}^{-(a+b)}$; 13. $\ln a$; 14.a; 15. $\sqrt[3]{24}$;
16. $\dfrac{mn}{2}(n-m)$; 17. $\mathrm{e}^{\frac{2}{\pi}}$; 18. $\mathrm{e}^{\lambda x}$; 19. $\dfrac{\alpha}{4}-\dfrac{\beta}{3}$; 20. $\mathrm{e}^{\frac{1}{2}}$; 21. 2, $\dfrac{3}{2}$;
22. (1) $x=0$, 第一类, 跳跃间断点; (2) $x=0$, 第一类 (有的教材将可去间断点定义为为第三类) $x=k\pi\,(k\neq 0)$ 第二类, 是无穷间断点; (3) $x=0$, 第二类, 振荡间断点; (4) $x=0$, 第二类, 无穷间断点.

五、证明题

1. 对于任意 $\varepsilon>0$, 要寻找 $M>0$, 使得当 $|x|>M$, 有

$$\left|\frac{2x^2+1}{x^2-3}-2\right|=\frac{7}{|x^2-3|}<\varepsilon.$$

易知当 $|x|>3$ 时, 有 $|x^2-3|>|x|$, 于是取 $M=\max\left\{3,\dfrac{7}{\varepsilon}\right\}$, 则对于任意 $\varepsilon>0,\exists M>0$, 当 $|x|>M$ 时, 有 $\left|\dfrac{2x^2+1}{x^2-3}-2\right|<\varepsilon$, 于是有 $\lim\limits_{x\to\infty}\dfrac{2x^2+1}{x^2-3}=2$.

2. 设 $f(x)$ 为单调增加函数, 对于 $f(x)$ 为单调减少函数, 类似可证.

(必要性) 设 $\lim\limits_{x\to+\infty}f(x)=A$, 对任意 $\varepsilon>0$, 存在 $M>a>0$, 当 $x>M$ 时, 有 $|f(x)-A|<\varepsilon$. 取 $\varepsilon=1$, 得到 $A-1<f(x)<A+1$.

因为 $f(x)$ 是 $[a,+\infty)$ 上的增函数, 对任意 $x\in[a,+\infty)$,

当 $x\in[a,M]$ 时, $f(x)\leqslant f(M)\leqslant f(M+1)<A+1$;

当 $x\in(M,+\infty)$ 时, $f(x)<A+1$, 故 $f(x)$ 在 $x\in[a,+\infty)$ 上有上界.

(充分性) 若 $f(x)$ 在 $x\in[a,+\infty)$ 上有上界, 由确界原理, 知 $f(x)$ 在 $x\in[a,+\infty)$ 上有上确界. 设 $A=\sup\limits_{x\in[a,+\infty)}f(x)$, 则对于任意 $\varepsilon>0$, 存在 $x_0\in[a,+\infty)$, 使 $f(x_0)>A-\varepsilon$, 从而当 $x>x_0$ 时, 有 $A-\varepsilon<f(x_0)\leqslant f(x)<A<A+\varepsilon$, 所以有 $\lim\limits_{x\to+\infty}f(x)=A$.

3. (必要性) 由 $\lim\limits_{x\to a}\dfrac{f(x)-b}{x-a}=A$ 知 $\lim\limits_{x\to a}(f(x)-b)=0$, 故 $\mathrm{e}^{f(x)-b}-1\sim f(x)-b$.于是

$$\lim_{x\to a}\frac{\mathrm{e}^{f(x)}-\mathrm{e}^b}{x-a}=\mathrm{e}^b\cdot\lim_{x\to a}\frac{\mathrm{e}^{f(x)-b}-1}{x-a}=\mathrm{e}^b\lim_{x\to a}\frac{f(x)-b}{x-a}=A\mathrm{e}^b.$$

(充分性) 由 $\lim\limits_{x\to a}\dfrac{\mathrm{e}^{f(x)}-\mathrm{e}^b}{x-a}=A\mathrm{e}^b$ 知 $\lim\limits_{x\to a}\left(\mathrm{e}^{f(x)}-\mathrm{e}^b\right)=0$, 于是由对数函数的连续性知 $f(x)=\ln\mathrm{e}^{f(x)}\to\ln\mathrm{e}^b=b$, 即 $f(x)-b\to0$.

则 $A=\lim\limits_{x\to a}\dfrac{\mathrm{e}^{f(x)-b}-1}{x-a}=\lim\limits_{x\to a}\dfrac{f(x)-b}{x-a}$, 即 $\lim\limits_{x\to a}\dfrac{f(x)-b}{x-a}=A$.

4. 由于对于任意 $x\in\mathbb{R}$, 有 $f(x^2)=f(x)$, 所以 $f(-x)=f\left[(-x)^2\right]=f\left(x^2\right)=f(x)$, 即 $f(x)$ 为 $\mathbb{R}$ 上的偶函数, 故只需证明 $f(x)$ 在 $[0,+\infty)$ 上为常值函数.

(1) 当$x\in(0,1)$时, 由题设有$f(x)=f\left(x^2\right)=\cdots=f\left(x^{2^n}\right)$, 又$f(x)$ 在$x=0$ 处连续, 且$x^{2^n}\to0(n\to\infty)$, 故$f(x)=\lim\limits_{n\to\infty}f\left(x^{2^n}\right)=f\left(\lim\limits_{n\to\infty}x^{2^n}\right)=f(0)$.

(2) 当$x=1$时, 由于$f(x)$在$x=1$处连续, 故 $f(1)=\lim\limits_{x\to1^-}f(x)=f(0)$.

(3) 当$x\in(1,+\infty)$, 有$f(x)=f\left(x^{\frac12}\right)=\cdots=f\left(x^{\frac{1}{2^n}}\right)$,

由 $x^{\frac{1}{2^n}}\to1(n\to\infty)$ 知 $f(x)=\lim\limits_{n\to\infty}f\left(x^{\frac{1}{2^n}}\right)=f(1)=f(0)$.

综上, $f(x)\equiv f(0),x\in\mathbb{R}$.

5. 提示: (1) $\forall x',\ x''\in(a,+\infty)$, 有

$$\begin{aligned}|f(x')-f(x'')|&=\left|\frac{1}{x'}\sin\frac{1}{x'}-\frac{1}{x''}\sin\frac{1}{x''}\right|=\left|\frac{1}{x'}\sin\frac{1}{x'}-\frac{1}{x''}\sin\frac{1}{x'}+\frac{1}{x''}\sin\frac{1}{x'}-\frac{1}{x''}\sin\frac{1}{x''}\right|\\&\leqslant(1+\frac{1}{a})\frac{|x'-x''|}{a^2},\end{aligned}$$

故 $f(x)$ 在 $(a,+\infty)$ 内一致连续.

(2)取 $\varepsilon_0=\dfrac12$, $x_n'=\dfrac{1}{2n\pi-\dfrac{\pi}{2}}$, $x_n''=\dfrac{1}{2n\pi+\dfrac{\pi}{2}}$, $n\in\mathbb{N}^+$, 有 $|x_n'-x_n''|\to0$, 但 $|f(x')-f(x'')|=\pi>\varepsilon_0$.

6. 提示: $\varphi(x)=\dfrac{f(x)+g(x)+|f(x)-g(x)|}{2}$, $\psi(x)=\dfrac{f(x)+g(x)-|f(x)-g(x)|}{2}$.

7. 因为 $\lim\limits_{x\to\infty}f(x)=+\infty$, 所以存在 $Z>0$, 使当 $x>|Z|$ 时 $f(x)>f(0)$.故有 $\min\limits_{x\in[-Z,Z]}f(x)\leqslant f(0)<f(x),\forall x\in(-\infty,-Z)\cup(Z,+\infty)$.

设 $x_0\in[-Z,Z]$, 使 $f(x_0)=\min\limits_{x\in[-Z,Z]}f(x)$, 则有 $f(x_0)=\min\limits_{x\in(-\infty,+\infty)}f(x)$.

8. 提示: (反证法) 设结论不成立, 则存在数列 $\{x_n\}$, 使得 $\{f\left(f(x_n)\right)\}$ 有界. 矛盾.

9. 提示: 利用二分法构造闭区套序列 $\{[a_n,b_n]\}\,(n=1,2,\cdots)$, 若存在 k, 使得 $f(a_k)=a_k$ 或 $f(b_k)=b_k$, 则结论成立. 否则 a_n,b_n 满足 $f(a_n)>a_n$,

$f(b_n)<b_n$, 则由闭区套定理知, 存在 $x_0\in[a_n,b_n](n=1,2,\cdots)$, 且有

$a_n<f(a_n)\leqslant f(x_0)\leqslant f(b_n)<b_n,n\to\infty$, 即得 $x_0=f(x_0),x_0\in(a,b)$.

10. 提示: 可分别用致密性定理、确界存在定理、闭区间套定理和有限覆盖定理证明.

§3.7.2 提高与综合习题

一、填空题

1. -1; 2. e^{β}; 3. $\dfrac{2}{n}$; 4. $\dfrac{1}{2}$; 5. 1; 6. $\dfrac{1}{2}$; 7. 1; 8. $\dfrac{\alpha+\beta}{\sqrt{\alpha\beta}}$.

二、计算题

1. e^{-1}; 2. $e^{-\frac{1}{2}}$; 3. $\dfrac{\sin x}{x}$; 4. $\dfrac{3}{2}$; 5. $-\dfrac{1}{4}$; 6. $-\dfrac{a}{\pi}$; 7. $\dfrac{1}{2}(a_1^2+a_2^2+\cdots+a_n^2)$; 8. $\sqrt{ab}$;

9. $\sqrt[n]{a_1a_2\cdots a_n}$; 10. 1;

11. 0 (提示: $\sin\left(\pi\sqrt{n^2+1}\right)=\sin\left(n\pi+\pi\sqrt{n^2+1}-n\pi\right)=(-1)^n\sin\left(\dfrac{\pi}{\sqrt{n^2+1}+n}\right)$;

12. a, 当$a>1$; 1, 当$0<a<1$; 13. 1; 14. $10\ln 3$;

15. $f(x)=\begin{cases}1, & x>0\\ 0, & x=0,\\ -1, & x<0;\end{cases}$

16. $f(x)=\begin{cases}ax^2+bx, & |x|<1,\\ x, & |x|>1,\\ \frac{1+a+b}{2}, & x=1,\\ \frac{a-b-1}{2}, & x=-1,\end{cases}$ 所以 $a=0,\ b=1$ 时, $f(x)$ 是连续函数.

三、证明题

1. 由于 $\sum\limits_{k=1}^{n}\dfrac{2k-1}{n^2}=1$, 考虑

$$|x_n-1|=\left|\sum_{k=1}^{n}f\left(\frac{2k-1}{n^2}\right)-\sum_{k=1}^{n}\frac{2k-1}{n^2}\right|\leqslant\sum_{k=1}^{n}\left|f\left(\frac{2k-1}{n^2}\right)-\frac{2k-1}{n^2}\right|$$

$$=\sum_{k=1}^{n}\left|\frac{f\left(\frac{2k-1}{n^2}\right)}{\frac{2k-1}{n^2}}-1\right|\cdot\frac{2k-1}{n^2},$$

由 $\lim\limits_{x\to0}\dfrac{f(x)}{x}=1$ 可知, 对于任意 $\varepsilon>0$, 存在$\delta>0$, 当 $0<|x|<\delta$ 时, 有 $\left|\dfrac{f(x)}{x}-1\right|<\varepsilon$. 取 $N=\left[\dfrac{2}{\delta}\right]+1$, 则当 $n>N$, 有 $0<\dfrac{2k-1}{n^2}<\delta(k=1,2,\cdots,n)$, 且 $\left|\dfrac{f(x)}{x}-1\right|<\varepsilon$.

于是对于任意 $\varepsilon>0$, $\exists N=\left[\dfrac{2}{\delta}\right]+1$, 当$n>N$ 时, $|x_n-1|<\sum\limits_{k=1}^{n}\dfrac{2k-1}{n^2}\cdot\varepsilon=\varepsilon$, 故 $\lim\limits_{n\to\infty}x_n=1$.

2. 记 $M=\max\limits_{x\in[0,1]}f(x)$, 则 $x_n=\sqrt[n]{\sum\limits_{i=1}^{n}\left(f\left(\dfrac{i}{n}\right)\right)^n\cdot\dfrac{1}{n}}\leqslant M$.

因为 $f(x)$ 在 $[0,1]$ 上连续, 故存在 $x_0\in[0,1]$, 使得 $f(x_0)=M$. 于是对于任意 $\varepsilon>0$, 存在 $\delta>0$, 当 $|x-x_0|<\delta\,(x\in[0,1])$ 时, 有 $M-\varepsilon<f(x)<M+\varepsilon$.

当 n 充分大时有 $\dfrac{1}{n}<\delta$, 且存在 $i_0\in\mathbb{N}^+$, 使 $x_0\in\left[\dfrac{i_0-1}{n},\dfrac{i_0}{n}\right]$, 于是有 $\left|\dfrac{i_0}{n}-x_0\right|<\delta, f\left(\dfrac{i_0}{n}\right)>M-\varepsilon$.

故 $x_n=\sqrt[n]{\sum\limits_{i=1}^{n}\left(f\left(\dfrac{i}{n}\right)\right)^n\cdot\dfrac{1}{n}}\geqslant\sqrt[n]{\left(f\left(\dfrac{i_0}{n}\right)\right)^n\cdot\dfrac{1}{n}}>(M-\varepsilon)\dfrac{1}{\sqrt[n]{n}}$. 由夹逼定理得

$\lim\limits_{n\to\infty} x_n = \max\limits_{x\in[0,1]} f(x)$.

3. 任取 $x_0 \in (a,b)$, 对于 $x \in (a,x_0)$, 有 $f(x) \leqslant \sup\limits_{t\in[a,x]} f(t) = M(x) \leqslant M(x_0-0)$, 则 $M(x_0) = \sup\limits_{x\in[a,x_0]} f(x) \leqslant M(x_0-0)$, 因为 $M(x_0-0)\leqslant M(x_0)$, 所以 $M(x_0-0)=M(x_0)$, 即 $M(x)$ 在 x_0 点左连续.

另一方面, 由于 $f(x)$ 在 x_0 点连续, 对任意 $\varepsilon>0$, 存在 $\delta>0$, 对于任意 $h\in(0,\delta)$, 当 $x\in(x_0,x_0+h)$ 时, 有

$$f(x) < f(x_0)+\varepsilon \leqslant M(x_0)+\varepsilon.$$

从而有 $M(x_0+h) = \sup\limits_{x\in[a,x_0+h]} f(x) \leqslant M(x_0)+\varepsilon$.

在上式中令 $h\to 0^+$, 由 ε 的任意性, 得 $M(x_0+0)\leqslant M(x_0)$.

由于 $M(x_0+0)\geqslant M(x_0)$, 所以 $M(x_0+0)=M(x_0)$, 即 $M(x)$ 在 x_0 点右连续, 故 $M(x)$ 在 x_0 点连续.

类似可证 $M(x)$ 在 $x=a$ 处右连续, 在 $x=b$ 处左连续.

4. 由于 f 在 $(-\infty,+\infty)$ 上一致连续, 则对 $\varepsilon=1$, 存在 $\delta>0$, 对任意 $x',x''\in(-\infty,+\infty)$, 当 $|x'-x''|\leqslant\delta$ 时,有 $|f(x')-f(x'')|<1$.

对任意 $x\in(-\infty,+\infty)$, 存在 $n\in\mathbb{N}$, 使 $x=n\delta+x_0, x_0\in(-\delta,\delta)$. 由 $f(x)$ 在 $[-\delta,\delta]$ 上连续知 $f(x)$ 在其上有界, 故存在 $M>0$, 对任意 $x\in[-\delta,\delta]$, 有 $|f(x)|\leqslant M$, 于是

$$\begin{aligned}|f(x)| &= \left|\sum_{k=1}^{n}\left[f(k\delta+x_0)-f((k-1)\delta+x_0)\right]+f(x_0)\right| \\ &\leqslant n+M = \frac{1}{\delta}|x-x_0|+M \\ &\leqslant \frac{1}{\delta}|x_0|+\frac{1}{\delta}|x|+M \\ &\leqslant \frac{1}{\delta}|x|+M+1.\end{aligned}$$

记 $A=\dfrac{1}{\delta}$, $B=M+1$,得证.

5. 提示: (1) $f^+ = \dfrac{|f|+f}{2}$, $f^- = \dfrac{|f|-f}{2}$, (2) $f=f^+-f^-$.

6. 提示: $g(x)=ax+b$ 在 $[a,+\infty)$ 上一致连续.

7. 提示: (1) 由 $\lim\limits_{x\to-\infty} f(x)=A$ 与 $\lim\limits_{x\to+\infty} f(x)=B$ 和 Cauchy 收敛原理, 可知对于任意的 $\varepsilon>0$, 存在 $X>0$, 当 $|x'|>X$, $|x''|>X$ 时, $|f(x'')-f(x')|<\varepsilon$.

由 Cantor定理知 $f(x)$ 在闭区间 $[-X-1,X+1]$ 上一致连续, 即对于任意的 $\varepsilon>0$, 存在 $\delta_1>0$, 当 $|x'-x''|<\delta_1$ 时, $|f(x'')-f(x')|<\varepsilon$. 取 $\delta=\min\{\delta_1,1\}$, 即满足要求.

(2) 由题设知对任意 $\varepsilon>0$, 存在 $\delta>0$, 使得当 $|x'-x''|<\delta$ 时, 有 $|f(x')-f(x'')|<\dfrac{\varepsilon}{3}$, 又存在 X,当 $x',x''>X$, 有 $|f(x')-g(x')|<\dfrac{\varepsilon}{3}$, $|f(x'')-g(x'')|<\dfrac{\varepsilon}{3}$. 从而当 $x',x''>X$ 且当 $|x'-x''|<\delta$ 时,有 $|g(x')-g(x'')|\leqslant|g(x')-f(x')|+|f(x')-f(x'')|+|f(x'')-g(x'')|<\varepsilon$.

再由 $g(x)$ 在 $[a,X+1]$ 上一致连续, 可知 $g(x)$ 在 $[a,+\infty)$ 上一致连续.

(3) 由题设知, 对任意 $\varepsilon>0$, 存在 $\delta>0$, 使得当 $|x|<\delta$, 有 $|f(x)|<\varepsilon$, 因此对 $|t|<\delta$, 可得 $f(x+t)-f(x)\leqslant f(t)<\varepsilon, f(x)-f(x+t)\leqslant f(-t)<\varepsilon$. 从而 $|f(x+t)-f(x)|<\varepsilon$. 得证.

8. (反证法) 如果 $f(x)$ 在 $[a,b]$ 上没有零点, 那么 $|f(x)|$ 在 $[a,b]$ 上也没有零点. 由 $f(x)$ 的连续性知 $|f(x)|$

在 $[a,b]$ 上连续, 故 $|f(x)|>0$, 因而在 $[a,b]$ 存在最小值, 即存在 $x_0\in[a,b]$, 使得

$$|f(x_0)|=\min_{x\in[a,b]}|f(x)|>0.$$

由题设知, 在 $[a,b]$ 上存在 $y\in[a,b]$ 使得

$$|f(y)|\leqslant\frac{1}{2}|f(x_0)|<|f(x_0)|$$

这与 $|f(x)|$ 是最小值矛盾. 故 $f(x)$ 在 $[a,b]$ 上至少有一个零点.

9. 由 $f(x)$ 一致连续知 $\forall\varepsilon>0,\exists\delta>0$, 使得当 $\xi,\eta\geqslant0$, $|\xi-\eta|<\delta$ 时, 有 $|f(\xi)-f(\eta)|<\dfrac{\varepsilon}{3}$.

对上述的 $\varepsilon>0,\delta>0$, 由 $\lim\limits_{n\to\infty}f(n\delta)$ 存在知, $\exists N\in\mathbb{N}^+,\forall m,n>N$, 有 $|f(n\delta)-f(m\delta)|<\dfrac{\varepsilon}{3}$.

取 $X=(N+1)\delta,\forall x_1,x_2>X$, 有 $\left[\dfrac{x_i}{\delta}\right]>N(i=1,2)$, 且

$$\left|x_i-\left[\frac{x_i}{\delta}\right]\delta\right|=\delta\left|\frac{x_i}{\delta}-\left[\frac{x_i}{\delta}\right]\right|<\delta(i-1,2).$$

故有 $\forall\varepsilon>0,\exists X>0,\forall x_1,x_2>X$, 有

$$\begin{aligned}|f(x_1)-f(x_2)|&\leqslant\left|f(x_1)-f(\left[\frac{x_1}{\delta}\right]\delta)\right|+\left|f(\left[\frac{x_2}{\delta}\right]\delta)-f(\left[\frac{x_1}{\delta}\right]\delta)\right|+\left|f(\left[\frac{x_2}{\delta}\right]\delta)-f(x_2)\right|\\&<\frac{\varepsilon}{3}+\frac{\varepsilon}{3}+\frac{\varepsilon}{3}=\varepsilon.\end{aligned}$$

故由 Cauchy 收敛原理知 $\lim\limits_{x\to+\infty}f(x)$ 存在.

10. 取 $y=x$, 则有 $f(2x)=2f(x)$, 于是有对于任意的正整数 n, 有 $f(nx)=nf(x)$.

取 $x=\dfrac{y}{n}$和$y=mx$, 分别得 $\dfrac{1}{n}f(y)=f(\dfrac{y}{n})$ 和 $\dfrac{m}{n}f(x)=\dfrac{1}{n}f(mx)=f(\dfrac{m}{n}x)$.

另一方面,取 $y=0$和$y=-x$, 则有 $f(0)=0,f(x)+f(-x)=f(0)=0$, 于是$f\left(-\dfrac{m}{n}x\right)=-\dfrac{m}{n}f(x)$. 这说明对任意有理数 r, 有 $f(rx)=rf(x)$, 取$x=1$, 有 $f(r)=f(1)r$.

任取 $x_0\in(-\infty,+\infty)$, 由 $\lim\limits_{x\to x_0}f(x)=\lim\limits_{x\to x_0}f(x-x_0+x_0)=\lim\limits_{x\to x_0}f(x-x_0)+f(x_0)=f(0)+f(x_0)=f(x_0)$, 于是可知 $f(x)\in C(-\infty,+\infty)$. 对于任意 $x\in(-\infty,+\infty)$, 存在有理数列 $\{r_n\}$, 使得 $\lim\limits_{n\to\infty}r_n=x$. 故由 $f(r)=f(1)r$及$f(x)$ 的连续性, 可得 $f(x)=f(1)x$.

11. 不妨设 $T>0$ (否则, 令 $x+T=t$). 考察 $f(x+T)-f(x)$:

(1) 若存在 Z, 当 $x\geqslant Z$ 时, $f(x+T)-f(x)$ 不变号, 此时 $\{f(Z+nT)\}$ 是单调数列, 而由 $f(x)$ 的有界性可知 $\{f(Z+nT)\}$ 收敛, 因此有

$$\lim_{n\to\infty}\left[f\left(Z+(n+1)T\right)-f\left(Z+nT\right)\right]=0,$$

此时取 $x_n=Z+nT$ 即可.

(2) 若(1)不成立, 则对任意的 Z', 总有 $Z''>Z'$, 使得 $f(Z''+T)-f(Z'')=0$. 因而存在 $x_n\to+\infty(n\to\infty)$, 使 $f(x_n+T)-f(x_n)=0(n\in\mathbb{N})$.

12. 在有理点不连续, 在无理点处连续.

当 $x_0=\dfrac{m}{n}$ 时, $f(x_0)=\dfrac{m}{n+1}$. 取无理数列 $\{x_k\}$, 满足 $\lim\limits_{k\to\infty}x_k=x_0$, 而 $\lim\limits_{k\to\infty}f(x_k)=x_k\neq f(x_0)$, 故 $f(x)$ 在有理点不连续.

当 x_0 为无理数时, $f(x_0)=x_0$. 对任意的有理数列 $\{r_k\}:r_k=\dfrac{m_k}{n_k}\to x_0,n_k\to\infty$, 有

$\lim\limits_{k\to\infty} f(r_k) = \lim\limits_{k\to\infty} \dfrac{m_k}{n_k+1} = \lim\limits_{k\to\infty} \dfrac{\dfrac{m_k}{n_k}}{\dfrac{n_k+1}{n_k}} = x_0$, 从而可知 $f(x)$ 在无理点处连续.

13. 提示: 利用有限覆盖定理.

14. 提示: 构造集合 $S=\{x|f在[a,x]有上界, x\in(a,b]\}$, S 非空有上界. 故有上确界 ξ, 可证 $\xi=b$, 再由 $f(x)$ 在 b 点连续可证 $f(x)$ 在 $[a,b]$ 上有界.

15. (反证法) 假设 $f(x)\neq 0, x\in(a,b)$.由于 $f(x)\in C[a,b]$, 则对于任意 $x'\in[a,b]$ 都存在 $U(x',\delta_{x'})$,使 $x\in U(x',\delta_{x'})\cap[a,b]$ 有 $f(x)>0或f(x)<0$. $\{U(x',\delta_{x'})|x'\in[a,b]\}$ 覆盖 $[a,b]$, 由有限覆盖定理可知, 存在有限个开区间覆盖 $[a,b]$, 设这些区间为

$$U(x_1,\delta_{x_1}),U(x_2,\delta_{x_2}),\cdots,U(x_n,\delta_{x_n})$$

设 $a\leqslant x_1<x_2<\cdots<x_n\leqslant b$, 令 $\delta=\min\left\{\dfrac{\delta_{x_1}}{2},\dfrac{\delta_{x_2}}{2},\cdots,\dfrac{\delta_{x_n}}{2}\right\}$, 将 $[a,b]$ 区间 k 等分, 要求 $\dfrac{b-a}{k}<\delta$, 设分点为: $a=a_0<a_1<\cdots<a_k=b$. 不妨设 $f(a)<0, f(b)>0$. 由 $a_1-a_0<\delta$ 知 $a_0,a_1\in U(x_1,\delta_{x_1})$, 故 $f(a)<0$, $f(a_1)<0$. 再由 $a_2-a_1<\delta$ 知, 存在某个 l 使 a_2, $a_1\in U(x_l,\delta_{x_l})$, 于是有 $f(a_2)<0$, 重复进行, 可得 $f(b)<0$, 这与 $f(b)>0$ 矛盾.

16. 对任意 $\varepsilon>0$, 由于 $f(x)\in C[a,b]$, 则对于任意的 $x'\in[a,b]$, 存在 x' 的邻域$U(x',\delta_{x'})$, 使得 $x\in U(x',\delta_{x'})\bigcap[a,b]$, 有 $|f(x)-f(x')|<\varepsilon$. $\{U(x',\delta_{x'})|x'\in[a,b]\}$ 覆盖 $[a,b]$, 故存在其中有限个邻域: $U(x_1,\delta_{x_1}),U(x_2,\delta_{x_2}),\cdots,U(x_n,\delta_{x_n})$ 覆盖 $[a,b]$,令 $\delta=\min\left\{\dfrac{\delta_{x_1}}{2},\dfrac{\delta_{x_1}}{2},\cdots,\dfrac{\delta_{x_n}}{2}\right\}$. 则对于任意 $\varepsilon>0,\exists\delta$, 当 x',x'' 满足 $|x'-x''|<\delta$ 时, x',x'' 一定属于某个 $U(x_l,\delta_{x_l})$. 于是 $|f(x')-f(x'')|\leqslant|f(x')-f(x_l)|+|f(x_l-f(x''))|<2\varepsilon$. 故 $f(x)$ 在 $[a,b]$ 上一致连续.

第4章　导数与微分

§4.1　内容提要

一、基本概念

导数, 左导数, 右导数, 导函数, 高阶导数, 微分, 高阶微分.

$$f'(x_0)=\lim_{\triangle x\to 0}\frac{\triangle y}{\triangle x}=\lim_{\triangle x\to 0}\frac{f(x_0+\triangle x)-f(x_0)}{\triangle x};$$

$$f'_-(x_0)=\lim_{x\to x_0^-}\frac{f(x)-f(x_0)}{x-x_0}=\lim_{\triangle x\to 0^-}\frac{f(x_0+\triangle x)-f(x_0)}{\triangle x};$$

$$f'_+(x_0)=\lim_{x\to x_0^+}\frac{f(x)-f(x_0)}{x-x_0}=\lim_{\triangle x\to 0^+}\frac{f(x_0+\triangle x)-f(x_0)}{\triangle x}.$$

二、基本关系、性质与公式

1. 导数与左右导数的关系

函数 $f(x)$ 在点 x_0 处可导的充分必要条件是其左导数$f'_-(x_0)$ 和右导数$f'_+(x_0)$ 都存在且相等.

2. 微分与导数的关系

函数 $y=f(x)$ 在点 x_0 处可微的充分必要条件是函数 $f(x)$ 在点 x_0 处可导, 且$\mathrm{d}y=f'(x_0)\mathrm{d}x$.

3. 基本导数公式(常数和基本初等函数的导数公式)

$(C)'=0$;　　$(x^\mu)'=\mu x^{\mu-1}$;

$(\sin x)'=\cos x$;　　$(\cos x)'=-\sin x$;

$(\tan x)'=\sec^2 x$;　　$(\cot x)'=-\csc^2 x$;

$(\sec x)'=\sec x\tan x$;　　$(\csc x)'=-\csc x\cot x$;

$(a^x)'=a^x\ln a\,(a>0$;　　$(\mathrm{e}^x)'=\mathrm{e}^x$;

$(\log_a x)'=\dfrac{1}{x\ln a}\,(a>0,a\neq 1)$;　　$(\ln|x|)'=\dfrac{1}{x}$;

$(\arcsin x)'=\dfrac{1}{\sqrt{1-x^2}}$;　　$(\arccos x)'=-\dfrac{1}{\sqrt{1-x^2}}$;

$(\arctan x)'=\dfrac{1}{1+x^2}$;　　$(\mathrm{arccot} x)'=-\dfrac{1}{1+x^2}$.

4. 求导法则

(1) 函数的和、差、积、商的一阶导数 ($u=u(x),v=v(x)$可导)

$(u\pm v)'=u'\pm v'$;　$(Cu)'=Cu'$ (C是常数);

$(uv)' = u'v + uv'$; $\quad (\dfrac{u}{v})' = \dfrac{u'v - uv'}{v^2}(v \neq 0)$.

(2) 函数的和、差、积的高阶导数

$(u \pm v)^{(n)} = u^{(n)} \pm v^{(n)}$; $\quad (uv)^{(n)} = \sum\limits_{k=0}^{n} C_n^k u^{(n-k)} v^{(k)}$ (Leibniz 公式).

5. 反函数的求导法则

如果函数 $y = f(x)$ 的反函数为 $x = \varphi(y)$, 则有

一阶: $\dfrac{\mathrm{d}x}{\mathrm{d}y} = \dfrac{1}{y'}$;

二阶: $\dfrac{\mathrm{d}^2x}{\mathrm{d}y^2} = -\dfrac{y''}{(y')^3}$; $\left[\dfrac{\mathrm{d}^2x}{\mathrm{d}y^2} = \dfrac{\mathrm{d}}{\mathrm{d}y}(\dfrac{1}{y'}) = \dfrac{\mathrm{d}}{\mathrm{d}x}(\dfrac{1}{y'}) \cdot \dfrac{\mathrm{d}x}{\mathrm{d}y} = -\dfrac{y''}{(y')^2} \cdot \dfrac{1}{y'} = -\dfrac{y''}{(y')^3}.\right]$

三阶: $\dfrac{\mathrm{d}^3x}{\mathrm{d}y^3} = -\dfrac{y'''y' - 3(y'')^2}{(y')^5}$.

6. 参变量函数的求导法则

设参数方程$\begin{cases} x = \varphi(t), \\ y = \psi(t), \end{cases}$ $\varphi(t)$, $\psi(t)$ 具有二阶连续导数, 且 $\varphi' \neq 0$, 则

$$\frac{\mathrm{d}y}{\mathrm{d}x} = \frac{\mathrm{d}y}{\mathrm{d}t} \cdot \frac{\mathrm{d}t}{\mathrm{d}x} = \frac{\psi'(t)}{\varphi'(t)}; \quad \frac{\mathrm{d}^2y}{\mathrm{d}x^2} = \frac{\mathrm{d}y'}{\mathrm{d}t} \cdot \frac{\mathrm{d}t}{\mathrm{d}x} = \frac{\psi''(t)\varphi'(t) - \psi'(t)\varphi''(t)}{\varphi'^3(t)}.$$

7. 微分的基本法则

(1) 函数和、差、积、商的微分法则

$$\mathrm{d}(u \pm v) = \mathrm{d}u \pm \mathrm{d}v;\ \mathrm{d}(Cu) = C\mathrm{d}u\ (C\text{是常数});$$

$$\mathrm{d}(uv) = v\mathrm{d}u + u\mathrm{d}v;\ \mathrm{d}\left(\frac{u}{v}\right) = \frac{v\mathrm{d}u - u\mathrm{d}v}{v^2}.$$

(2) 微分形式的不变性

无论 x 是自变量还是中间变量, 函数 $y = f(x)$ 的微分总是 $\mathrm{d}y = f'(x)\,\mathrm{d}x$.

§4.2 典型例题讲解

例 4.2.1 判断题(在正确的命题后打 $\surd$, 在错误的命题后面打$\times$)

(1) 设 $F(x) = f(x)g(x)$, 若 $f(x)$ 在 x_0 处可导, $g(x)$ 在 x_0 处不可导, 则 $F(x)$ 在 x_0 处不可导. (　　)

(2) 若函数 $f(x)$ 在区间 $[a, b]$ 上可导, 则它在区间 $[a, b]$ 上有界. (　　)

(3) 初等函数的导函数一定是初等函数. (　　)

(4) 若极限 $\lim\limits_{\Delta x \to 0} \dfrac{f(x_0 + \Delta x) - f(x_0 - \Delta x)}{\Delta x}$ 存在, 则 $f(x)$ 在 x_0 点处导数存在. (　　)

(5) 已知函数 $f(x)$ 在开区间 (a, b) 内可导且一致连续, 则 $f'(x)$ 在区间 (a, b) 内有界. (　　)

解 答案为: (1) ×; (2) √; (3) √; (4) ×; (5) ×.

解析

(1) 反例: $f(x)=x^2$, $g(x)=|x|$, $f(x)$ 在 $x=0$ 处可导, $g(x)$ 在 $x=0$ 处不可导, 但 $F(x)$ 在 $x=0$ 处可导.

(2) 若 $f(x)$ 在区间 $[a,b]$ 上可导, 则 $f(x)$ 在区间 $[a,b]$ 上连续.

(3) 由初等函数的定义和求导运算法则可得.

(4) $\lim\limits_{\Delta x\to 0}\dfrac{f(x_0+\Delta x)-f(x_0-\Delta x)}{\Delta x}$ 存在, 不能推出 $\lim\limits_{\Delta x\to 0}\dfrac{f(x_0+\Delta x)-f(x_0)}{\Delta x}$ 存在, 反例:

$$f(x)=\begin{cases}1, & x\neq 0,\\ 0, & x=0.\end{cases}$$

(5) 反例: $f(x)=\sin\sqrt{x}$, $x\in(0,1)$.

例 4.2.2 填空题

(1) 设 $\begin{cases}x=1+t^2,\\ y=\cos t,\end{cases}$ 则 $\dfrac{\mathrm{d}^2y}{\mathrm{d}x^2}=$__________.

(2) 设$f(t)=\lim\limits_{x\to\infty}t\left(1+\dfrac{1}{x}\right)^{2tx}$, 则 $f(t)=$__________, $f'(t)=$__________.

(3) 设 $y=y(x)$ 由方程 $\mathrm{e}^y+6xy+x^2-1=0$ 确定, 则 $y'(0)=$_____, $y''(0)=$_____.

(4) 已知 $f'(3)=2$, 则 $\lim\limits_{h\to 0}\dfrac{f(3-h)-f(3)}{2h}=$__________.

(5) 对数螺线 $r=\mathrm{e}^\theta$在点$(r,\theta)=\left(\mathrm{e}^{\frac{\pi}{2}},\dfrac{\pi}{2}\right)$ 处的切线的直角坐标方程为__________.

(6) 设 $y=f(x+y)$, f 二阶可微且 $f'\neq 1$, 则$\dfrac{\mathrm{d}^2y}{\mathrm{d}x^2}=$__________.

(7) 设 $f(x)=\begin{cases}x^k\sin\dfrac{1}{x}, & x\neq 0,\\ 0, & x=0,\end{cases}$ 若 $f(x)$ 的导函数在 $x=0$ 处连续, 则正整数k的最小值为 __________.

(8) 设$f(x)$在$x=0$处可导, 且$\lim\limits_{x\to 0}\dfrac{\ln(1+2x)}{\mathrm{e}^{f(x)}-1}=1$, 则 $f'(0)=$__________.

(9) 若曲线 $y=f(x)$ 与 $y=\sin x$ 在原点相切, 则 $\lim\limits_{n\to\infty}\overline{nf\left(\dfrac{2}{n}\right)}=$__________.

(10) 设 $y=\dfrac{1+x}{\sqrt{1-x}}$, 则 $y^{(10)}|_{x=0}=$__________.

(11) 设 $f'(1)$ 存在且 $f'(1)=1$, 则 $\lim\limits_{x\to 0}\dfrac{f(1+x)+f(1+2\sin x)-2f(1-3\tan x)}{x}=$_____.

(12) 设 $f(x)=\begin{cases}ax^2+bx+c, & x\leqslant 0,\\ \ln(1+x), & x>0,\end{cases}$ 若 $f(x)$ 在 $x=0$ 处存在二阶导数, 则 $a=$

__________, $b=$__________, $c=$__________.

(13) 设 $f(x)$ 在 $x=1$ 处可导, 且在 $x=0$ 的某个邻域上成立 $f(\mathrm{e}^x)-2f(\mathrm{e}^{-x})=1+6x+\alpha(x)$, 其中 $\alpha(x)$ 是 $x\to 0$ 时比 x 高阶的无穷小量, 则曲线 $y=f(x)$ 在点 $(1,f(1))$ 处的切线方程为 __________.

(14) 设函数 $f(x)=x\cos^2 x$, 则 $f^{(2n+1)}(0)=$__________ (n 为自然数).

(15) 设曲线 $y=\ln(1+ax)+1$ 与曲线 $y=2xy^3+b$ 在 $(0,1)$ 处相切, 则 $a+b=$ __________.

解　答案为: (1) $\dfrac{\sin t-t\cos t}{4t^3}$; (2) $f(t)=t\mathrm{e}^{2t}$, $f'(t)=\mathrm{e}^{2t}(1+2t)$; (3) $y'(0)=0$, $y''(0)=-2$;

(4) -1; (5) $x+y=\mathrm{e}^{\frac{\pi}{2}}$; (6) $\dfrac{\mathrm{d}^2y}{\mathrm{d}x^2}=\dfrac{f''}{(1-f')^3}$; (7) $k=3$; (8) 2; (9) $\sqrt{2}$; (10) $\dfrac{39\cdot 17!!}{2^{10}}$;

(11) 9; (12) $c=0,\ b=1,\ a=-\dfrac{1}{2}$; (13) $2x-y-3=0$; (14) $(-1)^n(2n+1)\,2^{2n-1}$; (15) 3.

解析

(7)

$$f'(x)=\begin{cases} kx^{k-1}\sin\dfrac{1}{x}-x^{k-2}\cos\dfrac{1}{x}, & x\neq 0,\\ 0, & x=0,\end{cases}$$

当 $x\to 0$ 时, 若 $x^{k-2}\cos\dfrac{1}{x}$ 存在极限, 则要求 $k>2$, 且当 $k\geqslant 3$ 时,

$$\lim_{x\to 0}f'(x)=\lim_{x\to 0}\left(kx^{k-1}\sin\frac{1}{x}-x^{k-2}\cos\frac{1}{x}\right)=0.$$

(8) 由

$$\lim_{x\to 0}\frac{\ln(1+2x)}{\mathrm{e}^{f(x)}-1}=\lim_{x\to 0}\frac{2x}{f(x)}=1$$

可得 $f(0)=0$, 所以

$$f'(0)=\lim_{x\to 0}\frac{f(x)}{x}=\lim_{x\to 0}\frac{f(x)}{2x}\cdot\frac{2x}{x}=2.$$

(9) 由题设 $f(0)=0, f'(0)=1$, 故原式$=\sqrt{2f'(0)}=\sqrt{2}$.

(10) 因为 $y=\dfrac{2-(1-x)}{\sqrt{1-x}}=2(1-x)^{-\frac{1}{2}}-(1-x)^{\frac{1}{2}}$, 所以

$$y^{(10)}|_{x=0}=2\left(-\frac{1}{2}\right)\left(-\frac{1}{2}-1\right)\cdots\left(-\frac{1}{2}-9\right)-\frac{1}{2}\left(\frac{1}{2}-1\right)\cdots\left(\frac{1}{2}-9\right)=\frac{2\cdot 19!!}{2^{10}}+\frac{17!!}{2^{10}}.$$

(11) 因为 $x\to 0$, $x\sim\sin x$, $x\sim\tan x$, 所以

$$\lim_{x\to 0}\frac{f(1+x)-f(1)+f(1+2\sin x)-f(1)-2[f(1-3\tan x)-f(1)]}{x}=(1+2+6)f'(1)=9.$$

(13) $f(0)=-1$, $f'(0)=2$.

例 4.2.3 选择题

(1) 若 $f(0)=0$, 则在点$x=0$可导的充分必要条件为( ) 存在.

(A) $\lim\limits_{h\to 0}\dfrac{f(\ln(1+h^2))}{h^2}$; (B) $\lim\limits_{h\to 0}\dfrac{f(1-\mathrm{e}^h)}{h}$;

(C) $\lim\limits_{h\to 0}\dfrac{f(\tan h-\sin h)}{h^2}$; (D) $\lim\limits_{h\to 0}\dfrac{f(2h)-f(h)}{h}$.

(2) 函数 $f(x)=|x^3-1|\varphi(x)$在点$x=1$可导, 且$\lim\limits_{x\to 1}\varphi(x)$ 存在,则必有( ).

(A) $\varphi(1)=0$; (B) $\varphi(x)$ 在 $x=1$ 处可导;

(C) $\lim\limits_{x\to 1}\varphi(x)=0$; (D) $\varphi(x)$ 在 $x=1$ 处连续但不可导.

(3) 已知函数$f(x)$具有任意阶导数,且$f'(x)=[f(x)]^2$, 则当 n 为大于 2 的正整数时, $f(x)$ 的n 阶导数 $f^{(n)}(x)$ 是( ).

(A) $n![f(x)]^{n+1}$; (B) $n[f(x)]^{n+1}$;

(C) $[f(x)]^{2n}$; (D) $n![f(x)]^{2n}$.

(4) 设 $f(x)=\begin{cases}x\tan x\cos\dfrac{1}{x}, & x\neq 0,\\ 0, & x=0,\end{cases}$ 则 ( ).

(A) $f(x)$在$x=0$ 不连续;

(B) $f(x)$在$x=0$连续, 但不可导;

(C) $f(x)$在$x=0$可导, 但$f'(x)$在$x=0$ 不连续;

(D) $f'(x)$在$x=0$ 连续.

(5) 设 $f(x)=\begin{cases}x^2\sin\dfrac{1}{\sqrt[3]{x}}, & x\neq 0,\\ 0, & x=0,\end{cases}$ 则 ( ).

(A) $f(x)$在$x=0$ 不连续;

(B) $f(x)$在$x=0$连续, 但不可导;

(C) $f(x)$在$x=0$可导, 但$f'(x)$在$x=0$ 不连续;

(D) $f'(x)$在$x=0$ 连续.

解 (1) B; (2) C; (3) A; (4) C; (5) D.

解析

(1) (A) 成立只能说明右导数存在; (C) 分子是分母的高阶无穷小量; (D) 成立不能推出导数存在, 反例: $f(x)=\begin{cases}1, & x\neq 0,\\ 0, & x=0,\end{cases}$ $f(x)$ 满足 (D), 但是 $f(x)$ 在 $x=0$ 处不可导, 事实上 $f(x)$ 在 $x=0$ 处不连续.

(2) 函数 $|x^3-1|$ 在 $x=1$ 处连续不可导.

(3) $f''(x)=2f(x)f'(x)=2[f(x)]^3$, 再利用归纳法可得结论.

(4) 注意 $\tan x\sim x(x\to 0)$, $\cos\dfrac{1}{x}$ 是有界函数.

(5) $f'(x)=\begin{cases}2x\sin\dfrac{1}{\sqrt[3]{x}}-\dfrac{1}{3}x^{\frac{2}{3}}\cos\dfrac{1}{\sqrt[3]{x}}, & x\neq 0,\\ 0, & x=0,\end{cases}$

例 4.2.4　求导数:

(1) 设 $f(x)=x(x-1)(x-2)\cdots(x-100)$, 求 $f'(0)$.

(2) 设 $f(x)=x|x(x-2)|$, 求 $f'(x)$.

(3) 设 $y=x(\sin x)^{\cos x}$, 求y'.

(4) 设$y=\dfrac{1}{2}\arctan\sqrt{1+x^2}+\dfrac{1}{4}\ln\dfrac{\sqrt{1+x^2}+1}{\sqrt{1+x^2}-1}$, 求 y'.

(5) 设严格单调函数 $y=f(x)$ 有二阶连续导数, 其反函数为 $x=\varphi(y)$,且$f(1)=1, f'(1)=2, f''(1)=3$, 求 $\varphi''(1)$.

(6) 设 $\begin{cases}x=2t+|t|,\\ y=3t^2+2t|t|,\end{cases}$ 求 $\left.\dfrac{\mathrm{d}y}{\mathrm{d}x}\right|_{t=0}$.

解 (1) $f'(0)=\lim\limits_{x\to 0}\dfrac{f(x)-f(0)}{x-0}=\lim\limits_{x\to 0}(x-1)(x-2)\cdots(x-100)=100!$.

(2) 先去绝对值, 有

$$f(x)=\begin{cases}x^2(x-2), & x\leqslant 0,\\ -x^2(x-2), & 0<x<2,\\ x^2(x-2), & x\geqslant 2.\end{cases}$$

当$x=0$时,$f'_-(0)=f'_+=0, f'(0)=0$.

当$x=2$时,

$$f'_-(2)=\lim_{x\to 2^-}\frac{f(x)-f(2)}{x-2}=\lim_{x\to 2^-}\frac{-x^2(x-2)}{x-2}=-4,$$

$$f'_+(2)=\lim_{x\to 2^+}\frac{f(x)-f(2)}{x-2}=\lim_{x\to 2^+}\frac{x^2(x-2)}{x-2}=4,$$

显然 $f'_-(2)\neq f'_+(2)$, 所以 $f(x)$在$x=2$处不可导, 故

$$f'(x)=\begin{cases}3x^2-4x, & x>2\text{ 或 }x<0,\\ 0, & x=0,\\ -3x^2+4x, & 0<x<2.\end{cases}$$

(3) $y'=(\sin x)^{\cos x}+x(\sin x)^{\cos x}(-\sin x\cdot\ln\sin x+\dfrac{\cos^2 x}{\sin x})$.

(4) 设 $u=\sqrt{1+x^2}$, 则 $y=\frac{1}{2}\arctan u+\frac{1}{4}\ln\frac{u+1}{u-1}$.

因为 $y'_u=\frac{1}{2(1+u^2)}+\frac{1}{4}(\frac{1}{u+1}+\frac{1}{u-1})=\frac{1}{1-u^4}=\frac{1}{-2x^2-x^4}$,

$u'_x=(\sqrt{1+x^2})'=\frac{x}{\sqrt{1+x^2}}$, 所以 $y'_x=-\frac{1}{(2x+x^3)\sqrt{1+x^2}}$.

(5) 根据反函数二阶导数公式可得 $\varphi''(1)=-\frac{y''}{(y')^3}=-\frac{3}{8}$.

(6) **分析** 因为 $|t|$ 在 $t=0$ 处不可导, 所以此题不能直接用参数方程求导公式求导, 可用定义求.

当 $t=0$ 时, 由 $\frac{\Delta y}{\Delta x}=\frac{3(\Delta t)^2+2\Delta t|\Delta t|}{2\Delta t+|\Delta t|}$ 可知

$$\left.\frac{\mathrm{d}y}{\mathrm{d}x}\right|_{t=0}=\lim_{\Delta x\to 0}\frac{\Delta y}{\Delta x}=\lim_{\Delta t\to 0}\frac{\Delta t(3+2\frac{|\Delta t|}{\Delta l})}{2+\frac{|\Delta t|}{\Delta t}}=0.$$

例 4.2.5 设 $f(x)=(x-a)g(x)$, $g(x)$ 有一阶连续导数, 求$f''(a)$. 请检查下面的解答过程是否正确:

由于

$$f'(x)=g(x)+(x-a)g'(x),\ f''(x)=2g'(x)+(x-a)g''(x),$$

故将 $x=a$ 代入可得

$$f''(a)=2g'(a).$$

解 因为题设是 $g(x)$ 有一阶连续导数, 然而在上述的解答中用到了 $g''(x)$, 所以解答是不严格的. 由于不知道 $g''(x)$ 是否存在, 因而不能直接用公式求导!! 正确的解答如下:

因为

$$f'(x)=g(x)+(x-a)g'(x),$$

$$f''(a)=\lim_{x\to a}\frac{f'(x)-f'(a)}{x-a}=\lim_{x\to a}\frac{g(x)-g(a)+(x-a)g'(x)}{x-a},$$

所以 $f''(a)=2g'(a)$.

例 4.2.6 设 $f'(a)$ 存在且 $f(a)\neq 0$, 求

$$\lim_{n\to\infty}\left[\frac{f\left(a+\frac{1}{n}\right)}{f(a)}\right]^n.$$

解 因为

$$\left[\frac{f\left(a+\frac{1}{n}\right)}{f(a)}\right]^n=\left[1+\frac{f\left(a+\frac{1}{n}\right)}{f(a)}-1\right]^n=\left[1+\frac{f\left(a+\frac{1}{n}\right)-f(a)}{f(a)}\right]^n$$

$$
= \left[1 + \frac{f\left(a+\frac{1}{n}\right) - f(a)}{f(a)}\right]^{\frac{f(a)}{f\left(a+\frac{1}{n}\right)-f(a)} \cdot \frac{n\left[f\left(a+\frac{1}{n}\right)-f(a)\right]}{f(a)}},
$$

而

$$
\lim_{n\to\infty} \frac{n\left[f\left(a+\frac{1}{n}\right) - f(a)\right]}{f(a)} = \lim_{n\to\infty} \frac{f\left(a+\frac{1}{n}\right) - f(a)}{\frac{1}{n} f(a)} = \frac{f'(a)}{f(a)},
$$

所以

$$
\lim_{n\to\infty} \left[\frac{f\left(a+\frac{1}{n}\right)}{f(a)}\right]^n = \mathrm{e}^{\frac{f'(a)}{f(a)}}.
$$

注记 此题也可以用取对数的方法, 留作练习.

例 4.2.7 求高阶导数:

(1) 设 $y = y(x)$ 由方程组 $\begin{cases} x = 2t - 1, \\ t\mathrm{e}^y + y + 1 = 0 \end{cases}$ 所确定, 求 $y''(x)$.

(2) 设函数 $y = f(x)$ 由方程 $\sqrt[x]{y} = \sqrt[y]{x}\,(x > 0, y > 0)$ 所确定, 求 $\dfrac{\mathrm{d}^2y}{\mathrm{d}x^2}$.

(3) 设 $y = \arcsin x$, 求 $y^{(n)}(0)$.

解 (1) 因为 $y' = \dfrac{\mathrm{d}y}{\mathrm{d}x}$, 而 $\mathrm{d}x = 2\mathrm{d}t$, 又 $\mathrm{e}^y\mathrm{d}t + t\mathrm{e}^y\mathrm{d}y + \mathrm{d}y = 0$, 故 $\mathrm{d}y = -\dfrac{\mathrm{e}^y}{t\mathrm{e}^y + 1}\mathrm{d}t$. 于是

$$
y'(x) = -\frac{\mathrm{e}^y}{2(t\mathrm{e}^y + 1)} = \frac{\mathrm{e}^y}{2y}, \quad y''(x) = \frac{\mathrm{d}\left(\frac{\mathrm{e}^y}{2y}\right)}{\mathrm{d}y}\frac{\mathrm{d}y}{\mathrm{d}x} = \frac{\mathrm{e}^y y - \mathrm{e}^y}{2y^2}\frac{\mathrm{e}^y}{2y} = \frac{\mathrm{e}^{2y}(y-1)}{4y^3}.
$$

注记 此题的特色是参数方程形式中 y 与 t 的关系是由隐函数形式给出的.

(2) 方程两端取对数可得 $\dfrac{1}{x}\ln y = \dfrac{1}{y}\ln x$, 即 $y\ln y = x\ln x$.

因为

$$
(1 + \ln y)y' = \ln x + 1, \quad 即\ y' = \frac{\ln x + 1}{1 + \ln y},
$$

所以

$$
y'' = \frac{\frac{1}{x}(\ln y + 1) - (\ln x + 1)\frac{1}{y}\cdot y'}{(1 + \ln y)^2} = \frac{y(\ln y + 1)^2 - x(\ln x + 1)^2}{xy(\ln y + 1)^3}.
$$

(3) $y' = \dfrac{1}{\sqrt{1-x^2}}$, $y'(0)=1$, $y'' = \dfrac{x}{(1-x^2)^{\frac{3}{2}}} = \dfrac{x}{1-x^2}y', y''(0)=0$. 于是有

$$(1-x^2)y'' = xy'.$$

等式两端分别对 x 求 n 阶导数, 利用 Leibniz 高阶导数公式可得

$$(1-x^2)y^{(n+2)} + n(-2x)y^{(n+1)} + \frac{n(n-1)}{2}(-2)y^{(n)} = xy^{(n+1)} + ny^{(n)}.$$

将 $x=0$ 代入可得

$$y^{(n+2)}(0) - n(n-1)y^{(n)}(0) = ny^{(n)}(0), \quad y^{(n+2)}(0) = n^2y^{(n)}(0).$$

具体地, 由 $y''(0)=0$ 可知 $y^{(2k)}(0)=0$; 由 $y'(0)=1$ 可知 $y^{(2k+1)}(0) = [(2k-1)!!]^2, k = 1,2,\cdots$.

例 4.2.8 设函数 $f(x)$ 在 $x=0$ 处连续, 若极限 $\lim\limits_{h\to 0}\dfrac{f(2h)-f(h)}{h} = A$ 存在, 试证函数 $f(x)$ 在 $x=0$ 处可导, 且 $f'(0)=A$.

证 先证右导数情形.

由 $\lim\limits_{h\to 0^+}\dfrac{f(2h)-f(h)}{h} = A$ 可知 $\forall\varepsilon>0$, $\exists\delta>0$, 当 $0<h<\delta$ 时, 成立

$$\left|\frac{f(2h)-f(h)}{h} - A\right| < \varepsilon,$$

即

$$|f(2h)-f(h)-hA| < h\varepsilon.$$

对于任意的自然数 $n\geqslant 1$, 有 $0<\left|\dfrac{h}{2^n}\right|<\delta$, 且成立

$$\left|f(h) - f\left(\frac{h}{2}\right) - \frac{h}{2}A\right| < \frac{h}{2}\varepsilon;$$

$$\left|f\left(\frac{h}{2}\right) - f\left(\frac{h}{2^2}\right) - \frac{h}{2^2}A\right| < \frac{h}{2^2}\varepsilon;$$

$$\cdots\cdots$$

$$\left|f\left(\frac{h}{2^{n-1}}\right) - f\left(\frac{h}{2^n}\right) - \frac{h}{2^n}A\right| < \frac{h}{2^n}\varepsilon.$$

于是有

$$\left|\left[f(h) - f\left(\frac{h}{2^n}\right)\right] - \left[\frac{1}{2}+\frac{1}{2^2}+\cdots+\frac{1}{2^n}\right]hA\right| < \left[\frac{1}{2}+\frac{1}{2^2}+\cdots+\frac{1}{2^n}\right]h\varepsilon.$$

上式两端对 n 取极限, 由连续性可得

$$\Big|[f(h)-f(0)] - hA\Big| \leqslant h\varepsilon,$$

即

$$\left|\frac{f(h)-f(0)}{h}-A\right| \leqslant \varepsilon,$$

因而 $f(x)$ 在 $x=0$ 处右导数存在, 且 $f'_+(0)=A$.

同理可证 $f(x)$ 在 $x=0$ 处左导数存在, 且 $f'_-(0)=A$, 故 $f(x)$ 在 $x=0$ 处可导, 且 $f'(0)=A$.

§4.3 基本习题

§4.3.1 导数的定义和求导法则

一、判断题

1. 若函数 $f(x)$ 在点 x_0 的某一邻域内有定义, 且极限 $\lim\limits_{\Delta x\to 0}\dfrac{f(x_0-\Delta x)-f(x_0)}{\Delta x}$ 存在, 则 $f(x)$ 在 x_0 处可导. (　　)
2. 若 $f(x)$ 连续, 则 $f(x)$ 可导. (　　)
3. 函数 $f(x)=|x|$ 在任意点处均不可导. (　　)
4. 若 $f(x)$ 是可导函数, 则 $|f(x)|$ 也是可导函数. (　　)
5. 若函数 $y=f(x)$ 在 (a,b) 内可导, $f'(x)\neq 0$, 其反函数为 $y=g(x)$, 则有 $g'(x)\cdot f'(x)=1$. (　　)
6. 若 $f(x)$ 在 x_0 处可导, $g(x)$ 在 $x=0$ 处不可导, 则 $f(x)-g(x)$ 在 x_0 处不可导. (　　)
7. 若 $f(x)$ 在 x_0 处可导, $g(x)$ 在 x_0 处不可导, 则 $f(x)g(x)$ 在 x_0 处不可导. (　　)
8. 若 $f(x)$ 在 x_0 处可导, $g(x)$ 在 x_0 处不可导, 则 $f(g(x))$ 在 x_0 处不可导. (　　)
9. 函数 $f(x)=|x(x-1)|(x^3-x)$ 有两个不可导的点. (　　)
10. 设 $f(x)$ 在 $x=0$ 的某邻域内有定义, $F(x)=|x|f(x)$, $\lim\limits_{x\to 0}f(x)$ 存在, 则 $F(x)$ 在 $x=0$ 可导. (　　)
11. $y=\sqrt[3]{x}$ 在 $x=0$ 处可微. (　　)
12. 可导的周期函数 $f(x)$ 的导函数 $f'(x)$ 为周期函数; 反过来若 $f'(x)$ 是周期函数, 则 $f(x)$ 也为周期函数. (　　)
13. 函数 $f(x)$ 在区间 $(a,+\infty)$ 上可微,且 $\lim\limits_{x\to+\infty}f'(x)$ 存在,则 $\lim\limits_{x\to+\infty}f(x)$ 存在. (　　)
14. 函数 $f(x)$ 在有限区间 (a,b) 内可微,且 $\lim\limits_{x\to a^+}f'(x)=\infty$,则 $\lim\limits_{x\to a^+}f(x)=\infty$. (　　)
15. 若函数 $f(x)$ 满足 $f(0)=0$, 且 $\lim\limits_{x\to 0}\dfrac{f(2x)-f(x)}{x}=a$, 则 $f(x)$ 在 $x=0$ 处可导, 且 $f'(0)=a$. (　　)

二、填空题

1. 若 $f(x)$ 在 $x=a$ 处可导, 则 $\lim\limits_{h\to 0}\dfrac{f(a+mh)-f(a-nh)}{h}=$ ________.
2. 设 $f(x)=\max\limits_{x\in(0,2)}\{3x,x^3\}$, 则 $f'(x)=$ ________.
3. 设可微函数 $f(x+1)=af(x)$, 且 $f'(0)=b$, 则 $f'(1)=$ ________.

4. 设函数 $f(x)=(x-1)(x-2)^2(x-3)^3$, 则 $f'(2)=$ __________.

5. 已知 $f(x)=x\arcsin\left(x^2+\dfrac{1}{4}\right)$, 则 $f'(0)=$ __________.

6. 设 $f(x)=\begin{cases}|x|^\alpha\cos\dfrac{1}{x}, & x\neq 0,\\ 0, & x=0,\end{cases}$ 则当 α _____ 时, $f(x)$ 在 $x=0$ 处连续; 当 α _____ 时, $f(x)$ 在 $x=0$ 处可导; 当 α _____ 时, $f'(x)$ 在 $x=0$ 处连续.

7. 设 $f(x)=\begin{cases}\dfrac{\sin x}{x}, & x\neq 0,\\ 1, & x=0,\end{cases}$ 则 $f'(0)=$ __________, $f''(0)=$ __________.

8. 曲线 $y=x^2$ 和 $y=\dfrac{1}{x}$ $(x<0)$ 的公切线为 __________.

9. 曲线 $\begin{cases}x=\mathrm{e}^t\sin 2t,\\ y=\mathrm{e}^t\cos t\end{cases}$ 在点 $(0,1)$ 处的法线方程为 __________.

10. 设曲线 $y=f(x)$ 与 $y=\sinh x$ 在原点相切, 则极限 $\lim\limits_{n\to\infty}\sqrt{nf\left(\dfrac{3}{n}\right)}=$ __________.

11. 具有 n 个不相等实零点的函数 $f(x)$, 其一阶导数至少有 __________ 个不相等的零点.

12. 已知 $\arctan y=x\mathrm{e}^y$, 则 $\mathrm{d}y=$ __________.

三、选择题

1. 下述论断中错误的是(　　).

(A) $f'(0)=\lim\limits_{x\to 0}\dfrac{f(x)-f(0)}{x}$;　　(B) $f'(x)=\lim\limits_{x\to 0}\dfrac{f(x)-f(0)}{x}$;

(C) $f'(x)=\lim\limits_{\Delta x\to 0}\dfrac{f(x+\Delta x)-f(x)}{\Delta x}$;　　(D) $f'(x)=\lim\limits_{\Delta x\to 0}\dfrac{f(x)-f(x-\Delta x)}{\Delta x}$.

2. 设 $|f(x)|$ 在 x_0 处可导, 则 $f(x)$ 在 x_0 处(　　).

(A) 必可导;　　(B) 连续但不一定可导;

(C) 不一定连续不一定可导;　　(D) 一定不连续.

3. 设 $f(x)=\begin{cases}\dfrac{|x^2-1|}{x-1}, & x\neq 1,\\ 2, & x=1\end{cases}$, 则 $f(x)$ 在 $x=1$ 处(　　).

(A) 不连续;　　(B) 连续但不可导;

(C) 可导但导函数不连续;　　(D) 可导且导函数连续.

4. 若函数 $f(x)$ 在点 x_0 处可导, 而函数 $g(x)$ 在点 x_0 处不可导, 则 $F(x)=f(x)+g(x)$, $G(x)=f(x)\cdot g(x)$ 在 x_0 处(　　).

(A) 都不可导;　　(B) 都可导;

(C) 至多有一个可导;　　(D) 至少有一个可导.

5. 设 $f(x)=\begin{cases}\mathrm{e}^{ax}, & x<0\\ b+\sin 2x, & x\geqslant 0\end{cases}$ 在 $x=0$ 处可导, 则(　　).

(A) $a=2,b=1$;　　(B) $a=1,b=2$;

(C) $a=-2,b=1$;　　(D) $a=2,b=-1$.

6. 设函数 $f(x)$ 可导, $F(x)=f(x)(1+|\sin x|)$, 则 $f(0)=0$ 是 $F(x)$ 在 $x=0$ 处可导的(　).

(A) 充分但非必要条件;　(B) 必要但非充分条件;

(C) 充分必要条件;　(D) 既非充分, 也非必要条件.

7. 设函数 $f(x)$ 在区间 $(-\delta,\delta)$ 内有定义, 若当 $x\in(-\delta,\delta)$ 时, 恒有 $|f(x)|\leqslant x^2$, 则 $x=0$ 必是 $f(x)$ 的 (　　).

(A) 间断点;　(B) 连续但不可导的点;

(C) 可导的点, 且 $f'(0)=0$;　(D) 可导的点, 且 $f'(0)\neq 0$.

8. 若曲线 $y=x^2+ax+b$ 与 $2y=xy^3-1$ 在点 $(1,-1)$ 处相切, 则 $(a,b)=($　　$)$.

(A) $(0,-2)$;　(B) $(1,-3)$;　(C) $(-3,1)$;　(D) $(-1,-1)$.

四、计算题

1. 求下列函数的导数.

(1) $f(x)=ax^2+bx+c$;

(2) $f(x)=a_nx^n+a_{n-1}x^{n-1}+\cdots+a_1x+a_0$;

(3) $f(x)=(x-x_1)(x-x_2)\cdots(x-x_n)$;

(4) $f(x)=\sqrt[3]{x}\cdot\sqrt[5]{x}$;

(5) $f(x)=a^{x+x_0}$;

(6) $f(x)=a^x\cdot \mathrm{e}^{-x}$;

(7) $f(x)=\left(1+\dfrac{1}{n}\right)^{nx}$;

(8) $f(x)=\log_a|x^k|$;

(9) $f(x)=\log_a(x+x^3)$;

(10) $f(x)=\sqrt{\ln(x+\mathrm{e}^x)}$;

(11) $f(x)=\sin\sqrt{x}$;

(12) $f(x)=\dfrac{\sin x}{1+\cos^2 x}$;

(13) $f(x)=\tan^n x\sec^n x$;

(14) $f(x)=\cot(\csc(\sec x))$;

(15) $f(x)=\arcsin^2 x+\arccos^2 x$;

(16) $f(x)=\dfrac{\arctan x}{\operatorname{arccot} x}$;

(17) $f(x)=\mathrm{e}^{\arctan x^2}+\dfrac{1}{\arcsin\sqrt{1-x^2}}$.

2. 求下列函数的导数.

(1) $y=\log_a x+b\,a^x$ ($a>0$, a,b 均为常数);

(2) $y=\arccos x+x^2\arctan x$;

(3) $y=\dfrac{x\ln x}{1+x^2}$;

(4) $f(x)=\sqrt[3]{\dfrac{\mathrm{e}^x}{1+\cos x}}$;

(5) $f(x)=2^{\cot^2 x}$;

(6) $f(x)=x^{x^2}+x(\sin x)^{\cos x}$.

3. 设 $f(x)$ 在 $(-\infty,+\infty)$ 有定义, $f(x+y)=f(x)+f(y)+2xy, f'(0)=1$, 求 $f'(x)$.

4. 设 $\begin{cases} x=\arcsin \dfrac{t}{\sqrt{1+t^2}}, \\ y=\arccos \dfrac{1}{\sqrt{1+t^2}}, \end{cases}$ 求 $\dfrac{\mathrm{d}y}{\mathrm{d}x}$.

5. 求下列曲线在给定点处的切线方程和法线方程:

(1) 双纽线 $(x^2+y^2)^2=a^2(x^2-y^2)$ 在 $\left(\dfrac{\sqrt{6}}{4}a, \dfrac{\sqrt{2}}{4}a\right)$ 处;

(2) 摆线 $\begin{cases} x=a(t-\sin t) \\ y=a(1-\cos t) \end{cases}$ 在 $t=\dfrac{\pi}{6}$ 处;

(3) 心形线 $r=2(1-\cos\theta)$ 在 $\theta=\dfrac{\pi}{2}$ 处.

6. 设 $f(x)=\begin{cases} \ln(x^2+a^2), & x>1, \\ \sin(b(x-1)), & x\leqslant 1, \end{cases}$ 若 $f(x)$ 在区间 $(-\infty,+\infty)$ 上可导, 求 a, b 的值.

7. 若 $f(x)=x\lim\limits_{t\to\infty}\left(1+\dfrac{3x}{t}\right)^t$, 求 $f'(x)$.

五、证明题

1. 证明可导的偶函数的导函数是奇函数, 可导的奇函数的导函数是偶函数.

2. 设函数 $f(x)$ 定义在 $(-\infty,+\infty)$ 上且满足 $|f(x)-f(y)|\leqslant|x-y|^{1+\delta}, \delta>0, \forall x,y\in\mathbb{R}$. 证明: $f'(x)=0$.

3. 设函数 f 是 $\mathbb{R}$ 上的可微函数, 满足 $f(x+y)=f(x)f(y), f'(0)=1$, 证明: $f'(x)=f(x)$.

4. 证明曲线 $\sqrt{x}+\sqrt{y}=\sqrt{2}$ 上任一点的切线的横截距与纵截距之和等于 2.

5. 设 x_1,x_2,x_3 是三次多项式 $p(x)$ 的不同实根, 试证明

$$\frac{1}{p'(x_1)}+\frac{1}{p'(x_2)}+\frac{1}{p'(x_3)}=0.$$

6. 证明行列式函数求导法则: $\big(f_{ij}(x)(i,j=1,2,\cdots,n)$为同一区间上的可导函数$\big)$

$$\frac{\mathrm{d}}{\mathrm{d}x}\begin{vmatrix} f_{11}(x) & f_{12}(x) & \cdots & f_{1n}(x) \\ f_{21}(x) & f_{22}(x) & \cdots & f_{2n}(x) \\ \vdots & \vdots & \ddots & \vdots \\ f_{n1}(x) & f_{n2}(x) & \cdots & f_{nn}(x) \end{vmatrix}=\sum_{k=1}^{n}\begin{vmatrix} f_{11}(x) & f_{12}(x) & \cdots & f_{1n}(x) \\ \vdots & \vdots & & \vdots \\ f'_{k1}(x) & f'_{k2}(x) & \cdots & f'_{kn}(x) \\ \vdots & \vdots & & \vdots \\ f_{n1}(x) & f_{n2}(x) & \cdots & f_{nn}(x) \end{vmatrix}.$$

7. 证明函数 $f(x)=\begin{cases} x^2, x\text{为有理数} \\ 0, x\text{为无理数} \end{cases}$ 仅在 $x=0$ 处连续可导, 当 $x\neq 0$ 时 $f(x)$ 不连续.

§4.3.2　高阶导数

一、判断题

1. 若 $y=f(x)$, 且 f 有 n 阶导数, 则在 $\mathrm{d}^n y=f^{(n)}(x)\mathrm{d}x^n$ 中, $\mathrm{d}x^n$ 表示 $\mathrm{d}(x^n)$. (　　)
2. 高阶微分的微分形式不变性不再成立. (　　)
3. $f(x)$ 在 $[a,b]$ 上具有 n 阶导数, 对于 $x_0\in(a,b)$, 若 $f^{(n-1)}(x_0)>0$, 则存在 $\delta>0$, 当 $x\in U(x_0,\delta)$ 时, 有 $f^{(n-1)}(x)>0$. (　　)
4. 若 $f^{(n)}(x_0)$ 存在, 则 $f^{(k)}(x)\,(k=0,1,\cdots,n-1)$ 均在 x_0 处连续. (　　)
5. 若 $f''(x)$ 存在, 则 $\lim\limits_{h\to0}\dfrac{f(x+h)+f(x-h)-2f(x)}{h^2}$ 也存在. (　　)
6. 若 $f(x)=o(x^n)(x\to0)$ $(n>1)$, 且 $f(x)$ 在点 $x=0$ 处连续, 则 $f(x)$ 在 $x=0$ 点有 n 阶导数. (　　)

二、填空题

1. 求下列函数的高阶导数.

 (1) $f(x)=\sin x$, $f^{(n)}(x)=$__________.

 (2) $f(x)=\dfrac{1}{x}$, $f^{(n)}(x)=$__________.

 (3) $f(x)=\ln x$, $f^{(n)}(x)=$__________.

 (4) $f(x)=x^m$, $f^{(n)}(x)=$__________$(n\leqslant m)$; $f^{(n)}(x)=$__________$(n>m)$.

 (5) $f(x)=\ln(a-x)(x<a)$, 则 $f^{(n)}(x)=$__________$(n>1)$.

2. 设 φ 为二阶可微函数, 则 $y=\ln(\varphi(x^2))$ 的二阶导数 $y''(x)=$__________.
3. 若 $y=\dfrac{1}{x^2-4}$, 则 $y^{(5)}=$__________.
4. 设 $y=x+x^5$, 则 $\dfrac{\mathrm{d}^2x}{\mathrm{d}y^2}=$__________.
5. 若 $x=\ln t, y=t^m$, 则 $\left.\dfrac{\mathrm{d}^n y}{\mathrm{d}x^n}\right|_{t=1}=$__________.
6. $y=\sin^3 x$, 则 $f^{(n)}(x)=$__________ .
7. 设 $f(x)=(x^2-3x+2)^n\cos\dfrac{\pi x^2}{16}$, 则 $f^{(n)}(2)=$__________.
8. 已知函数 $y=y(x)$ 由隐函数 $\mathrm{e}^{x+y}-xy-1=0$ 确定, 且有 $y(0)=0$, 则 $y'(0)=$__________, $y''(0)=$__________.
9. 设 $\begin{cases}x=a(\cos t+t\sin t),\\ y=a(\sin t-t\cos t),\end{cases}$ 则 $\dfrac{\mathrm{d}y}{\mathrm{d}x}=$__________, $\dfrac{\mathrm{d}^2y}{\mathrm{d}x^2}=$__________.
10. 已知 $y=x^2\ln(1+x)$, 则 $y^{(n)}=$__________$(n\geqslant3)$.

三、选择题

1. 设函数 $f(x)=\sin\dfrac{x}{2}+\cos 2x$, 则 $f^{(28)}(\pi)=$ (　　).

 (A) $\dfrac{1}{2^{28}}$;　　(B) 2^{28};　　(C) $\dfrac{1}{2^{28}}-2^{28}$;　　(D) $\dfrac{1}{2^{28}}+2^{28}$.

2. 设 $f(x)=\begin{cases} x^3\arctan\left(\dfrac{1}{x}\right), & x\neq 0, \\ 0, & x=0, \end{cases}$ 则 $f(x)$ 在 $x=0$ 处存在最高阶导数的阶数为 ( ).

(A) 1 阶;　　(B) 2 阶;　　(C) 3 阶;　　(D) 4 阶.

3. 设 $y=\sin^4 x-\cos^4 x$, 则 $y^{(n)}=$ ( ).

(A) $2^n\sin\left(2x+\dfrac{n\pi}{2}\right)$;　　(B) $-2^n\sin\left(2x+\dfrac{n\pi}{2}\right)$;

(C) $2^n\cos\left(2x+\dfrac{n\pi}{2}\right)$;　　(D) $-2^n\cos\left(2x+\dfrac{n\pi}{2}\right)$.

4. 设有函数 $f(x)=\begin{cases} ax^2+bx+c, & x\leqslant 0 \\ \ln(1+x), & x>0 \end{cases}$, 则使 $f''(0)$ 存在的 (a,b,c) 取值为 ( ).

(A) $\left(-\dfrac{1}{2},1,0\right)$;　　(B) $\left(\dfrac{1}{2},-1,0\right)$;　　(C) $(1,-1,0)$;　　(D) $(-1,1,0)$.

5. 设 $f(x)=\mathrm{e}^x\sin 2x$, 则 $f^{(4)}(0)=$ ( ).

(A) 12;　　(B) -12;　　(C) 24;　　(D) -24.

四、计算题

1. 设 $f''(x)$, $g''(x)$ 存在, 求下列函数的二阶导数 $\dfrac{\mathrm{d}^2y}{\mathrm{d}x^2}$.

(1) $y=f(x^2)$;

(2) $y=f(g(x))$;

(3) $y=f(x)^{g(x)}$;

(4) $y=f(\ln x)\mathrm{e}^{f(x)}$.

2. 求由下列方程所确定的隐函数 $y=y(x)$ 的二阶导数 $\dfrac{\mathrm{d}^2y}{\mathrm{d}x^2}$.

(1) $y=x+\arctan y$;　(2) $x\mathrm{e}^{f(y)}=\mathrm{e}^y$, 其中 f 具有二阶导数, 且 $f'(x)\neq 1$.

3. 求下列参数方程所确定的函数的一阶导数 $\dfrac{\mathrm{d}y}{\mathrm{d}x}$ 以及二阶导数 $\dfrac{\mathrm{d}^2y}{\mathrm{d}x^2}$.

(1) $\begin{cases} x=\ln\sqrt{1+t^2}, \\ y=\arctan t; \end{cases}$　　(2) $\begin{cases} x=t^2+2t, \\ y=\ln(t+1); \end{cases}$

(3) $\begin{cases} x=t\cos t, \\ y=t\sin t; \end{cases}$　　(4) $\begin{cases} x=f'(t), \\ y=tf'(t)-f(t), \end{cases}$ 其中 $f(x)$ 三阶可导, 且 $f'(x)\neq 0$.

4. 求下列函数的 n 阶导数.

(1) $y=\dfrac{1-x}{1+x}$;

(2) $y=\dfrac{x-3}{2x^2+3x-2}$;

(3) $y=f(ax+b)$, 其中 f 具有 n 阶导数;

(4) $f(x)=\arctan x$, 求 $f^n(0)$.

5. 设函数 $f(x)=(x-1)(x-2)^2(x-3)^3(x-4)^4$, 试求 $f''(2)$.

6. 设 $f(x)=\arctan\dfrac{1-x}{1+x}$, 求 $f^{(n)}(0)$.

7. 设 $y=\dfrac{\arcsin x}{\sqrt{1-x^2}}$, 求 $y^{(n)}(0)$.

五、证明题

1. 设 $f(x)$ 是 m 次多项式, 证明: 若 $f(x)$ 无重根, 则 $f^{(k)}(x)\,(k=1,\cdots,m-1)$ 也无重根.

2. 设 $f(x)$ 是 $n\ (n>2)$ 次多项式, 证明: α 是 $f(x)$ 的 k 重根的充分必要条件是

$$(x-\alpha)|(f(x),f^{(k-1)}(x))\,(k=2,\cdots,n-1),$$

其中| 表示整除, $(f(x),g(x))$ 表示 $f(x)$ 与 $g(x)$ 的最大公因式.

3. 设 $g(x)$ 在 x_0 的某一邻域内具有 $n-1$ 阶连续导数, $f(x)=(x-x_0)^n g(x)$, 证明 $f^{(n)}(x_0)=n!g(x_0)$.

4. 用数学归纳法证明: $\dfrac{\mathrm{d}^k}{\mathrm{d}x^k}(x^{k-1}\mathrm{e}^{\frac{1}{x}})=\dfrac{(-1)^k\mathrm{e}^{\frac{1}{x}}}{x^{k+1}}\ (k\geqslant 1)$.

§4.4 提高与综合习题

一、解答题

1. 若极限 $\lim\limits_{h\to 0}\dfrac{f(x+h)+f(x-h)-2f(x)}{h^2}$ 存在, 试讨论 $f''(x)$ 的存在性.

2. 若极限 $\lim\limits_{n\to\infty}n\big[f(x+\dfrac{1}{n})-f(x)\big]$ 对于任给的 $x\in\mathbb{R}$ 均存在, 能否得出 $f(x)$ 至少在一点处可微?

3. 若 $f(x)$ 是 $\mathbb{R}$ 上处处连续但点点不可微的函数, 试利用 $f(x)$ 构造在 $\mathbb{R}$ 上处处连续但仅在一点处可微的函数.

4. (1) 设函数 $f(x)$ 在闭区间 $[a,b]$ 上连续, $f(a)=f(b)$, 且在开区间 (a,b) 内有连续的右导数 $f'_+(x)$, 试讨论是否成立结论: 至少存在一点 $\xi\in(a,b)$, 使得 $f'_+(\xi)=0$.
(2) 利用 (1), 试证: 若 $f(x)$ 在 $[0,+\infty)$ 上连续, 并且有连续的右导数 $f'_+(x)$, 则导数 $f'(x)$ 存在且 $f'(x)=f'_+(x)$.

5. 利用导数的运算性质求和.
(1) $\sum\limits_{k=1}^{n}kx^{k-1}=1+2x+3x^2+\cdots+nx^{n-1}\quad(x\neq 1)$;
(2) $\sum\limits_{k=1}^{n}k\cos kx=\cos x+2\cos 2x+\cdots+n\cos nx\ (x\neq 2m\pi,\ m$ 是整数).

6. 设 $g(x)=\begin{cases}(x-1)^2\cos\dfrac{1}{x-1}, & x\neq 1\\ 0, & x=1\end{cases}$ 且 $f(x)$ 在 $x=0$ 处可导, $F(x)=f(g(x))$, 求 $F'(1)$.

7. 已知 $f(x)$ 是周期为5 的连续函数, 它在 $x=0$ 的某个邻域内满足关系式

$$f(1+\sin x)-3f(1-\sin x)=8x+o(x)$$

其中 $o(x)$ 是当 $x\to 0$ 时比 x 高阶的无穷小, 且 $f(x)$ 在 $x=1$ 处可导, 求 $y=f(x)$ 在点 $(6,f(6))$ 处的切线方程.

8. $f(x)=\dfrac{x}{\sqrt{1+x^2}}$, $f_n(x)=f(f(\cdots f(x)))$ (n 重复合), 求 $f_n'(x)$.

二、证明题

1. 试证明 e^x 不是有理函数, 即不能写成两个多项式函数的比.
2. 设 $f(x)$ 在 $x=x_0$ 处可微, 若 $\alpha_n<x_0<\beta_n(n\in\mathbb{N})$, 且 $\lim\limits_{n\to\infty}\alpha_n=\lim\limits_{n\to\infty}\beta_n=x_0$, 证明:

$$\lim_{n\to\infty}\frac{f(\beta_n)-f(\alpha_n)}{\beta_n-\alpha_n}=f'(x_0)$$

3. 设 $f(x)=a_1\sin x+a_2\sin 2x+\cdots+a_n\sin nx$, 且 $|f(x)|\leqslant|\sin x|$. 证明:

$$|a_1+2a_2+\cdots+na_n|\leqslant 1.$$

4. 已知 Chebyshev 多项式在 $|x|\leqslant 1$ 时的表达式为

$$T_m(x)=\cos(m\arccos x)\,(m=1,2\cdots),$$

试证明 $T_m(x)$ 满足方程 $(1-x^2)T_m''(x)-xT_m'(x)+m^2T_m(x)=0$.

5. 设 $u_1(x),\cdots,u_k(x)$ 都是 n 次可微函数, 证明:

$$(u_1\cdots u_k)^{(n)}=\sum_{r_1+\cdots+r_k=n}\frac{n!}{r_1!\cdots r_k!}u_1^{(r_1)}\cdots u_k^{(r_k)}.$$

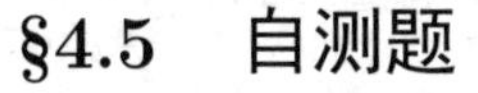

§4.5　自测题

一、判断题

1. 若 $f(0)=0$, 则 $f(x)$ 在 $x=0$ 处可导的充分必要条件是 $\lim\limits_{h\to 0}\dfrac{f(h)-f(-h)}{h}$ 存在. (　　)
2. 若 $f(x)$在 $x=0$ 处连续 , 则 $f(x)$ 在 $x=0$ 可导的充分必要条件是 $\lim\limits_{h\to 0}\dfrac{f(1-\mathrm{e}^{-h})}{h}$ 存在. (　　)
3. 若初等函数在区间 I 上可导, 则其导函数在 I 上连续. (　　)
4. 若函数 $f(x)$ 在有限区间 (a,b) 内可微, 且 $f'(x)$ 在 (a,b) 内无界, 则 $f(x)$ 在 (a,b) 内无界. (　　)
5. 若 $f(x)$ 和 $g(x)$ 在 x_0 处都不可导, 则 $F(x)=f(x)+g(x)$ 与 $G(x)=f(x)-g(x)$ 中最多有一个函数 在 x_0 处可导. (　　)

二、填空题

1. 设 $f(x)=\ln\sqrt{\dfrac{1-\sin x}{1+\sin x}}$, 则 $f'(x)=$__________ .

2. 双曲线 $\dfrac{x^2}{a^2}-\dfrac{y^2}{b^2}=1$ 在 $x=2a$ 相应点处的切线方程为 ________.

3. $f(x)=\dfrac{1}{x(1-x)}$ 的 n 阶导数为 ________.

4. 若函数 $f(x)$ 在 $x=1$ 处可导, 且 $f'(1)=1$, 则 $\lim\limits_{x\to0}\dfrac{f(1+x)+f(1+2\sin x)-2f(1-3\tan x)}{x}$ $=$ ________.

5. 设曲线 $f(x)=x^n$ 在点 $(1,1)$ 处的切线与 x 轴的交点为 $(\xi_n,0)$, 则 $\lim\limits_{n\to\infty}f(\xi_n)=$ ________.

三、选择题

1. 设 $f(x)$ 在 $[-a,a]$ 上连续, 且 $f'(0)>0$, 则 (　　).
   (A) $\exists x_1<0<x_2$, 使 $f(x_1)<f(0)<f(x_2)$;
   (B) $\exists x_1<0<x_2$, 使 $f(x_1)>f(0)>f(x_2)$;
   (C) $\exists\delta>0$, 使 $f(x)$ 在 $(0,\delta)$ 内单调增加;
   (D) $f(x)$ 在 $[-a,a]$ 上的最值可能在 $x=0$ 处取得.

2. 若函数 $f(x)$ 在点 x_0 处有导数, 而函数 $g(x)$ 在点 x_0 处不存在导数, 则 $F(x)=f(x)+g(x),G(x)=f(x)-g(x)$ 在 x_0 处 (　　).
   (A)一定都没有导数;　　(B)一定都有导数;
   (C)恰有一个有导数;　　(D)至少有一个有导数.

3. 设 $f(x)=\begin{cases}\dfrac{1-\cos x}{\sqrt{x}}, x>0,\\ x^2g(x), x\leqslant0,\end{cases}$ 其中 $g(x)$ 是有界函数, 则 $f(x)$ 在 $x=0$ 处 (　　).
   (A)极限不存在;　　(B)极限存在但不连续;
   (C)连续但不可导;　　(D)可导.

4. 已知函数 $y=y(x)$ 在任意点处的增量 $\Delta y=\dfrac{\Delta x}{1+x^2}+\alpha$, 且 $\alpha=o(\Delta x),y(0)=\pi$, 则 $y(1)=$ (　　).
   (A) π;　　(B) 2π;　　(C) $\dfrac{\pi}{4}$;　　(D) $\dfrac{5\pi}{4}$.

5. 设 $f(x)=3x^3+x^2|x|$, 则使 $f^{(n)}(0)$ 存在的最高阶阶数 n 为 (　　).
   (A) 0;　　(B) 1;　　(C) 2;　　(D) 3.

四、计算题

1. 函数 $f(x)$ 当 $x\leqslant x_0$ 时有定义且二阶可微, 应当如何选择系数 a,b 及 c 使函数
$$F(x)=\begin{cases}f(x), & x\leqslant x_0\\ a(x-x_0)^2+b(x-x_0)+c, & x>x_0\end{cases}$$
是二阶可微函数.

2. 函数 $f(t)$ 三阶可微, 且 $x=f'(t),y=tf'(t)-f(t)$,求 $\dfrac{\mathrm{d}y}{\mathrm{d}x},\dfrac{\mathrm{d}^2y}{\mathrm{d}x^2}$ 及 $\dfrac{\mathrm{d}^3y}{\mathrm{d}x^3}$.

3. 设 $f(x)=\max\{x,x^2\}$, 求当 $0<x<2$ 时的 $f'(x)$.

4. 设函数 $y=(\arcsin x)^2$,
   (1) 证明: y 满足: $(1-x^2)y''-xy'=2$;

(2) 求 $y^{(n)}(0)$, 其中 n 为自然数.

§4.6　思考、探索题与数学实验题

一、思考与探索题

1. 分别从几何和分析的角度讨论函数 $f(x)$ 在点 x_0 处可导和可微的区别与联系.
2. 设 $f(x)$ 在区间 I 上可导, 请探索 $f'(x)$ 在区间 I 上的连续性以及间断点类型.
3. 请思考能否用 $\lim\limits_{x\to x_0} f'(x)$ 来求 $f'(x_0)$.
4. 在数值计算中, 函数往往没有具体的解析表达式, 有什么方法获得它的导数信息?
5. 如何理解复合函数求导的链式法则? 并探索复合函数 $f(g(x))$ 的高阶导数公式.

二、数学实验题

1. $y = x\arctan x$, 求 y', y'', y''', $y^{(4)}$, $y^{(4)}(0)$.
2. $y = x^2 + (\sin x)^x$, 求 y'.
3. $\mathrm{e}^{\frac{y}{x}} - xy = 0$, 求 $\dfrac{\mathrm{d}y}{\mathrm{d}x}$.
4. 设 $\begin{cases} x(t) = a\,t - b\sin t, \\ y(t) = a - b\cos t, \end{cases}$ 求 $\dfrac{\mathrm{d}y}{\mathrm{d}x}$, $\dfrac{\mathrm{d}^2y}{\mathrm{d}x^2}$.

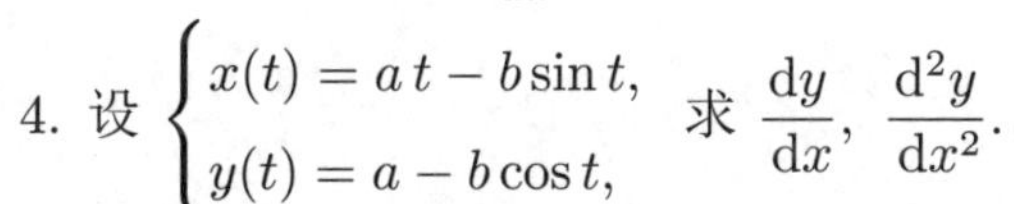

5. 利用微分求 $\sin 29°$, $\sin 31°$, $(1.001)^{365}$ 的近似值.

§4.7　本章习题答案与参考解答

§4.7.1　导数的定义和求导法则

一、判断题

1. √.
2. ×.
3. ×.
4. × . 反例: $f(x) = x$ 可导, 但 $|f(x)| = |x|$ 在 $x = 0$ 不可导.
5. × . 是 $g'(y) \cdot f'(x) = 1$.
6. √.
7. × . 反例: $f(x) = x, g(x) = |x|$, 由导数定义可知 $f(x)g(x)$ 在 $x = 0$ 可导.
8. × . 反例: $f(x) = x^2, g(x) = |x|$, 由导数定义可知 $f(g(x)) = x^2$ 在 $x = 0$ 可导.
9. ×. $f(x)$ 处处可导.
10. × . 反例: $F(x) = |x|(x^2 - 1)$.
11. × . 利用微分的定义.
12. × . 反例: $f(x) = x$, $f'(x) = 1$ 是周期函数, 但 $f(x)$ 不是周期函数.
13. × . 反例: $f(x) = x$, $x \in (1, +\infty)$.
14. × . 反例: $f(x) = \sqrt[3]{x}$, $x \in (0, 1)$.
15. × . 反例: $f(x) = \begin{cases} 1, & x \neq 0, \\ 0, & x = 0 \end{cases}$ 在 $x = 0$ 不可导, 但 $\lim\limits_{x\to 0} \dfrac{f(2x) - f(x)}{x} = 0$.

二、填空题

1. $(m+n)f'(a)$.

2. $f'(x)=\begin{cases}3, & x\in(0,\sqrt{3}),\\ \text{不存在}, & x=\sqrt{3},\\ 3x^2, & x\in(\sqrt{3},2).\end{cases}$

3. ab.

4. 0.

5. $\arcsin\dfrac{1}{4}$.

6. $\alpha>0,\alpha>1,\alpha>2$.

7. $0;\ -\dfrac{1}{3}$.

8. $4x+y+4=0$.

9. $y=-2x+1$.

10. $\sqrt{3}$.

11. $n-1$.

12. $\mathrm{d}y=\dfrac{(1+y^2)\mathrm{e}^y}{1-x(1+y^2)\mathrm{e}^y}\mathrm{d}x$.

三、选择题

1. B; 2. C; 3. A; 4. C; 5. A; 6. C; 7. C; 8. D.

四、计算题

1. (1) $2ax+b$; (2) $na_nx^{n-1}+\cdots+a_1$; (3) $\sum\limits_{i=1}^{n}\prod\limits_{j\neq i}(x-x_j)$; (4) $\dfrac{8}{15}x^{-\frac{7}{15}}$;

(5) $a^{x+x_0}\ln a$; (6) $\left(\dfrac{a}{\mathrm{e}}\right)^x\ln\dfrac{a}{\mathrm{e}}$; (7) $\left(1+\dfrac{1}{n}\right)^{nx}n\ln\left(1+\dfrac{1}{n}\right)$;

(8) $\dfrac{k}{x\ln a}$; (9) $\dfrac{1+3x^2}{(x+x^3)\ln a}$; (10) $\dfrac{1+\mathrm{e}^x}{2\sqrt{\ln(x+\mathrm{e}^x)}(x+\mathrm{e}^x)}$; (11) $\dfrac{\cos\sqrt{x}}{2\sqrt{x}}$;

(12) $\dfrac{\cos x}{1+\cos^2 x}+\dfrac{2\cos x\sin^2 x}{(1+\cos^2 x)^2}$;

(13) $n\tan^{n-1}x\sec^{n+2}x+n\tan^{n+1}x\sec^n x$;

(14) $(\csc(\csc(\sec x)))^2\cot(\sec x)\csc(\sec x)\sec x\tan x$;

(15) $\dfrac{2\arcsin x}{\sqrt{1-x^2}}-\dfrac{2\arccos x}{\sqrt{1-x^2}}$;

(16) $\dfrac{\operatorname{arccot}x+\arctan x}{(1+x^2)\operatorname{arccot}^2 x}$;

(17) $\dfrac{2\mathrm{e}^{\arctan x^2}x}{1+x^4}+\dfrac{x}{|x|\sqrt{1-x^2}\arcsin^2\sqrt{1-x^2}}$.

2. (1) $\dfrac{1}{x\ln a}+ba^x\ln a$; (2) $-\dfrac{1}{\sqrt{1-x^2}}+2x\arctan x+\dfrac{x^2}{1+x^2}$;

(3) $\dfrac{(1-x^2)\ln x+1+x^2}{(1+x^2)^2}$; (4) $\dfrac{1}{3}\left(\dfrac{\mathrm{e}^x}{1+\cos x}\right)^{-\frac{2}{3}}\dfrac{\mathrm{e}^x(1+\cos x+\sin x)}{(1+\cos x)^2}$;

(5) $-2^{\cot^2 x}\cdot\ln 2\cdot 2\cot x\cdot\csc^2 x$;

(6) $(2x\ln x+x)x^{x^2}+\left(\dfrac{1}{x}-\sin x\cdot\ln\sin x+\dfrac{\cos^2 x}{\sin x}\right)x\cdot(\sin x)^{\cos x}$.

3. $1+2x$. 提示: 注意到 $f(0)=0$, 且

$$\frac{f(x+\Delta x)-f(x)}{\Delta x}=\frac{f(\Delta x)}{\Delta x}+\frac{2x\cdot\Delta x}{\Delta x},\text{令 }\Delta x\to 0\text{即可.}$$

4. $\dfrac{|t|}{t}$. 直接计算.

5. (1) 切线方程: $y=\dfrac{\sqrt{2}}{4}a$, 法线方程: $x=\dfrac{\sqrt{6}}{4}a$.

   (2) 切线方程: $y=(2+\sqrt{3})x+2a-\dfrac{\pi}{6}(2+\sqrt{3})a$, 法线方程: $y=-(2-\sqrt{3})x+\dfrac{\pi}{6}(2-\sqrt{3})a$.

   (3) 切线方程: $y=-x+2$, 法线方程: $y=x+2$.

6. $a=0,b=2$.

7. $(1+3x)\mathrm{e}^{3x}$.

五. 证明题

1. 提示: 利用导数的定义证明.
2. 提示: 利用导数的定义证明.
3. 提示: 利用导数的定义证明.
4. 直接验证.
5. 提示: $p(x)=A(x-x_1)(x-x_2)(x-x_3)$.
6. 证明:记 $D(x)=\begin{vmatrix} f_{11}(x) & f_{12}(x) & \cdots & f_{1n}(x) \\ \vdots & \vdots & & \vdots \\ f_{i1}(x) & f_{i2}(x) & \cdots & f_{in}(x) \\ \vdots & \vdots & & \vdots \\ f_{n1}(x) & f_{n2}(x) & \cdots & f_{nn}(x) \end{vmatrix}$,

   则 $D(x)=\sum\limits_{1\leqslant j_1,j_2,\cdots,j_n\leqslant n}(-1)^{\tau(j_1,j_2,\cdots,j_n)}f_{1j_1}(x)f_{2j_2}(x)\cdots f_{nj_n}(x)$, 其中 $\tau(j_1,j_2,\cdots,j_n)$ 为排列 $j_1j_2\cdots j_n$ 的逆序数. 因此

$$\begin{aligned} D'(x)&=\sum_{1\leqslant j_1,j_2,\cdots,j_n\leqslant n}(-1)^{\tau(j_1,j_2,\cdots,j_n)}[f_{1j_1}(x)f_{2j_2}(x)\cdots f_{nj_n}(x)]' \\ &=\sum_{i=1}^{n}[\sum_{1\leqslant j_1,j_2,\cdots,j_n\leqslant n}(-1)^{\tau(j_1,j_2,\cdots,j_n)}f_{1j_1}(x)f_{2j_2}(x)\cdots f'_{ij_i}(x)\cdots f_{nj_n}(x)] \\ &=\sum_{i=1}^{n}\begin{vmatrix} f_{11}(x) & f_{12}(x) & \cdots & f_{1n}(x) \\ \vdots & \vdots & & \vdots \\ f'_{i1}(x) & f'_{i2}(x) & \cdots & f'_{in}(x) \\ \vdots & \vdots & & \vdots \\ f_{n1}(x) & f_{n2}(x) & \cdots & f_{nn}(x) \end{vmatrix}. \end{aligned}$$

7. $0\leqslant|\dfrac{f(x)}{x}|\leqslant\dfrac{x^2}{|x|}=|x|$, 因此 $\lim\limits_{x\to 0}|\dfrac{f(x)}{x}|=0$, 从而 $\lim\limits_{x\to 0}\dfrac{f(x)}{x}=0$, 于是 $f'(0)=\lim\limits_{x\to 0}\dfrac{f(x)-f(0)}{x}=\lim\limits_{x\to 0}\dfrac{f(x)}{x}=0$, 故任 $f(x)$ 在 $x=0$ 点可导. $\forall x_0\neq 0$, 任取 $\{x_n\},x_n$ 均为有理数, 且 $\lim\limits_{n\to\infty}x_n=x_0$, 则 $\lim\limits_{n\to\infty}f(x_n)=\lim\limits_{n\to\infty}x_n^2=x_0^2\neq 0$. 任取 $\{y_n\},y_n$ 均为无理数, 且 $\lim\limits_{n\to\infty}y_n=x_0$, 则 $\lim\limits_{n\to\infty}f(y_n)=\lim\limits_{n\to\infty}0=0$. 因此 $\lim\limits_{x\to x_0}f(x)$ 不存在, 故 $f(x)$ 在 $x=x_0$ 点不连续.

§4.7.2　高阶导数

一、判断题

1. ×. dx^n 表示自变量微分的 n 次方, 即 $(dx)^n$; 2. √ ; 3. √ ; 4. √ ; 5. √ ;

6. ×. 反例: $f(x)=\begin{cases} x^3\sin\dfrac{1}{x^2}, x\neq 0 \\ 0, x=0 \end{cases}$, $n=2$, 但是 $f(x)$ 在 $x=0$ 处只有一阶导数.

二、填空题

1. (1) $\sin\left(x+n\cdot\dfrac{\pi}{2}\right)$; (2) $\dfrac{(-1)^n n!}{x^{n+1}}$; (3) $\dfrac{(-1)^{n-1}(n-1)!}{x^n}$;

   (4) $\dfrac{m!}{(m-n)!}x^{m-n}$, 0; (5) $\dfrac{(n-1)!}{(a-x)^n}$.

2. $\dfrac{2\varphi(x^2)\varphi'(x^2)+4x^2\varphi(x^2)\varphi''(x^2)-4x^2[\varphi'(x^2)]^2}{[\varphi(x^2)]^2}$.

3. $-\dfrac{5!}{4}\left[\dfrac{1}{(x-2)^6}-\dfrac{1}{(x+2)^6}\right]$.

4. $\dfrac{-20x^3}{(1+5x^4)^3}$.

5. m^n.

6. $\dfrac{3}{4}\sin(x+\dfrac{n}{2}\pi)-\dfrac{3^n}{4}\sin(3x+\dfrac{n}{2}\pi)$.

   提示: $\sin^3 x=\sin x\sin^2 x=\sin x\dfrac{1-\cos 2x}{2}=\dfrac{3\sin x}{4}-\dfrac{1}{4}\sin 3x$.

7. $\dfrac{\sqrt{2}}{2}n!$. 提示: $f(x)=(x-2)^n(x-1)^n\cos\dfrac{\pi x^2}{16}=(x-2)^n g(x)$, $f^{(n)}(2)=n!\,g(2)$.

8. -1, -2.

9. $\tan t$, $\dfrac{1}{at\cos^3 t}$.

10. $\dfrac{(-1)^{n-1}(n-1)!x^2}{(1+x)^n}+\dfrac{2n(-1)^{n-2}(n-2)!x}{(1+x)^{n-1}}+\dfrac{n(n-1)(-1)^{n-3}(n-3)!}{(1+x)^{n-2}}$.

三、选择题

1. D; 2. B; 3. D; 4. A; 5. D.

四、计算题

1. (1) $2f'(x^2)+4x^2f''(x^2)$.

   (2) $f''(g(x))[g'(x)]^2+f'(g(x))\cdot g''(x)$.

   (3) $f(x)^{g(x)}\left[g''(x)\ln f(x)+2g'(x)\dfrac{f'(x)}{f(x)}+g(x)\dfrac{f''(x)f(x)-[f'(x)]^2}{f^2(x)}+\left(g'(x)\ln f(x)+g(x)\dfrac{f'(x)}{f(x)}\right)^2\right]$.

   (4) $e^{f(x)}\left[-\dfrac{1}{x^2}f'(\ln x)+\dfrac{1}{x^2}f''(\ln x)+\dfrac{2}{x}f'(\ln x)\cdot f'(x)+f(\ln x)(f'(x))^2+f(\ln x)\cdot f''(x)\right]$.

2. (1) $-\dfrac{2(1+y^2)}{y^5}$;　　(2) $-\dfrac{(1-f'(y))^2-f''(y)}{x^2(1-f'(y))^3}$.

3. (1) $\dfrac{dy}{dx}=\dfrac{1}{t}$, $\dfrac{d^2y}{dx^2}=-\dfrac{1+t^2}{t^3}$;

   (2) $\dfrac{dy}{dx}=\dfrac{1}{2(t+1)^2}$, $\dfrac{d^2y}{dx^2}=-\dfrac{1}{2(t+1)^4}$;

   (3) $\dfrac{dy}{dx}=\dfrac{\sin t+t\cos t}{\cos t-t\sin t}$, $\dfrac{d^2y}{dx^2}=\dfrac{2+t^2}{(\cos t-t\sin t)^3}$;

   (4) $\dfrac{dy}{dx}=t$, $\dfrac{d^2y}{dx^2}=\dfrac{1}{f''(t)}$.

4. (1) $2(-1)^n n!(1+x)^{-(n+1)}$;

(2) $(-1)^n n!\left[(2+x)^{-(n+1)}-\frac{1}{2}\left(x-\frac{1}{2}\right)^{-(n+1)}\right]$;

(3) $a^n f^{(n)}(ax+b)$;

(4) $f^{(2m)}(0)=0,\ f^{(2m+1)}(0)=(-1)^m(2m)!$. 提示: 由 $y'(1+x^2)=1$ 可知

$$(1+x^2)f^{(n+2)}(x)+2(n+1)xf^{(n+1)}(x)+n(n+1)f^{(n)}(x)=0.$$

令 $x=0$, 由上式得 $f^{(n+2)}(0)=-n(n+1)f^{(n)}(0)$.

5. -32. 提示: 令 $g(x)=(x-1)(x-3)^3(x-4)^4$, 则 $f(x)=(x-2)^2g(x)$, 再使用 Leibniz 公式.

6. 已知 $f'(x)=-\dfrac{1}{1+x^2}$, 即 $(1+x^2)f'(x)=-1$, 等式两边对 x 求 $(n-1)$ 阶导数, 应用 Leibniz 公式, 得到

$$(1+x^2)f^{(n)}(x)+C_{n-1}^1\cdot 2x\cdot f^{(n-1)}(x)+C_{n-1}^2\cdot 2f^{(n-2)}(x)=0$$

令 $x=0$, 得到 $f^{(n)}(0)=-(n-1)(n-2)f^{(n-2)}(0)$, 从而得到

$$f^{(n)}(0)=\begin{cases}0, & n\text{为偶数},\\ (-1)^{\frac{n+1}{2}}(n-1)!, & n\text{为奇数}.\end{cases}$$

7. 由 $y'=\dfrac{1}{1-x^2}+\dfrac{x\arcsin x}{(1-x^2)\sqrt{1-x^2}}$ 可得

$$(1-x^2)y'=1+(1-x^2)\frac{x\arcsin x}{(1-x^2)\sqrt{1-x^2}}=1+xy,$$

即 $(1-x^2)y'=1+xy$. 等式两端对 x 求 n 阶导数, 可得 $(1-x^2)y^{(n+1)}-(2n+1)xy^{(n)}-n^2y^{(n-1)}=0$, 令 $x=0$, 得到 $y^{(n+1)}(0)=n^2y^{(n-1)}(0)$. 由于 $y'(0)=1, y''(0)=y(0)=0$, 所以 $y^{(2n)}(0)=0, y^{(2n+1)}(0)=4^n(n!)^2$.

五、证明题

略.

§4.7.3 提高与综合习题

一、解答题

1. $f''(x)$ 不一定存在. 设 $f(x)=\begin{cases}x^2\sin\dfrac{1}{x}, & x\in[-1,0)\cup(0,1],\\ 0, & x=0,\end{cases}$ $f(x)$ 满足条件, 但是 $f''(0)$ 不存在.

2. 不一定成立. Dirichlet 函数满足条件, 但是它处处不可导.

3. 可证 $xf(x)$ 满足要求.

4. (1) 成立. 只需考虑 $f(x)$ 不是常值函数的情形. 只要证明 $\exists\alpha,\beta\in(a,b):\ f'_+(\alpha)\leqslant 0,\ f'_+(\beta)\geqslant 0$, 再利用右导数的连续性即可. 事实上, $f(x)$ 的最大值最小值至少有一个在区间内部达到, 不妨设最大值点 $\alpha\in(a,b)$, 则

$$f'_+(\alpha)=\lim_{x\to\alpha^+}\frac{f(x)-f(\alpha)}{x-\alpha}\leqslant 0,$$

再在区间 $[c,\alpha]\subset[a,\alpha],\ c>a$ 上选取最小值点 β, 即有 $f'_+(\beta)\geqslant 0$.

(2) 提示: 构造 $\varphi(t)=f(x_0-th)-f(x_0)-[f(x_0-h)-f(x_0)]t$, 则 $\varphi(0)=\varphi(1)=0$.

5. (1) $\dfrac{1+nx^{n+1}-(n+1)x^n}{(1-x)^2}$. 提示: 利用 $\left(\sum\limits_{k=1}^{n}x^k\right)'=\sum\limits_{k=1}^{n}kx^{k-1}$.

(2) $\dfrac{(n+1)\cos nx-n\cos(n+1)x-1}{4\sin^2\dfrac{x}{2}}$.

提示: $\sum\limits_{k=1}^{n}k\cos kx=\left(\sum\limits_{k=1}^{n}\sin kx\right)'=\left(\dfrac{\cos\dfrac{x}{2}-\cos(\dfrac{1}{2}+n)x}{2\sin\dfrac{x}{2}}\right)'$.

6. 0.

7. $2x-y-12=0$. 提示: 只须求出 $f(6),f'(6)$ 即可. 注意到 $f(6)=f(1),f'(6)=f'(1)$, 由 $\lim\limits_{x\to 0}[f(1+\sin x)-3f(1-\sin x)]=0$ 以及 $f(x)$ 的连续性知 $f(1)=0$, 又由 $\lim\limits_{x\to 0}\dfrac{f(1+\sin x)-3f(1-\sin x)}{\sin x}=8$ 以及 $f(1)=0$ 知 $f'(1)=2$.

8. $\dfrac{1}{\sqrt{(1+nx^2)^3}}$. 先求出 f_1,f_2,f_3 , 观察规律, 再用数学归纳法证明 $f_n(x)=\dfrac{x}{\sqrt{1+nx^2}}$.

二、证明题

1. 提示: 反证法, 如果能写成, 整理后两边求导, 比较幂次即矛盾.

2. 提示:

$$\begin{aligned}\frac{f(\beta_n)-f(\alpha_n)}{\beta_n-\alpha_n}&=\frac{f(\beta_n)-f(x_0)+f(x_0)-f(\alpha_n)}{\beta_n-\alpha_n}\\&=\frac{\beta_n-x_0}{\beta_n-\alpha_n}\frac{f(\beta_n)-f(x_0)}{\beta_n-x_0}-\frac{\alpha_n-x_0}{\beta_n-\alpha_n}\frac{f(\alpha_n)-f(x_0)}{\alpha_n-x_0}\end{aligned}$$

且有 $\dfrac{\beta_n-x_0}{\beta_n-\alpha_n}-\dfrac{\alpha_n-x_0}{\beta_n-\alpha_n}=1$.

3. 注意 $f'(0)=a_1+2a_2+\cdots+na_n$.

4. 利用复合求导法则直接验证.

5. 对 k 使用数学归纳法证明.

第5章　微分中值定理及其应用

§5.1　内容提要

一、基本概念

驻点, 极值, 极值点, 极大(小)值, 极大(小)值点, 拐点, 渐近线(水平、铅直、斜), 单调增加区间, 单调减少区间, 上凸(下凸)函数, 上凸区间, 下凸(凹)区间

二、基本定理与性质

1. 中值定理

Fermat(费马)引理, Rolle(罗尔)定理, Lagrange(拉格朗日)中值定理, Cauchy(柯西)中值定理, Taylor(泰勒)中值定理, Taylor 多项式, Taylor 公式(Peano 余项、 Lagrange 余项)

2. 导函数的性质

导函数极限定理, 导函数没有第一类间断点, 导函数的介值性(Darboux 定理)

3. 单调性与一阶导数的关系

4. 凸性与二阶导数的关系

5. 极值存在的必要与充分条件 (一阶导数、二阶导数)

6. 拐点存在的必要与充分条件 (二阶导数、三阶导数)

三、基本计算与证明

1. 求极限的方法总结

(1) 重要极限与典型极限;

(2) L'Hospital 法则;

(3) Taylor 公式 $(\frac{0}{0})$;

(4) 无穷小(大)量的性质与等价替换;

(5) 极限存在准则;

(6) 各种定义及运算性质;

(7) Stolz 公式.

2. 函数作图

单调区间, 极值, 最值, 凸性区间, 拐点

3. 证明等式

中值定理, Taylor 公式, 闭区间上连续函数的零点存在定理与介值定理

4、证明不等式

中值定理, Taylor 公式, 单调性, 凸性, 极值, 最值

5、方程根的讨论(存在性、个数)

单调性, 凸性, 中值定理, 极值, 闭区间上连续函数的介值定理

四、常用函数带 Peano 余项的 Maclaurin 公式

1. $\dfrac{1}{1-x}=1+x+x^2+\cdots+x^n+o(x^n)$;

2. $\mathrm{e}^x=1+x+\dfrac{x^2}{2!}+\cdots+\dfrac{x^n}{n!}+o(x^n)$;

3. $\sin x=x-\dfrac{x^3}{3!}+\dfrac{x^5}{5!}+\cdots+(-1)^n\dfrac{x^{2n+1}}{(2n+1)!}+o(x^{2n+1})$;

4. $\cos x=1-\dfrac{x^2}{2!}+\dfrac{x^4}{4!}+\cdots+(-1)^n\dfrac{x^{2n}}{(2n)!}+o(x^{2n})$;

5. $\ln(1+x)=x-\dfrac{x^2}{2}+\dfrac{x^3}{3}+\cdots+(-1)^{n-1}\dfrac{x^n}{n}+o(x^n)$;

6. $\arctan x=x-\dfrac{x^3}{3}+\dfrac{x^5}{5}+\cdots+(-1)^n\dfrac{x^{2n+1}}{2n+1}+o(x^{2n+1})$;

7. $(1+x)^\alpha=1+\alpha x+\dfrac{\alpha(\alpha-1)}{2!}x^2+\cdots+\dfrac{\alpha(\alpha-1)\cdots(\alpha-n+1)}{n!}x^n+o(x^n)$.

§5.2 导函数的特殊性质

性质 1(导函数极限定理) 设 $f(x)$ 在 x_0 的邻域 $U(x_0,\delta)$ 内连续, 在 x_0 的去心邻域 $\overset{\circ}{U}(x_0,\delta)$ 内可导, 且极限 $\lim\limits_{x\to x_0}f'(x)=A$ 存在, 则 $f(x)$ 在点 x_0 可导, 且

$$f'(x_0)=\lim_{x\to x_0}f'(x)=A.$$

证 取 $x\in\overset{\circ}{U}(x_0,\delta)$, 则 $f(x)$ 在以 x_0 和 x 为端点的闭区间上满足 Lagrange 中值定理的条件, 于是存在 $\theta\in(0,1)$ 成立

$$\frac{f(x)-f(x_0)}{x-x_0}=f'(x_0+\theta(x-x_0)).$$

令 $x\to x_0$, 上式两端取极限可得

$$f'(x_0)=\lim_{x\to x_0}\frac{f(x)-f(x_0)}{x-x_0}=\lim_{x\to x_0}f'(x_0+\theta(x-x_0))=A.$$

所以 $f(x)$ 在点 x_0 可导, 且 $f'(x_0)=A$.

注记 此定理说明有时可以利用导函数的极限代替用导数的定义求导数值, 如下面的应用实例.

应用实例 设 $f(x)=\begin{cases}\mathrm{e}^x-1, & x\geqslant 0,\\ x+x^2\cos x, & x<0,\end{cases}$ 求 $f'(0)$. 易知函数 $f(x)$ 在 $x=0$ 的任

意邻域内连续, 且 $f'(x)=\begin{cases}e^x, & x>0,\\ 1+2x\cos x-x^2\sin x, & x<0,\end{cases}$ 由于 $\lim\limits_{x\to 0}f'(x)=1$, 因而由导数极限定理可知 $f'(0)=1$.

性质 2 设 $f(x)$ 在 x_0 的邻域 $U(x_0,\delta)$ 内可导, 若 $f'(x)$ 在 x_0 处的左右极限 $f'(x_0^-)$, $f'(x_0^+)$ 都存在, 则

$$f'(x_0^-)=f'(x_0^+)=f'(x_0).$$

证 取 $x\in(x_0-\delta,x_0)$, 则 $f(x)$ 在区间 $[x,x_0]$ 上满足 Lagrange 中值定理的条件, 于是存在 $\xi\in(x,x_0)$ 成立

$$\frac{f(x)-f(x_0)}{x-x_0}=f'(\xi).$$

令 $x\to x_0^-$, 上式两端取极限可得

$$f'_-(x_0)=\lim_{x\to x_0^-}\frac{f(x)-f(x_0)}{x-x_0}=\lim_{x\to x_0^-}f'(\xi)=f'(x_0^-).$$

同理可得

$$f'_+(x_0)=f'(x_0^+).$$

又因为 $f(x)$ 在点 x_0 可导, 所以有 $f'(x_0)=f'(x_0^-)=f'(x_0^+)$.

由性质2立即可得重要结论.

性质 3 若 $f(x)$ 在 (a,b) 内可导, 则 $f'(x)$ 在 (a,b) 内没有第一类间断点.

应用实例 已知符号函数 $\operatorname{sgn} x=\begin{cases}1, & x>0,\\ 0, & x=0,\\ -1, & x<0\end{cases}$ 有第一类间断点, 所以不存在函数 $f(x)$, 使得 $f'(x)=\operatorname{sgn} x$.

性质 4(导函数的介值性, Darboux(达布)定理) 设 $f(x)$ 在 $[a,b]$ 上可导, 且 $f'(a)\neq f'(b)$, 则 $f'(x)$ 可以取到介于 $f'(a)$ 与 $f'(b)$ 之间的所有值.

证 不妨设 $f'(a)<f'(b)$. 对于任意 k: $f'(a)<k<f'(b)$, 构造辅助函数

$$F(x)=f(x)-kx,$$

则 $F(x)$ 在 $[a,b]$ 上连续可导, 且 $F'(x)=f'(x)-k$.

由假设可知 $F'(a)=f'(a)-k<0$, $F'(b)=f'(b)-k>0$, 根据极限的保号性知存在 $x_1,x_2\in[a,b]$, 满足 $F(a)>F(x_1)$, $F(b)>F(x_2)$, 因而 $F(x)$ 在 $[a,b]$ 上的最小值必在 (a,b) 内部取得, 设在 $x=\xi$ 处取得, 则有 $F'(\xi)=0$, 即 $f'(x)=k$.

注记 导函数的介值性与导函数的连续性无关.

§5.3　典型例题讲解

§5.3.1　基本概念、性质与计算

例 5.3.1　判断题(在正确的命题后打 $\surd$, 在错误的命题后面打$\times$)

(1) 若 $f(a)$ 是 $f(x)$ 在 $[a,b]$上的最值, 且 $f'(a)$ 存在, 则一定有 $f'(a)=0$. (　　)

(2) 若 $f'(a)$ 存在, 且 $\lim\limits_{x\to a}f'(x)=A$, 则 $A=f'(a)$. (　　)

(3) 若 $f'(x_0)>0$, 则 $f(x)$ 在点 x_0 处的一个充分小的邻域内单调增加. (　　)

(4) 若 $f''(a)=0$, $f'''(a)\neq 0$, 则 $(a,f(a))$ 是曲线 $f(x)$ 的拐点.(　　)

(5) 如果 x_0 为 $f(x)$ 的极小值点, 那么必存在 x_0 的某邻域,在此邻域内, $f(x)$ 在 x_0 的左侧下降, 而在 x_0 的右侧上升. (　　)

解　答案为: (1) $\times$; (2) $\surd$; (3) $\times$; (4) $\surd$; (5) $\times$.

解析

(1) 当最值点在开区间内部, 则结论成立; 若在区间端点, 则结论不一定成立. 比如 $y=f(x)=x$, $x\in[0,1]$, $f(x)$ 在 $x=0$ 有最小值, 但 $f'(0)=1\neq 0$.

(2) 由导函数的极限性质可得.

(3) 反例: 设

$$f(x)=\begin{cases}x+2x^2\sin\dfrac{1}{x}, & x\neq 0,\\ 0, & x=0,\end{cases}$$

则

$$f'(0)=\lim_{\Delta x\to 0}\left(1+2\Delta x\sin\frac{1}{\Delta x}\right)=1>0.$$

而当 $x_k^1=\dfrac{1}{\left(2k+\dfrac{1}{2}\right)\pi}$ 时,$f(x_k^1)=\dfrac{1}{\left(2k+\dfrac{1}{2}\right)\pi}+\dfrac{2}{\left[\left(2k+\dfrac{1}{2}\right)\pi\right]^2}$,

当 $x_k^2=\dfrac{1}{2k\pi}$ 时, $f(x_k^2)=\dfrac{1}{2k\pi}$, 显然 $x_k^2>x_k^1$, $\forall k\in N$, 但是 $f(x_k^2)<f(x_k^1)$.

由于k 可以任意大, 故在点 $x_0=0$ 的任何邻域内, $f(x)$ 都不单调增加. 根本原因是 $f'(x)=1+4x\sin\dfrac{1}{x}-2\cos\dfrac{1}{x}(x\neq 0)$ 在 $x=0$ 处不连续.

(4) 由定义

$$f'''(a)=\lim_{x\to a}\frac{f''(x)-f''(a)}{x-a}$$

和极限的保号性可知 $f''(x)$ 在点 $x=a$ 的左右邻域异号, 故结论成立.

(5) 反例: 设

$$f(x)=\begin{cases}2+x^2\left(2+\sin\dfrac{1}{x}\right), & x\neq 0,\\ 2, & x=0,\end{cases}$$

当 $x \neq 0$ 时, $f(x)-f(0)=x^2\left(2+\sin\dfrac{1}{x}\right)>0$. 按极值定义知 $x=0$ 为 $f(x)$ 的极小值点.

当 $x \neq 0$时, $f'(x)=2x\left(2+\sin\dfrac{1}{x}\right)-\cos\dfrac{1}{x}$, 当$x\to 0$, $2x\left(2+\sin\dfrac{1}{x}\right)\to 0, \cos\dfrac{1}{x}$ 在-1和1之间振荡, 因而$f(x)$在$x=0$ 的两侧都不单调, 如图 5-1.

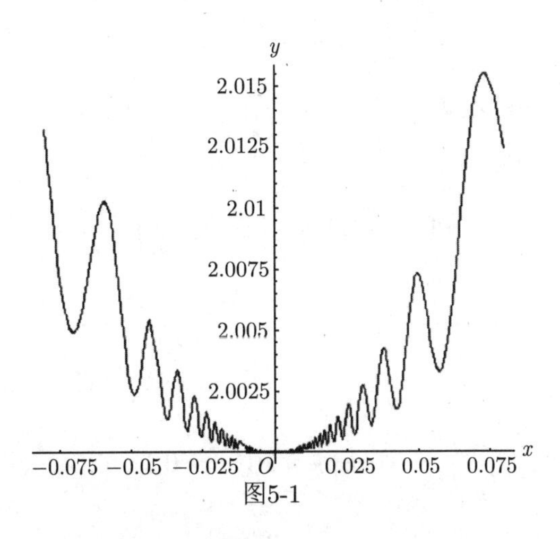

图5-1

例 5.3.2 填空题

(1) 极限 $\lim\limits_{x\to 0}\dfrac{x-\tan x}{\ln(1+2x^3)}=$__________.

(2) 当 $x=$__________ 时, $y=x2^x$ 取得极小值.

(3) 在 $x=0$ 的某邻域内与函数 $y=\sec x$ 的差为 x^2 的高阶无穷小的二次多项式为__________.

(4) 函数 $f(x)=\dfrac{x}{1+x}$ 在 $x=0$ 处带 Lagrange 余项的二次 Taylor 公式为 $f(x)=$__________, ξ 介于 0 与 x 之间 .

(5) 函数 $f(x)=\dfrac{1}{x}$ 在 $x=1$ 处带 Lagrange 余项(要求中值用 $\theta(0<\theta<1)$ 表示)的n次 Taylor 公式为 $f(x)=$__________.

解 答案为: (1) $-\dfrac{1}{6}$; (2) $-\dfrac{1}{\ln 2}$; (3) $1+\dfrac{1}{2}x^2$; (4) $x-x^2+\dfrac{x^3}{(1+\xi)^4}$;

(5) $1-(x-1)+(x-1)^2+\cdots+(-1)^n(x-1)^n+\dfrac{(-1)^{n+1}(x-1)^{n+1}}{[1+\theta(x-1)]^{n+2}}$.

解析

(1) 利用等价无穷小量替换以及 L'Hospital 法则可得

$$\lim_{x\to 0}\frac{x-\tan x}{\ln(1+2x^3)}=\lim_{x\to 0}\frac{x-\tan x}{2x^3}=\lim_{x\to 0}\frac{1-\sec^2 x}{6x^2}=\lim_{x\to 0}\frac{\cos^2 x-1}{6x^2\cos^2 x}=-\frac{1}{6}.$$

(2) $y'=2^x+x2^x\ln 2=(1+x\ln 2)2^x$, $y''=\ln 2(2+x\ln 2)2^x$.

令 $y'=0$, 解得唯一驻点 $x=-\dfrac{1}{\ln 2}$. 又 $y''\left(-\dfrac{1}{\ln 2}\right)>0$, 所以 $x=-\dfrac{1}{\ln 2}$ 为极小值点.

(3) 此题就是求函数在 $x=0$ 处的二次 Taylor多项式.

$y(0)=1,\ y'(0)=0,\ y''(0)=1$, 所以 $y=\sec x$ 在 $x=0$ 处的二次 Taylor 多项式为 $1+\dfrac{1}{2}x^2$.

例 5.3.3　选择题

(1) 曲线 $y=\dfrac{1+\mathrm{e}^{-x}}{1-\mathrm{e}^{-x}}$ 的渐近线有(　　) 条.

(A) 0;　　(B) 1;　　(C) 2;　　(D) 3.

(2) 已知函数 $f(x)$ 在 $x=0$ 的某邻域内连续, 且 $\lim\limits_{x\to 0}\dfrac{f(x)-f(0)}{1-\cos x}=a(a\neq 0)$, 则 $f(x)$ 在点 $x=0$ 处 (　　).

(A) 不可导;　　(B) 有二阶导数;

(C) 一定取得极值;　　(D) 是否取得极值与 a的值有关.

(3) 设 $f(x)=\begin{cases}\mathrm{e}^{-\frac{1}{x^2}}, & x\neq 0,\\ 0, & x=0,\end{cases}$ 则使得 $f^{(n)}(0)=0$ 成立的 n (　　).

(A) 最大为 1;　　(B) 最大为 2;

(C) 最大为 3;　　(D) 可取任意自然数.

(4) 当$x\to 0$ 时, 下列无穷小量中阶数最低的是 (　　).

(A) $\sqrt{x-\sin x\cos x}$;　　(B) $\sqrt{x+\sqrt{x}}$;

(C) $\sqrt{1+2x}-\sqrt[3]{1+3x}$;　　(D) $\mathrm{e}^{\sqrt[3]{x}}-1$.

(5) 当$x\to 0$ 时, 无穷小量 ① $\cos x^4-\cos^4 x$, ② $\mathrm{e}^{\sin x}-\mathrm{e}^x$, ③ $\sqrt{1+2x^3}-\sqrt[4]{1+4x^3}$, ④ $\arcsin(x^2)-\arcsin(\tan^2 x)$, 从低阶到高阶的顺序是 (　　).

(A) ①②④③;　(B) ④②③①;　(C) ④③②①;　(D) ②③④①.

解　答案为: (1) D;　(2) C;　(3) D;　(4)　B;　(5) A.

解析

(1) $x=0$ 是垂直渐近线, $y=1,\ y=-1$ 是水平渐近线.

(2) 由极限与无穷小量的关系定理知 $f(x)-f(0)=(a+\alpha)(1-\cos x)$, $\alpha\to 0\ (x\to 0)$, 再由极值的定义可得 $x=0$ 是极值点, $a<0$ 对应极大值, $a>0$ 对应极小值. 关于(B)选项, 有反例: $f(x)=\begin{cases}x^2+x^3\sin\dfrac{1}{x^2}, & x\neq 0,\\ 0, & x=0.\end{cases}$

(3) 利用数学归纳法和 L'Hospital 法则可以证明 $f^{(n)}(0)=0$, n 是正整数.

(4) 当 $x\to 0$ 时, $\sqrt{x-\sin x\cos x}\sim\sqrt{\dfrac{2}{3}}x^{\frac{3}{2}}$,　$\sqrt{x+\sqrt{x}}\sim x^{\frac{1}{4}}$,　$\sqrt{1+2x}-\sqrt[3]{1+3x}\sim\dfrac{1}{2}x^2$,
$\mathrm{e}^{\sqrt[3]{x}}-1\sim x^{\frac{1}{3}}$.

(5) $\cos x^4-\cos^4 x\sim 2x^2$, $\mathrm{e}^{\sin x}-\mathrm{e}^x\sim -\dfrac{1}{6}x^3$, $\sqrt{1+2x^3}-\sqrt[4]{1+4x^3}\sim x^6$, $\arcsin(x^2)-\arcsin(\tan^2 x)\sim -\dfrac{2}{3}x^4$.

例 5.3.4 求极限:

(1) $\displaystyle\lim_{x\to 0}\frac{x\cos x-\sin x}{(\mathrm{e}^{x^2}-1)\ln(1+x)}$;

(2) $\displaystyle\lim_{x\to 0}\frac{\mathrm{e}^{\sin x}-\mathrm{e}^{\tan x}}{x\sin^2 x}$;

(3) $\displaystyle\lim_{x\to +\infty}\left(\sin\frac{2}{x}+\cos\frac{1}{\sqrt{x}}\right)^x$;

(4) $\displaystyle\lim_{x\to 0}\frac{(1+x)^{\frac{1}{x}}-\mathrm{e}}{x}$.

解 (1) (Taylor 公式+等价无穷小量替换) 因为当 $x\to 0$ 时,

$$\mathrm{e}^{x^2}-1\sim x^2,\ \sin x=x-\frac{x^3}{3!}+o(x^3),\ \cos x=1-\frac{x^2}{2!}+o(x^2),\ \ln(1+x)\sim x,$$

所以有

$$\lim_{x\to 0}\frac{x\cos x-\sin x}{(\mathrm{e}^{x^2}-1)\ln(1+x)}=\lim_{x\to 0}\frac{x[1-\frac{x^2}{2!}+o(x^2)]-[x-\frac{x^3}{3!}+o(x^3)]}{x^3}=-\frac{1}{3}.$$

(2) (中值定理+等价无穷小量替换) 由 Lagrange 中值公式可得:

$$\mathrm{e}^{\sin x}-\mathrm{e}^{\tan x}=\mathrm{e}^{\xi}(\sin x-\tan x),$$

ξ 介于 $\sin x$ 与 $\tan x$ 之间.

于是

$$\lim_{x\to 0}\frac{\mathrm{e}^{\sin x}-\mathrm{e}^{\tan x}}{x\sin^2 x}=\lim_{x\to 0}\frac{\mathrm{e}^{\xi}(\sin x-\tan x)}{x^3}=\lim_{\xi\to 0}\mathrm{e}^{\xi}\lim_{x\to 0}\frac{\tan x(\cos x-1)}{x^3}=-\frac{1}{2}.$$

(3) 此极限属于未定型 1^∞ 形式.

解法1 (Taylor 公式+等价无穷小量替换) 令 $t=\dfrac{1}{\sqrt{x}}$, 则当 $x\to +\infty$ 时, $t\to 0$, 于是有

$$\lim_{x\to +\infty}\left(\sin\frac{2}{x}+\cos\frac{1}{\sqrt{x}}\right)^x=\lim_{t\to 0^+}[\sin(2t^2)+\cos t]^{\frac{1}{t^2}}=\lim_{t\to 0^+}\mathrm{e}^{\frac{1}{t^2}\ln[\sin(2t^2)+\cos t]}.$$

由于

$$\lim_{t\to 0^+}\frac{\ln[\sin(2t^2)+\cos t]}{t^2}=\lim_{t\to 0^+}\frac{\ln\left[2t^2+1-\frac{1}{2}t^2+o(t^2)\right]}{t^2}=\frac{3}{2},$$

因而

$$\lim_{x\to+\infty}\left(\sin\frac{2}{x}+\cos\frac{1}{\sqrt{x}}\right)^x=e^{\frac{3}{2}}.$$

解法 2 (重要极限+等价无穷小量替换)

$$\lim_{x\to+\infty}(\sin\frac{2}{x}+\cos\frac{1}{\sqrt{x}})^x=\lim_{t\to0^+}[\sin(2t^2)+\cos t]^{\frac{1}{t^2}}$$

$$=\lim_{t\to0^+}\{[1+\sin(2t^2)+\cos t-1]^{\frac{1}{\sin(2t^2)+\cos t-1}}\}^{\frac{\sin(2t^2)+\cos t-1}{t^2}}=e^{\frac{3}{2}}.$$

(4) 解法1 (L'Hospital法则)

$$\lim_{x\to0}\frac{(1+x)^{\frac{1}{x}}-e}{x}=\lim_{x\to0}\frac{(1+x)^{\frac{1}{x}}\left[\frac{\ln(1+x)}{x}\right]'}{1}=e\cdot\lim_{x\to0}\left[-\frac{\ln(1+x)}{x^2}+\frac{1}{x(1+x)}\right]$$

$$=-e\cdot\lim_{x\to0}\frac{(1+x)\ln(1+x)-x}{x^2(1+x)}=-\frac{e}{2}.$$

解法2 (Taylor 公式)

$$\lim_{x\to0}\frac{(1+x)^{\frac{1}{x}}-e}{x}=\lim_{x\to0}\frac{e^{\frac{1}{x}\ln(1+x)}-e}{x}=e\cdot\lim_{x\to0}\frac{e^{\frac{1}{x}\ln(1+x)-1}-1}{x}$$

$$=e\cdot\lim_{x\to0}\frac{-\frac{1}{2}x+o(x)}{x}=-\frac{e}{2}.$$

例 5.3.5　设$f(x)$在$(-1,1)$内具有二阶导数, 且$f''(x)\neq0$.

(1) 试证对于任意 $x\in(-1,1),x\neq0$, 存在唯一的 $\theta(x)\in(0,1)$, 满足

$$f(x)=f(0)+xf'[\theta(x)x];$$

(2) 求 $\lim\limits_{x\to0}\theta(x)$.

证　(1) (存在性) 由 Lagrange 中值定理有

$$f(x)=f(0)+xf'(\theta(x)x),$$

其中 $0<\theta(x)<1$.

(唯一性) 若存在 $\theta_1(x)\neq\theta_2(x)$ 同时满足上式, 即 $f'(\theta_1(x)x)=f'(\theta_2(x)x)$, 则由导函数的介值性知存在 ξ 使 $f''(\xi)=0$, 与题设矛盾, 故 $\theta(x)$ 唯一.

(2) 解法1 由 $f(x)=f(0)+xf'(\theta(x)x)$ 可知 $f'(\theta(x)x)=\dfrac{f(x)-f(0)}{x}$, 于是有

$$\theta(x)\cdot\frac{f'(\theta(x)x)-f'(0)}{\theta(x)x}=\frac{f(x)-f(0)-f'(0)x}{x^2}.$$

对上式两端求极限可得

$$\lim_{x\to 0}\theta(x)\cdot\lim_{x\to 0}\frac{f'(\theta(x)x)-f'(0)}{\theta(x)x}=\lim_{x\to 0}\theta(x)f''(0)=\lim_{x\to 0}\frac{f'(x)-f'(0)}{2x}=\frac{1}{2}f''(0),$$

故有

$$\lim_{x\to 0}\theta(x)=\frac{1}{2}.$$

解法2 由 Taylor 公式可知

$$f(x)=f(0)+xf'(0)+\frac{1}{2}f''(0)x^2+o(x^2).$$

于是

$$xf'(\theta(x)x)=xf'(0)+\frac{1}{2}f''(0)x^2+o(x^2).$$

因而

$$\theta(x)\cdot\frac{f'(\theta(x)x)-f'(0)}{\theta(x)x}=\frac{1}{2}f''(0)+\frac{o(x^2)}{x^2},$$

所以

$$\lim_{x\to 0}\theta(x)=\frac{1}{2}.$$

注记 此题的结论还可以推广到高阶导数情形.

例 5.3.6 设 $f(x+h)=f(x)+hf'(x)+\cdots+\dfrac{h^n}{n!}f^{(n)}(x+\theta h),0<\theta<1$, 且$f^{(n+1)}(x)\neq 0$, 证明:

$$\lim_{h\to 0}\theta=\frac{1}{n+1}.$$

证 因为

$$\theta\frac{h^{n+1}}{n!}\frac{f^{(n)}(x+\theta h)-f^{(n)}(x)}{\theta h}=f(x+h)-[f(x)+hf'(x)+\cdots+\frac{h^n}{n!}f^{(n)}(x)],$$

所以

$$\theta\cdot\frac{f^{(n)}(x+\theta h)-f^{(n)}(x)}{\theta h}=\frac{n!\{f(x+h)-[f(x)+hf'(x)+\cdots+\frac{h^n}{n!}f^{(n)}(x)]\}}{h^{n+1}}.$$

上式两端取极限并整理可得:

$$\lim_{h\to 0}\theta=\frac{1}{n+1}.$$

例 5.3.7 设 $f(x)$ 有连续的二阶导数, 且$f''(x)>0, f(0)=f'(0)=0$,求 $\lim\limits_{x\to 0^+}\dfrac{xf(u(x))}{u(x)f(x)}$, 其中$u(x)$ 是曲线 $y=f(x)$ 在点 $(x,f(x))$ 处的切线在x轴上的截距.

解 切线方程为 $Y-f(x)=f'(x)(X-x)$, 它在x轴上的截距为 $u(x)=x-\dfrac{f(x)}{f'(x)}$, 于是

$$\lim_{x\to0^+}u(x)=0.$$

因为

$$f(u)=f(0)+f'(0)u+\frac{1}{2}f''(\xi)u^2=\frac{1}{2}f''(\xi)u^2\ (\xi\text{介于0与}u\text{之间}),$$

所以

$$\lim_{x\to0^+}\frac{xf(u)}{uf(x)}=\lim_{x\to0^+}\left[\frac{x}{uf(x)}\cdot\frac{1}{2}f''(\xi)u^2\right]=\lim_{x\to0^+}\left[\frac{xu}{f(x)}\cdot\frac{1}{2}f''(\xi)\right]=\frac{1}{2}\lim_{\xi\to0^+}f''(\xi)\cdot\lim_{x\to0^+}\frac{xu}{f(x)}$$

由 $u(x)=x-\dfrac{f(x)}{f'(x)}$ 知

$$\begin{aligned}\lim_{x\to0^+}\frac{xu}{f(x)}&=\lim_{x\to0^+}\frac{x}{f(x)}\left[x-\frac{f(x)}{f'(x)}\right]=\lim_{x\to0^+}\frac{x[xf'(x)-f(x)]}{f(x)f'(x)}\\&=\lim_{x\to0^+}\frac{x}{f'(x)}\lim_{x\to0^+}\frac{xf'(x)-f(x)}{f(x)}=\lim_{x\to0^+}\frac{1}{f''(x)}\lim_{x\to0^+}\frac{xf''(x)}{f'(x)}\\&=\frac{1}{f''(0)}\cdot f''(0)\cdot\lim_{x\to0^+}\frac{x}{f'(x)}=\lim_{x\to0^+}\frac{x-0}{f'(x)-f'(0)}=\frac{1}{f''(0)},\end{aligned}$$

故

$$\lim_{x\to0^+}\frac{xf(u)}{uf(x)}=\frac{1}{2}f''(0)\cdot\frac{1}{f''(0)}=\frac{1}{2}.$$

例 5.3.8 求函数$y=x+\dfrac{x}{x^2-1}$的单调区间, 极值, 保凸区间(或凹凸区间), 拐点, 渐近线, 并作函数的图形.

解 (1)定义域: $x\neq\pm1$, 即$D=(-\infty,-1)\cup(-1,1)\cup(1,+\infty)$.

因为 $f(-x)=-x+\dfrac{-x}{x^2-1}=-f(x)$, 所以 $f(x)$ 是奇函数.

(2)

$$y'=1-\frac{x^2+1}{(x^2-1)^2}=\frac{x^2(x^2-3)}{(x^2-1)^2},\quad y''=\frac{2x(x^2+3)}{(x^2-1)^3}=\frac{1}{(x-1)^3}+\frac{1}{(x+1)^3},$$

令$y'=0$,得$x=-\sqrt{3},0,\sqrt{3}$; 令$y''=0$,得可能拐点的横坐标$x=0$.

(3) 因为 $\lim\limits_{x\to\infty}y=\infty$, 所以没有水平渐近线; 又

$$\lim_{x\to1^-}y=-\infty,\quad\lim_{x\to1^+}y=+\infty,$$

所以$x=1,x=-1$为曲线的垂直渐近线.

而

$$a=\lim_{x\to\infty}\frac{y}{x}=\lim_{x\to\infty}\frac{1}{x}(x+\frac{x}{x^2-1})=1,\ b=\lim_{x\to\infty}(y-ax)=\lim_{x\to\infty}(y-x)=\lim_{x\to\infty}\frac{x}{x^2-1}=0,$$

所以直线 $y=x$ 为曲线的斜渐近线.

(4)以函数的不连续点($x=\pm1$), 驻点($x=-\sqrt{3},x=0,x=\sqrt{3}$)和可能拐点的横坐标为分点, 列表如下, 图形见图 5-2.

x	$(-\infty,-\sqrt{3})$	$-\sqrt{3}$	$(-\sqrt{3},-1)$	-1	$(-1,0)$	0	$(0,1)$	1	$(1,\sqrt{3})$	$\sqrt{3}$	$(\sqrt{3},+\infty)$
y'	+	0	−		−	0	−		−	0	+
y''	−		−		+	0	−		+		+
y	↗∩	极大值	↘∩		↘∪	拐点	↘∩		↘∪	极小值	↗∪

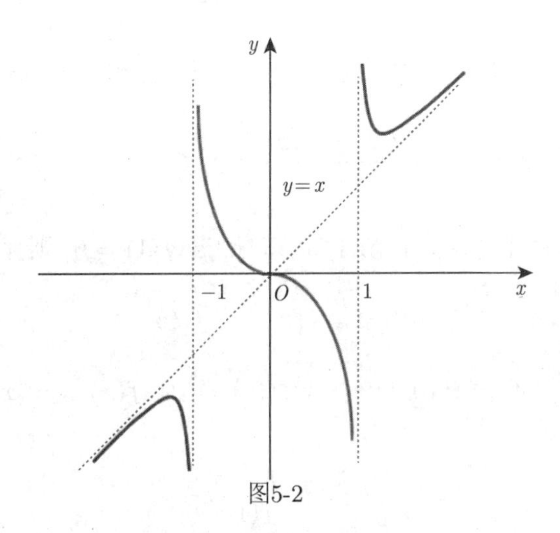

图5-2

函数的单调增加区间为 $(-\infty,-\sqrt{3}],[\sqrt{3},+\infty)$; 单调减少区间为 $[-\sqrt{3},-1),(-1,1),(1,\sqrt{3}]$; 上凸区间为 $(-\infty,-1),(0,1)$; 下凸区间为 $(-1,0)$, $(1,+\infty)$; 极大值 $f(-\sqrt{3})=-\frac{3}{2}\sqrt{3}$; 极小值 $f(\sqrt{3})=\frac{3}{2}\sqrt{3}$; 拐点为 $(0,0)$.

§5.3.2 有关中值定理的证明题

例 5.3.9 设不恒为常数的函数 $f(x)$ 在 $[a,b]$ 上连续, 在 (a,b) 内可导, 且 $f(a)=f(b)$, 证明: 存在两点 ξ, $\eta\in(a,b)$ 使得$f'(\xi)>0$, $f'(\eta)<0$.

证 由于$f(x)$ 在 $[a,b]$ 上不恒为常数, 则存在 $c\in[a,b]$, 满足$f(c)\neq f(a)$, 不妨设 $f(c)>f(a)$.

由于 $f(x)$ 在 $[a,c]$ 和 $[c,b]$ 上都满足 Lagrange 中值定理的条件, 故存在$\xi\in[a,c]$ 和$\eta\in[c,b]$, 使得

$$f'(\xi)=\frac{f(c)-f(a)}{c-a}>0,\quad f'(\eta)=\frac{f(b)-f(c)}{b-c}=\frac{f(a)-f(c)}{b-c}<0.$$

例 5.3.10　设 $f(x)$, $g(x)$ 在 $[a,b]$ 上连续, 在 (a,b) 内可导,若$f(a)=f(b)=0$, 则存在 $\xi\in(a,b)$, 使得 $f'(\xi)+g'(\xi)f(\xi)=0$.

证　设 $F(x)=\mathrm{e}^{g(x)}f(x)$, 则 $F(x)$在$[a,b]$ 上满足 Rolle 定理的条件, 于是由 Rolle 定理可知存在$\xi\in(a,b)$, 使得 $F'(\xi)=0$, 即 $f'(\xi)+g'(\xi)f(\xi)=0$.

注记　本题 $\mathrm{e}^{g(x)}$ 在辅助函数中有很重要的作用, 它在结论中是隐性的, $g(x)=x$ 和 $g(x)=-x$ 为其特殊形式且是常见形式.

下面给出几个构造辅助函数利用 Rolle 定理的实例.

例 5.3.11　证明:

(1) 设 $f(x)$, $g(x)$ 在 $[a,b]$ 上连续, 在 (a,b) 内可导,若$f(a)=f(b)=0$, $g(x)\neq 0\,(x\in[a,b])$, 则存在 $\xi\in(a,b)$, 使得

$$f'(\xi)g(\xi)-g'(\xi)f(\xi)=0.$$

(2) 设函数 $f(x)$ 在 $[a,b]$ 上连续, 在 (a,b) 内可导, 证明在 (a,b) 内至少存在一点 ξ 使

$$\frac{f(\xi)-f(a)}{b-\xi}=f'(\xi).$$

(3) 设 $f(x)$ 在 $[0,1]$ 上连续, 在 $(0,1)$ 内可导, 若 $f(1)=0$, 则存在 $\xi\in(0,1)$, 使得

$$f'(\xi)=(1-\xi^{-1})f(\xi).$$

(4) 设$f(x)$在$[0,1]$上连续,在$(0,1)$内可导,$f(0)=0$且$f(x)>0(x\in(0,1))$, 则存在$\xi\in(0,1)$,使得

$$\frac{2f'(\xi)}{f(\xi)}=\frac{f'(1-\xi)}{f(1-\xi)}.$$

分析　证明这类题目的关键在于构造合适的辅助函数. 首先将中值换成变量 x, 并将所需证明等式的右端移到左端, 然后观察左端的表达式与哪个函数的导数有关, 事实上用下一章的知识来讲, 就是求原函数. 常见的技巧有去分母以及发现隐藏的不为零的因子等.

证　(1) 设 $F(x)=\dfrac{f(x)}{g(x)}$, 则 $F(a)=F(b)=0$, $F(x)$ 在区间 $[a,b]$ 上满足 Rolle 定理的条件, 所以存在 $\xi\in(a,b)$, 使得 $F'(\xi)=0$, 整理即可得到 $f'(\xi)g(\xi)-g'(\xi)f(\xi)=0$.

(2) 设 $F(x)=xf(x)-bf(x)-xf(a)$, $F(a)=F(b)=-bf(a)$, 则 $F(x)$ 在区间 $[a,b]$ 上满足 Rolle 定理的条件, 所以存在 $\xi\in(a,b)$, 使得 $F'(\xi)=0$, 整理即可得所证结论.

(3) 设 $F(x)=x\mathrm{e}^{-x}f(x)$, $F(a)=F(b)=0$, 则 $F(x)$ 在区间 $[a,b]$ 上满足 Rolle 定理的条件, 所以存在 $\xi\in(a,b)$, 使得 $F'(\xi)=0$, 整理即可得所证结论.

(4) 设 $F(x)=f^2(x)f(1-x)$, $F(a)=F(b)=0$, 则 $F(x)$ 在区间 $[a,b]$ 上满足 Rolle 定理的条件, 所以存在 $\xi\in(a,b)$, 使得 $F'(\xi)=0$, 整理即可得所证结论.

例 5.3.12　设$f(x)$ 在$[a,b]$ 上可导$(a>0)$, 则存在 $\xi\in(a,b)$, 使得

$$2\xi[f(b)-f(a)]=(b^2-a^2)f'(\xi).$$

证 设 $g(x)=x^2$, $f(x),g(x)$ 在区间 $[a,b]$ 上满足应用 Cauchy 中值定理的条件, 则由 Cauchy 中值定理可知存在$\xi\in(a,b)$,使得

$$2\xi[f(b)-f(a)]=(b^2-a^2)f'(\xi).$$

注记 在利用 Cauchy 中值定理证明等式时, 函数 $g(x)$ 常见的形式有: $g(x)=x^2$, $\dfrac{1}{x}$, $\ln x$ 和 $\ln(1+x)$ 等.

例 5.3.13 设$f(x)$在$[a,+\infty)$上可导, 且$f(a)>0, f'(a)<0$, 而当$x>a$ 时, $f''(x)\leqslant 0$, 证明在$(a,+\infty)$ 内, 方程$f(x)=0$有且仅有一个实根.

证 由于当 $x>a$时, $f''(x)\leqslant 0$,因此$f'(x)$单调减少, 于是

$$f'(x)\leqslant f'(a)<0,$$

故 $f(x)$在$[a,+\infty)$上严格单调减少, 于是$f(x)$ 在$(a,+\infty)$ 内最多有一个实根.

又 $f(x)=f(a)+f'(a)(x-a)+\dfrac{f''(\xi)}{2}(x-a)^2\to-\infty\ (x\to+\infty)$, 故存在 $b>a$, 使得 $f(b)<0$. 由介值定理知在 $(a,+\infty)$内存在一点ξ 使$f(\xi)=0$.

例 5.3.14 设$f(x)$在$[0,1]$上连续,在$(0,1)$内可导,且$f(0)=0, f(1)=1$, 求证存在 $\xi_1,\xi_2\in(0,1),\xi_1\neq\xi_2$, 使得 $\dfrac{4}{f'(\xi_1)}+\dfrac{3}{f'(\xi_2)}=7$.

证 因为函数 $f(x)$ 在 $[0,1]$ 上连续, 且$f(0)=0, f(1)=1$, 所以由介值定理知存在$\xi\in(0,1)$, 使得$f(\xi)=\dfrac{4}{7}$.

$f(x)$ 在 $[0,\xi]$ 上满足 Lagrange 定理的条件, 于是存在$\xi_1\in(0,\xi)$使得$f'(\xi_1)=\dfrac{f(\xi)-f(0)}{\xi-0}=\dfrac{4}{7\xi}$, 即 $\dfrac{4}{f'(\xi_1)}=7\xi$. 同理存在 $\xi_2\in(\xi,1)$ 使得$\dfrac{3}{f'(\xi_2)}=7-7\xi$. 故存在 $\xi_1,\xi_2\in(0,1),\xi_1\neq\xi_2$, 使得$\dfrac{4}{f'(\xi_1)}+\dfrac{3}{f'(\xi_2)}=7$.

注记 本题中的 3, 4 可以换成任何正整数 m, n, 相应地 7 也需要换成 $m+n$. 甚至可以推广到任意有限多个中值点的情形.

§5.3.3 不等式的证明

常用方法: 单调性, 中值定理, 极值, 最值, 凸性.

例 5.3.15 证明不等式 $e^{2x}<\dfrac{1+x}{1-x}\ (0<x<1)$.

证 原不等式可变形为 $(1-x)e^{2x}-(1+x)<0$.

设 $f(x)=(1-x)e^{2x}-(1+x)$, 则

$$f'(x)=(1-2x)e^{2x}-1,\ f''(x)=-4xe^{2x}<0.$$

于是可知 $f'(x)$在$[0,1]$ 内单调减少.

又 $f'(x) < f'(0) = 0, x \in (0,1)$, 因而有当 $x \in [0,1]$ 时, $f(x)$ 单调减少. 所以当 $x \in (0,1)$时, $f(x) < f(0) = 0$. 即所证不等式成立.

例 5.3.16　证明: 当$x > 0$时, $(x^2-1)\ln x \geqslant (x-1)^2$.

证　方法1 (中值定理)

由 Lagrange 中值定理知

$$\frac{\ln x}{x-1} = \frac{\ln x - \ln 1}{x-1} = \frac{1}{\xi},$$

其中ξ介于1与x之间,即$1 < \xi < x$ 或$x < \xi < 1$,所以有不等式 $0 < \xi < 1 + x$, 于是当$x > 0$时,

$$(x^2-1)\ln x - (x-1)^2 = (x-1)^2(\frac{x+1}{\xi} - 1) \geqslant 0,$$

即

$$(x^2-1)\ln x \geqslant (x-1)^2.$$

方法2 (极值)

令$\varphi(x) = (x^2-1)\ln x - (x-1)^2$, 则$\varphi(1) = 0$, 且

$$\varphi'(x) = 2x\ln x + x - \frac{1}{x} - 2(x-1) = 2x\ln x - x - \frac{1}{x} + 2.$$

又$\varphi'(1) = 0, \varphi''(x) = 2\ln x + 2 - 1 + \frac{1}{x^2}, \varphi''(1) = 2 > 0$, 因而 $\varphi(x)$在$x = 1$ 处取得极小值. 而$x = 1$是$\varphi(x)$在$(0,+\infty)$ 唯一的极值点, 且 $\lim\limits_{x\to 0^+}\varphi(x) = \lim\limits_{x\to+\infty}\varphi(x) = +\infty$, 故 $\varphi(x)$ 在区间 $(0,+\infty)$ 内的最小值在 $x = 1$ 处取得. 于是当 $x > 0$时, $\varphi(x) \geqslant 0$,即$(x^2-1)\ln x \geqslant (x-1)^2$.

例 5.3.17　证明: 对于 $a_i > 0\,(i = 1, \cdots, n)$, 证明平均值不等式:

$$\sqrt[n]{a_1 a_2 \cdots a_n} \leqslant \frac{a_1 + a_2 + \cdots + a_n}{n}.$$

证　所证不等式两端取对数变形为

$$\frac{\ln a_1 + \ln a_2 + \cdots + \ln a_n}{n} \leqslant \ln(\frac{a_1 + a_2 + \cdots + a_n}{n}). \tag{5.3.1}$$

设$f(x) = \ln x, x \in (0,+\infty)$, 则

$$f'(x) = \frac{1}{x},\quad f''(x) = -\frac{1}{x^2},$$

故$f(x)$ 在 $(0,+\infty)$ 内是上凸的, 即

$$\lambda_1 f(x_1) + \lambda_2 f(x_2) \leqslant f(\lambda_1 x_1 + \lambda_2 x_2),$$

其中 $0 \leqslant \lambda_1, \lambda_2 \leqslant 1, \lambda_1 + \lambda_2 = 1$.

对 n 进行归纳. 当 $n = 1$ 时不等式(5.3.1) 式显然成立.

设$n = k$ 时不等式(5.3.1)成立,下面证明$n = k + 1$时不等式(5.3.1)成立.

因为

$$\ln(\frac{a_1 + a_2 + \cdots + a_{k+1}}{k+1}) = \ln(\frac{a_1}{k+1} + \frac{k}{k+1} \cdot \frac{a_2 + \cdots + a_{k+1}}{k}),$$

所以由 $\ln x$ 的凸性可得

$$\ln(\frac{a_1 + a_2 + \cdots + a_{k+1}}{k+1}) \geqslant \frac{\ln a_1}{k+1} + \frac{k}{k+1} \cdot \ln \frac{a_2 + \cdots + a_{k+1}}{k},$$

于是由归纳假设可知 $\ln \dfrac{a_2 + \cdots + a_{k+1}}{k} \geqslant \dfrac{\ln a_2 + \cdots + \ln a_{k+1}}{k}$, 故有

$$\ln(\frac{a_1 + a_2 + \cdots + a_{k+1}}{k+1}) \geqslant \frac{\ln a_1 + \ln a_2 + \cdots + \ln a_{k+1}}{k+1},$$

所以 $n = k + 1$ 时不等式(5.3.1)成立, 由归纳法知原不等式成立.

注记 本题可以根据 $\ln x$ 的凸性和 Jensen ① 不等式直接可得.

§5.3.4 Taylor 公式的应用

首先复习两种余项形式的Taylor公式.

Taylor公式 (Peano 余项) 设 $f(x)$ 在x_0 处 n 次可导, 则有

$$f(x) = f(x_0) + f'(x_0)(x - x_0) + \frac{f''(x_0)}{2!}(x - x_0)^2 + \cdots + \frac{f^{(n)}(x_0)}{n!}(x - x_0)^n + o((x - x_0)^n)(x \to x_0).$$

Taylor公式(Lagrange 余项) 设$f^{(n)}(x)$在$[a, b]$上连续, $f^{(n+1)}(x)$ 在(a, b)内存在, 则对于任意 $x, x_0 \in [a, b]$, 存在ξ 在 x与x_0之间, 有

$$f(x) = f(x_0) + f'(x_0)(x - x_0) + \frac{f''(x_0)}{2!}(x - x_0)^2 + \cdots + \frac{f^{(n)}(x_0)}{n!}(x - x_0)^n + \frac{f^{(n+1)}(\xi)}{(n+1)!}(x - x_0)^{n+1}.$$

Peano 余项的Taylor公式更多用于涉及无穷小量问题的讨论, 而Lagrange 余项的Taylor公式适用范围更广, 运用它的三要点是: 展函数, 目标点, 展开点. 公式中函数 $f(x)$ 称为展函数, x 称为目标点, x_0 称为展开点.

例 5.3.18 设 $f(x)$ 在区间$[a, b]$ 上二阶可导, 且存在 $M > 0$, $x_0 \in (a, b)$, 使得 $\forall x \in [a, b], |f''(x)| \leqslant M$, $f(x) \leqslant f(x_0)$, 证明: $|f'(a)| + |f'(b)| \leqslant M(b - a)$.

证 由题意知 $f(x_0)$ 是最大值, 又 f 可导, $x_0 \in (a, b)$, 所以$f'(x_0) = 0$. 于是

$$f'(a) = f'(x_0) + f''(\xi_1)(a - x_0) = f''(\xi_1)(a - x_0),$$

① 詹森(或琴生, Jensen, 1859 年5 月8 日—1925年3 月5 日), 丹麦数学家和工程师.

$$f'(b) = f'(x_0) + f''(\xi_2)(b - x_0) = f''(\xi_2)(b - x_0),$$

因而有

$$|f'(a)| + |f'(b)| = |f''(\xi_1)(a - x_0)| + |f''(\xi_2)(b - x_0)| \leqslant M[(x_0 - a) + (b - x_0)] = M(b - a).$$

注记　此题中展函数是导函数 $f'(x)$, 目标点是端点 $x = a$, b, 展开点是驻点 $x = x_0$.

例 5.3.19　设$f(x)$在区间$[0,1]$ 上二阶可导, 且 $f(0) = f(1), |f''(x)| \leqslant M$, 证明: $|f'(x)| \leqslant \dfrac{M}{2}$.

证　由 Taylor 公式可知存在 $\xi_1, \xi_2 \in (0,1)$, 使得

$$f(1) = f(x) + f'(x)(1 - x) + \frac{f''(\xi_1)}{2}(1 - x)^2,$$
$$f(0) = f(x) + f'(x)(-x) + \frac{f''(\xi_2)}{2}(-x)^2.$$

于是有

$$|f'(x)| = \left|\frac{1}{2}[f''(\xi_1)(1 - x)^2 - f''(\xi_2)x^2]\right| \leqslant \frac{M}{2}[x^2 + (1 - x)^2] \leqslant \frac{M}{2}.$$

注记　此题中展函数是$f(x)$, 目标点是端点 $x = 0$, 1, 展开点是动点 $x = x$.

例 5.3.20　设 $f(x)$ 在区间 $[a, b]$ 上三阶可导, 试证存在 $\xi \in (a, b)$, 使得

$$f(b) = f(a) + f'(\frac{a + b}{2})(b - a) + \frac{1}{24}f'''(\xi)(b - a)^3.$$

证　由 Taylor 公式可知存在 $\xi_1, \xi_2 \in (a, b)$, 使得

$$\begin{aligned}f(a) = &f\left(\frac{a + b}{2}\right) + f'\left(\frac{a + b}{2}\right)\left(a - \frac{a + b}{2}\right)\\ &+ \frac{1}{2!}f''\left(\frac{a + b}{2}\right)\left(a - \frac{a + b}{2}\right)^2 + \frac{1}{3!}f'''(\xi_1)\left(a - \frac{a + b}{2}\right)^3,\\ f(b) = &f\left(\frac{a + b}{2}\right) + f'\left(\frac{a + b}{2}\right)\left(b - \frac{a + b}{2}\right)\\ &+ \frac{1}{2!}f''\left(\frac{a + b}{2}\right)\left(b - \frac{a + b}{2}\right)^2 + \frac{1}{3!}f'''(\xi_2)\left(b - \frac{a + b}{2}\right)^3.\end{aligned}$$

上面两式相减并整理可得

$$\begin{aligned}f(b) =& f(a) + f'\left(\frac{a + b}{2}\right)(b - a) + \frac{1}{3!}[f'''(\xi_2) + f'''(\xi_1)]\left(\frac{b - a}{2}\right)^3\\ =& f(a) + f'\left(\frac{a + b}{2}\right)(b - a) + \frac{1}{24}\frac{f'''(\xi_2) + f'''(\xi_1)}{2}(b - a)^3.\end{aligned}$$

根据导函数的介值性知存在 ξ 介于 ξ_1 与 ξ_2 之间, 使得

$$f'''(\xi)=\frac{f'''(\xi_2)+f'''(\xi_1)}{2}, \xi\in(a,b),$$

即存在 $\xi\in(a,b)$, 有

$$f(b)=f(a)+f'\left(\frac{a+b}{2}\right)(b-a)+\frac{1}{24}f'''(\xi)(b-a)^3.$$

例 5.3.21 设 $f(x)$ 在 $[0,1]$ 有二阶连续导数, 且 $f(0)=f(1)=0, \max\limits_{0\leqslant x\leqslant 1}f(x)=2$, 试证

$$\min_{0\leqslant x\leqslant 1}f''(x)\leqslant -16.$$

证 设 $f(x_0)=\max\limits_{0\leqslant x\leqslant 1}f(x)$, 则 $x_0\in(0,1)$, 于是 $f'(x_0)=0$.

由 Taylor 公式可知存在 $\xi_1,\xi_2\in(0,1)$, 使得

$$0=f(0)=f(x_0)+\frac{1}{2!}f''(\xi_1)(0-x_0)^2=2+\frac{1}{2}f''(\xi_1)x_0^2,$$

$$0=f(1)=f(x_0)+\frac{1}{2!}f''(\xi_2)(1-x_0)^2=2+\frac{1}{2}f''(\xi_2)(1-x_0)^2,$$

于是有

$$f''(\xi_1)=-\frac{4}{x_0^2}, f''(\xi_2)=-\frac{4}{(1-x_0)^2}.$$

故

$$\min_{0\leqslant x\leqslant 1}f''(x)\leqslant \min\{f''(\xi_1),f''(\xi_2)\}\leqslant -16.$$

例 5.3.22 证明e是无理数.

证 (反证法) 假设 e是有理数, 则 e$=\dfrac{p}{q}$, 其中p, q 是互素的正整数. 取 $n=q+1$, 则$n\geqslant 2, n+1\geqslant 3$. 由于

$$\mathrm{e}=\frac{p}{q}=1+1+\frac{1}{2!}+\cdots+\frac{1}{n!}+\frac{\mathrm{e}^{\xi}}{(n+1)!}(0<\xi<1),$$

等式两端同乘 $n!$ 可得:

$$n!\cdot\frac{p}{q}=n![1+1+\frac{1}{2!}+\cdots+\frac{1}{n!}+\frac{\mathrm{e}^{\xi}}{(n+1)!}],$$

即

$$p(q+1)(q-1)!=n![1+1+\frac{1}{2!}+\cdots+\frac{1}{n!}]+\frac{\mathrm{e}^{\xi}}{n+1}.$$

由于 $p(q+1)(q-1)!$ 和 $n![1+1+\dfrac{1}{2!}+\cdots+\dfrac{1}{n!}]$ 是整数,$\dfrac{\mathrm{e}^{\xi}}{n+1}\in(0,1)$ 是小数, 因此上式左端是一个整数, 右端不是整数, 故矛盾. 所以 e 是无理数.

例 5.3.23 设 $f(x)$在 $[0,1]$ 上有一阶连续导数, 对任意自然数 n, $f^{(n)}(0)=0$, 且存在常数 $\alpha>0$, $C>0$ 使得对于任意的 $x\in[0,1]$, $|x^\alpha f'(x)|\leqslant C|f(x)|$. 证明:

(1) 若 $\alpha=1$, 则在 $[0,1]$ 上 $f(x)\equiv 0$.

(2) 若 $\alpha>1$, 举例说明 $[0,1]$ 上 $f(x)\equiv 0$ 可以不成立.

证 (1) 因为对于任意的正整数 k, 有 $f(x)=o(x^k)$, $x\to 0^+$, 所以由 $f^{(n)}(0)=0$ 以及 Taylor 公式易知 $\lim\limits_{x\to 0^+}\dfrac{f(x)}{x^{2C}}=0$.

由题设 $|x\,f'(x)|\leqslant C|f(x)|$ $(\forall x\in[0,1])$ 可知 $|xf'(x)f(x)|\leqslant C|f^2(x)|$, 因为 $Cf^2(x)\geqslant 0$, 所以有 $xf'(x)f(x)\leqslant Cf^2(x)$. 设 $g(x)=x^{-2C}f^2(x)$, 则有

$$g'(x)=2x^{-2C-1}\big[xf'(x)f(x)-Cf^2(x)\big]\leqslant 0,\forall x\in(0,1].$$

于是可知 $x^{-2C}f^2(x)$ 在 $[0,1]$ 上单调减少, 因而

$$0\leqslant x^{-2C}f^2(x)\leqslant\lim_{t\to 0^+}t^{-2C}f^2(t)=0,\ \forall x\in(0,1].$$

故在 $[0,1]$ 上成立 $f(x)\equiv 0$.

(2) 当 $\alpha>1$, 取 $f(x)=\begin{cases}\mathrm{e}^{-x^{1-\alpha}}, & x\in(0,1],\\ 0, & x=0,\end{cases}$ 可以验证 $f^{(n)}(0)=0$, $\forall n\in\mathbb{N}$, 但是 $f(x)\neq 0$, $x\in(0,1]$.

§5.4 基本习题

§5.4.1 微分中值定理

一、判断题(在正确的命题后打 $\surd$, 在错误的命题后面打×)

1. 当 $f(x)$ 可导时, $f'(x_0)=0$ 是 x_0 为 $f(x)$ 极值点的充分条件. (　　)
2. 如果 $f(x)$ 在 $[a,b]$ 上连续, 且 $f(a)=f(b)$, $f(x)$在 (a,b) 上至多有一个点不可导, 那么 Rolle 定理仍成立, 即在 (a,b) 上至少存在一点 ξ, 使得 $f'(\xi)=0$. (　　)
3. 在 Lagrange 中值定理中, 如果 $f(x)$ 在 $[a,b]$ 上连续, (a,b) 上可导, 那么对于任意的 $[\alpha,\beta]\subset[a,b],\alpha<\beta$, 都存在 $\xi\in(\alpha,\beta)$, 使得 $f'(\xi)=\dfrac{f(\beta)-f(\alpha)}{\beta-\alpha}$. (　　)
4. 在 Cauchy 中值定理中, 只要 $f(x),g(x)$ 在闭区间 $[a,b]$ 上连续, 且在开区间 (a,b) 上可导, 则至少存在一点 $\xi\in(a,b)$, 使得 $\dfrac{f'(\xi)}{g'(\xi)}=\dfrac{f(b)-f(a)}{g(b)-g(a)}$. (　　)
5. 设$f(x)$在x_0的某一邻域内有定义, 且 $\lim\limits_{x\to x_0}\dfrac{f(x)-f(x_0)}{(x-x_0)^2}=A>0$, 则 $f(x_0)$ 为极小值. (　　)
6. 设$f(x)$在$[a,b]$上连续, (a,b)内可导, 且在(a,b)内除有限个点之外, $f'(x)>0$, 则 $f(x)$在$[a,b]$上严格单调增加. (　　)

7. 设$f(x)$在x_0的某一邻域内有定义, 且$f'(x_0)>0$, 则存在x_0的一个邻域, 使得$f(x)$ 在此邻域内单调增加. (　　)

8. 设$f(x)$在 $x=1$ 的某一邻域内有定义, 且$f'(1)=0, f''(1)=0$, $f'''(1)=1$, 则$f(1)$是极值. (　　)

9. 设$f(x)$在 $x=1$ 的某一邻域内有定义, 且 $f'(1)=0, f''(1)=0$, $f'''(1)=1$, 则$(1,f(1))$是拐点. (　　)

10. 设$f(x)$在$(a,+\infty)$上可微, 且 $\lim\limits_{x\to+\infty} f'(x)=L>0$, 则 $\lim\limits_{x\to+\infty} f(x)=+\infty$. (　　)

11. 若 $x=x_0$ 为函数 $y=f(x)$ 的极值点, 则 $f'(x_0)=0$. (　　)

12. $f(x)$ 在 $[a,b]$ 上连续且单调增加, 则 $\forall x\in(a,b)$ 都有 $f'(x)\geqslant 0$. (　　)

二、填空题

1. 在横线上填写 “>” 或 “<” .

(1) e^{π} ______ π^{e}.

(2) $x>0$ 时, $x-\dfrac{x^3}{6}$ ______ $\sin x$.

(3) $x>0$ 时, x ______ $\ln(1+x)$, $x-\dfrac{x^2}{2}$ ______ $\ln(1+x)$.

(4) $x\in(0,\dfrac{\pi}{2})$ 时, $\sin x$ ______ $\dfrac{2}{\pi}x$, $\tan x+2\sin x$ ______ $3x$.

2. 设 $f(x)=\begin{cases}\dfrac{3-x^2}{2}, & 0\leqslant x\leqslant 1,\\ \dfrac{1}{x}, & 1<x\leqslant 2,\end{cases}$ 则 $f(x)$ 在闭区间 $[0,2]$ 上应用 Lagrange 中值定理得到的 ξ 为__________.

3. $y=x^{\frac{1}{3}}(1-x)^{\frac{2}{3}}$的极小值点为______, 极小值为______, 极大值点为______, 极大值为______.

4. 当 $x\in[-1,1]$ 时, $\arcsin x+\arccos x=$ __________.

5. 设 $\lim\limits_{x\to\infty} f'(x)=k$, 则 $\lim\limits_{x\to\infty}[f(x+a)-f(x)]=$ __________.

6. 方程 $x^5+x-1=0$ 的正实根个数是 __________.

三、选择题

1. 函数 $f(x)=\begin{cases}2-\ln x, & \dfrac{1}{\mathrm{e}}\leqslant x\leqslant 1,\\ \dfrac{1}{x}+1, & 1<x\leqslant 3,\end{cases}$ 它在 $[\dfrac{1}{\mathrm{e}},3]$ 上 (　　).

(A) 不满足 Lagrange 中值定理的条件;

(B) 满足 Lagrange 中值定理的条件, 且 $\xi=\sqrt{\dfrac{9\mathrm{e}-3}{5\mathrm{e}}}$;

(C) 满足 Lagrange 中值定理的条件, 但无法求出 ξ 的表达式;

(D) 不满足 Lagrange 中值定理的条件, 但有 $\xi=\sqrt{\dfrac{9\mathrm{e}-3}{5\mathrm{e}}}$ 满足中值定理的结论.

2. 下列论述中正确的是 (　　).

(A) 在闭区间 $[-1,1]$ 上 Lagrange 中值定理对函数 $f(x)=\dfrac{1}{x}$ 是成立的;

(B) 在闭区间 $[-1,1]$ 上柯西中值定理对函数 $f(x)=x^2$ 及 $g(x)=x^3$ 是成立的;

(C) 若函数 $f(x)$ 在区间 (a,b) 内的导函数 $f'(x)$ 有界, 则 $f(x)$ 在 (a,b) 上一致连续;

(D) $f(x)$ 在 $[a,b]$ 上有定义, 在 (a,b) 内可导,且当 $x\in(a,b)$ 时 $f'(x)\geqslant 0$, 则 $f(x)$ 在 $[a,b]$ 上单调增加.

3. 下列关于单调性的论述中正确的是 (　　).

(1) $f(x)$ 在闭区间 $[a,b]$ 和 $[b,c]$ 上都单调增加, 则 $f(x)$ 在 $[a,c]$ 上也单调增加;

(2) $f(x)$ 在区间 $[a,b)$ 和 $[b,c]$ 上都单调增加, 则 $f(x)$ 在 $[a,c]$ 上也单调增加;

(3) $f(x)$ 在闭区间 $[a,b]$ 和 $[c,d]$ 上都单调增加, 则 $f(x)$ 在 $[a,b]\cup[c,d]$ 上也单调增加;

(4) $\forall\delta>0$, $f(x)$ 在 $[a+\delta,b-\delta]$ 都单调增加, 则 $f(x)$ 在 (a,b) 上单调增加 .

(A) (1)(2)(3);　　(B)(1)(2)(4);　　(C)(1)(4);　　(D) 全正确.

4. 下列关于极值点的论断中正确的是 (　　).

(1)若 $f'(x_0)\neq 0$, 则 $x=x_0$ 一定不是 $y=f(x)$ 的极值点;

(2) 设 $f(x)$ 是闭区间 $[a,b]$ 上的连续函数. 若 $\max\limits_{x\in[a,b]} f(x)=f(x_0), x_0\in(a,b)$, 则 $x=x_0$ 一定是 $y=f(x)$ 的极值点;

(3) 设 $f(x)$ 三阶可导, 且 $f'(x_0)=f''(x_0)=0$ 但 $f'''(x_0)\neq 0$, 则 $x=x_0$ 是 $y=f(x)$ 的极值点;

(4)设 $f(x)$ 四阶可导, 且 $f'(x_0)=f''(x_0)=f'''(x_0)=0$ 但 $f^{(4)}(x_0)\neq 0$, 则 $x=x_0$ 是 $y=f(x)$ 的极值点.

(A) (1)(4);　　(B) (2)(3);　　(C) (2)(4);　　(D) (1)(3).

5. 下列关于凸性和拐点的论断中正确的是 (　　).

(1) $f(x)$ 在 $[x_0-\delta,x_0+\delta]$ 上连续, 在 $(x_0-\delta,x_0+\delta)$ 内二阶可导, 且当 $x\in(x_0-\delta,x_0)$ 时 $f'(x)$ 严格单调增加, 当 $x\in(x_0,x_0+\delta)$ 时 $f'(x)$ 严格单调减少, 则 $(x_0,f(x_0))$ 为曲线的拐点;

(2) 若 $f''(x_0)=0$, $f'''(x_0)\neq 0$, 则 $(x_0,f(x_0))$ 为曲线 $y=f(x)$ 的拐点;

(3) 曲线 $y=f(x)$ 在区间 $[a,b]$ 和 $[b,c]$ 上都是上凸的, 则它在区间 $[a,c]$ 上也是上凸的;

(4) 若 $(x_0,f(x_0))$ 是曲线 $y=f(x)$ 的拐点, 则 $f''(x_0)=0$.

(A) (1)(3);　　(B) (2)(4);　　(C) (3)(4);　　(D) (1)(2).

四、计算题

1. 利用微分中值定理求极限.

(1) $\lim\limits_{x\to 0}\dfrac{\mathrm{e}^{ax}-\mathrm{e}^{bx}}{\sin(a^2x)-\sin(b^2x)}\ (|a|\neq|b|)$;

(2) $\lim\limits_{n\to\infty} n^2\left(\arctan\dfrac{a}{n}-\arctan\dfrac{a}{n+1}\right)\ (a\neq 0)$;

(3) $\lim\limits_{n\to\infty}\tan^n\left(\dfrac{\pi}{4}+\dfrac{2}{n}\right)$.

2. 设 $|x|\leqslant\dfrac{1}{2}$, 求 $3\arccos x-\arccos(3x-4x^3)$.

3. 设 $x\geqslant 1$, 求 $2\arctan x+\arcsin\dfrac{2x}{1+x^2}$.

4. 讨论方程 $|x|^{\frac{1}{4}}+|x|^{\frac{1}{2}}-\cos x=0$ 的实根个数.
5. 讨论曲线 $y=4\ln x+k$ 与 $y=4x+\ln^4 x$ 的交点个数.
6. 求方程 $k\arctan x-x=0$ 不同实根的个数, 其中 k 是参数.

五、证明题

1. 当 $0<a<b$ 时, 证明: $\left(1-\dfrac{a}{b}\right)<\ln\dfrac{b}{a}<\dfrac{b}{a}-1$.
2. 证明: 当 $0<a<b<\pi$, $b\sin b+2\cos b+\pi b>a\sin a+2\cos a+\pi a$.
3. 设常数 $a_n\neq 0$, 且 a_0, $a_1,\cdots,a_n$ 满足 $\dfrac{a_n}{n+1}+\dfrac{a_{n-1}}{n}+\cdots+a_0=0$, 则方程

$$a_nx^n+a_{n-1}x^{n-1}+\cdots+a_0=0$$

在 $(0,1)$ 内至少有一个实根.

4. 证明方程 $4\arctan x-x+\dfrac{4\pi}{3}-\sqrt{3}=0$ 恰有两个实根.
5. 设 $f_n(x)=x^n+x^{n-1}+\cdots+x-1$ (n 是大于 1 的整数).

(1) 证明方程 $f_n(x)=0$ 在 $\left(\dfrac{1}{2},1\right)$ 内有且仅有一个实根 x_n.

(2) 证明 $\lim\limits_{n\to\infty}x_n$ 存在, 并求此极限.

6. 设函数 $f(x)$ 在 $[0,1]$ 上连续, 在 $(0,1)$ 内可导, 且 $f(0)=f(1)=0, f\left(\dfrac{1}{2}\right)=1$, 试证:

(1) 存在 $\eta\in\left(\dfrac{1}{2},1\right)$, 使得 $f(\eta)=\eta$;

(2) 对任意实数 λ, 总存在 $\xi\in(0,\eta)$, 使得 $f'(\xi)-\lambda[f(\xi)-\xi]=1$.

7. 设 $f(x),g(x)$ 在 $[a,b]$ 上可导, 且在 (a,b) 内 $g'(x)\neq 0$, 证明存在 $\xi\in(a,b)$, 使得 $\dfrac{f(a)-f(\xi)}{g(\xi)-g(b)}=\dfrac{f'(\xi)}{g'(\xi)}$.
8. 设函数 $f(x)$ 在 $[a,b]$ 上连续, 在 (a,b) 内可导, $f'(x)\neq 0$. 证明存在 $\xi,\eta\in(a,b)$, 使得 $\dfrac{f'(\xi)}{f'(\eta)}=\dfrac{\mathrm{e}^b-\mathrm{e}^a}{b-a}\mathrm{e}^{-\eta}$.
9. 设 $b>a>\mathrm{e}$, 证明: $a^b>b^a$.
10. 设 $0<a<b$, 证明:

$$\frac{2a}{a^2+b^2}<\frac{\ln b-\ln a}{b-a}<\frac{1}{\sqrt{ab}}.$$

11. 证明方程 $\mathrm{e}^x-(ax^2+bx+c)=0$ 至多有三个实根.
12. (1)设函数 $f(x)$ 在 $[0,1]$ 上连续, 在 $(0,1)$ 内可导, 且 $f(0)=0, f(1)=1$, k_1 和 k_2 是两个正数. 证明: 在 $(0,1)$ 内存在两个互不相等的数 ξ_1,ξ_2, 使得 $\dfrac{k_1}{f'(\xi_1)}+\dfrac{k_2}{f'(\xi_2)}=k_1+k_2$;

(2)函数 $f(x)$ 满足上述(1)中的条件, $k_1,k_2,\cdots,k_n$ 是任意的 n 个正数. 证明: 在 $(0,1)$ 内存在 n 个互不相等的数 $\xi_1,\xi_2,\cdots,\xi_n$, 满足 $\sum\limits_{i=1}^{n}\dfrac{k_i}{f'(\xi_i)}=\sum\limits_{i=1}^{n}k_i$.

13. 设 $f(x)$ 在 $[0,+\infty)$ 上可微, $f(0)=0$, 且存在实数 $A>0$, 使得 $|f'(x)|\leqslant A|f(x)|$ 在 $[0,+\infty)$ 上成立, 试证明: 在 $[0,+\infty)$ 上 $f(x)\equiv 0$.
14. 设函数 $f(x)$ 在区间 $[0,2]$ 上具有连续导数, $f(0)=f(2)=0$, $M=\max\limits_{x\in[0,2]}|f(x)|$, 证明:

(1) 存在 $\xi\in(0,2)$, 使得 $|f'(\xi)|\geqslant M$.

(2) 若对任意的 $x\in(0,2)$, $|f'(x)|\leqslant M$, 则 $M=0$.

§5.4.2 L'Hospital 法则与 Taylor 公式

一、判断题

1. 在 L'Hospital 法则中, 即使 $\lim\limits_{x\to x_0}f(x)\neq+\infty$, 只要 $\lim\limits_{x\to x_0}g(x)=+\infty$, 且 $\lim\limits_{x\to x_0}\dfrac{f'(x)}{g'(x)}$ 存在, 则仍有 $\lim\limits_{x\to x_0}\dfrac{f(x)}{g(x)}=\lim\limits_{x\to x_0}\dfrac{f'(x)}{g'(x)}$. (　　)
2. 若 $\lim\limits_{x\to\infty}\dfrac{f'(x)}{g'(x)}$ 不存在, 由 L'Hospital 法则可知 $\lim\limits_{x\to\infty}\dfrac{f(x)}{g(x)}$ 也不存在. (　　)
3. 当 $\lim\limits_{x\to x_0}\dfrac{f(x)}{g(x)}$ 不是 $\dfrac{0}{0}$ 型或 $\dfrac{*}{\infty}$ 型时, 不能使用 L'Hospital 法则. (　　)
4. 若 $f(x),g(x)$ 于 $(x_0-\delta,x_0+\delta)$ 内可导, $g'(x)\neq0,\forall x\in(x_0-\delta,x_0+\delta)$, $f(x_0)=g(x_0)=0$, 则 $\lim\limits_{x\to x_0}\dfrac{f(x)}{g(x)}=\lim\limits_{x\to x_0}\dfrac{f'(x)}{g'(x)}$. (　　)
5. 若 $f(x)$ 是多项式函数, 则其在 $x=x_0$ 处带 Peano 余项和带 Lagrange 余项的 Taylor 公式一定相同. (　　)
6. 若 $f(x)$ 在 $U(x_0,\delta)$ 上有 n 阶导数, 但不存在 $n+1$ 阶导数, 则 $f(x)$ 在 $x=x_0$ 处有 n 阶带 Peano 余项的 Taylor 公式. (　　)

二、填空题

1. 使用 L'Hospital 法则求下列极限:

(1) $\lim\limits_{x\to0}\dfrac{\cos x-1+\dfrac{x^2}{2}}{x^4}=$__________.

(2) $\lim\limits_{x\to0}\dfrac{\tan(2x^2)}{x^2+x}=$__________.

(3) $\lim\limits_{x\to1}\dfrac{x^m-1}{x^n-1}=$__________$(m,n\in\mathbb{N}^+)$.

(4) $\lim\limits_{x\to+\infty}\dfrac{x^n}{\mathrm{e}^x}=$__________ $(n\in\mathbb{N}^+)$.

(5) $\lim\limits_{x\to+\infty}\dfrac{\ln^n x}{x^\alpha}=$__________$(n\in\mathbb{N}^+,\alpha>0)$.

2. 设 $\mathrm{e}^x-(ax^2+bx+c)=o(x^2),x\to0$, 则 $a=$__________, $b+c=$__________.
3. 已知 $f(x)$ 在 $(-\infty,+\infty)$ 上可导, 且 $\lim\limits_{x\to\infty}f'(x)=\mathrm{e}$, $\lim\limits_{x\to\infty}\left(\dfrac{x-c}{x+c}\right)^x=\lim\limits_{x\to\infty}(f(x+1)-f(x))$, 则 $c=$__________.

4. $\lim\limits_{x\to 1}\left(\dfrac{m}{1-x^m}-\dfrac{n}{1-x^n}\right)=$ ________ $(m,\ n\in\mathbb{N}^+)$.

5. $f(x)=\ln\sqrt{\dfrac{1+x}{1-x}}$ 在 $x=0$ 处带 Lagrange 余项的 n 次 Taylor 公式为 ________.

6. 当 $x\to 0$, $\ln^5(1+\sqrt[3]{x})$, $x-\sin x$, $(\mathrm{e}^x-1)^2$, $x^2(1-\cos x)$ 中最高阶的无穷小量是 ________, 最低阶的无穷小量是 ________.

三、选择题

1. 下列关于 Taylor 公式的陈述正确的是(　　).

(1) 函数 $y=\sin x$ 的带 Peano 余项的 Maclaurin 公式为 $\sin x=x-\dfrac{x^3}{3!}+\dfrac{x^5}{5!}+\cdots+(-1)^n\dfrac{x^{2n+1}}{(2n+1)!}+o(x^{2n+2})$;

(2) 函数 $y=\sin x$ 的带 Peano 余项的 Maclaurin 公式为 $\sin x=x-\dfrac{x^3}{3!}+\dfrac{x^5}{5!}+\cdots+(-1)^n\dfrac{x^{2n+1}}{(2n+1)!}+o(x^{2n+1})$;

(3) 函数 $f(x)=a_0+a_1x+a_2x^2+a_3x^3$ 在 $x=-1$ 点的3 次的带 Lagrange 余项的 Taylor 公式为 $f(x)=f(-1)+f'(-1)(x+1)+\dfrac{f''(-1)}{2!}(x+1)^2+\dfrac{f'''(-1)}{3!}(x+1)^3$;

(4) 函数 $f(x)=a_0+a_1x+a_2x^2+a_3x^3$ 在 $x=-1$ 点的 3 次的带 Peano 余项的 Taylor 公式为 $f(x)=f(-1)+f'(-1)(x+1)+\dfrac{f''(-1)}{2!}(x+1)^2+\dfrac{f'''(-1)}{3!}(x+1)^3$.

(A) (1)(2)(3);　(B)(1)(3);　(C) (2)(4);　(D)全正确.

2. 设 $\lim\limits_{x\to x_0}\dfrac{f(x)}{g(x)}$ 为 $\dfrac{0}{0}$ 未定型, 则 $\lim\limits_{x\to x_0}\dfrac{f'(x)}{g'(x)}$ 存在是 $\lim\limits_{x\to x_0}\dfrac{f(x)}{g(x)}$ 存在的(　　).

(A) 充分条件;　(B) 必要条件;

(C) 充分必要条件;　(D) 既不充分也不必要条件.

3. 若 $\lim\limits_{x\to 0}\dfrac{\sin(6x)+xf(x)}{x^3}=0$, 则 $\lim\limits_{x\to 0}\dfrac{f(x)+6}{x^2}=$(　　).

(A) 0;　(B) 6;　(C) 36;　(D) $+\infty$.

4. 设 $\lim\limits_{x\to 0}\dfrac{\ln(x+1)-(ax+bx^2)}{x^2}=2$, 则 $(a,b)=$(　　).

(A) $\left(1,-\dfrac{5}{2}\right)$;　(B) $(0,-2)$;　(C) $\left(0,-\dfrac{5}{2}\right)$;　(D) $(1,-2)$.

5. 当 $x\to 0$ 时, $x-\sin x\cos x\cos 2x$ 与 cx^k 为等价无穷小, 则(　　).

(A) $c=\dfrac{8}{3},k=3$;　(B) $c=\dfrac{5}{2},k=3$;　(C) $c=-\dfrac{8}{3},k=3$;　(D) $c=-\dfrac{5}{2},k=3$.

6. 当$x\to 0$时, 无穷小量 ① $\sqrt{1+\tan x}-\sqrt{1+\sin x}$, ② $\sqrt{1+2x}-\sqrt[3]{1+3x}$;

③ $x-\left(\dfrac{4}{3}-\dfrac{\cos x}{3}\right)\sin x$; ④ $\mathrm{e}^{x^4-x}-1$ 从低阶到高阶的排列顺序为 (　　).

(A) ① ② ③ ④;　(B) ④ ② ① ③;　(C) ④ ③ ② ①;　(D) ③ ① ② ④.

四、计算题

1. 用 L'Hospital 法则求下列极限

(1) $\lim\limits_{x\to1}\dfrac{(1-\sqrt{x})(1-\sqrt[3]{x})\cdots(1-\sqrt[n]{x})}{(1-x)^{n-1}}$; (2) $\lim\limits_{x\to0}\left(\dfrac{1}{\sin^2 x}-\dfrac{1}{x^2}\right)$;

(3) $\lim\limits_{x\to+\infty}\dfrac{\ln(a+b\mathrm{e}^x)}{\sqrt{a+bx^2}}(b>0)$;　(4) $\lim\limits_{x\to0^+}x^\alpha\ln x(\alpha>0)$;

(5) $\lim\limits_{x\to+\infty}\dfrac{x^\mu}{\mathrm{e}^{\lambda x}}(\mu,\lambda>0)$;　(6) $\lim\limits_{x\to0^+}(\sin x)^{2x}$.

2. 用 Taylor 公式求下列极限

(1) $\lim\limits_{x\to0}\dfrac{\dfrac{(1+x)^{100}}{(1-2x)^{40}(1+2x)^{60}}-1-60x}{x^2}$; (2) $\lim\limits_{x\to0}\left[\dfrac{\tan^3(2x)}{x^4}(1-\dfrac{x}{\mathrm{e}^x-1})\right]$;

(3) $\lim\limits_{x\to0}\dfrac{\cos(\sin x)-\cos x}{\sin^4 x}$;　(4) $\lim\limits_{x\to0}\dfrac{\cos^2 x\sin^2 x-x^2(1-x^2)^{\frac{4}{3}}}{x^6}$.

3. 求下列极限

(1) $\lim\limits_{x\to+\infty}\dfrac{\ln\left(1+\dfrac{1}{x}\right)}{\operatorname{arccot} x}$;　(2) $\lim\limits_{x\to\frac{\pi}{2}}\dfrac{\ln\sin x}{(\pi-2x)^2}$;

(3) $\lim\limits_{x\to\pi}\dfrac{(x^2-\pi^2)\sin 5x}{\mathrm{e}^{\sin^2 x}-1}$;　(4) $\lim\limits_{x\to1}\dfrac{x^x-x}{\ln x-x+1}$;

(5) $\lim\limits_{x\to a}\dfrac{x^a-a^x}{x^x-a^a}(a>0,x>0)$;　(6) $\lim\limits_{x\to0}\dfrac{\mathrm{e}^x-(1+2x)^{\frac{1}{2}}}{\ln(1+x^2)}$;

(7) $\lim\limits_{x\to0}\dfrac{\arcsin x-\sin x}{\arctan x-\tan x}$;　(8) $\lim\limits_{x\to1}\left(\dfrac{1}{\ln x}-\dfrac{1}{x-1}\right)$;

(9) $\lim\limits_{x\to0^+}\tan x^{\ln(1-x)}$;　(10) $\lim\limits_{x\to+\infty}(x+3^x)^{\frac{1}{x}}$;

(11) $\lim\limits_{x\to0}\dfrac{\dfrac{x^2}{2}+1-\sqrt{1+x^2}}{x^2\sin x^2}$;　(12) $\lim\limits_{x\to0^+}\dfrac{\mathrm{e}^x-1-x}{\sqrt{1-x}-\cos\sqrt{x}}$;

(13) $\lim\limits_{x\to0}\dfrac{\sin x-\sin(\sin x)}{x^3}$;　(14) $\lim\limits_{x\to0}\dfrac{\sqrt{1+\tan x}-\sqrt{1+\sin x}}{x\ln(1+x)-x^2}$;

(15) $\lim\limits_{x\to0}\left(\dfrac{\ln(1+x)}{x}\right)^{\frac{1}{\mathrm{e}^x-1}}$;　(16) $\lim\limits_{x\to+\infty}\left(\sqrt[x]{x}-1\right)^{\frac{1}{\ln x}}$.

4. 设定义在 $(-\infty,+\infty)$ 上的函数 $f(x)=\begin{cases}\dfrac{g(x)-\mathrm{e}^{-x}}{x}, & x\neq0,\\ 0, & x=0,\end{cases}$ 其中 $g(x)$ 有二阶连续导数, 且 $g(0)=1$, $g'(0)=-1$. 试讨论 $f'(x)$ 在 $(-\infty,+\infty)$ 上的连续性.

5. 设函数$f(x)$有二阶连续导数, 且$\lim\limits_{x\to0}(\dfrac{\sin 3x}{x^3}+\dfrac{f(x)}{x^2})=\dfrac{1}{2}$, 求$f(0),f'(0)$ 和$f''(0)$.

6. 已知函数 $f(x)$ 在 $x=0$ 处二阶可导, 且 $f(0)=f'(0)=0$, $f''(0)=6$, 求 $\lim\limits_{x\to0}\dfrac{f(\sin^2 x)}{x^4}$.

7. 设 $f(x)$ 在 $x=0$ 处三阶可导, 且 $f'(0)=0$, $f''(0)=3$, 求 $\lim\limits_{x\to0}\dfrac{f(\mathrm{e}^x-1)-f(x)}{x^3}$.

8. 求下列曲线的渐近线方程

(1) $y=\dfrac{x}{(1+x)(1-x)^2}$;　　(2) $y=\dfrac{x^4}{(1+x)^3}$;

(3) $y=\dfrac{x^2(x-1)}{(x+1)^2}$;　　(4) $y=\dfrac{x}{2}+\mathrm{arccot}x$.

9. 确定下列函数的单调区间、保凸区间、极值点、拐点及渐近线, 并作出函数的图形.

(1) $y=|x^2-3x+2|\mathrm{e}^x$;　　(2) $y=(\dfrac{x^4}{5}-x^2-4)|x|$;

(3) $y=\mathrm{e}^x(x-1)^2$;　　(4) $y=\dfrac{(x+1)^2}{x-1}$;

(5) $y=\dfrac{x}{\sqrt[3]{x^2-1}}$;　　(6) $y=\dfrac{x^3}{(x-1)^2}$.

10. 求内接于椭圆 $\dfrac{x^2}{a^2}+\dfrac{y^2}{b^2}=1\,(a>0,b>0)$ 的矩形中面积最大的矩形的边长.

11. 如图 5-3, 设 M 是抛物线 $y=x^2+\dfrac{1}{4}$ 上非顶点的任一点, 过此点作抛物线的切线与法线, 与 x 轴的交点分别为 P, Q, 求 $|PQ|$ 的最小值.

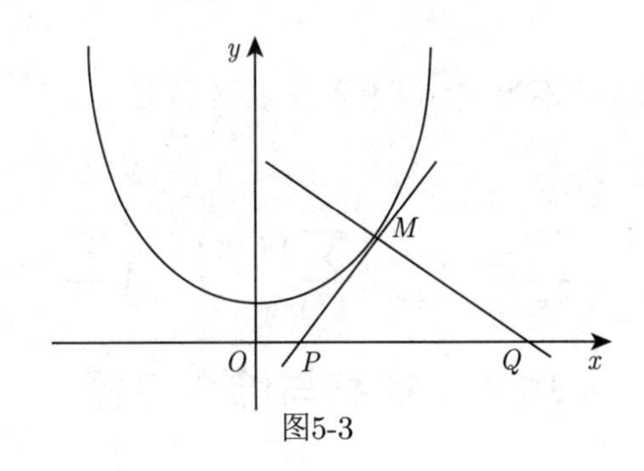

图5-3

12. 设平面曲线 C 的方程为 $(x^2+y^2)^2=8x$, 求包围 C 且各边平行于坐标轴的矩形中面积最小者, 并求其面积.

13. 两条道路垂直相交, 一条宽 12 m, 一条宽 8 m, 要把一根细长的铁杆水平地由一条路转到另一条路上去, 求铁杆能顺利通过的最大长度.

五、证明题

1. 设 $f(x)$ 在 x_0 点存在 n 阶导数 ($n\in\mathbb{N}$), 且 $f(x_0)=f'(x_0)=\cdots=f^{(n)}(x_0)=0$, 证明: $f(x)=o((x-x_0)^n)\,(x\to x_0)$.

2. 证明 Riemann 函数在 $(0,1)$ 内的每一个有理点处都取得极大值.

3. 设$f(x)$在$[0,1]$上二阶可导, $f(0)=f(1),f'(1)=1$. 证明: 存在 $\xi\in(0,1)$, 使得$f''(\xi)=2$.

4. 设函数 $f(x)$ 在闭区间 $[-1,1]$ 上具有三阶导数, 且 $f(-1)=0$, $f(1)=1$, $f'(0)=0$, 证明: 在开区间 $(-1,1)$ 内至少存在一点 ξ, 使得 $f'''(\xi)=3$.
5. 设 $f(x)$ 二阶可导, $f''(x)>0$, 且 $\lim\limits_{x\to 0}\dfrac{f(x)}{x}=1$, 证明: $f(x)\geqslant x$.
6. 设 $f(x)$ 在 $[a,b]$ 上二阶可导, 且 $f'(a)=f'(b)=0$. 证明: 存在 $\xi\in(a,b)$ 使得

$$|f''(\xi)|\geqslant\frac{4}{(b-a)^2}|f(b)-f(a)|.$$

7. 设函数 $f(x)=\ln x+\dfrac{1}{x}$,

   (1) 求 $f(x)$ 的最小值;

   (2) 设数列 $\{x_n\}$ 满足 $\ln x_n+\dfrac{1}{x_{n+1}}<1$, 证明 $\lim\limits_{n\to\infty}x_n$ 存在, 并求此极限.
8. 函数 $f(x)$ 在 $(-\infty,+\infty)$ 有三阶导数, 并且 $f(x)$ 和 $f'''(x)$ 在 $(-\infty,+\infty)$ 有界. 证明: $f'(x)$ 和 $f''(x)$ 也在 $(-\infty,+\infty)$ 有界.
9. 设函数 $f(x)$ 在区间 $[0,1]$ 上有二阶导数, $f(0)=f(1)=a$, 且在 $[0,1]$ 上的最小值在区间内部取得, 最小值为 b. 证明存在 $\xi\in(0,1)$, 使 $f''(\xi)\geqslant 8(a-b)$.
10. 设 $f(x)=\ln x$, $x\in(0,+\infty)$. a, b, a_n, $b_n\,(n\in\mathbb{N}^+)$ 是常数. 试证:

   (1) $f(x)$ 是严格上凸函数;

   (2) 利用 (1) 证明 Young[①] 不等式: 设正实数 p, q 满足 $\dfrac{1}{p}+\dfrac{1}{q}=1$, 则有 $|ab|\leqslant\dfrac{1}{p}|a|^p+\dfrac{1}{q}|b|^q$.

   (3) 利用 (2) 证明 Hölder[②]不等式: 设正实数 p, q 满足 $\dfrac{1}{p}+\dfrac{1}{q}=1$, 则有

$$\sum_{k=1}^{n}|a_kb_k|\leqslant\left(\sum_{k=1}^{n}|a_k|^p\right)^{1/p}\left(\sum_{k=1}^{n}|b_k|^q\right)^{1/q}.$$

§5.5 提高与综合习题

一、计算题

1. 确定常数 a, b 与 k, 使得当 $x\to 0$ 时, $f(x)=x-(a+b\cos x)\sin x$ 是 x^n 同阶无穷小量的 n 能取的最大的值 k, 并求 $\lim\limits_{x\to 0}\dfrac{f(x)}{x^k}$.
2. 已知 $\lim\limits_{x\to 0}\dfrac{(1+x)^{\frac{1}{x}}-(A+Bx+Cx^2)}{x^3}=D\neq 0$, 求 A, B, C, D.

---

① 威廉·亨利·杨(William Henry Young, 1863 年10 月20 日—1942 年7 月7日), 英国数学家, 从事测量理论、Fourier 级数、微分等领域的研究.

② 奥托·路德维希·赫尔德(Hölder, 1859 年12 月22日—1937 年8月29 日), 德国数学家, 师从 Kronecker, Weierstrass, Kummer. 他建立的 Hölder 不等式在偏微分方程中有十分重要的作用.

3. 求极限.

(1) $\lim\limits_{x\to 0}\left[\dfrac{1}{(\arctan x)^2}-\dfrac{1}{(\arcsin x)^2}\right]$;

(2) $\lim\limits_{x\to 0}\dfrac{\ln(1+\sin^2 x)-6(\sqrt[3]{2-\cos x}-1)}{x^4}$;

(3) $\lim\limits_{x\to+\infty} x^{\frac{7}{4}}(\sqrt[4]{x+1}+\sqrt[4]{x-1}-2\sqrt[4]{x})$;

(4) $\lim\limits_{x\to 0}\dfrac{(3+\tan x)^{2024}-(3+\sin x)^{2024}}{\ln(1+x^3)}$;

(5) $\lim\limits_{x\to 0}\dfrac{1-\cos x\cos 2x\cdots\cos(2^n x)}{x^2}$ (整数$n>1$);

(6) $\lim\limits_{x\to 0}\dfrac{1-\cos x\cos 2x\cdots\cos(nx)}{x^2}$ (整数$n>1$);

(7) $\lim\limits_{x\to 0}\dfrac{\tan(\tan\cdots(\tan x))-\sin(\sin\cdots(\sin x))}{\tan x-\sin x}$ (n 重);

(8) $\lim\limits_{x\to 0}\dfrac{\mathrm{e}^{(1+x)^{\frac{1}{x}}}-(1+x)^{\frac{\mathrm{e}}{x}}}{x^2}$.

二、证明题

1. 设奇函数 $f(x)$ 在 $[-1,1]$ 上具有二阶导数, 且 $f(1)=1$. 证明:

(1) 存在 $\xi\in(0,1)$, 使得 $f'(\xi)=1$;

(2) 存在 $\eta\in(-1,1)$, 使得 $f''(\eta)+f'(\eta)=1$.

2. 证明: 当 $b>a>1$ 时, 有 $\dfrac{b}{a}>\dfrac{b^a}{a^b}$ 成立.

3. 设函数 $f(x)$ 在 $\mathbb{R}$ 上有二阶连续导数, 若 $f(x)$ 在 $\mathbb{R}$ 上有界, 则存在 $\theta\in\mathbb{R}$, 使得 $f''(\theta)=0$.

4. 设 $f(x)$ 是 $[0,1]$ 上的非常值函数, 在 $(0,1)$ 内可微, 并且 $f(0)=f(1)=0$. 令 A 是 $f(x)(0<x<1)$ 的值域. 证明: 对于任何 $a\in A$, 存在 $\theta\in(0,1)$, 使得 $|f'(\theta)|\geqslant 2|a|$.

5. 设 $f(x)$ 在 $[0,\frac{\pi}{4}]$ 上连续, 在 $(0,\frac{\pi}{4})$ 内二阶可导, 且 $f(0)=0$, $f(\frac{\pi}{4})=1$, $f'(0)=1$. 求证: 至少存在一点 $\xi\in(0,\frac{\pi}{4})$ 满足

$$f''(\xi)=2f(\xi)f'(\xi).$$

6. 设函数 $f(x)$ 在 x_0 的 δ 邻域$(x_0-\delta,x_0+\delta)$ 内具有 n 阶导数, 且当 $k=2,3,\cdots,n-1$ 时, $f^{(k)}(x_0)=0$, 而 $f^{(n)}(x_0)\neq 0$. 若成立微分中值公式

$$\frac{f(x_0+h)-f(x_0)}{h}=f'(x_0+h\cdot\theta(h)),$$

其中 $0<\theta(h)<1$, $0<|h|<\delta$. 证明: $\lim\limits_{h\to 0}\theta(h)=\dfrac{1}{n^{\frac{1}{n-1}}}$.

7. 利用 $\sin x$ 的 Taylor 公式, 证明 $\sin 1$ 是无理数.

8. 设函数 $f(x)$ 在 $x=0$ 的某个邻域具有二阶连续导数,且 $f(0)\neq 0, f'(0)\neq 0, f''(0)\neq 0$, 证明: 存在唯一一组实数 $\lambda_1,\lambda_2,\lambda_3$, 使得

$$\lambda_1 f(h)+\lambda_2 f(2h)+\lambda_3 f(3h)-f(0)=o(h^2)\,(h\to 0).$$

9. 设函数 $f(x)$ 在 $[a,b]$ 上二次可微, 若 $f(a)=f(b)=0$, 证明:

$$\max_{a\leqslant x\leqslant b}|f(x)|\leqslant \frac{1}{8}(b-a)^2\sup_{a\leqslant x\leqslant b}|f''(x)|\,.$$

10. 设函数 $f(x)$ 在区间 I 上二阶可导, 记 $M_k=\sup\limits_{x\in I}|f^{(k)}(x)|\,(k=0,1,2), f^{(0)}(x)=f(x)$, 且 $M_k<\infty, k=0,1,2$.

(1) 若 $I=(a,+\infty)$(a为有限数), 求证:

$$M_1^2\leqslant 4M_0M_2$$

(2) 若 $I=(-\infty,+\infty)$, 求证:

$$M_1^2\leqslant 2M_0M_2.$$

11. 设 $n\in\mathbb{N}^+$. 证明: 方程

$$\sum_{k=0}^{2n}\frac{(-1)^k x^k}{k!}=0$$

没有实根.

12. 设 $f(x)$ 在 $(-\infty,+\infty)$ 上二阶可导, 且 $f(x)$, $f'(x)$, $f''(x)$ 均大于零, 假设存在正数 a, b, 使得 $f''(x)\leqslant af(x)+bf'(x)$ 对于一切 $x\in(-\infty,+\infty)$ 成立.

(1) 求证: $\lim\limits_{x\to-\infty}f'(x)=0$;

(2) 求证: 存在常数 c, 使得 $f'(x)\leqslant cf(x)$;

(3) 求使得上不等式成立的最小常数 c.

13. 设 $f(x)=\begin{cases}\mathrm{e}^{-\frac{1}{x}}, x\geqslant 0,\\ 0, x<0,\end{cases}$, $g(x)=\dfrac{f(x)}{f(x)+f(1-x)}$.

(1) 求 $g(x)$ 的表达式;

(2) 证明 $f(x)$ 在 $(-\infty,+\infty)$ 上处处具有任意阶导数, 且 $f^{(n)}(0)=0\,(n=1,2,\cdots)$.

(3) 证明 $g(x)$ 在 $(-\infty,+\infty)$ 上处处具有任意阶导数, 且 $g^{(n)}(0)=g^{(n)}(1)=0\,(n=1,2,\cdots)$.

14. 证明不等式:

(1) 若 $f(x)$ 在 $(-\infty,+\infty)$ 上非负连续且可导, 且 $f'\geqslant(3-f)(2+f)$, 则 $f\geqslant 3$.

(2) 若 $g(x)$ 在 $(-\infty,+\infty)$ 上非负连续且可导, 且 $g'\leqslant(3-g)(2+g)$, 则 $g\leqslant 3$.

(3) 请思考(1)(2)两问的结论是否可以推广, 并写出你的论断.

§5.6　自测题

一、判断题

1. 函数 $f(x)$ 在闭区间$[a,b]$上连续, 在开区间(a,b)内可导, 则对于区间(a,b) 内任何一点 ξ, 都可以从此区间中找到另外的两个点x_1和x_2, 使得$\dfrac{f(x_2)-f(x_1)}{x_2-x_1}=f'(\xi)$. (　　)
2. 若$x=x_0$为函数$y=f(x)$的极值点,则 $f'(x_0)=0$. (　　)
3. 若$x=x_0$为$f(x)$的极小值点,则存在x_0的某一邻域, 在该邻域内 $f(x)$ 在x_0 的左侧单调减少, 在x_0的右侧单调增加. (　　)
4. 若 $f'(x)$ 在区间 I 有界, 则 $f(x)$ 在区间 I 一致连续. (　　)
5. 函数 $f(x)=\begin{cases}\dfrac{\sin x}{x}, & x\neq 0\\ 1, & x=0\end{cases}$在 $x=0$ 处的 $2n+1$ 阶带 Peano 余项的 Maclaurin 公式为 $1-\dfrac{x^2}{3!}+\cdots+(-1)^n\dfrac{x^{2n}}{(2n+1)!}+o(x^{2n+1})$. (　　)

二、填空题

1. 设 $|x|\leqslant 1$, 则 $\arcsin x+\arccos x=$ __________.
2. $\lim\limits_{x\to 0}\dfrac{x(\mathrm{e}^x+1)-2(\mathrm{e}^x-1)}{x^3}=$ __________.
3. $\dfrac{1+x+x^2}{1-x+x^2}$ 的 4 次带 Peano 余项的 Maclaurin 公式为__________.
4. $y=\ln(1+x^2)$ 的上凸区间为 __________, 下凸区间为 __________, 拐点为 __________.
5. $f(x)=2^x-1-x^2$ 的零点个数为 __________.

三、选择题

1. 下列命题中正确的是 (　　).

   (A) $f'(x_0)>0$, 则 $f(x)$ 在 x_0 的某一个邻域内单增;

   (B) $f(x)$ 在 (a,b) 内单增且可导, 则 $f'(x)>0, \forall x\in(a,b)$;

   (C) $f'(x)>0, x\in(a,b)$, 则 $f(x)>f(a), x\in(a,b)$;

   (D) $f''(x_0)=0$, $\lim\limits_{x\to x_0}\dfrac{f''(x)}{x-x_0}=1$, 则 $(x_0,f(x_0))$ 为曲线 $y=f(x)$ 的拐点.

2. $f(x)$ 连续, $f(0)$ 为其极小值, 则存在 $\delta>0$, 当 $0<|x|<\delta$ 时, 有 (　　).

   (A) $x(f(x)-f(0))\geqslant 0$;　　(B) $x(f(x)-f(0))\leqslant 0$;

   (C) $x^2(f(x)-f(0))\geqslant 0$;　　(D) $x^2(f(x)-f(0))\leqslant 0$.

3. $f(x)=a\sin x+\dfrac{\sin 3x}{3}$ 在 $x=\dfrac{\pi}{3}$ 达到极值, 则 (　　)

(A) $a=\dfrac{1}{2}$, $f\left(\dfrac{\pi}{3}\right)$ 为极大值; (B) $a=\dfrac{1}{2}$, $f\left(\dfrac{\pi}{3}\right)$ 为极小值;

(C) $a=2$, $f\left(\dfrac{\pi}{3}\right)$ 为极大值; (D) $a=2$, $f\left(\dfrac{\pi}{3}\right)$ 为极小值.

4. 当 $x\to 0^+$ 时, 无穷小量 ① $\sqrt{x+\sqrt{x}}$, ② $\sqrt{1+\sqrt{x}}-\sqrt{1-\sqrt{x}}$, ③ $\ln(\cos\sqrt{x})$, ④ $\arcsin(\sqrt[3]{x})$, 从低阶到高阶的顺序是 (   ).

(A) ②④①③; (B) ④②①③; (C) ①④③②; (D) ①④②③ .

5. 曲线 $y=2\ln x+3$ 与曲线 $y=2x+\ln^2 x$ 的交点的个数为 (   ).

(A) 1; (B) 2; (C) 3; (D) 4.

四、计算题

1. 检查下列计算过程是否正确; 若不正确, 请指出问题并改正.

(1) 求极限 $\lim\limits_{x\to\infty}\dfrac{x-\sin x}{x+\sin x}$.

解 由 L'Hospital 法则, 有 $\lim\limits_{x\to\infty}\dfrac{x-\sin x}{x+\sin x}=\lim\limits_{x\to\infty}\dfrac{1-\cos x}{1+\cos x}$, 由于此极限不存在, 所以原极限不存在.

(2) 设 $f(x)$ 在 $x=0$ 处有二阶导数, 且 $\lim\limits_{x\to 0}\dfrac{f(x)-x\sin 2x}{x^2}=0$, 求 $f(0), f'(0)$ 和 $f''(0)$.

解 由题意知 $\lim\limits_{x\to 0}(f(x)-x\sin 2x)=0$, 即 $\lim\limits_{x\to 0}f(x)=f(0)=0$. 又

$$0=\lim_{x\to 0}\frac{f(x)-x\sin 2x}{x^2}=\lim_{x\to 0}\frac{f'(x)-\sin 2x-2x\cos 2x}{2x},$$

所以 $\lim\limits_{x\to 0}f'(x)=f'(0)=0$.

由于

$$\begin{aligned}0&=\lim_{x\to 0}\frac{f(x)-x\sin 2x}{x^2}=\lim_{x\to 0}\frac{f'(x)-\sin 2x-2x\cos 2x}{2x}\\&=\lim_{x\to 0}\frac{f''(x)-2\cos 2x-2(\cos 2x-2x\sin 2x)}{2}=\lim_{x\to 0}\frac{f''(0)-4}{2},\end{aligned}$$

因而 $f''(0)=4$.

2. 当 $n\to\infty$ 时, 计算下列数列是 $\dfrac{1}{n}$ 的几阶无穷小量.

(1) $\left(1+\dfrac{1}{n}\right)^n-\mathrm{e}$; (2) $\dfrac{1}{\sqrt{n}}-\sqrt{\ln\left(1+\dfrac{1}{n}\right)}$; (3) $(1-\dfrac{\ln n}{n})^n$; (4) $\dfrac{n^{\frac{1}{n^2}}-1}{\ln n}$.

3. 求下列函数的极值.

(1) $y=x^3-3x^2-9x+5$; (2) $y=1-(x-2)^{\frac{2}{3}}$; (3) $y=f(x)=\begin{cases}x^{2x}, & x>0,\\ x+1, & x\leqslant 0.\end{cases}$

4. 写出 $\ln\dfrac{\sin x}{x}$ 的 6 次的带 Peano 余项的 Maclaurin 公式.

五、证明题

1. 当 $\mathrm{e} < a < b < \mathrm{e}^2$ 时, 证明不等式: $\ln^2 b - \ln^2 a > \dfrac{4}{\mathrm{e}^2}(b-a)$.
2. 若函数 $f(x)$ 在 $(-\infty, +\infty)$ 上可导且满足关系式 $f'(x) = f(x)$, 且 $f(0) = 1$, 试证 $f(x) = \mathrm{e}^x$.
3. 设函数 $f(x)$ 在 $[0,a]\,(a>0)$ 上具有二阶导数, 且 $|f''(x)| \leqslant M$, f 在 $(0,a)$ 内取得最大值.试证 $|f'(0)| + |f'(a)| \leqslant Ma$.
4. 设 $f(x)$ 在 $[a,b]$ 上连续, (a,b) 内二阶可导, 且 $a<c<b$. 证明: 存在 $\xi \in (a,b)$, 使得:

$$\frac{f(a)}{(a-c)(a-b)} + \frac{f(c)}{(c-a)(c-b)} + \frac{f(b)}{(b-a)(b-c)} = \frac{f''(\xi)}{2}.$$

5. 利用 $\cos x$ 的Taylor公式, 证明 $\cos 1$ 是无理数.

§5.7 思考、探索题与数学实验题

一、思考与探索题

1. Rolle 定理, Lagrange 中值定理, Cauchy 中值定理叙述中的条件是否都是必要的?
2. 如何理解微分中值定理的本质以及应用特点.
3. 设 $f(x)$ 在 $[a,b]$上可导, 则由Lagrange 中值定理知存在 $\xi(x) \in (a,x)$, 成立 $f'(\xi(x)) = \dfrac{f(x)-f(a)}{x-a}$, 试讨论 $f'(\xi(x))$ 的分析性质.
4. 为什么 L'Hospital 法则称为法则而不是定理或公式.
5. Taylor 公式的思想是在一点处用多项式去近似逼近目标函数, 思考用多项式的优点. 进一步, 能否用其它初等函数去近似目标函数?
6. 我们知道连续函数未必可微, Weierstrass① 就做出过一个震惊数学界的例子: 一个处处连续但是处处不可微的连续函数. 由 Weierstrass 第一逼近定理我们知道, 对于闭区间 $[a,b]$ 上任意连续函数 $f(x)$, 存在多项式序列 $\{p_n(x)\}_{n=1}^{\infty}$ 一致收敛到此连续函数, 即 $\lim\limits_{n\to\infty} \max\limits_{x\in[a,b]} |f(x) - p_n(x)| = 0$, 思考对于这类连续函数, 其对应的多项式序列的导数应该具有什么样的性质.

二、数学实验题

1. 在区间 $[0,1]$ 上对函数 $f(x) = 4x^3 - 5x^2 + x - 2$ 验证 Lagrange 中值定理的正确性.
2. 在区间 $[0, \dfrac{\pi}{2}]$ 上对函数 $f(x) = \sin x$ 和 $g(x) = x + \cos x$ 验证 Cauchy 中值定理的正确性.
3. 选取本章求极限习题, 利用 Mathematica 求极限, 并与手算过程进行比较.

① 卡尔·西奥多·威廉·魏尔斯特拉斯(1815 年10 月31 日—1897年2月19日)"现代分析之父", 德国数学家. 在分析学严密性方面, 他指出了 Cauchy 关于连续性的问题(用现在的语言来说, Cauchy 认为的连续都是一致连续), 并建立了大家熟知的 $\varepsilon - \delta$ 语言.

4. 画出函数$f(x)=\dfrac{x}{2+x^2}$的图像, 研究此函数的单调性和凸性.

5. 分别用下面三种方法求函数 $f(x)=2\sin^2(2x)-\dfrac{5}{2}\cos^2\dfrac{x}{2}$ 在 $(0,\pi)$ 内的极值:

(1) 极值的第一充分条件;

(2) 数极值的第二充分条件;

(3) Mathematica 求极值命令.

6. 求函数 $f(x)=|2x^3-9x^2+12x|$ 在区间 $[-\frac{1}{4},\frac{5}{2}]$ 上的最值.

§5.8　本章习题答案与参考解答

§5.8.1　基本习题

§5.8.1.1　微分中值定理

一、判断题

1. ×. 比如考虑 $f(x)=x^3$ 于 $x=0$ 处.
2. ×. 比如考虑 $f(x)=|1-2x|, x\in[0,1]$.
3. $\surd$.
4. ×. 需要 $g'(x)\neq 0, \forall x\in(a,b)$.
5. $\surd$.
6. $\surd$.
7. ×. 反例: $f(x)=\begin{cases}x+x^2\sin\dfrac{1}{x}, & x\neq 0,\\ 0, & x=0\end{cases}$ 满足 $f'(0)=1>0$, 但 $f(x)$ 在 $x=0$ 的任意邻域内都不是单调函数.
8. ×. 如 $f(x)=\dfrac{1}{6}(x-1)^3$.
9. $\surd$.
10. $\surd$.
11. ×. $f(x)$ 不一定可微.
12. ×. $f(x)$ 不一定可微.

二、填空题

1. (1) $>$; (2) $<$; (3) $>, <$; (4) $>, >$.
2. $\dfrac{1}{2}$ 或 $\sqrt{2}$.
3. $1, 0, \dfrac{1}{3}, \dfrac{4^{\frac{1}{3}}}{3}$.
4. $\dfrac{\pi}{2}$.
5. ak.
6. 1.

三、选择题

1. B; 2. C; 3. C; 4. C; 5. D.

四、计算题

1. (1) $\dfrac{1}{a+b}$; (2) a; (3) e^4, 提示: $\tan\left(\dfrac{\pi}{4}+\dfrac{2}{n}\right)-1=\tan\left(\dfrac{\pi}{4}+\dfrac{2}{n}\right)-\tan\dfrac{\pi}{4}$.

2. π, 提示: 求导.
3. π, 提示: 求导.
4. 设 $f(x)=|x|^{\frac{1}{4}}+|x|^{\frac{1}{2}}-\cos x$, $f(x)$ 是偶函数, 所以只需讨论 $f(x)$ 在 $[0,+\infty)$ 的零点个数. $f(0)=-1$, $f(\pi)>0$, 又 $f'(x)=\dfrac{1}{4}x^{-\frac{3}{4}}+\dfrac{1}{4}x^{-\frac{1}{2}}+\sin x>0$, $x\in(0,\pi)$, 所以 $f(x)$ 在 $[0,\pi]$ 有且仅有一个零点. 而当 $x>\pi$ 时, $f(x)>\pi^{\frac{1}{4}}+\pi^{\frac{1}{2}}-1>0$, 所以方程 $|x|^{\frac{1}{4}}+|x|^{\frac{1}{2}}-\cos x=0$ 有且仅有两个实根.
5. 令 $f(x)=4x+\ln^4 x-4\ln x-k=\ln^4 x-4\ln x+4x-k$, 则
$$f'(x)=\frac{4}{x}(\ln^3 x-1+x).$$
$f'(1)=0$, $f(1)=4-k$, 当 $0<x<1$ 时, $f'(x)<0$, 当 $1<x<+\infty$ 时, $f'(x)>0$, $\lim\limits_{x\to0^+}f(x)=+\infty$, $\lim\limits_{x\to+\infty}f(x)=+\infty$, 所以当 $k<4$ 时, 没有交点; $k=4$ 时, 只有一个交点; $k>4$ 时, 有两个交点.
6. 令 $f(x)=k\arctan x-x$, $f(x)$ 是奇函数, $f(0)=0$, 所以只需讨论$f(x)$ 在 $(0,+\infty)$ 的零点个数. $f'(x)=\dfrac{k-1-x^2}{1+x^2}$, 当 $k-1\leqslant0$, $f(x)$ 在 $(0,+\infty)$ 内没有零点. 当 $k-1>0$, $f(x)$ 在 $(0,+\infty)$ 内有唯一零点. 故方程 $k\arctan x-x=0$ 当 $k\leqslant1$ 有唯一实根, 当 $k>1$ 有三个实根.

五、证明题

1. 提示: 设辅助函数 $f(x)=\ln x$, 再利用 Lagrange 中值定理.
2. 提示: 设辅助函数 $f(x)=x\sin x+2\cos x+\pi x$, $x\in[0,\pi]$, 由 $f''(x)<0$ 得 $f'(x)$ 单调减少, 又 $f'(\pi)=0$, 所以 $f(x)$ 在 $[0,\pi]$ 单调增加.
3. 提示: $f(x)=\sum\limits_{k=0}^{n}\dfrac{a_k}{k+1}x^{k+1}$, $f(0)=f(1)=0$.
4. 提示: 令 $f(x)=4\arctan x-x+\dfrac{4\pi}{3}-\sqrt{3}$, 则 $f'(x)=\dfrac{(\sqrt{3}-x)(\sqrt{3}+x)}{1+x^2}$. 利用函数单调性和零点存在定理, 可知函数恰有两个零点, 一个是 $-\sqrt{3}$, 一个在 $(\sqrt{3},+\infty)$ 内.
5. 提示: (1) $f_n\left(\dfrac{1}{2}\right)=-\dfrac{1}{2^n}<0$, $f_n(1)>0$, $f_n'(x)>0$, 所以 $f_n(x)=0$ 在 $\left(\dfrac{1}{2},1\right)$ 内有且仅有一个实根 x_n.

   (2) $x_n\in\left(\dfrac{1}{2},1\right)$, $x_n^n+x_n^{n-1}+\cdots+x_n=1$, $x_{n+1}^{n+1}+x_{n+1}^n+x_{n+1}^{n-1}+\cdots+x_{n+1}=1$, 由于 $x_{n+1}^{n+1}>0$, 因而有 $x_n>x_{n+1}$, $n=1,2,\cdots$, 即 $\{x_n\}$ 单调有界, 所以有极限, 记为 a. 由 $a<x_1<1$ 和 $\dfrac{x_n-x_n^{n+1}}{1-x_n}=1$ 知 $\dfrac{a}{1-a}=1$, 解得 $a=\dfrac{1}{2}$.
6. 提示:

   (1) 令 $\varphi(x)=f(x)-x,\varphi\left(\dfrac{1}{2}\right)\varphi(1)<0$.

   (2) 令 $F(x)=\mathrm{e}^{-\lambda x}[f(x)-x],F(0)=F(\eta)=0$.
7. 提示: 令 $F(x)=f(a)g(x)+f(x)g(b)-f(x)g(x)$, $F(a)=F(b)$.
8. 提示: $\exists\xi\in(a,b):f(b)-f(a)=f'(\xi)(b-a)$, 又 $\exists\eta\in(a,b):\dfrac{f(b)-f(a)}{\mathrm{e}^b-\mathrm{e}^a}=\dfrac{f'(\eta)}{\mathrm{e}^\eta}$.
9. 提示: 构造辅助函数 $f(x)=x\ln a-a\ln x$ 或 $f(x)=\dfrac{\ln x}{x}$.
10. 提示: 对于左边不等式, 作辅助函数 $f(x)=\ln x$ $(x>a>0)$, 再利用 Lagrange 中值公式和 $\dfrac{1}{b}>\dfrac{2a}{a^2+b^2}$. 对于右边不等式, 作辅助函数 $g(x)=\ln x-\ln a-\dfrac{x-a}{\sqrt{ax}}$ $(x>a>0)$, 然后利用单调性.

11. 设 $f(x)=\mathrm{e}^x-(ax^2+bx+c)$, 则 $f'''(x)=\mathrm{e}^x>0$. 如果方程 $f(x)=0$ 有四个根, 则根据 Rolle 定理可知存在 ξ_1,ξ_2,ξ_3, 使得 $f'(\xi_1)=f'(\xi_2)=f'(\xi_3)=0$, 从而有 $f''(\eta_1)=f''(\eta_2)=0$, 进而有 $f'''(\zeta)=0$, 矛盾.

12. (1) 参考例 5.3.14.

(2) 令$K=\sum\limits_{i=1}^{n}k_i, y_0=0$及$y_i=\dfrac{1}{K}(k_1+k_2+\cdots+k_i), i=1,2,\cdots,n$, 则 $0=y_0<y_1<\cdots<y_{n-1}<y_n=1$. 取$x_0=0, x_n=1$. 由介值定理知存在 $x_i\in(0,1)$, 使 $f(x_1)=y_1$, 再在 $[x_1,1]$ 上应用介值定理知存在 $x_2\in(x_1,1)$ 使 $f(x_2)=y_2$. 类似地, 存在 $x_3<x_4<\cdots<x_{n-1}<1$ 使得 $f(x_i)=y_i$, 再在每个小区间 $[x_{i-1},x_i]$ 上应用 Lagrange 中值定理.

13. (反证法) 若结论不成立, 即 $\exists x_0\in(0,+\infty): f(x_0)\neq 0$, 不妨设 $f(x_0)>0$, 否则用 $-f$ 代替 f 分析. 由局部保序性及 $f(0)=0$, 知 $x'=\sup\{x\in[0,x_0)|f(x)=0\}$ 存在, 则 $f(x')=0$, 且当 $x\in[x',x_0]$ 时, 有 $|\dfrac{\mathrm{d}}{\mathrm{d}x}(f^2(x))|\leqslant 2Af^2(x)$, 说明 $g(x)=\mathrm{e}^{-2Ax}f^2(x)$ 在 $[x',x_0]$ 上单调减少, 故由 $g(x')=0$知 $g(x_0)=0$, 这与 $f(x_0)\neq 0$ 矛盾.

14. (1) 由闭区间上连续函数的性质知, 存在 $c\in[0,2]$, 使得 $|f(c)|=M$.

若 $c=0$ 或 $c=2$, 则 $M=0$. 当 $M=0$ 时, 显然有 $f(x)\equiv 0,\ x\in[0,2]$, 于是对任意的 $\xi\in(0,2)$, 均有 $|f'(\xi)|\geqslant M$ 成立.

当 $M>0$ 且 $|f(c)|=M$ 时, 则有 $c\neq 0,\ 2$, 即 $c\in(0,2)$.

若 $c\in(0,1]$, 由 Lagrange 中值定理知存在 $\xi\in(0,1)$, 成立

$$f'(\xi)=\frac{f(c)-f(0)}{c-0}=\frac{f(c)}{c},$$

于是有 $|f'(\xi)|=\dfrac{|f(c)|}{c}=\dfrac{M}{c}\geqslant M.$

若 $c\in(1,2)$, 由 Lagrange 中值定理知存在 $\xi\in(1,2)$, 成立

$$f'(\xi)=\frac{f(2)-f(c)}{2-c}=-\frac{f(c)}{2-c},$$

于是有 $|f'(\xi)|=\dfrac{|f(c)|}{2-c}\geqslant M.$

综上所述, 存在 $\xi\in(0,2)$, 使得 $|f'(\xi)|\geqslant M$.

(2) 若 $c=0$ 或 $c=2$, $|f(c)|=M$ 时, $M=0$, 结论成立.

当 $c=1$ 时, 即 $|f(1)|=M$, 则有 $f'(1)=0$. 若 $f(c)=M$, 设 $F(x)=f(x)-Mx,\ x\in[0,1]$, $F'(x)=f'(x)-M\leqslant 0$, 所以 $F(x)$ 在 $[0,1]$ 上单调减少, 又 $F(0)=F(1)=0$, 因而 $F(x)\equiv 0,\ x\in[0,1]$, 即 $f(x)=Mx,\ x\in[0,1]$, 于是 $0=f'(1)=M$, 即 $M=0$. 当 $f(c)=-M$, 类似可证 $M=0$.

当 $0<c<1$ 时, $f(c)=f(c)-f(0)=f'(\xi_1)c$, 则有 $M=|f(c)|=|f'(\xi_1)|c\leqslant Mc$, 于是可得 $M=0$.

当 $1<c<2$ 时, $-f(c)=f(2)-f(c)=f'(\xi_2)(2-c)$, 则有 $M=|f(c)|=|f'(\xi_1)|(2-c)\leqslant M(2-c)$, 于是可得 $M=0$.

综上所述, 对于所有的 $c\in[0,2]$, 结论 $M=0$ 都成立.

§5.8.1.2 L'Hospital 法则与 Taylor 公式

一、判断题

1. √.
2. ×. L'Hospital 法则的逆命题不一定成立.
3. √.
4. ×. 导数比值的极限不一定存在.

5. ×. 和多项式的次数以及 Taylor 公式的阶数有关.
6. √.

二、填空题

1. (1) $\frac{1}{24}$; (2) 0; (3) $\frac{m}{n}$; (4) 0; (5) 0.
2. $a=\frac{1}{2}, b+c=2$. 提示: 对 e^x 展开.
3. $-\frac{1}{2}$. 提示: 使用 Lagrange 中值定理和第二重要极限.
4. $\frac{m-n}{2}$. 提示: 使用 L'Hospital 法则.
5. $\frac{1}{2}\sum\limits_{k=1}^{n}\frac{(-1)^{k-1}-1}{k}x^k+\frac{1}{2(n+1)}\left[\frac{(-1)^n}{(1+\xi)^{n+1}}-\frac{1}{(1-\xi)^{n+1}}\right]x^{n+1}$, ξ 介于 0 与 x 之间. 提示: $f(x)=\frac{1}{2}[\ln(x+1)+\ln(1-x)]$.
6. $x^2(1-\cos x)$; $\ln^5(1+\sqrt[3]{x})$.

三、选择题

1. D; 2. A; 3. C; 4. A; 5. A; 6. B.

四、计算题

1. (1)$\frac{1}{n!}$. 提示: $\lim\limits_{x\to 1}\frac{(1-\sqrt{x})(1-\sqrt[3]{x})\cdots(1-\sqrt[n]{x})}{(1-x)^{n-1}}=\lim\limits_{x\to 1}\frac{1-\sqrt{x}}{1-x}\cdot\frac{1-\sqrt[3]{x}}{1-x}\cdots\frac{1-\sqrt[n]{x}}{1-x}=\frac{1}{2}\cdot\frac{1}{3}\cdots\frac{1}{n}=\frac{1}{n!}$; (2) $\frac{1}{3}$; (3) $\frac{1}{\sqrt{b}}$; (4) 0; (5)0; (6)1.
2. (1) 1950; (2) 4; (3) $\frac{1}{6}$; (4)$\frac{22}{45}$.
3. (1)1; (2)$-\frac{1}{8}$; (3) -10π; (4)-2; (5) $\frac{1-\ln a}{1+\ln a}$; (6) 1; (7) $-\frac{1}{2}$; (8) $\frac{1}{2}$; (9) 1; (10) 3; (11) $\frac{1}{8}$;
   (12)-3; (13) $\frac{1}{6}$ 提示: 分子用 Lagrange 中值公式;
   (14) $-\frac{1}{2}$ 提示: 分子有理化;
   (15) $e^{-\frac{1}{2}}$ 提示: 第二重要极限或者取对数; (16) e^{-1} 提示: 取对数后用 L'Hospital 法则.
4. $f'(x)$ 在 $(-\infty,+\infty)$ 上是连续的. 提示: 当 $x\neq 0$ 时, $f'(x)=\frac{xg'(x)-g(x)+(x+1)e^{-x}}{x^2}$, 易知 $f'(x)$ 是连续的. 对于 $f'(x)$ 在点 $x=0$ 处的连续性, 既可以用定义和 L'Hospital 法则求 $f'(0)$ 和 $\lim\limits_{x\to 0}f'(x)$, 也可以通过导函数的性质求 $\lim\limits_{x\to 0}f'(x)$ 来求 $f'(0)$. 这里采用后一种方法. 由 L'Hospital 法则可得
$$\lim_{x\to 0}f'(x)=\lim_{x\to 0}\frac{x[g''(x)-e^{-x}]}{2x}=\frac{g''(0)-1}{2},$$
于是由导函数的性质可知 $f'(0)=\frac{g''(0)-1}{2}$, 且 $f'(x)$ 在点 $x=0$ 处连续.
5. $f(0)=-3, f'(0)=0, f''(0)=10$. 提示: 利用 Taylor 公式.
6. 应用 L'Hospital 法则、等价无穷小替换与二阶导数的定义得
$$\lim_{x\to 0}\frac{f(\sin^2 x)}{x^4}=\lim_{x\to 0}\frac{f'(\sin^2 x)\sin 2x}{4x^3}=\lim_{x\to 0}\frac{f'(\sin^2 x)}{2x^2}=\frac{1}{2}\lim_{x\to 0}\frac{f'(\sin^2 x)-f'(0)}{\sin^2 x}\frac{\sin^2 x}{x^2}=3.$$
7. 应用 L'Hospital 法则、等价无穷小替换与三阶导数的定义得
$$\lim_{x\to 0}\frac{f(e^x-1)-f(x)}{x^3}=\lim_{x\to 0}\frac{e^x f'(e^x-1)-f'(x)}{3x^2}$$

$$
\begin{aligned}
&=\lim_{x\to 0}\frac{\mathrm{e}^x f'(\mathrm{e}^x-1)+\mathrm{e}^{2x}f''(\mathrm{e}^x-1)-f''(x)}{6x}\\
&=\lim_{x\to 0}\mathrm{e}^x\frac{f'(\mathrm{e}^x-1)-f'(0)}{6(\mathrm{e}^x-1)}+\lim_{x\to 0}\mathrm{e}^{2x}\frac{f''(\mathrm{e}^x-1)-f''(0)}{6(\mathrm{e}^x-1)}\\
&\quad-\lim_{x\to 0}\frac{f''(x)-f''(0)}{6x}+\lim_{x\to 0}\frac{\mathrm{e}^{2x}-1}{2x}\\
&=\frac{1}{6}(f''(0)+f'''(0)-f'''(0)+6)=\frac{3}{2}.
\end{aligned}
$$

8. (1) 垂直渐近线 $x=\pm 1$, 水平渐近线 $y=0$;
(2) 垂直渐近线 $x=-1$, 斜渐近线 $y=x-3$;
(3) 垂直渐近线 $x=1$, 斜渐近线 $y=x-3$;
(4) 斜渐近线 $y=\frac{x}{2}$, $y=\frac{x}{2}+\pi$.

9. (1) 单调增加区间$(-\infty,\frac{1-\sqrt{5}}{2}],[1,\frac{1+\sqrt{5}}{2}],[2,+\infty)$; 单调减少区间$[\frac{1-\sqrt{5}}{2},1],[\frac{1+\sqrt{5}}{2},2]$; 上凸区间 $[-2,2]$; 下凸区间$(-\infty,-2],[2,+\infty)$; 极大值点$x=\frac{1-\sqrt{5}}{2},x=\frac{1+\sqrt{5}}{2}$; 极小值点 $x=1,x=2$; 拐点$(-2,12\mathrm{e}^{-2}),(2,0)$.

(2) 单调增加区间$[-2,0],[2,+\infty)$; 单调减少区间$(-\infty,-2],[0,2]$; 上凸区间$[-\sqrt{\frac{3}{2}},\sqrt{\frac{3}{2}}]$; 下凸区间$(-\infty,-\sqrt{\frac{3}{2}}],[\sqrt{\frac{3}{2}},+\infty)$; 极大值点$x=0$; 极小值点$x=\pm 2$; 拐点$(-\sqrt{\frac{3}{2}},-\frac{101}{20}\sqrt{\frac{3}{2}}),(\sqrt{\frac{3}{2}},-\frac{101}{20}\sqrt{\frac{3}{2}})$.

(3) 单调增加区间$(-\infty,-1],[1,+\infty)$; 单调减少区间$[-1,1]$; 上凸区间$[-1-\sqrt{2},-1+\sqrt{2}]$; 下凸区间$(-\infty,-1-\sqrt{2}],[-1+\sqrt{2},+\infty)$; 极大值点$x=-1$; 极小值点$x=1$; 拐点 $(-1-\sqrt{2},2\mathrm{e}^{-1-\sqrt{2}}(3+2\sqrt{2}))$, $(-1+\sqrt{2},2\mathrm{e}^{-1+\sqrt{2}}(3-2\sqrt{2}))$.

(4) 单调增加区间$(-\infty,-1],[3,+\infty)$; 单调减少区间$[-1,1),(1,3]$; 上凸区间$(-\infty,1)$; 下凸区间 $(1,+\infty)$; 极大值点$x=-1$; 极小值点$x=3$.

(5) $f(x)$ 的定义域为 $x\neq\pm 1$, $f(0)=0$, $f'(x)=\frac{x^2-3}{3(x^2-1)^{\frac{4}{3}}}$, $f'(x)=0\Rightarrow x=\pm\sqrt{3}$, $f''(x)=-\frac{2x(x^2-9)}{9(x^2-1)^{\frac{7}{3}}}$, $f''(x)=0\Rightarrow x=0$ 或 $x=\pm 3$. 单调增加区间为 $(-\infty,-\sqrt{3}],[\sqrt{3},+\infty)$; 单调减少区间为 $[-\sqrt{3},-1),(-1,1),(1,\sqrt{3}]$; 极大值点为 $x=-\sqrt{3}$, 极小值点为 $x=\sqrt{3}$; 下凸区间为 $(-\infty,-3],(-1,0],(1,3]$, 上凸区间为 $[-\sqrt{3},-1),[0,1),[3,+\infty)$; 拐点为 $(-3,-\frac{3}{2}),(3,\frac{3}{2})$; 垂直渐近线为 $x=\pm 1$.

(6) $f(x)$ 的定义域为 $x\neq 1$, $f'(x)=\frac{x^2(x-3)}{(x-1)^3}$, $f'(x)=0\Rightarrow x=3$, $f''(x)=-\frac{6x}{(x-1)^4}$, $f''(x)=0\Rightarrow x=0$. 单调增加区间为 $(-\infty,0],[0,1)$; 单调减少区间为 $(1,3]$, $[3,+\infty)$; 极小值点为 $x=3$, 极小值 $f(3)=\frac{27}{4}$; 上凸区间为 $(-\infty,0]$, 下凸区间为 $[0,1),(1,3],[3,+\infty)$; 拐点 $(0,0)$; 垂直渐近线为 $x=1$, 斜渐近线为 $y=x+2$.

10. 边长分别为 $\sqrt{2}a$ 和 $\sqrt{2}b$. 提示: 设 $M(x,y)$ 是椭圆在第一象限的任一点, 则内接矩形的面积为 $S=2x\cdot 2y$, $0\leqslant x\leqslant a$. 而 $S^2=16b^2x^2(1-\frac{x^2}{a^2})$ 的极值点与 S 相同, 求得唯一驻点为 $x=\frac{a}{\sqrt{2}}$.

11. PQ 的最小值为 $\frac{4}{9}\sqrt{3}$. 提示: 由对称性, 设 $M(x, x^2+\frac{1}{4})\ (x>0)$, 切线与法线分别为:

$$MP: Y-(x^2+\frac{1}{4})=2x(X-x),\quad MQ: Y-(x^2+\frac{1}{4})=-\frac{1}{2x}(X-x),$$

与 x 轴的交点分别为: $x_P=\frac{x}{2}-\frac{1}{8x}$, $x_Q=2x^3+\frac{3}{2}x$, 于是

$$d=|PQ|=2x^3+x+\frac{1}{8x},\ x>0.$$

解得唯一驻点 $x=\frac{1}{\sqrt{12}}$.

12. 最小面积为 $\frac{4\sqrt{3}}{\sqrt[3]{2}}$. 提示: C 关于 x 轴对称, 与 x 轴的交点为 $(0,0)$, $(2,0)$, 与 y 轴的交点为 $(0,0)$. 根据几何意义, 面积最小意味着曲线上点 y 的值最大.
由 $(x^2+y^2)^2=8x$ 知 $y^2=\sqrt{8x}-x^2$, $x\in[0,2]$. 根据隐函数求导和求极值方法, 求得过点 $(0,0)$, $(\frac{1}{\sqrt[3]{2}},\frac{\sqrt{3}}{\sqrt[3]{2}})$, $(\frac{1}{\sqrt[3]{2}},-\frac{\sqrt{3}}{\sqrt[3]{2}})$, $(2,0)$ 作平行于坐标轴的直线围成的矩形即为所求.

13. 如图 5-4, 设街角 A 作一条直线与两条路的另一边相交于 B 和 C, 设它与一条街的夹角为 θ, 则 BC 的长度为 θ 的函数:

$$f(\theta)=\frac{8}{\sin\theta}+\frac{12}{\sin\theta}\ (0<\theta<\frac{\pi}{2}).$$

本题就是求 $f(\theta)$ 的最小值. 求得唯一驻点为 $\theta_0=\arctan\sqrt[3]{\frac{2}{3}}$. $f(\theta_0)=4(\sqrt[3]{4}+\sqrt[3]{9})\approx 28.09$. 即铁杆的最大长度不能超过 28.09 m.

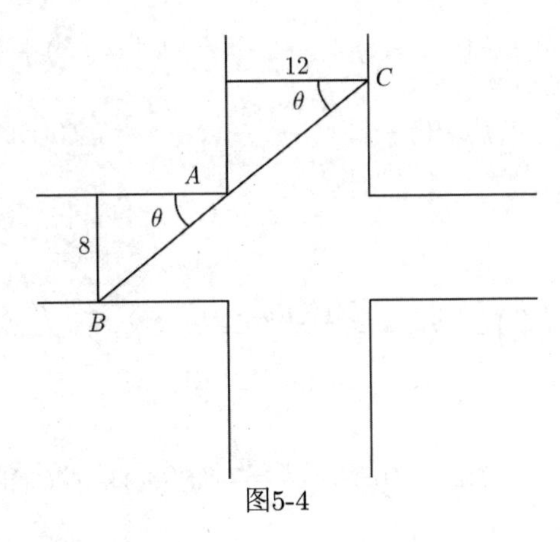

图5-4

五、证明题

1. 提示: 对极限 $\lim\limits_{x\to x_0}\frac{f(x)}{(x-x_0)^n}$ 连续应用 $n-1$ 次 L'Hospital 法则, 然后再利用导数的定义:

$$\lim_{x\to x_0}\frac{f(x)}{(x-x_0)^n}=\lim_{x\to x_0}\frac{f'(x)}{n(x-x_0)^{n-1}}=\cdots=\lim_{x\to x_0}\frac{f^{n-1}(x)-f^{n-1}(x_0)}{n!(x-x_0)}$$
$$=\frac{1}{n!}f^n(x_0)=0.$$

2. 提示: 对于给定的正整数 p, $(0,1)$ 中分母小于 p 的有理数总是有限的, 因而存在足够小的邻域, 在此邻域内的所有有理点的分母都不小于 p.

3. $f(x)=f(1)+f'(1)(x-1)+\dfrac{f''(\xi)}{2}(x-1)^2=f(1)+(x-1)+\dfrac{f''(\xi)}{2}(x-1)^2$, 则 $f(0)=f(1)-1+\dfrac{f''(\xi)}{2}$, 从而有$f''(\xi)=2$.

4. $f(x)$ 在 $x=0$ 处的 Taylor 公式为

$$f(x)=f(0)+f'(0)x+\frac{f''(0)}{2!}x^2+\frac{f'''(\eta)}{3!}x^3 \quad (\eta\text{在}0\text{与}x\text{之间}).$$

在上式中分别取 $x=1$ 和 $x=-1$,

$$1=f(1)=f(0)+\frac{f''(0)}{2!}+\frac{f'''(\eta_1)}{3!}, 0<\eta_1<1,$$

$$0=f(-1)=f(0)+\frac{f''(0)}{2!}-\frac{f'''(\eta_2)}{3!}, -1<\eta_2<0,$$

两式相减得 $\dfrac{f'''(\eta_1)}{3!}+\dfrac{f'''(\eta_2)}{3!}=1$, 即 $f'''(\eta_1)+f'''(\eta_2)=6$. 由导函数的介值性, 可知存在 $\xi\in(-1,1)$, 使得 $f'''(\xi)=\dfrac{f'''(\eta_1)+f'''(\eta_2)}{2}=3$.

5. 由 $\lim\limits_{x\to 0}\dfrac{f(x)}{x}=1$ 可知 $f(0)=0$, $f'(0)=1$. $f(x)$ 在 $x=0$ 处的 Taylor 公式为:

$$f(x)=f(0)+f'(0)x+\frac{f''(\xi)}{2!}x^2=x+\frac{f''(\xi)}{2!}x^2 \quad (\xi\text{介于}0\text{与}x\text{之间}),$$

故 $f(x)\geqslant x$.

6.

$$f(x)=f(b)+f'(b)(x-b)+\frac{f''(\xi_1)}{2}(x-b)^2=f(b)+\frac{f''(\xi_1)}{2}(x-b)^2$$
$$=f(a)+f'(a)(x-a)+\frac{f''(\xi_2)}{2}(x-a)^2=f(a)+\frac{f''(\xi_2)}{2}(x-a)^2.$$

当$x=\dfrac{a+b}{2}$时, 有

$$f\left(\frac{a+b}{2}\right)=f(b)+\frac{f''(\xi_1)(b-a)^2}{8}=f(a)+\frac{f''(\xi_2)(b-a)^2}{8},$$

则

$$f(b)-f(a)=\frac{(b-a)^2}{8}[f''(\xi_2)-f''(\xi_1)].$$

取 $|f''(\xi)|=\max\{|f''(\xi_2)|,|f''(\xi_1)|\}$, 于是有

$$|f(b)-f(a)|\leqslant\frac{(b-a)^2}{8}(|f''(\xi_2)|+|f''(\xi_1)|)\leqslant\frac{(b-a)^2}{8}\cdot 2|f''(\xi)|=\frac{(b-a)^2}{4}|f''(\xi)|.$$

7. (1) $f'(x)=\dfrac{x-1}{x^2}$, 求得唯一驻点 $x=1$. 又 $f''(1)=1>0$, 故 $f(1)=1$ 是唯一极小值, 也是最小值.

(2) 由 (1) 的结论和题设, 有

$$\ln x_n+\frac{1}{x_{n+1}}<1\leqslant\ln x_n+\frac{1}{x_n},$$

于是 $x_n \leqslant x_{n+1}$, 即数列 $\{x_n\}$ 单调增加. 再由 $\ln x_n + \dfrac{1}{x_{n+1}} < 1$ 有 $\ln x_n < 1$, 即 $x_n < \mathrm{e}$. 所以 $\{x_n\}$ 单调增有上界, 故 $\lim\limits_{n\to\infty} x_n$ 存在. 设极限为 a, 则 a 满足 $\ln a + \dfrac{1}{a} = 1$, 求得 $a = 1$.

8. $f(x+h) = f(x) + f'(x)h + \dfrac{1}{2}f''(x)h^2 + \dfrac{1}{3!}f'''(\xi)h^3$. 取 $h = \pm 1$ 得

$$f(x+1) = f(x) + f'(x) + \frac{1}{2}f''(x) + \frac{1}{3!}f'''(\xi_1), \tag{5.8.2}$$

$$f(x-1) = f(x) - f'(x) + \frac{1}{2}f''(x) - \frac{1}{3!}f'''(\xi_2), \tag{5.8.3}$$

(5.8.2)减(5.8.3)得$f(x+1) - f(x-1) = 2f'(x) + \dfrac{1}{6}[f'''(\xi_1) + f'''(\xi_2)]$. 所以 $2|f'(x)| \leqslant 2M_0 + \dfrac{1}{3}M_3$, $(M_k = \sup\limits_{-\infty<x<+\infty} |f^{(k)}(x)|, k = 0,1,2,3)$. 同理(5.8.2)加(5.8.3)得 $|f''(x)| \leqslant 4M_0 + \dfrac{1}{3}M_3$.

9. 假设 $f(x_0) = b$, 则$f'(x_0) = 0$. 由 Taylor 公式

$$f(x) = f(x_0) + f'(x_0)(x-x_0) + \frac{f''(\xi)}{2}(x-x_0)^2 = b + \frac{f''(\xi)}{2}(x-x_0)^2$$

可知

$$f(0) = b + \frac{f''(\xi_1)}{2}x_0^2 = a, f(1) = b + \frac{f''(\xi_2)}{2}(1-x_0)^2 = a,$$

因此有 $a - b = \dfrac{f''(\xi_1)}{2}x_0^2 = \dfrac{f''(\xi_2)}{2}(1-x_0)^2$, 即$f''(\xi_1) = \dfrac{2(a-b)}{x_0^2}, f''(\xi_2) = \dfrac{2(a-b)}{(1-x_0)^2}$. 取 $f''(\xi) = \max\{f''(\xi_1), f''(\xi_2)\}$, 则有

$$f''(\xi) \geqslant (a-b)\left(\frac{1}{x_0^2} + \frac{1}{(1-x_0)^2}\right) \geqslant 2(a-b)\frac{1}{x_0(1-x_0)} \geqslant 2(a-b)\frac{1}{\frac{1}{4}} = 8(a-b).$$

10. 提示:

(1) 略.

(2) 利用凸函数的定义或 Jensen 不等式可得

$$\ln a + \ln b = \frac{1}{p}\ln(a^p) + \frac{1}{q}\ln(b^q) \leqslant \ln\left(\frac{a^p}{p} + \frac{b^q}{q}\right).$$

(3) 取 $x_k = \dfrac{a_k}{\left(\sum\limits_{k=1}^{n}|a_k|^p\right)^{1/p}}$, $y_k = \dfrac{b_k}{\left(\sum\limits_{k=1}^{n}|b_k|^q\right)^{1/q}}$, 对 $x_k y_k\ (k = 1,2,\cdots,n)$ 利用 Young 不等式, 再求和即证.

§5.8.2　提高与综合习题

一、计算题

1. $a = \dfrac{4}{3}$, $b = -\dfrac{1}{3}$, $k = 5$, 极限为 $\dfrac{1}{30}$.

2. $A = \mathrm{e}$, $B = -\dfrac{\mathrm{e}}{2}$, $C = \dfrac{11}{24}\mathrm{e}$, $D = -\dfrac{21}{48}\mathrm{e}$.

3. (1) 1. 提示: $\frac{1}{(\arctan x)^2}-\frac{1}{(\arcsin x)^2}=\frac{(\arcsin x)^2-(\arctan x)^2}{(\arctan x)^2(\arcsin x)^2}\sim\frac{\arcsin x+\arctan x}{x}\cdot\frac{\arcsin x-\arctan x}{x^3}$, 然后用等价无穷小量替换和 L'Hospital 法则.

(2) $-\frac{7}{12}$. 提示: 利用 Taylor 公式.

(3) $-\frac{3}{16}$. 提示: 利用 Taylor 公式.

(4) $1012\cdot 3^{2023}$. 提示: 设 $f(x)=(3+x)^{2024}$, 分子先利用 Lagrange 中值公式, 然后利用 Taylor 公式.

(5) $\frac{2^{2n+2}-1}{6}$. 提示: $\sin x\cdot(\cos x\cos 2x\cdots\cos(2^n x))=\frac{1}{2^{n+1}}\sin(2^{n+1}x)$, 则

$$\lim_{x\to 0}\frac{1-\cos x\cos 2x\cdots\cos(2^n x)}{x^2}=\lim_{x\to 0}\frac{\sin x-\frac{1}{2^{n+1}}\sin(2^{n+1}x)}{x^2\sin x}.$$

(6) $\frac{n(n+1)(2n+1)}{12}$. 提示:

$$\begin{aligned}&\lim_{x\to 0}\frac{1-\cos x\cos 2x\cdots\cos(nx)}{x^2}\\=&\lim_{x\to 0}\frac{1-(1-\frac{1}{2}x^2)[1-\frac{1}{2}(2x)^2]\cdots[1-\frac{1}{2}(2x)^n]+o(x^2)}{x^2}\\=&\lim_{x\to 0}\frac{(\frac{1}{2}+\frac{2^2}{2}+\cdots+\frac{n^2}{2})x^2+o(x^2)}{x^2}.\end{aligned}$$

(7) n. 提示: 记 $I_n=\tan(\tan\cdots(\tan x))$, $J_n=\sin(\sin\cdots(\sin x))$ (n 重), 则

$$\begin{aligned}I_n-J_n=&I_n-\sin(\tan\cdots(\tan x))+\sin(\tan\cdots(\tan x))-J_n\\=&\tan(\tan\cdots(\tan x))(1-\cos(\tan\cdots\tan x))\\&+\cos\xi(I_{n-1}-J_{n-1})\sim\frac{1}{2}x^3+I_{n-1}-J_{n-1},\end{aligned}$$

又 $\tan x-\sin x\sim\frac{1}{2}x^3$, 再利用数学归纳法可知, $I_n-J_n\sim\frac{n}{2}x^3$.

(8) $\frac{1}{8}\mathrm{e}^{\mathrm{e}+1}$. 提示: 记 $f(x)=(1+x)^{\frac{1}{x}}$, 则 $\mathrm{e}^{(1+x)^{\frac{1}{x}}}-(1+x)^{\frac{\mathrm{e}}{x}}=\mathrm{e}^{f(x)}-f(x)^{\mathrm{e}}$.

$f(x)=\mathrm{e}^{\frac{1}{x}\ln(1+x)}=\mathrm{e}^{1-\frac{x}{2}+\frac{x^2}{3}+o(x^2)}$, 令 $t=-\frac{x}{2}+\frac{x^2}{3}+o(x^2)$, 则

$$\begin{aligned}f(x)&=\mathrm{e}^{1+t}=\mathrm{e}(1+t+\frac{1}{2}t^2+o(t^2))=\mathrm{e}+\mathrm{e}t+\frac{\mathrm{e}}{2}t^2+o(t^2),\\\mathrm{e}^{f(x)}&=\mathrm{e}^{\mathrm{e}+\mathrm{e}t+\frac{\mathrm{e}}{2}t^2+o(t^2)}=\mathrm{e}^{\mathrm{e}}\mathrm{e}^{\mathrm{e}t+\frac{\mathrm{e}}{2}t^2+o(t^2)}=\mathrm{e}^{\mathrm{e}}\big(1+\mathrm{e}t+\frac{\mathrm{e}}{2}t^2+\frac{1}{2}(\mathrm{e}t)^2+o(t^2)\big),\\f(x)^{\mathrm{e}}&=(\mathrm{e}(1+t+\frac{1}{2}t^2+o(t^2)))^{\mathrm{e}}=\mathrm{e}^{\mathrm{e}}(1+t+\frac{1}{2}t^2+o(t^2))^{\mathrm{e}}\\&=\mathrm{e}^{\mathrm{e}}\big[1+\mathrm{e}(t+\frac{1}{2}t^2)+\frac{\mathrm{e}(\mathrm{e}-1)}{2}t^2+o(t^2)\big],\end{aligned}$$

于是

$$e^{f(x)}-f(x)^{e}=e^{e}(\frac{e}{2}t^{2}+o(t^{2}))=e^{e}(\frac{e}{8}x^{2}+o(x^{2})),$$

所以 $\lim\limits_{x\to 0}\dfrac{e^{(1+x)^{\frac{1}{x}}}-(1+x)^{\frac{e}{x}}}{x^{2}}=\dfrac{1}{8}e^{e+1}$.

二、证明题

1. (1) 因为 $f(x)$ 是奇函数, 所以 $f(0)=0$. 设 $F(x)=f(x)-x$, 则 $F(0)=F(1)=0$, 故 $F(x)$ 在 $[0,1]$ 上满足 Rolle 定理的条件, 于是可知存在 $\xi\in(0,1)$, 使得 $F'(\xi)=0$, 即 $f'(\xi)=1$.
(2) 因为 $f(x)$ 是奇函数, 所以 $f'(x)$ 是偶函数, 即有 $f'(\xi)=f'(-\xi)=1$.
令 $G(x)=[f'(x)-1]e^{x}$, 则有 $G(\xi)=G(-\xi)=0$, $G'(x)=[f''(x)+f'(x)-1]e^{x}$, 于是 $G(x)$ 在 $[-\xi,\xi]$ 上满足 Rolle 定理的条件, 故可知存在 $\eta\in(-1,1)$, 使得 $G'(\eta)=0$, 即 $f''(\eta)+f'(\eta)=1$.
另还可以构造辅助函数 $G(x)=f'(x)+f(x)-x$, 再利用$f'(x)$ 是偶函数和 Rolle 定理, 或利用$f'(x)$ 是偶函数, $f''(x)$ 是奇函数以及导函数的介值性.
2. 提示: 构造辅助函数 $f(x)=\dfrac{\ln x}{x-1}$.
3. (反证法)假设不存在 $\theta\in\mathbb{R}$, 使得 $f''(\theta)=0$. 又因为 $f''(x)$ 连续, 所以 $f''(x)$ 在 $\mathbb{R}$ 内定号, 即恒正或恒负. 不妨设 $f''(x)>0$, 任取 $x_0\in\mathbb{R}, f(x_0)\neq 0$, 由 Taylor 公式

$$f(x)=f(x_0)+f'(x_0)(x-x_0)+\frac{f''(\xi)}{2}(x-x_0)^2=(x-x_0)^2\Big[\frac{f(x_0)}{(x-x_0)^2}+\frac{f'(x_0)}{x-x_0}+\frac{f''(\xi)}{2}\Big],$$

知当 $x\to+\infty$ 时, $f(x)\to\infty$, 这与 $f(x)$ 有界矛盾, 故存在 $\theta\in\mathbb{R}$, 使得 $f''(\theta)=0$.
4. $a=0$ 时显然成立, 只需讨论 $a\neq 0$ 的情形, 记 $f(c)=a$.
$f(x)$ 在 $(0,c)$ 与 $(c,1)$ 上分别应用 Lagrange 中值定理, 则存在 $\theta_1\in(0,c)$, $\theta_2\in(c,1)$, 使得 $f'(\theta_1)=\dfrac{f(c)-f(0)}{c-0}=\dfrac{f(c)}{c}=\dfrac{a}{c}$, $f'(\theta_2)=\dfrac{f(c)-f(1)}{c-1}=-\dfrac{f(c)}{1-c}=-\dfrac{a}{1-c}$.
$\max\{|f'(\theta_1)|,|f'(\theta_2)|\}=\max\{|\dfrac{a}{c}|,|\dfrac{a}{1-c}|\}=\dfrac{|a|}{\min\{c,1-c\}}\geqslant 2|a|$.
5. 提示: 先作辅助函数 $F(x)=\arctan f(x)-x$, 则 $F(0)=F(1)=0$, 所以存在 $\xi_1\in(0,\dfrac{\pi}{4})$ 使得 $F'(\xi_1)=0$. 而 $F'(x)=\dfrac{f'(x)}{1+f^2(x)}-1=\dfrac{f'(x)-1-f^2(x)}{1+f^2(x)}$, 于是有 $f'(\xi_1)-1-f^2(\xi_1)=0$. 再令 $G(x)=f'(x)-1-f^2(x)$, 由题设和上面的结果可知, $G(0)=G(\xi_1)=0$, 由 Rolle 定理可得至少存在一点 $\xi\in(0,\dfrac{\pi}{4})$, 使得 $G'(\xi)=0$.
6. 根据题设, $f(x_0+h)$ 和 $f'(x_0+h\cdot\theta(h))$ 在 $x=x_0$ 的 Peano 型余项的 Taylor 公式分别为

$$f(x_0+h)=f(x_0)+f'(x_0)h+\frac{f^{(n)}(x_0)h^n}{n!}+o(h^n), \tag{5.8.4}$$

$$f'(x_0+h\cdot\theta(h))=f'(x_0)+\frac{f^{(n)}(x_0)h^{n-1}(\theta(h))^{n-1}}{(n-1)!}+o[(\theta(h)h)^{n-1}], \tag{5.8.5}$$

由已知条件和(5.8.4)式得

$$f'(x_0+h\cdot\theta(h))=f'(x_0)+\frac{f^{(n)}(x_0)h^{n-1}}{n!}+o(h^{n-1}). \tag{5.8.6}$$

由(5.8.5)和(5.8.6)式得

$$\frac{f^{(n)}(x_0)h^{n-1}}{n!}+o(h^{n-1})=\frac{f^{(n)}(x_0)[\theta(h)h]^{n-1}}{(n-1)!}+o\{[\theta(h)h]^{n-1}\},$$

即

$$f^{(n)}(x_0)(\theta(h))^{n-1}=\frac{f^{(n)}(x_0)}{n}+o(1). \tag{5.8.7}$$

于是由(5.8.7) 式可得

$$\theta(h)=\left[\frac{1}{n}+\frac{o(1)}{f^{(n)}(x_0)}\right]^{\frac{1}{n-1}},$$

因此 $\lim\limits_{h\to 0}\theta(h)=\dfrac{1}{n^{\frac{1}{n-1}}}$, 结论得证.

7. 假设 $\sin 1$是有理数, 则 $\sin 1=\dfrac{p}{q}>0$, 其中p, q 是互素的正整数.

取$n=2q+1$, 则 $n\geqslant 3$, $n>q$. $\sin 1$ 的 Taylor 公式为

$$\sin 1=1-\frac{1}{3!}+\cdots+\frac{(-1)^q}{(2q+1)!}+\frac{\sin\left[\dfrac{(2q+3)\pi}{2}+\xi\right]}{(2q+3)!}\ (0<\xi<1).$$

以 $n!$ 乘上式可得

$$\text{左}=n!\cdot\frac{p}{q}=n!\cdot\sin 1=n!\left[1-\frac{1}{3!}+\cdots+\frac{(-1)^q}{(2q+1)!}+\frac{\sin\left[\dfrac{(2q+3)\pi}{2}+\xi\right]}{(2q+3)!}\right]=\text{右}.$$

由于 $n=2q+1$, 所以上式左端是一个整数; 由 $0<|\sin(\dfrac{(2q+3)\pi}{2}+\xi)|<1$ 知 $n!\cdot\dfrac{\sin\left[\dfrac{(2q+3)\pi}{2}+\xi\right]}{(2q+3)!}=\dfrac{\sin\left[\dfrac{(2q+3)\pi}{2}+\xi\right]}{(2q+2)(2q+3)}$ 是一个不等于零且绝对值小于 1 的实数, 而右端的前面部分 $n!\left[1-\dfrac{1}{3!}+\cdots+\dfrac{(-1)^q}{(2q+1)!}\right]$ 是整数, 所以右端不是一个整数, 故矛盾. 所以 $\sin 1$ 是无理数.

8. $f(x)$ 在 $x=0$ 的 Maclaurin 公式: $f(x)=f(0)+f'(0)x+\dfrac{1}{2}f''(0)x^2+o(x^2)$. 则

$\lambda_1 f(h)+\lambda_2 f(2h)+\lambda_3 f(3h)-f(0)$

$=(\lambda_1+\lambda_2+\lambda_3-1)f(0)+(\lambda_1+2\lambda_2+3\lambda_3)hf'(0)+\dfrac{1}{2}(\lambda_1+4\lambda_2+9\lambda_3)h^2f''(0)+o(h^2)$

$=o(h^2)\ (h\to 0)$

由于 $f(0)\neq 0, f'(0)\neq 0, f''(0)\neq 0$, 因而 λ_1, λ_2, λ_3 满足下面方程组

$$\begin{cases}\lambda_1+\lambda_2+\lambda_3=1,\\ \lambda_1+2\lambda_2+3\lambda_3=0,\\ \lambda_1+4\lambda_2+9\lambda_3=0.\end{cases}$$

由于系数行列式

$$\begin{vmatrix}1&1&1\\1&2&3\\1&4&9\end{vmatrix}=2\neq 0,$$

因而存在唯一一组实数 $\lambda_1,\lambda_2,\lambda_3$, 使得

$$\lambda_1 f(h)+\lambda_2 f(2h)+\lambda_3 f(3h)-f(0)=o(h^2)\,(h\to 0).$$

9. 设 $\max\limits_{a\leqslant x\leqslant b}|f(x)|=|f(x_0)|$, 当 $f(x_0)=0$ 时, 结论成立.

当 $|f(x_0)|>0$ 时, 有 $a<x_0<b$, 于是 $f'(x_0)=0$, 将 $f(a),f(b)$ 在点 $x=x_0$ 处 Taylor 展开:

$f(a)=f(x_0)+f'(x_0)(a-x_0)+\dfrac{f''(\xi)}{2}(a-x_0)^2,\ \xi\in(a,x_0)$,

$f(b)=f(x_0)+f'(x_0)(b-x_0)+\dfrac{f''(\eta)}{2}(b-x_0)^2,\ \eta\in(x_0,b)$,

则 $|f(x_0)|\leqslant\dfrac{1}{2}(a-x_0)^2\max\limits_{a\leqslant x\leqslant b}|f''(x)|$, $|f(x_0)|\leqslant\dfrac{1}{2}(b-x_0)^2\max\limits_{a\leqslant x\leqslant b}|f''(x)|$.

当 $x_0\in\left(a,\dfrac{a+b}{2}\right)$ 时, $(a-x_0)^2\leqslant\dfrac{1}{4}(b-a)^2$, 当 $x_0\in\left[\dfrac{a+b}{2},b\right)$ 时, $(b-x_0)^2\leqslant\dfrac{1}{4}(b-a)^2$,

于是可得 $\max\limits_{a\leqslant x\leqslant b}|f(x)|\leqslant\dfrac{1}{8}(b-a)^2\max\limits_{a\leqslant x\leqslant b}|f''(x)|$.

10. (1) 提示: 由 Taylor 公式知, $\forall h>0,\ x>a$,

$$f(x+h)=f(x)+f'(x)h+\frac{1}{2}f''(\xi)h^2,$$

即 $|f'(x)|\leqslant\dfrac{|f(x+h)|+|f(x)|}{h}+\dfrac{|f''(\xi)|h}{2}\leqslant\dfrac{2M_0}{h}+\dfrac{M_2}{2}h$, 由 h 的任意性知, 当 $h=\sqrt{\dfrac{4M_0}{M_2}}$ 时不等式也成立.

(2) 提示: 再考虑 $-h$ 的展开: $f(x-h)=f(x)-f'(x)h+\dfrac{1}{2}f''(\eta)h^2,\forall h>0,x\in\mathbb{R}$, 将此式与 (1) 中展开式相减, 类似估计.

11. 记 $P_n(x)=1-x+\dfrac{x^2}{2!}-\cdots+\dfrac{x^{2n}}{(2n)!}$. 当 $x\leqslant 0$ 时, $P_n(x)>0$, 故 $P_n(x)=0$ 没有非负实根. 下面证明 $P_n(x)=0$ 也没有正实根.

由于当 $x>0$ 时,

$$\mathrm{e}^{-x}=P_n(x)-\frac{\mathrm{e}^{-\xi}x^{2n+1}}{(2n+1)!},$$

其中 $\xi\in(0,x)$, 故有 $P_n(x)=\mathrm{e}^{-x}+\dfrac{\mathrm{e}^{-\xi}x^{2n+1}}{(2n+1)!}>\mathrm{e}^{-x}>0$, 从而结论成立.

12. (1) (反证法)若 $\lim\limits_{x\to-\infty}f'(x)\neq 0$, 由于 $f''(x)>0,\ f'(x)>0$, 故知 $\lim\limits_{x\to-\infty}f'(x)$ 存在, 设 $\lim\limits_{x\to-\infty}f'(x)=k>0$, 由 $f''(x)>0$ 知 $\forall X>0, f'(x)\geqslant k>0$, 于是有 $f(0)>f(0)-f(-X)=f'(x_1)X>kX\ (x_1\in(-X,0))$, 由 X 的任意性可知 $f(x)$ 在 $x=0$ 处不连续, 从而矛盾, 即说明 $\lim\limits_{x\to-\infty}f'(x)=0$.

(2) 证明: 设 λ_1,λ_2 是方程 $\lambda^2-b\lambda-a=0$ 的两根, 且 $\lambda_1>0>\lambda_2$, 则 $f''(x)\leqslant af(x)+bf'(x)$ 可改写为:

$$f''(x)+(\lambda_1+\lambda_2)f'(x)+\lambda_1\lambda_2\leqslant 0.$$

即 $f''(x)+\lambda_2 f'(x)+\lambda_1(f'(x)+\lambda_2)\leqslant 0$, 记 $G(x)=f'(x)+\lambda_2 f(x)$, 则此式可化为 $G'(x)+\lambda_1 G(x)\leqslant 0$, 记 $F(x)=\mathrm{e}^{\lambda_1 x}G(x)$, 则 $F'(x)=\mathrm{e}^{\lambda_1 x}(G'(x)+\lambda_1 G(x))\leqslant 0$, 从而知 $F(x)$ 单调减少, 而 $\lim\limits_{x\to-\infty}F(x)=\lim\limits_{x\to-\infty}\mathrm{e}^{\lambda_1 x}(f'(x)+\lambda_2 f(x))=0$, 即 $f'(x)\leqslant-\lambda_2 f(x)$, 可知常数 c 可以取 $-\lambda_2=\dfrac{\sqrt{b^2+4a}-b}{2}$.

(3) 上面的 $-\lambda_2=\dfrac{\sqrt{b^2+4a}-b}{2}$ 已经是最小. 如把题设中的不等式改成等式, 得到 $f'(x)=-\lambda_2 f(x)$. 从而对于任意的 f 满足题设条件, 故 $-\lambda_2$ 不能换成更小的.

13. 提示: 利用数学归纳法.

14. (1) 采用反证法.

若 f 在某一点的取值小于 3, 则从 f 的连续性可知 f 在开区间$(0,3)$ 的原像是 $\mathbb{R}$ 的非空开集, 即是一些不相交的广义开区间的并集, 即端点可以是无穷大. 假设 (a,b) 是这样的一个开区间, 在此区间之内, $f<3$. 于是可知 $f'>0$, 所以 f 严格单调增加. 若 $a\neq-\infty$, 则 $f(a)\geqslant 3$, 又因 f 在 (a,b) 单调增加, 故 $f(x)\geqslant f(a)\geqslant 3$, $x\in(a,b)$, 矛盾, 所以 $a=-\infty$.

因为 f 在 $(-\infty,b)$ 上是严格增加函数, 且有下界 0, 所以有下确界 α, 这时 $\lim\limits_{x\to-\infty} f(x)=\alpha$.

对于任意的实数 $x<b-2$, 利用Lagrange 中值定理和题设可得

$$\begin{aligned} f(x+1)-f(x) &= f'(\xi_x)\geqslant(3-f(\xi_x))(2+f(\xi_x)) \\ &\geqslant(3-f(\xi_x))\geqslant(3-f(b-1))>0, \end{aligned}$$

其中 $\xi_x\in(x,x+1)$. 不等式两端对 $x\to-\infty$ 取极限, 可得 $0\geqslant(3-f(b-1))>0$, 矛盾. 所以 $f\geqslant 3$.

(2) 取 $\varepsilon(0<\varepsilon<1)$, 则 $g(x)+\varepsilon>0$. 令 $f(x)=\dfrac{1}{g(x)+\varepsilon}$, 即 $g(x)=\dfrac{1}{f(x)}-\varepsilon$, 代入不等式 $g'\leqslant(3-g)(2+g)$, 整理可得

$$f'(x)\geqslant(3+\varepsilon)(2-\varepsilon)(\frac{1}{3+\varepsilon}-f(x))(\frac{1}{2-\varepsilon}+f(x)).$$

此时可以用与第一问类似的方法证明, 这里利用后面的推广. 利用(3)的推广可得 $f(x)\geqslant\dfrac{1}{3+\varepsilon}$, 于是 $g(x)+\varepsilon=\dfrac{1}{f(x)}\leqslant 3+\varepsilon$, 即有 $g(x)\leqslant 3$.

(3) 根据上面的证明过程, 可得如下的推广.

(i) f 在 $(-\infty,a)$ 上非负连续且可导. 若 $f'\geqslant k(u-f)(v+f)$, 则 $f\geqslant u$, 其中 $k,u,v>0$, a 有限或者正无穷大.

(ii) f 在 $(-\infty,a)$ 上非负连续且可导. 若 $f'\leqslant k(u-f)(v+f)$, 则 $f\leqslant u$, 其中 $k,u,v>0$, a 有限或者正无穷大.

第6章　不定积分

§6.1　内容提要

一、基本概念

原函数, 不定积分, 积分曲线, 第一换元法, 第二换元法, 分部积分法, 有理函数, 部分分式, 万能公式

二、不定积分的性质

1. 微分运算与不定积分运算互逆

$$\frac{\mathrm{d}}{\mathrm{d}x}\left[\int f(x)\mathrm{d}x\right]=f(x),\ \ \mathrm{d}\left[\int f(x)\mathrm{d}x\right]=f(x)\mathrm{d}x,$$

$$\int F'(x)\mathrm{d}x=F(x)+C,\ \ \int \mathrm{d}F(x)=F(x)+C.$$

2. 运算性质

(1) $\int[f(x)\pm g(x)]\mathrm{d}x=\int f(x)\mathrm{d}x\pm\int g(x)\mathrm{d}x$;

(2) $\int kf(x)\mathrm{d}x=k\int f(x)\mathrm{d}x$ (k 是常数).

三、基本积分表

1. $\int k\mathrm{d}x=kx+C$ (k 是常数);

2. $\int x^{\mu}\mathrm{d}x=\dfrac{x^{\mu+1}}{\mu+1}+C\ (\mu\neq-1)$;

3. $\int \dfrac{\mathrm{d}x}{x}=\ln|x|+C$;

4. $\int \dfrac{1}{1+x^2}\mathrm{d}x=\arctan x+C$;

5. $\int \dfrac{1}{\sqrt{1-x^2}}\mathrm{d}x=\arcsin x+C$;

6. $\int \cos x\mathrm{d}x=\sin x+C$;

7. $\int \sin x\mathrm{d}x=-\cos x+C$;

8. $\int \dfrac{\mathrm{d}x}{\cos^2 x}=\int \sec^2 x\mathrm{d}x=\tan x+C$;

9. $\int \dfrac{\mathrm{d}x}{\sin^2 x}=\int \csc^2 x\mathrm{d}x=-\cot x+C$;

10. $\int \sec x\tan x\mathrm{d}x=\sec x+C$;

11. $\int \csc x\cot x\mathrm{d}x=-\csc x+C$;

12. $\int \mathrm{e}^x\mathrm{d}x=\mathrm{e}^x+C$;

13. $\int a^x\mathrm{d}x=\dfrac{a^x}{\ln a}+C\ (a\neq1)$;

14. $\int \sinh x\mathrm{d}x=\cosh x+C$;

15. $\int \cosh x\mathrm{d}x=\sinh x+C$;

16. $\int \tan x\mathrm{d}x=-\ln|\cos x|+C$;

17. $\int \cot x\mathrm{d}x=\ln|\sin x|+C$;

18. $\int \sec x\mathrm{d}x=\ln|\sec x+\tan x|+C$;

19. $\int \csc x \mathrm{d}x = \ln|\csc x - \cot x| + C$; 20. $\int \frac{1}{a^2+x^2}\mathrm{d}x = \frac{1}{a}\arctan\frac{x}{a} + C$;

21. $\int \frac{1}{x^2-a^2}\mathrm{d}x = \frac{1}{2a}\ln|\frac{x-a}{x+a}| + C$; 22. $\int \frac{1}{a^2-x^2}\mathrm{d}x = \frac{1}{2a}\ln|\frac{a+x}{a-x}| + C$;

23. $\int \frac{1}{\sqrt{a^2-x^2}}\mathrm{d}x = \arcsin\frac{x}{a} + C$; 24. $\int \frac{1}{\sqrt{x^2 \pm a^2}}\mathrm{d}x = \ln|x+\sqrt{x^2\pm a^2}| + C$,

其中常数 $a > 0$.

四、积分法

1. 直接积分法

利用恒等变形如拆项、恒等式及平衡项等初等方法, 然后直接利用基本积分表与积分的性质求不定积分的方法.

2. 第一类换元法

设$f(u)$ 具有原函数, $u = \varphi(x)$ 可导, 则有换元公式

$$\int f[\varphi(x)]\varphi'(x)\mathrm{d}x = \left[\int f(u)\mathrm{d}u\right]_{u=\varphi(x)}.$$

常见类型:

(1) $f(x^{n+1})x^n\mathrm{d}x$; (2) $\frac{f(\sqrt{x})}{\sqrt{x}}\mathrm{d}x$; (3) $\frac{f(\ln x)}{x}\mathrm{d}x$; (4) $\frac{f\left(\frac{1}{x}\right)}{x^2}\mathrm{d}x$;

(5) $f(\sin x)\cos x\mathrm{d}x$; (6) $f(a^x)a^x\mathrm{d}x$; (7) $f(\tan x)\sec^2 x\mathrm{d}x$; (8) $\frac{f(\arctan x)}{1+x^2}\mathrm{d}x$.

3. 第二类换元法

设$x = \psi(t)$是单调的、可导的函数, 并且$\psi'(t) \neq 0$, 又设$f(\psi(t))\psi'(t)$具有原函数, 则有换元公式

$$\int f(x)\mathrm{d}x = \left[\int f(\psi(t))\psi'(t)\mathrm{d}t\right]_{t=\psi^{-1}(x)},$$ 其中$\psi^{-1}(x)$是$x = \psi(t)$的反函数.

常用代换:

(1) $x = (at+b)^\alpha, \alpha \in \mathbb{R}$;

(2) 三角函数代换, 如$f(x) = \sqrt{a^2-x^2}$, 令$x = a\sin t$;

(3) 双曲函数代换, 如$f(x) = \sqrt{a^2+x^2}$, 令$x = a\sinh t$;

(4) 倒代换, 令$x = \frac{1}{t}$.

4. 分部积分法

$$\int uv'\mathrm{d}x = uv - \int u'v\mathrm{d}x, \int u\mathrm{d}v = uv - \int v\mathrm{d}u.$$

常见类型:

(1) $f(x) = x^n\sin x,\ x^n\cos x,\ x^n\mathrm{e}^x$, 取 $u = x^n$;

(2) $f(x)=x^n\ln x,\ x^n\arcsin x,\ x^n\arccos x,\ x^n\arctan x$, 取 $v=\dfrac{x^{n+1}}{n+1}$;

(3) $f(x)=\mathrm{e}^x\sin x,\ \mathrm{e}^x\cos x$, 取 $u=\mathrm{e}^x$ 或者 $u=\sin x,\cos x$, 分部积分两次, 取法不变, 出现循环后再求解.

5. 几种特殊类型函数的积分

(1) 有理函数的积分

常用方法: 先将有理函数 $\dfrac{P(x)}{Q(x)}$ 化为多项式与真分式之和, 然后再将真分式化为部分分式之和. 部分分式有四种形式, 它们的不定积分为:

$$\int\frac{A\mathrm{d}x}{x-a}=A\ln|x-a|+C;$$

$$\int\frac{A\mathrm{d}x}{(x-a)^n}=\frac{A}{(1-n)(x-a)^{n-1}}+C;$$

$$\int\frac{Mx+N}{x^2+px+q}\mathrm{d}x=\frac{M}{2}\ln|x^2+px+q|+\frac{N-\dfrac{Mp}{2}}{\sqrt{q-\dfrac{p^2}{4}}}\arctan\frac{x+\dfrac{p}{2}}{\sqrt{q-\dfrac{p^2}{4}}}+C;$$

$$\int\frac{Mx+N}{(x^2+px+q)^n}\mathrm{d}x=\frac{M}{2}\int\frac{(2x+p)\mathrm{d}x}{(x^2+px+q)^n}+\int\frac{N-\dfrac{Mp}{2}}{(x^2+px+q)^n}\mathrm{d}x.$$

(2) 简单无理函数的积分

常见类型: $R(x,\sqrt[n]{ax+b}),\ R\left(x,\sqrt[n]{\dfrac{ax+b}{cx+e}}\right)$

解决方法: 作代换去掉根号, 令$t=\sqrt[n]{ax+b},\ t=\sqrt[n]{\dfrac{ax+b}{cx+e}}$.

(3) 三角函数有理式的积分

由三角函数和常数经过有限次四则运算构成的函数称为三角函数有理式, 一般记为$R(\sin x,\cos x)$. 令 $u=\tan\dfrac{x}{2}$, 则

$$x=2\arctan u,\ \sin x=\frac{2u}{1+u^2},\ \cos x=\frac{1-u^2}{1+u^2},\ \mathrm{d}x=\frac{2}{1+u^2}\mathrm{d}u,$$

$$\int R(\sin x,\cos x)\mathrm{d}x=\int R\left(\frac{2u}{1+u^2},\frac{1-u^2}{1+u^2}\right)\frac{2}{1+u^2}\mathrm{d}u.$$

§6.2 典型例题讲解

例 6.2.1 填空题

(1) $\displaystyle\int\mathrm{e}^{\frac{1}{x}}\frac{1}{x^2}\mathrm{d}x=$ ________;

(2) $\displaystyle\int\ln(x+2)\mathrm{d}x=$ ________;

(3) $\displaystyle\int \frac{x}{x^2+4x+5}\mathrm{d}x =$ ________;

(4) $\displaystyle\int \frac{\mathrm{d}x}{x(x^3+1)} =$ ________;

(5) $\displaystyle\int \tan^2 x\mathrm{d}x =$ ________;

(6) $\displaystyle\int \frac{\mathrm{d}x}{\sin^2 x\cos^2 x} =$ ________;

(7) $\displaystyle\int \frac{\cos 2x}{\sin x\cos x}\mathrm{d}x =$ ________;

(8) $\displaystyle\int \frac{\mathrm{d}x}{1-\sin x} =$ ________;

(9) $\displaystyle\int \frac{\mathrm{d}x}{\sqrt{x-x^2}} =$ ________;

(10) 设 $f(x)=\begin{cases} x^2, & x\leqslant 0,\\ \sin x, & x>0,\end{cases}$ 则 $\displaystyle\int f(x)\,\mathrm{d}x =$ ________.

解 (1) $-\mathrm{e}^{\frac{1}{x}}+C$; (2) $(x+2)\ln(x+2)-x+C$; (3) $\dfrac{1}{2}\ln(x^2+4x+5)-2\arctan(x+2)+C$; (4) $\dfrac{1}{3}\ln\left|\dfrac{x^3}{x^3+1}\right|+C$; (5) $\tan x-x+C$; (6) $\tan x-\cot x+C$; (7) $\ln|\sin 2x|+C$; (8) $\tan x+\sec x+C$; (9) $\arcsin(2x-1)+C$; (10) $\begin{cases}\dfrac{x^3}{3}+C, & x\leqslant 0,\\ -\cos x+C+1, & x>0.\end{cases}$

例 6.2.2 求不定积分:

(1) $\displaystyle I=\int \frac{\sqrt{\ln(x+\sqrt{1+x^2})+5}}{\sqrt{1+x^2}}\mathrm{d}x$;

(2) $\displaystyle I=\int \frac{\mathrm{d}x}{x(2+x^{10})}$;

(3) $\displaystyle I=\int \frac{x+1}{x^2\sqrt{x^2-1}}\mathrm{d}x$;

(4) $\displaystyle I=\int \frac{\mathrm{d}x}{\mathrm{e}^x-\mathrm{e}^{-x}}$;

(5) $\displaystyle I=\int \frac{1}{x^3}\mathrm{e}^{\frac{1}{x}}\mathrm{d}x$;

(6) $\displaystyle I=\int \frac{\arctan \mathrm{e}^x}{\mathrm{e}^{2x}}\mathrm{d}x$;

(7) $\displaystyle I=\int \frac{x+\sin x}{1+\cos x}\mathrm{d}x$;

(8) $\displaystyle I=\int \left[\frac{f(x)}{f'(x)}-\frac{f^2(x)f''(x)}{f'(x)^3}\right]\mathrm{d}x$.

解　(1) 因为

$$[\ln(x+\sqrt{1+x^2})+5]'=\frac{1}{x+\sqrt{1+x^2}}\cdot\left(1+\frac{2x}{2\sqrt{1+x^2}}\right)=\frac{1}{\sqrt{1+x^2}},$$

所以

$$\begin{aligned}I&=\int\sqrt{\ln(x+\sqrt{1+x^2})+5}\cdot\mathrm{d}[\ln(x+\sqrt{1+x^2})+5]\\&=\frac{2}{3}[\ln(x+\sqrt{1+x^2})+5]^{\frac{3}{2}}+C.\end{aligned}$$

(2)

$$I=\frac{1}{2}\int\left(\frac{1}{x}-\frac{x^9}{2+x^{10}}\right)\mathrm{d}x=\frac{1}{2}\ln|x|-\frac{1}{20}\ln(x^{10}+2)+C.$$

(3) 令$x=\dfrac{1}{t}$ (倒代换), 则

$$\begin{aligned}I&=\int\frac{\frac{1}{t}+1}{\frac{1}{t^2}\sqrt{\left(\frac{1}{t}\right)^2-1}}\left(-\frac{1}{t^2}\right)\mathrm{d}t=-\int\frac{1+t}{\sqrt{1-t^2}}\mathrm{d}t\\&=-\int\frac{1}{\sqrt{1-t^2}}\mathrm{d}t+\int\frac{\mathrm{d}(1-t^2)}{2\sqrt{1-t^2}}=-\arcsin t+\sqrt{1-t^2}+C\\&=\frac{\sqrt{x^2-1}}{x}-\arcsin\frac{1}{x}+C.\end{aligned}$$

(4)

$$I=\int\frac{\mathrm{e}^x}{\mathrm{e}^{2x}-1}\mathrm{d}x=\int\frac{1}{(\mathrm{e}^x)^2-1}\mathrm{d}\mathrm{e}^x=\frac{1}{2}\ln|\frac{\mathrm{e}^x-1}{\mathrm{e}^x+1}|+C.$$

(5) 令 $u=\dfrac{1}{x}$, 则

$$I=-\int\frac{1}{x}\mathrm{e}^{\frac{1}{x}}\mathrm{d}\frac{1}{x}=-\int u\mathrm{e}^u\mathrm{d}u=-(u\mathrm{e}^u-\mathrm{e}^u)+C=-\left(\frac{1}{x}\mathrm{e}^{\frac{1}{x}}-\mathrm{e}^{\frac{1}{x}}\right)+C.$$

(6)

$$\begin{aligned}I&=-\frac{1}{2}\int\arctan\mathrm{e}^x\mathrm{d}(\mathrm{e}^{-2x})=-\frac{1}{2}\left[\mathrm{e}^{-2x}\arctan\mathrm{e}^x-\int\frac{\mathrm{e}^x\,\mathrm{d}x}{(1+\mathrm{e}^{2x})\mathrm{e}^{2x}}\right]\\&=-\frac{1}{2}\left[\mathrm{e}^{-2x}\arctan\mathrm{e}^x-\int\frac{\mathrm{d}\mathrm{e}^x}{\mathrm{e}^{2x}}+\int\frac{\mathrm{d}\mathrm{e}^x}{1+\mathrm{e}^{2x}}\right]\\&=-\frac{1}{2}\left[\mathrm{e}^{-2x}\arctan\mathrm{e}^x+\mathrm{e}^{-x}+\arctan\mathrm{e}^x\right]+C.\end{aligned}$$

(7)

$$I=\int\frac{x+2\sin\frac{x}{2}\cos\frac{x}{2}}{2\cos^2\frac{x}{2}}\mathrm{d}x=\int\left(\frac{x}{2\cos^2\frac{x}{2}}+\tan\frac{x}{2}\right)\mathrm{d}x$$
$$=\int\left[x(\tan\frac{x}{2})'+\tan\frac{x}{2}\right]\mathrm{d}x=\int\mathrm{d}\left(x\tan\frac{x}{2}\right)=x\tan\frac{x}{2}+C.$$

(8)

$$I=\int\frac{f(x)f'(x)^2-f^2(x)f''(x)}{f'(x)^3}\mathrm{d}x=\int\frac{f(x)}{f'(x)}\cdot\frac{f'(x)^2-f(x)f''(x)}{f'(x)^2}\mathrm{d}x$$
$$=\int\frac{f(x)}{f'(x)}\mathrm{d}\left[\frac{f(x)}{f'(x)}\right]=\frac{1}{2}\left[\frac{f(x)}{f'(x)}\right]^2+C.$$

例 6.2.3　求不定积分:

(1) $I=\int\frac{1}{\sin^3x\cos x}\mathrm{d}x$;　　(2) $I=\int\frac{\mathrm{d}x}{\sin x+\cos x}$.

解　(1) 方法1:

$$I=\int\frac{\sec^4x}{\tan^3x}\mathrm{d}x=\int\frac{\tan^2x+1}{\tan^3x}\mathrm{d}\tan x=\ln|\tan x|-\frac{1}{2\tan^2x}+C.$$

方法2:

$$I=\int\frac{\sin^2x+\cos^2x}{\sin^3x\cos x}\mathrm{d}x=\int\frac{1}{\sin x\cos x}\mathrm{d}x+\int\frac{\cos x}{\sin^3x}\mathrm{d}x$$
$$=2\int\csc 2x\mathrm{d}x+\int\frac{1}{\sin^3x}\mathrm{d}\sin x=\ln|\csc 2x-\cot 2x|-\frac{1}{2\sin^2x}+C.$$

(2) 方法1:

$$I=\int\frac{\sin x-\cos x}{\sin^2x-\cos^2x}\mathrm{d}x=\int\frac{\mathrm{d}\cos x}{2\cos^2x-1}-\int\frac{\mathrm{d}\sin x}{2\sin^2x-1}$$
$$=\frac{\sqrt{2}}{4}\ln\left|\frac{2\cos x-\sqrt{2}}{2\cos x+\sqrt{2}}\right|-\frac{\sqrt{2}}{4}\ln\left|\frac{2\sin x-\sqrt{2}}{2\sin x+\sqrt{2}}\right|+C.$$

方法2:

$$I=\frac{\sqrt{2}}{2}\int\frac{\mathrm{d}x}{\frac{\sqrt{2}}{2}(\sin x+\cos x)}=\frac{\sqrt{2}}{2}\int\frac{\mathrm{d}x}{\sin\left(x+\frac{\pi}{4}\right)}$$
$$=\frac{\sqrt{2}}{2}\ln\left|\csc\left(x+\frac{\pi}{4}\right)-\cot\left(x+\frac{\pi}{4}\right)\right|+C.$$

注记 三角函数有理式的积分既是重点也是难点，其原因在于三角函数之间存在很多恒等式. 可以通过一定量的训练，分析函数类型，总结积分方法. 例题6.2.3的积分还有其它积分方法，请读者尝试用尽可能多的方法求解.

例 6.2.4 求 $I=\int \dfrac{\mathrm{e}^{\frac{x}{2}}\cos x}{\sqrt{\sin x+\cos x}}\mathrm{d}x$.

解 方法1:

分析 此题的被积函数中含有指数函数，正弦与余弦函数，它们都是求导循环的函数，于是想利用此性质，通过设待定函数的方法来求积分.

设 $F(x)=\mathrm{e}^{\frac{x}{2}}f(x)$ 为原函数，则 $F'(x)=\mathrm{e}^{\frac{x}{2}}[f'(x)+\dfrac{f(x)}{2}]$，于是

$$F'(x)=\mathrm{e}^{\frac{x}{2}}[f'(x)+\frac{f(x)}{2}]=\mathrm{e}^{\frac{x}{2}}\frac{\cos x}{\sqrt{\sin x+\cos x}},$$

即可得

$$f'(x)+\frac{f(x)}{2}=\frac{\cos x}{\sqrt{\sin x+\cos x}}.$$

而

$$\frac{\cos x}{\sqrt{\sin x+\cos x}}=\frac{\cos x+\sin x+\cos x-\sin x}{2\sqrt{\sin x+\cos x}}=\frac{\sqrt{\sin x+\cos x}}{2}+\frac{(\sin x+\cos x)'}{2\sqrt{\sin x+\cos x}},$$

所以可取 $f(x)=\sqrt{\sin x+\cos x}$，故

$$I=\int \mathrm{e}^{\frac{x}{2}}\frac{\cos x}{\sqrt{\sin x+\cos x}}\mathrm{d}x=\mathrm{e}^{\frac{x}{2}}\sqrt{\sin x+\cos x}+C.$$

方法2: 注意到被积函数的特点，令 $J=\int \mathrm{e}^{\frac{x}{2}}\dfrac{\sin x}{\sqrt{\sin x+\cos x}}\mathrm{d}x$，则

$$\begin{aligned}
I+J&=\int \mathrm{e}^{\frac{x}{2}}\sqrt{\sin x+\cos x}\mathrm{d}x,\\
I-J&=\int \mathrm{e}^{\frac{x}{2}}\frac{\cos x-\sin x}{\sqrt{\sin x+\cos x}}\mathrm{d}x=\int \mathrm{e}^{\frac{x}{2}}\frac{1}{\sqrt{\sin x+\cos x}}\mathrm{d}(\sin x+\cos x)\\
&=2\mathrm{e}^{\frac{x}{2}}\sqrt{\sin x+\cos x}-\int \mathrm{e}^{\frac{x}{2}}\sqrt{\sin x+\cos x}\,\mathrm{d}x\\
&=2\mathrm{e}^{\frac{x}{2}}\sqrt{\sin x+\cos x}-(I+J),
\end{aligned}$$

故可得

$$I=\int \mathrm{e}^{\frac{x}{2}}\frac{\cos x}{\sqrt{\sin x+\cos x}}\mathrm{d}x=\mathrm{e}^{\frac{x}{2}}\sqrt{\sin x+\cos x}+C.$$

例 6.2.5 求 $I=\int \max\{1,|x|\}\mathrm{d}x$.

解 设$f(x)=\max\{1,|x|\}$, 则

$$f(x)=\begin{cases}-x, & x<-1,\\ 1, & -1\leqslant x\leqslant 1,\\ x, & x>1.\end{cases}$$

因为 $f(x)$ 在 $(-\infty,+\infty)$ 上连续, 因而存在原函数 $F(x)$:

$$F(x)=\begin{cases}-\dfrac{1}{2}x^2+C_1, & x<-1,\\ x+C_2, & -1\leqslant x\leqslant 1,\\ \dfrac{1}{2}x^2+C_3, & x>1.\end{cases}$$

又因为 $F(x)$ 的连续性, 可知

$$\lim_{x\to-1^+}(x+C_2)=\lim_{x\to-1^-}(-\frac{1}{2}x^2+C_1),\ \lim_{x\to1^+}(\frac{1}{2}x^2+C_3)=\lim_{x\to1^-}(x+C_2),$$

即

$$-1+C_2=-\frac{1}{2}+C_1,\ \frac{1}{2}+C_3=1+C_2,$$

联立并令 $C_1=C$, 可得 $C_2=\dfrac{1}{2}+C$, $C_3=1+C$. 故

$$\int\max\{1,|x|\}\mathrm{d}x=\begin{cases}-\dfrac{1}{2}x^2+C, & x<-1,\\ x+\dfrac{1}{2}+C, & -1\leqslant x\leqslant 1,\\ \dfrac{1}{2}x^2+1+C, & x>1.\end{cases}$$

例 6.2.6 不定积分 $I=\displaystyle\int\frac{\sin x}{1+\sin x}\mathrm{d}x$ 的七种解法.

解 方法1:

$$\begin{aligned}I&=\int\frac{\sin x(1-\sin x)}{\cos^2 x}\mathrm{d}x=\int(1-\sin x)\mathrm{d}\frac{1}{\cos x}\\&=\frac{1-\sin x}{\cos x}+\int\mathrm{d}x=\sec x-\tan x+x+C.\end{aligned}$$

方法2:

$$\begin{aligned}I&=\int\frac{\sin x(1-\sin x)}{(1+\sin x)(1-\sin x)}\mathrm{d}x=\int\frac{\sin x}{\cos^2 x}\mathrm{d}x-\int\frac{\sin^2 x}{\cos^2 x}\mathrm{d}x\\&=-\int\frac{\mathrm{d}\cos x}{\cos^2 x}-\int\tan^2 x\mathrm{d}x=\frac{1}{\cos x}-\tan x+x+C=\sec x-\tan x+x+C.\end{aligned}$$

方法3:

$$I=\int\frac{\sin x(1-\sin x)}{(1+\sin x)(1-\sin x)}\mathrm{d}x=\int\frac{\sin x}{\cos^2 x}\mathrm{d}x-\int\frac{\sin^2 x}{\cos^2 x}\mathrm{d}x$$
$$=\int\tan x\sec x\mathrm{d}x-\int\frac{1-\cos^2 x}{\cos^2 x}\mathrm{d}x=\sec x-\tan x+x+C.$$

方法4: 令 $u=\tan\frac{x}{2}$, 则

$$I=\int\frac{\frac{2u}{1+u^2}}{1+\frac{2u}{1+u^2}}\cdot\frac{2}{1+u^2}\mathrm{d}u=\int\frac{4u}{(1+u)^2(1+u^2)}\mathrm{d}u$$
$$=2\int\left[\frac{1}{1+u^2}-\frac{1}{(1+u)^2}\right]\mathrm{d}u=2\arctan u+\frac{2}{1+u}+C$$
$$=x+\frac{2}{1+\tan\frac{x}{2}}+C.$$

方法5: 令 $u=\tan\frac{x}{2}$, 则

$$I=x-\int\frac{1}{1+\sin x}\mathrm{d}x$$
$$=x-\int\frac{1}{1+\frac{2u}{1+u^2}}\cdot\frac{2}{1+u^2}\mathrm{d}u=x-\int\frac{2}{(1+u)^2}\mathrm{d}u$$
$$=x+\frac{2}{1+u}+C=x+\frac{2}{1+\tan\frac{x}{2}}+C.$$

方法6:

$$I=\int\frac{\sin x+1-1}{1+\sin x}\mathrm{d}x=x-\int\frac{\mathrm{d}x}{1+\sin x}=x-\int\frac{\mathrm{d}x}{1+2\sin\frac{x}{2}\cos\frac{x}{2}}$$
$$=x-\int\frac{\mathrm{d}x}{(\sin\frac{x}{2}+\cos\frac{x}{2})^2}=x-\frac{1}{2}\int\frac{\mathrm{d}x}{\left(\frac{\sqrt{2}}{2}\sin\frac{x}{2}+\frac{\sqrt{2}}{2}\cos\frac{x}{2}\right)^2}$$
$$=x-\frac{1}{2}\int\frac{\mathrm{d}x}{\cos^2\left(\frac{x}{2}-\frac{\pi}{4}\right)}=x-\tan\left(\frac{x}{2}-\frac{\pi}{4}\right)+C.$$

方法7:

$$I=-\int\frac{\mathrm{d}\cos x}{1+\sin x}=-\frac{\cos x}{1+\sin x}+\int\cos x\,\mathrm{d}\left(\frac{1}{1+\sin x}\right)$$

$$= -\frac{\cos x}{1+\sin x} - \int \frac{1-\sin^2 x}{(1+\sin x)^2}\mathrm{d}x = -\frac{\cos x}{1+\sin x} - \int \frac{1-\sin x}{1+\sin x}\mathrm{d}x$$

$$= -\frac{\cos x}{1+\sin x} - \int \frac{1+\sin x - 2\sin x}{1+\sin x}\mathrm{d}x$$

$$= -\frac{\cos x}{1+\sin x} - x + 2\int \frac{\sin x}{1+\sin x}\mathrm{d}x,$$

故 $\displaystyle\int \frac{\sin x}{1+\sin x}\mathrm{d}x = \frac{\cos x}{1+\sin x} + x + C.$

注记 解法1与解法2 是利用添平衡项+简单换元+积分公式; 解法3是添平衡项+初等变形+积分公式; 解法4 是利用万能公式+有理函数的积分方法; 解法5是利用初等变形+万能公式+有理函数的积分; 解法6是利用初等变形+分部积分; 解法7 是分部积分法+循环.

例 6.2.7 不定积分 $I = \displaystyle\int \frac{\cos x}{\sin x - \cos x}\mathrm{d}x$的九种求法.

解 方法1:

$$I = \frac{1}{2}\int \frac{(\cos x + \sin x) + (\cos x - \sin x)}{\sin x - \cos x}\mathrm{d}x$$

$$= \frac{1}{2}\int \frac{\mathrm{d}(\sin x - \cos x)}{\sin x - \cos x} - \frac{x}{2} = \frac{1}{2}\ln|\sin x - \cos x| - \frac{x}{2} + C.$$

方法2:

$$I = \int \frac{\cos x(\sin x - \cos x)}{(\sin x - \cos x)^2}\mathrm{d}x = \frac{1}{2}\int \frac{\sin 2x - 1 - \cos 2x}{1 - \sin 2x}\mathrm{d}x$$

$$= -\frac{x}{2} - \frac{1}{2}\int \frac{\cos 2x}{1-\sin 2x}\mathrm{d}x = -\frac{x}{2} + \frac{1}{4}\ln|1-\sin 2x| + C.$$

方法3:

$$I = \int \frac{\cos x(\sin x + \cos x)}{(\sin x - \cos x)(\sin x + \cos x)}\mathrm{d}x = \int \frac{\sin x \cos x + \cos^2 x}{\sin^2 x - \cos^2 x}\mathrm{d}x$$

$$= -\frac{1}{2}\int \frac{\sin 2x + \cos 2x + 1}{\cos 2x}\mathrm{d}x = -\frac{1}{2}\int (\tan 2x + 1 + \sec 2x)\mathrm{d}x$$

$$= \frac{1}{4}\ln|\cos 2x| - \frac{x}{2} - \frac{1}{4}\ln|\sec 2x + \tan 2x| + C.$$

方法4:

$$I = \frac{\sqrt{2}}{2}\int \frac{\cos\left(x - \frac{\pi}{4}\right) - \sin\left(x - \frac{\pi}{4}\right)}{\sqrt{2}\sin\left(x - \frac{\pi}{4}\right)}\mathrm{d}x$$

$$= -\frac{x}{2} + \frac{1}{2}\int \cot\left(x - \frac{\pi}{4}\right)\mathrm{d}x = -\frac{x}{2} + \frac{1}{2}\ln\left|\sin\left(x - \frac{\pi}{4}\right)\right| + C.$$

方法5: 令 $u=\tan\dfrac{x}{2}$, 则

$$
\begin{aligned}
I&=\int\frac{\dfrac{1-u^2}{1+u^2}\cdot\dfrac{2}{1+u^2}}{\dfrac{2u}{1+u^2}-\dfrac{1-u^2}{1+u^2}}\mathrm{d}u\\
&=\int\frac{2(1-u^2)}{(u^2+2u-1)(1+u^2)}\mathrm{d}u=\int\left(\frac{u+1}{u^2+2u-1}-\frac{u+1}{1+u^2}\right)\mathrm{d}u\\
&=\frac{1}{2}\ln|u^2+2u-1|-\frac{1}{2}\ln\left|1+u^2\right|-\arctan u+C\\
&=\frac{1}{2}\ln\left|\tan^2\frac{x}{2}+2\tan\frac{x}{2}-1\right|-\ln\left|\sec\frac{x}{2}\right|-\frac{x}{2}+C.
\end{aligned}
$$

方法6: 令 $u=\tan x$, 则

$$
\begin{aligned}
I&=\int\frac{2\sin x\cos x}{2\sin^2x-2\sin x\cos x}\mathrm{d}x=\int\frac{\sin 2x}{1-\cos 2x-\sin 2x}\mathrm{d}x\\
&=\int\frac{2u}{1+u^2-1+u^2-2u}\cdot\frac{1}{1+u^2}\mathrm{d}u\\
&=\int\frac{1}{(1+u^2)(u-1)}\mathrm{d}u=\frac{1}{2}\int\left(\frac{1}{u-1}-\frac{u+1}{1+u^2}\right)\mathrm{d}u\\
&=\frac{1}{2}\ln|\sin x-\cos x|-\frac{x}{2}+C.
\end{aligned}
$$

方法7:

$$
\begin{aligned}
I&=\int\frac{\mathrm{d}\sin x}{\sin x-\cos x}\\
&=\frac{\sin x}{\sin x-\cos x}+\int\frac{\sin x(\cos x+\sin x)}{(\sin x-\cos x)^2}\mathrm{d}x\\
&=\frac{\sin x}{\sin x-\cos x}+\frac{1}{2}\int\frac{\sin 2x+1-\cos 2x}{1-\sin 2x}\mathrm{d}x\\
&=\frac{\sin x}{\sin x-\cos x}+\frac{1}{2}\int\frac{\sin 2x-1+2-\cos 2x}{1-\sin 2x}\mathrm{d}x\\
&=\frac{\sin x}{\sin x-\cos x}-\frac{x}{2}+\frac{1}{4}\ln|1-\sin 2x|+\int\frac{1}{1-\sin 2x}\mathrm{d}x\\
&=\frac{\sin x}{\sin x-\cos x}-\frac{x}{2}+\frac{1}{4}\ln|1-\sin 2x|+\frac{1}{2}\int\frac{1}{\cos^2\left(x+\dfrac{\pi}{4}\right)}\mathrm{d}x\\
&=\frac{\sin x}{\sin x-\cos x}-\frac{x}{2}+\frac{1}{4}\ln|1-\sin 2x|+\frac{1}{2}\tan\left(x+\frac{\pi}{4}\right)+C.
\end{aligned}
$$

方法8:

$$
\begin{aligned}
I &= \int \frac{\cos x}{\sin x-\cos x}\mathrm{d}x = \int \frac{\cos x-\sin x+\sin x}{\sin x-\cos x}\mathrm{d}x \\
&= -x-\int \frac{\mathrm{d}\cos x}{\sin x-\cos x} \\
&= -x-[\frac{\cos x}{\sin x-\cos x}+\int \frac{\cos x(\cos x+\sin x)}{(\sin x-\cos x)^2}\mathrm{d}x] \\
&= -x-\frac{\cos x}{\sin x-\cos x}-I-\int \frac{2\cos^2 x}{1-\sin 2x}\mathrm{d}x \\
&= -x-\frac{\cos x}{\sin x-\cos x}-I-\int \frac{1+\cos 2x}{1-\sin 2x}\mathrm{d}x \\
&= -x-\frac{\cos x}{\sin x-\cos x}-I+\frac{1}{2}\ln|1-\sin 2x|-\frac{1}{2}\tan\left(x+\frac{\pi}{4}\right) \\
&\Rightarrow I = -\frac{x}{2}-\frac{\cos x}{2(\sin x-\cos x)}+\frac{1}{4}\ln|1-\sin 2x|-\frac{1}{4}\tan\left(x+\frac{\pi}{4}\right)+C.
\end{aligned}
$$

方法9: 记 $J=\int \frac{\sin x}{\sin x-\cos x}\mathrm{d}x$, 则

$$
I-J=\int \frac{\cos x-\sin x}{\sin x-\cos x}\mathrm{d}x=-x+C_1,\quad I+J=\int \frac{\cos x+\sin x}{\sin x-\cos x}\mathrm{d}x=\ln|\sin x-\cos x|+C_2,
$$

故有

$$
I=-\frac{x}{2}+\frac{1}{2}\ln|\sin x-\cos x|+C,\ J=\frac{x}{2}+\frac{1}{2}\ln|\sin x-\cos x|+C.
$$

注记: 解法1与解法2 是添平衡项+简单换元+积分公式; 解法3与解法4是初等变形+换元+ 积分公式; 解法5是利用万能公式+有理函数的积分方法; 解法6是初等变形+万能公式+有理函数的积分; 解法7 分部积分+ 换元; 解法8 是分部积分+换元+循环; 解法9 是引入辅助积分.

§6.3　基本习题

一、填空题

1. $\int (x-5)^{2022}\,\mathrm{d}x$ ________________.

2. $\int x(2-x)^2\,\mathrm{d}x=$ ________________.

3. $\int \mathrm{e}^{-x}\,\mathrm{d}x=$ ________________.

4. $\int (2^x+3^x)^2\,\mathrm{d}x=$ ________________.

5. $\int \cos^2 x\,\mathrm{d}x =$ ________.

6. $\int \sin^2 x\,\mathrm{d}x =$ ________.

7. $\int \sec^4 x\,\mathrm{d}x =$ ________.

8. $\int \cot^2 x\,\mathrm{d}x =$ ________.

9. $\int \sqrt[5]{1-3x}\,\mathrm{d}x =$ ________.

10. $\int \dfrac{1+2x}{1+x^2}\,\mathrm{d}x =$ ________.

11. $\int \dfrac{x^2}{x^2-1}\,\mathrm{d}x =$ ________.

12. $\int \dfrac{\mathrm{d}x}{x^2-x+2} =$ ________.

13. $\int x\sqrt{x^2-1}\,\mathrm{d}x =$ ________.

14. $\int \dfrac{1+x}{\sqrt{1-x^2}}\,\mathrm{d}x =$ ________.

15. $\int \dfrac{\sqrt[5]{1-2x+x^2}}{1-x}\,\mathrm{d}x =$ ________.

16. $\int \dfrac{\mathrm{d}x}{\sqrt{2-3x^2}} =$ ________.

17. $\int \dfrac{\mathrm{e}^{2x}-1}{\mathrm{e}^x+1}\,\mathrm{d}x =$ ________.

18. $\int \dfrac{\mathrm{d}x}{\mathrm{e}^x+\mathrm{e}^{-x}} =$ ________.

19. $\int \dfrac{\ln^3 x}{x}\,\mathrm{d}x =$ ________.

20. $\int \dfrac{\mathrm{d}x}{x\ln x\ln(\ln x)} =$ ________.

二、求不定积分

1. $\int \dfrac{\mathrm{d}x}{\mathrm{e}^x-1}$.

2. $\int \dfrac{\mathrm{d}x}{x(x^3-1)}$.

3. $\int \dfrac{\mathrm{d}x}{1+\cos^2 x}$.

4. $\int \dfrac{\mathrm{d}x}{\sin x-\cos x}$.

5. $\int \dfrac{\mathrm{d}x}{1+\cos x}$.

6. $\displaystyle\int \frac{\mathrm{d}x}{1+\sin 2x}$.

7. $\displaystyle\int \frac{\mathrm{d}x}{\sqrt{x}(1+x)}$.

8. $\displaystyle\int \frac{\mathrm{d}x}{3x^2-2x-1}$.

9. $\displaystyle\int \frac{1}{1-x^2}\ln\frac{1+x}{1-x}\,\mathrm{d}x$.

10. $\displaystyle\int \frac{\sin^2 x}{\cos^6 x}\,\mathrm{d}x$.

11. $\displaystyle\int \frac{\sin x\cos x}{\sin^4 x+\cos^4 x}\,\mathrm{d}x$.

12. $\displaystyle\int \frac{\mathrm{d}x}{(\arcsin x)^2\sqrt{1-x^2}}$.

13. $\displaystyle\int \frac{\cos x\,\mathrm{d}x}{\sqrt{2+\cos 2x}}$.

14. $\displaystyle\int \frac{x^3\,\mathrm{d}x}{\sqrt{1+x^2}}$.

15. $\displaystyle\int \sqrt{1-x^2}\,\mathrm{d}x$.

16. $\displaystyle\int \frac{\mathrm{d}x}{x^2\sqrt{1+x^2}}$.

17. $\displaystyle\int \frac{\mathrm{d}x}{x^2\sqrt{1-x^2}}$.

18. $\displaystyle\int \frac{x+1}{x^2\sqrt{x^2-1}}\,\mathrm{d}x$.

19. $\displaystyle\int \frac{x^2}{\sqrt{a^2-x^2}}\,\mathrm{d}x$.

20. $\displaystyle\int \frac{\mathrm{d}x}{x^2\sqrt{x^2-a^2}}$.

三、求不定积分

1. $\displaystyle\int x\cos x\,\mathrm{d}x$.

2. $\displaystyle\int x^2\sin 2x\,\mathrm{d}x$.

3. $\displaystyle\int x^2\mathrm{e}^{-2x}\,\mathrm{d}x$.

4. $\displaystyle\int x\arctan x\,\mathrm{d}x$.

5. $\displaystyle\int \csc^3 x\,\mathrm{d}x$.

6. $\displaystyle\int \ln(x+\sqrt{1+x^2})\,\mathrm{d}x$.

7. $\int x^2 \arccos x \, \mathrm{d}x$.

8. $\int \sin x \cdot \ln(\tan x) \, \mathrm{d}x$.

9. $\int \frac{\ln(1+x)}{(2-x)^2} \, \mathrm{d}x$.

10. $\int \frac{\ln(\cos x)}{\cos^2 x} \, \mathrm{d}x$.

11. $\int \frac{\ln(\sin x)}{\sin^2 x} \, \mathrm{d}x$.

12. $\int \frac{x\mathrm{e}^x}{(\mathrm{e}^x+1)^2} \, \mathrm{d}x$.

13. $\int \frac{x\mathrm{e}^x}{(x+1)^2} \, \mathrm{d}x$.

14. $\int \frac{\arctan \mathrm{e}^x}{\mathrm{e}^{2x}} \, \mathrm{d}x$.

15. $\int \frac{\mathrm{arccot}\mathrm{e}^x}{\mathrm{e}^x} \, \mathrm{d}x$.

16. $\int (\frac{\ln x}{x})^2 \, \mathrm{d}x$.

17. $\int \frac{\ln(1+x^2)}{x^3} \, \mathrm{d}x$.

18. $I_n = \int \cos^n x \, \mathrm{d}x \ (n \in \mathbb{N}^+)$.

19. $\int x^\alpha \ln x \, \mathrm{d}x$.

20. $\int \tan^4 x \, \mathrm{d}x$.

四、求不定积分

1. $\int |x| \, \mathrm{d}x$.

2. $\int \max(1, x^2) \, \mathrm{d}x$.

3. $\int \frac{x \, \mathrm{d}x}{x^3-3x+2}$.

4. $\int \frac{x}{x^4-2x^2-1} \, \mathrm{d}x$.

5. $\int \frac{x^5}{x^6-x^3-2} \, \mathrm{d}x$.

6. $\int \frac{\mathrm{d}x}{x^4+1}$.

7. $\int \frac{x^2}{x^4+1} \, \mathrm{d}x$.

8. $\displaystyle\int \frac{x^3}{x^4 - x^2 + 2}\,dx$.

9. $\displaystyle\int \frac{dx}{1 + 4\cos x}$.

10. $\displaystyle\int \frac{dx}{\sin x + 2\cos x + 3}$.

11. $\displaystyle\int \frac{\sin^2 x}{2\cos x + \sin x}\,dx$.

12. $\displaystyle\int \frac{x\,dx}{\sqrt{1 - 3x^2 - 2x^4}}$.

§6.4　提高与综合习题

一、求不定积分

1. $\displaystyle\int x(x-1)^{100}dx$.

2. $\displaystyle\int \frac{dx}{\sin 2x \cos x}$.

3. $\displaystyle\int e^{ax}\cos bx\,dx$.

4. $\displaystyle\int x\ln\left(\frac{1+x}{1-x}\right)dx$.

5. $\displaystyle\int \frac{xdx}{1 - \sin x}$.

6. $\displaystyle\int \sin(\ln x)\,dx$.

7. $\displaystyle\int \frac{dx}{(a^2 + x^2)^2}$.

8. $\displaystyle\int \frac{\sec x \csc x}{\ln(\tan x)}\,dx$.

9. $\displaystyle\int \frac{x^5}{\sqrt{1 + x^2}}\,dx$.

10. $\displaystyle\int \frac{\arctan\frac{1}{x}}{1 + x^2}\,dx$.

11. $\displaystyle\int \frac{x + \sin x\cos x}{(\cos x - x\sin x)^2}\,dx$.

12. $\displaystyle\int e^{2x}(\tan x + 1)^2\,dx$.

13. $\displaystyle\int \frac{e^{\sin 2x}\sin^2 x}{e^{2x}}\,dx$.

14. $\displaystyle\int \frac{dx}{(x+1)\sqrt{x^2 + 1}}$.

15. $\int \frac{\mathrm{d}x}{\sin^3 x + \sin 3x}$.

16. $\int \frac{1+x}{x(1+x\mathrm{e}^x)}\mathrm{d}x$.

17. $\int \frac{x\mathrm{e}^{\arctan x}}{(\sqrt{1+x^2})^3}\mathrm{d}x$.

18. $\int \frac{\arctan x}{x^2(1+x^2)}\mathrm{d}x$.

19. $\int \frac{x\mathrm{e}^x}{\sqrt{\mathrm{e}^x-2}}\mathrm{d}x(x>1)$.

20. $\int \frac{1}{\sqrt{\tan x}}\mathrm{d}x$.

二、多种方法求下列不定积分

1. $\int \csc x \mathrm{d}x$.

2. $\int \sec x \mathrm{d}x$.

3. $\int \frac{\mathrm{d}x}{1+\cos x}$.

4. $\int \frac{\mathrm{d}x}{\sin x + \cos x}$.

§6.5 自测题

一、判断题 (假设原函数都存在)

1. 奇函数的原函数是偶函数. (　　)
2. 偶函数的原函数是奇函数. (　　)
3. 周期函数的原函数是周期函数. (　　)
4. 单调函数的原函数是单调函数. (　　)
5. 设 $F(x)$ 是 $f(x)$ 的原函数, 则 $F(x)$ 是连续函数. (　　)

二、填空题

1. $\int \frac{(1+x)^2}{1+x^2}\mathrm{d}x =$ __________.

2. $\int \frac{1}{(x^2-4x+4)(x^2-4x+5)}\mathrm{d}x =$ __________.

3. 在$a \neq b$时, 欲使等式$\int \frac{\mathrm{d}x}{(a+b\sin x)^2} = \frac{A\cos x}{a+b\sin x} + B\int \frac{\mathrm{d}x}{a+b\sin x}$成立, 则$A =$ __________, $B =$ __________.

4. 设不定积分 $\int \frac{x^2+ax+2}{(x+1)(x^2+1)}\,\mathrm{d}x$ 的结果中不含反正切函数, 则$a=$ ________.

三、计算题

1. $\int \frac{\mathrm{e}^{3x}+1}{\mathrm{e}^x+1}\,\mathrm{d}x$.

2. $\int \frac{\sin x\cos x}{\sqrt{a^2\sin^2 x+b^2\cos^2 x}}\,\mathrm{d}x$.

3. $\int \frac{1}{1-x^2}\ln\frac{1+x}{1-x}\,\mathrm{d}x$.

4. $\int \frac{x\ln(x+\sqrt{1+x^2})}{\sqrt{1+x^2}}\,\mathrm{d}x$.

5. $\int \frac{\sin^3 x}{\cos^4 x}\,\mathrm{d}x$.

四、综合题

1. 设$f(x)=\begin{cases}0, & x<0,\\ x+1, & 0\leqslant x\leqslant 1,\\ 2x, & x>1,\end{cases}$ 求$\int f(x)\,\mathrm{d}x$.

2. 设$I_n=\int \tan^n x\,\mathrm{d}x$,证明：$I_n=\frac{1}{n-1}\tan^{n-1}x-I_{n-2}\,(n\geqslant 3)$.

3. 设曲线$y=f(x)$过$(1,2)$且其上一点 (x,y) 处切线与y轴交于$(0,\frac{y}{2})$, 求 $\int f(x)\,\mathrm{d}x$.

4. 设$f(x)$在$[a,b]$上连续,在(a,b)内可导且$f(a)=f(b)=0$, 则对在$[a,b]$ 上任一连续函数$g(x)$,至少存在一点$\xi\in(a,b)$使得$f'(\xi)+f(\xi)g(\xi)=0$.

5. 证明: $\operatorname{sgn} x,\ x\in[-1,1]$不存在原函数$F(x)$.

§6.6　思考、探索题与数学实验题

一、思考与探索题

1. 请总结有理函数的积分方法, 并研究其原函数的类型.

2. 探索是否存在连续函数, 其原函数不能用我们学习的方法求出.

3. 如何理解原函数存在, 但是却不能求出(初等形式的)原函数, 这类函数有什么数学意义? 整理原函数不是初等函数的函数类型, 了解由这些函数的原函数定义的新函数的重要作用.

二、数学实验题

利用 Mathematica 求下列不定积分:

1. $\int x\arctan x\,\mathrm{d}x$.

(提示: 可以输入命令: Integrate[x ArcTan[x], x])

2. $\int x\sqrt[3]{1-x}\,\mathrm{d}x$.

3. $\displaystyle\int \frac{x^4+1}{x^6+1}\mathrm{d}x$.

4. $\displaystyle\int \frac{1}{2+\sin x}\mathrm{d}x$.

5. $\displaystyle\int x^3\mathrm{e}^x\mathrm{d}x$.

6. $\displaystyle\int \ln\sin x\,\mathrm{d}(\sin x)$.

§6.7 本章习题答案与参考解答

§6.7.1 基本习题

一、填空题

1. $\dfrac{(x-5)^{2023}}{2023}+C$; 2. $\dfrac{x^4}{4}-\dfrac{4x^3}{3}+2x^2+C$; 3. $-\mathrm{e}^{-x}+C$;

4. $\dfrac{4^x}{2\ln 2}+\dfrac{9^x}{2\ln 3}+2\dfrac{6^x}{\ln 6}+C$; 5. $\dfrac{x}{2}+\dfrac{\sin(2x)}{4}+C$; 6. $\dfrac{x}{2}-\dfrac{\sin(2x)}{4}+C$;

7. $\dfrac{1}{3}\tan^3 x+\tan x+C$; 8. $-\cot x-x+C$; 9. $-\dfrac{5}{18}(1-3x)^{\frac{6}{5}}+C$;

10. $\arctan x+\ln(x^2+1)+C$; 11. $x+\dfrac{1}{2}\ln|\dfrac{x-1}{x+1}|+C$; 12. $\dfrac{2\sqrt{7}}{7}\arctan\dfrac{\sqrt{7}}{7}(2x-1)+C$;

13. $\dfrac{1}{3}\sqrt{x^2-1}^3+C$; 14. $\arcsin x-\sqrt{1-x^2}+C$; 15. $-\dfrac{5}{2}(1-x)^{\frac{2}{5}}+C$;

16. $\dfrac{1}{\sqrt{3}}\arcsin\sqrt{\dfrac{3}{2}}x+C$; 17. e^x-x+C; 18. $\arctan\mathrm{e}^x+C$;

19. $\dfrac{1}{4}(\ln x)^4+C$; 20. $\ln(\ln(\ln x))+C$.

二、求不定积分

1. $-x+\ln|\mathrm{e}^x-1|+C$; 2. $\dfrac{1}{3}\ln\left|\dfrac{x^3-1}{x^3}\right|+C$; 3. $\dfrac{\sqrt{2}}{2}\arctan\left(\dfrac{\sqrt{2}}{2}\tan x\right)+C$;

4. $\dfrac{\sqrt{2}}{2}\ln\left|\csc\left(x-\dfrac{\pi}{4}\right)-\cot\left(x-\dfrac{\pi}{4}\right)\right|+C$; 5. $\tan\dfrac{x}{2}+C$; 6. $-\dfrac{1}{2}\cot\left(x+\dfrac{\pi}{4}\right)+C$;

7. $2\arctan\sqrt{x}+C$; 8. $\dfrac{1}{4}\ln\left|\dfrac{x-1}{3x+1}\right|+C$; 9. $\dfrac{1}{4}\left(\ln\dfrac{1+x}{1-x}\right)^2+C$;

10. $\dfrac{1}{5}\tan^5 x+\dfrac{1}{3}\tan^3 x+C$; 11. $-\dfrac{1}{2}\arctan(\cos 2x)+C$; 12. $-\dfrac{1}{\arcsin x}+C$;

13. $\dfrac{\sqrt{2}}{2}\arcsin\left(\sqrt{\dfrac{2}{3}}\sin x\right)+C$; 14. $\dfrac{1}{3}(1+x^2)^{\frac{3}{2}}-\sqrt{1+x^2}+C$; 15. $\dfrac{1}{2}\arcsin x+\dfrac{1}{2}x\sqrt{1-x^2}+C$;

16. $-\dfrac{\sqrt{1+x^2}}{x}+C$, 提示: 利用倒代换; 17. $-\dfrac{\sqrt{1-x^2}}{x}+C$, 提示: 利用倒代换;

18. $\dfrac{\sqrt{x^2-1}}{x}-\arcsin\dfrac{1}{x}+C$, 提示: 利用倒代换;

19. $\dfrac{a^2}{2}\arcsin\dfrac{x}{a}-\dfrac{x}{2}\sqrt{a^2-x^2}+C$; 20. $\dfrac{\sqrt{x^2-a^2}}{a^2x}$, 提示: 令 $x=\dfrac{a}{t}$.

三、求不定积分

1. $x\sin x+\cos x+C$;

2. $(-\frac{1}{2}x^2+\frac{1}{4})\cos 2x+\frac{x}{2}\sin 2x+C$;
3. $(-\frac{1}{2}x^2-\frac{x}{2}-\frac{1}{4})\mathrm{e}^{-2x}+C$;
4. $\frac{1+x^2}{2}\arctan x-\frac{x}{2}+C$;
5. $-\frac{1}{2}(\csc x\cot x-\ln|\csc x-\cot x|)+C$;
6. $x\ln(x+\sqrt{1+x^2})-\sqrt{1+x^2}+C$;
7. $\frac{x^3}{3}\arccos x+\frac{1}{9}(1-x^2)^{\frac{3}{2}}-\frac{1}{3}\sqrt{1-x^2}+C$;
8. $-\cos x\ln(\tan x)+\ln|\tan\frac{x}{2}|+C$;
9. $\frac{\ln(1+x)}{2-x}-\frac{1}{3}\ln(1+x)+\frac{1}{3}\ln|2-x|+C$;
10. $\tan x-x+\tan x\ln(\cos x)+C$;
11. $-\cot x\ln(\sin x)-\cot x-x+C$;
12. $-\frac{x}{\mathrm{e}^x+1}+x-\ln(\mathrm{e}^x+1)+C$;
13. $\frac{1}{x+1}\mathrm{e}^x+C$;
14. $-\frac{1}{2}[(\mathrm{e}^{-2x}+1)\arctan\mathrm{e}^x+\mathrm{e}^{-x}]+C$;
15. $-\mathrm{e}^{-x}\mathrm{arccot}\mathrm{e}^x-x+\frac{1}{2}\ln(1+\mathrm{e}^{2x})+C$;
16. $-\frac{1}{x}(\ln^2 x+2\ln x+2)+C$;
17. $-\frac{1}{2}\frac{\ln(1+x^2)}{x^2}-\frac{1}{2}\ln\frac{1+x^2}{x^2}+C$;
18. $I_1=\sin x+C,\ I_2=\frac{x}{2}+\frac{1}{4}\sin 2x+C,\ I_n=\frac{1}{n}\sin x\cos^{n-1}x+\frac{n-1}{n}I_{n-2}+C\ (n\geqslant 2)$;
19. $\alpha\neq -1:\ \frac{x^{\alpha+1}}{\alpha+1}(\ln x-\frac{1}{\alpha+1})+C,\quad \alpha=-1:\ \frac{1}{2}\ln^2 x+C$;
20. $\frac{1}{3}\tan^3 x-\tan x+x+C$.

四、求不定积分

1. $\frac{x}{2}|x|+C$;
2. $\begin{cases}\frac{1}{3}x^3-\frac{2}{3}+C, & x\leqslant -1,\\ x+C, & -1<x<1,\\ \frac{1}{3}x^3+\frac{2}{3}+C, & x\geqslant 1;\end{cases}$
3. $-\frac{2}{9}\ln|x+2|+\frac{2}{9}\ln|x-1|-\frac{1}{3(x-1)}+C$;
4. $\frac{1}{4\sqrt{2}}\ln\left|\frac{(x^2-1)-\sqrt{2}}{(x^2-1)+\sqrt{2}}\right|+C$;
5. $\frac{1}{9}(2\ln|x^3-2|+\ln|x^3+1|)+C$;

6. $\frac{1}{2\sqrt{2}}\arctan\frac{x-\frac{1}{x}}{\sqrt{2}}-\frac{1}{4\sqrt{2}}\ln\left|\frac{x+\frac{1}{x}-\sqrt{2}}{x+\frac{1}{x}+\sqrt{2}}\right|+C$;

7. $\frac{1}{2\sqrt{2}}\arctan\frac{x-\frac{1}{x}}{\sqrt{2}}+\frac{1}{4\sqrt{2}}\ln\left|\frac{x+\frac{1}{x}-\sqrt{2}}{x+\frac{1}{x}+\sqrt{2}}\right|+C$;

8. $\frac{1}{4}\ln|x^4-x^2+2|+\frac{1}{2\sqrt{7}}\arctan\frac{2x^2-1}{\sqrt{7}}+C$;

9. $\frac{1}{\sqrt{15}}\ln\left|\frac{\sqrt{5}+\sqrt{3}\tan\frac{x}{2}}{\sqrt{5}-\sqrt{3}\tan\frac{x}{2}}\right|+C$;

10. $\arctan\left(\frac{1}{2}\tan\frac{x}{2}+\frac{1}{2}\right)+C$;

11. $-\frac{4\sqrt{5}}{25}\ln\left|\frac{\sqrt{5}+1-2\tan\frac{x}{2}}{\sqrt{5}-1+2\tan\frac{x}{2}}\right|-\frac{1}{5}(\cos x+2\sin x)+C$;

12. $\frac{1}{2\sqrt{2}}\arcsin\frac{4}{\sqrt{17}}(x^2+\frac{3}{4})+C$.

§6.7.2　提高与综合习题

一、求不定积分

1. $\frac{1}{102}(x-1)^{102}+\frac{1}{101}(x-1)^{101}+C$;
2. $\frac{1}{2\cos x}+\frac{1}{2}\ln|\csc x-\cot x|+C$;
3. $e^{ax}\frac{a\cos bx+b\sin bx}{a^2+b^2}+C$;
4. $\frac{x^2-1}{2}\ln(\frac{1+x}{1-x})+x+C$;
5. $x(\tan x+\sec x)+\ln(1-\sin x)+C$;
6. $\frac{x}{2}[\sin(\ln x)-\cos(\ln x)]+C$;
7. $\frac{1}{2a^3}\arctan\frac{x}{a}+\frac{1}{4a^3}\sin 2\arctan\frac{x}{a}+C$;
8. $\ln|\ln(\tan x)|+C$;
9. $\frac{1}{15}(8-4x^2+3x^4)\sqrt{1+x^2}+C$;
10. $-\frac{1}{2}\arctan^2\frac{1}{x}+C$;
11. $\frac{1}{1-x\tan x}+C$;
12. $e^{2x}\tan x+C$;
13. $-\frac{1}{4}e^{\sin 2x-2x}+C$;

14. $\dfrac{\sqrt{2}}{2}\ln\left|\tan\left(\dfrac{\arctan x+\frac{\pi}{4}}{2}\right)\right|+C$;

15. $\dfrac{1}{3}[\ln|\csc x-\cot x|+\sec x]+C$;

16. $\ln|\dfrac{xe^x}{1+xe^x}|+C$;

17. $\dfrac{x-1}{2\sqrt{1+x^2}}e^{\arctan x}+C$;

18. $-\dfrac{\arctan x}{x}-\dfrac{1}{2}\arctan^2 x+\dfrac{1}{2}\ln\dfrac{x^2}{1+x^2}+C$;

19. $2(x-2)\sqrt{e^x-2}+4\sqrt{2}\arctan\sqrt{\dfrac{1}{2}e^x-1}+C$;

20. $\dfrac{1}{2\sqrt{2}}\ln|\dfrac{\tan x+\sqrt{2\tan x}+1}{1-\sqrt{2\tan x}+\tan x}|+\dfrac{\sqrt{2}}{2}\arctan(\sqrt{2\tan x}+1)+\dfrac{\sqrt{2}}{2}\arctan(\sqrt{2\tan x}-1)+C.$

二、多种方法求下列不定积分

1. $\ln|\csc x-\cot x|+C$;
2. $\ln|\tan x+\sec x|+C$;
3. $\tan\dfrac{x}{2}+C$;
4. $\dfrac{\sqrt{2}}{2}\ln|\csc\left(x+\dfrac{\pi}{4}\right)-\cot\left(x+\dfrac{\pi}{4}\right)|+C.$

第7章 定积分

§7.1 内容提要

一、基本概念

黎曼和, 黎曼可积, 定积分, 定积分几何意义, Darboux (达布) 大和, Darboux (达布) 小和, 可积条件, 变限积分,弧长, 曲率

二、基本定理与性质

1. 有界函数黎曼可积的四个充分必要条件

条件1 $f(x)$ 在 $[a,b]$ 上可积的充分必要条件是 $f(x)$ 在 $[a,b]$ 上的上积分与下积分相等: $\overline{I}=\underline{I}$, 其中 $\overline{I},\underline{I}$ 分别是 $f(x)$ 在 $[a,b]$ 上 Darboux 大和的下确界和 Darboux 小和的上确界.

条件2 $f(x)$ 在 $[a,b]$ 上可积的充分必要条件是

$$\lim_{||P||\to 0}\sum_{i=1}^{n}\omega_i\triangle x_i=0.$$

条件3 $f(x)$ 在 $[a,b]$ 上可积的充分必要条件是: 对任意给定的 $\varepsilon>0$, 存在某一划分 P, 使得相应的振幅满足$\sum\limits_{i=1}^{n}\omega_i\Delta x_i<\varepsilon$.

条件4 $f(x)$ 在 $[a,b]$ 上可积的充分必要条件是: 对任意给定的 $\varepsilon>0,\eta>0$, 存在某一划分 P, 使得在划分 P 的所有小区间中满足振幅 $\omega_{i'}\geqslant\varepsilon$ 的小区间 $\Delta x_{i'}$ 的总长度 $\sum\limits_{i'}\Delta x_{i'}<\eta$.

2. 闭区间上三类可积函数

(1) **连续函数:** 若函数 $f(x)$ 在闭区间 $[a,b]$ 上连续, 则 $f(x)$ 在区间 $[a,b]$ 上可积.

(2) **单调函数:** 若函数 $f(x)$ 在闭区间 $[a,b]$ 上单调, 则 $f(x)$ 在区间 $[a,b]$ 上可积.

(3) **有限个间断点的有界函数:** 若函数 $f(x)$ 在闭区间 $[a,b]$ 上有界, 且至多有有限个间断点, 则$f(x)$ 在区间 $[a,b]$ 上可积.

3. 定积分性质

可积必有界, 线性性, 乘积可积性, 可加性, 保序性, 绝对可积性, 积分中值定理

4. 变上限积分函数的分析性质

设函数 $f(x)$ 在 $[a,b]$ 上可积, 函数 $F(x)=\displaystyle\int_a^x f(t)\mathrm{d}t\ (x\in[a,b])$ 具有性质:

(1) $F(x)$ 在 $[a,b]$ 上连续;

(2) 若 $f(x)$ 在 $[a,b]$ 上连续, 则 $F(x)$ 在 $[a,b]$ 上可微, 且有

$$F'(x)=\frac{\mathrm{d}}{\mathrm{d}x}\int_a^x f(t)\mathrm{d}t=f(x),\ x\in[a,b].$$

三、基本计算与证明

1. 定积分计算

Newton-Leibniz 公式, 换元法, 分部积分法

2. 各种形式变限积分的导数

(1) 基本型: $\Phi(x)=\displaystyle\int_a^x f(t)\mathrm{d}t$,

$$\Phi'(x)=f(x).$$

(2) 上下限复合型: $\Phi(x)=\displaystyle\int_{a(x)}^{b(x)} f(t)\mathrm{d}t$,

$$\Phi'(x)=f(b(x))b'(x)-f(a(x))a'(x).$$

(3) 被积函数混合型: $\Phi(x)=\displaystyle\int_{a(x)}^{b(x)}\big[g(x)+h(t)\big]f(t)\mathrm{d}t$, 变形为

$$\Phi(x)=g(x)\int_{a(x)}^{b(x)} f(t)\mathrm{d}t+\int_{a(x)}^{b(x)} h(t)f(t)\mathrm{d}t.$$

(4) 被积函数复合型: $\Phi(x)=\displaystyle\int_{a(x)}^{b(x)} f(\varphi(x,t))\mathrm{d}t$, 令$u=\varphi(x,t)$, 变形为

$$\Phi(x)=\int_{A(x)}^{B(x)} g(u)\mathrm{d}u.$$

3. 定积分的应用

几何: 面积, 弧长, 体积, 曲面面积, 曲率等

物理: 平均值, 质量, 功, 压力, 引力等

4. 函数可积性的证明

5. 关于定积分以及变限积分的性质应用

四、特殊函数的积分性质

1. 奇偶函数

设 $f(x)$ 在区间 $[-a,a](a>0)$ 上连续, 记 $F(x)=\displaystyle\int_0^x f(t)\mathrm{d}t,\ x\in[-a,a]$.

若 $f(x)$ 是偶函数, 则 $F(x)$ 是奇函数, 且 $\displaystyle\int_{-a}^a f(x)\mathrm{d}x=2\int_0^a f(x)\mathrm{d}x$; 若 $f(x)$ 是奇函数, 则 $F(x)$ 是偶函数, 且 $\displaystyle\int_{-a}^a f(x)\mathrm{d}x=0$.

2. 周期函数

设 $f(x)$ 是以 T 为周期的连续函数, 则对于任意的实数 a, 成立 $\int_a^{a+T} f(x)\,\mathrm{d}x = \int_0^T f(x)\,\mathrm{d}x$.

3. 连续与单调函数

(积分第一中值定理) 设函数 $f(x)$ 在 $[a,b]$ 上连续, 且 $g(x)$ 在 $[a,b]$ 上可积且不变号, 则至少存在一点 $\xi \in [a,b]$, 使得

$$\int_a^b f(x)g(x)\,\mathrm{d}x = f(\xi)\int_a^b g(x)\,\mathrm{d}x.$$

(积分中值定理) 令 $g(x)=1$, $x\in[a,b]$, 则至少存在一点 $\xi\in[a,b]$ 或者 $0\leqslant\theta\leqslant 1$, 使得

$$\int_a^b f(x)\,\mathrm{d}x = f(\xi)(b-a) = f(a+\theta(b-a))(b-a).$$

(积分第二中值定理) 设函数 $f(x),g(x)$ 在 $[a,b]$ 上可积,

(1) 若函数 $g(x)$ 在 $[a,b]$ 上单调减少, 且 $g(x)\geqslant 0$, 则存在 $\xi\in[a,b]$, 使得

$$\int_a^b f(x)g(x)\mathrm{d}x = g(a)\int_a^\xi f(x)\mathrm{d}x\,.$$

(2) 若函数 $g(x)$ 在 $[a,b]$ 上单调增加, 且 $g(x)\geqslant 0$, 则存在 $\xi\in[a,b]$, 使得

$$\int_a^b f(x)g(x)\mathrm{d}x = g(b)\int_\xi^b f(x)\mathrm{d}x\,.$$

(3) $g(x)$ 在 $[a,b]$ 上单调, 则存在 $\xi\in[a,b]$, 使得

$$\int_a^b f(x)g(x)\mathrm{d}x = g(a)\int_a^\xi f(x)\mathrm{d}x + g(b)\int_\xi^b f(x)\mathrm{d}x\,.$$

(平均值公式) 连续函数 $f(x)$ 在区间 $[a,b]$ 上的平均值为 $\dfrac{1}{b-a}\displaystyle\int_a^b f(x)\,\mathrm{d}x$.

五、积分不等式

设 $f(x)$, $g(x)$ 在 $[a,b]$ 上可积.

1. 保序性

若在 $[a,b]$ 上$f(x)\leqslant g(x)$, 则

$$\int_a^b f(x)\mathrm{d}x \leqslant \int_a^b g(x)\mathrm{d}x.$$

2. 有界性

设 $m=\inf\limits_{x\in[a,b]} f(x)$, $M=\sup\limits_{x\in[a,b]} f(x)$, 则

$$m(b-a)\leqslant \int_a^b f(x)\mathrm{d}x \leqslant M(b-a).$$

3. 绝对值不等式

$$\left|\int_a^b f(x)\mathrm{d}x\right| \leqslant \int_a^b |f(x)|\mathrm{d}x.$$

4. Cauchy-Schwarz 不等式

$$\left(\int_a^b f(x)g(x)\mathrm{d}x\right)^2 \leqslant \int_a^b f^2(x)\mathrm{d}x \cdot \int_a^b g^2(x)\mathrm{d}x.$$

5. Hölder 不等式

设 $p,\ q>0$ 且满足 $\dfrac{1}{p}+\dfrac{1}{q}=1$, 则有

$$\int_a^b \big|f(x)g(x)\big|\mathrm{d}x \leqslant \left(\int_a^b \big|f(x)\big|^p\mathrm{d}x\right)^{\frac{1}{p}}\left(\int_a^b \big|g(x)\big|^q\mathrm{d}x\right)^{\frac{1}{q}}.$$

6. Minkowski 不等式

$$\left(\int_a^b [f(x)+g(x)]^2\mathrm{d}x\right)^{\frac{1}{2}} \leqslant \left(\int_a^b f^2(x)\mathrm{d}x\right)^{\frac{1}{2}}+\left(\int_a^b g^2(x)\mathrm{d}x\right)^{\frac{1}{2}}.$$

六、定积分公式

1. $$\int_0^{\frac{\pi}{2}} \sin^n x\,\mathrm{d}x=\int_0^{\frac{\pi}{2}} \cos^n x\,\mathrm{d}x=\begin{cases}\dfrac{(n-1)!!}{(n)!!}\cdot\dfrac{\pi}{2}, & n\text{为偶数},\\ \dfrac{(n-1)!!}{(n)!!}, & n\text{为奇数}.\end{cases}$$

2. Wallis 公式

$$\lim_{n\to\infty}\left[\frac{(2n)!!}{(2n-1)!!}\right]^2\frac{1}{2n+1}=\frac{\pi}{2}.$$

3. 定积分几何应用计算公式, 见下表.

表7.1

	直角坐标 $y=f(x),x\in[a,b]$	参数方程 $\begin{cases}x=x(t),\\y=y(t),\end{cases} t\in[T_1,T_2]$	极坐标 $r=r(\theta),\theta\in[\alpha,\beta]$
平面图形面积	$\int_a^b \lvert f(x)\rvert \mathrm{d}x$	$\int_{T_1}^{T_2} \lvert y(t)x'(t)\rvert \mathrm{d}t$	$\frac{1}{2}\int_\alpha^\beta r^2(\theta)\mathrm{d}\theta$
弧长微分	$\mathrm{d}l=\sqrt{1+[f'(x)]^2}\,\mathrm{d}x$	$\mathrm{d}l=\sqrt{[x'(t)]^2+[y'(t)]^2}\,\mathrm{d}t$	$\mathrm{d}l=\sqrt{[r(\theta)]^2+[r'(\theta)]^2}\,\mathrm{d}\theta$
曲线弧长	$\int_a^b\sqrt{1+[f'(x)]^2}\,\mathrm{d}x$	$\int_{T_1}^{T_2}\sqrt{[x'(t)]^2+[y'(t)]^2}\,\mathrm{d}t$	$\int_\alpha^\beta\sqrt{[r(\theta)]^2+[r'(\theta)]^2}\,\mathrm{d}\theta$
旋转体体积	$\pi\int_a^b[f(x)]^2\,\mathrm{d}x$	$\pi\int_{T_1}^{T_2} y^2(t)\lvert x'(t)\rvert\mathrm{d}t$	$\frac{2}{3}\pi\int_\alpha^\beta r^3(\theta)\lvert\sin\theta\rvert\mathrm{d}\theta$
旋转曲面面积	$2\pi\int_a^b\lvert f(x)\rvert\sqrt{1+[f'(x)]^2}\,\mathrm{d}x$	$2\pi\int_{T_1}^{T_2}\lvert y(t)\rvert\sqrt{[x'(t)]^2+[y'(t)]^2}\,\mathrm{d}t$	$2\pi\int_\alpha^\beta r(\theta)\lvert\sin\theta\rvert\sqrt{[r(\theta)]^2+[r'(\theta)]^2}\,\mathrm{d}\theta$

§7.2　典型例题讲解

例 7.2.1　判断题

(1) 若 $f(x)$ 在$[a,b]$上可积, 则 $|f(x)|$ 在$[a,b]$上可积. (　　)

(2) 若 $|f(x)|$ 在$[a,b]$ 上可积, 则$f(x)$在$[a,b]$上可积. (　　)

(3) 若 $f(x)$ 在$[a,b]$上可积, 则 $\displaystyle\int_a^b f(x)\,\mathrm{d}x=\int_a^b f(t)\,\mathrm{d}x$. (　　)

(4) 若 $f(x)$ 在$[a,b]$上可积, 则 $\displaystyle\int_a^b f(x)\,\mathrm{d}x=\int_a^b f(t)\mathrm{d}t$. (　　)

(5) 奇函数的原函数是偶函数. (　　)

(6) 偶函数的原函数为奇函数. (　　)

(7) 周期函数的原函数仍为周期函数. (　　)

(8) 若 $\lim\limits_{n\to\infty} f_n(x)=f(x)$, 则 $\lim\limits_{n\to\infty}\displaystyle\int_a^b f_n(x)\,\mathrm{d}x=\int_a^b f(x)\,\mathrm{d}x$. (　　)

(9) 设 $f(x)$ 在区间 $[0,1]$ 上连续, 则$\displaystyle\int_0^1 f(x)\,\mathrm{d}x=\int_0^1 f(\sin x)\mathrm{d}\sin x$. (　　)

(10) 设 $f(x)$ 在区间 $[0,1]$ 上连续, 则$\displaystyle\int_0^1 f(x)\,\mathrm{d}x=\int_0^1 f(x^2)\mathrm{d}x^2$. (　　)

(11) 若$F(x)=\displaystyle\int_0^x f(x-t)\,\mathrm{d}t$, 则 $F'(x)=f(0)$. (　　)

(12) 若$F(x)=\displaystyle\int_0^x xf(t)\,\mathrm{d}t$, 则 $F'(x)=xf(x)$. (　　)

(13) 若 $f(x)$ 是周期为 T 的可积函数, 则对任意常数 a, 都有$\displaystyle\int_a^{a+T} f(x)\,\mathrm{d}x=\int_0^T f(x)\,\mathrm{d}x$. (　　)

(14) 若 $f(x)$ 在 $[a,b]$ 上可积, 则 $\int_a^b f^2(x)\,\mathrm{d}x=0$ 的充分必要条件是 $f(x)\equiv 0, x\in [a,b]$. (　　)

(15) 若 $f(x)$ 在 $[a,b]$ 上连续, 则 $\int_a^b f^2(x)\,\mathrm{d}x=0$ 的充分必要条件是 $f(x)\equiv 0, x\in [a,b]$. (　　)

(16) 若 $f(x)$ 在 $[a,b]$ 上可积, 则 $f(x)$ 在 $[a,b]$ 上存在原函数. (　　)

(17) 若 $f(x)$ 在 $[a,b]$ 上单调, 则 $f(x)$ 在 $[a,b]$ 上可积. (　　)

(18) 若 $f(x)$, $g(x)$ 在 $[a,b]$ 上可积, 则 $\max\{f(x),g(x)\}$ 在 $[a,b]$ 上可积. (　　)

(19) 若 $f(x)$ 在 $[a,b]$ 上可积, 则存在 $\xi\in[a,b]$, 成立 $\int_a^b f(x)\,\mathrm{d}x=f(\xi)(b-a)$. (　　)

(20) 若 $f(x)$, $g(x)$ 在 $[a,b]$ 上可积, 且 $g(x)$ 定号, 则存在 $\xi\in[a,b]$, 成立 $\int_a^b f(x)g(x)\,\mathrm{d}x=f(\xi)\int_a^b g(x)\,\mathrm{d}x$. (　　)

解　(1) √; (2) ×; (3) ×; (4) √; (5) √; (6) ×; (7) ×; (8) ×; (9) ×; (10) √; (11) ×; (12) ×; (13) √; (14) ×; (15) √; (16) ×; (17) √; (18) √; (19) ×; (20) ×.

解析

(2) 反例: $f(x)=\begin{cases}-1, & x\text{为有理数},\\ 1, & x\text{为无理数}\end{cases}$ 在$[0,1]$上不可积, 但 $|f(x)|\equiv 1$ 在$[0,1]$上可积.

(7) 反例: 1 为周期函数, 其原函数 x 不是周期函数.

(8) 反例: 取 $f_n(x)=\begin{cases}n, 0<x\leqslant\dfrac{1}{n},\\ 0, x=0\text{或}\dfrac{1}{n}<x\leqslant 1,\end{cases}$ 则 $\lim\limits_{n\to\infty}f_n(x)=0$, 但是 $\lim\limits_{n\to\infty}\int_0^1 f_n(x)\,\mathrm{d}x=1\neq 0=\int_0^1 0\,\mathrm{d}x$.

(16) 取 $f(x)=\begin{cases}1, 0\leqslant x\leqslant 1,\\ 0, 1<x\leqslant 2,\end{cases}$ 则 $f(x)$ 在 $[0,2]$ 上可积, 但 $f(x)$ 在 $[0,2]$ 上不存在原函数.

例 7.2.2　填空题

(1) $\dfrac{\mathrm{d}}{\mathrm{d}x}\int_0^x \mathrm{e}^{t^2-x^2}\mathrm{d}t=$__________.

(2) 设$f(x)$连续, 则$\dfrac{\mathrm{d}}{\mathrm{d}x}\int_0^x tf(x^2-t^2)\mathrm{d}t=$__________.

(3) 设$F(x)=\int_0^x\left[\int_0^u \sin(u-t)^2\mathrm{d}t\right]\mathrm{d}u$, 则 $F''(x)=$__________.

(4) $\int_{-1}^1\left[x^3\ln(1+x^2)+\sqrt{1-x^2}\,\right]\mathrm{d}x=$__________.

(5) $\int_{-\frac{\pi}{4}}^{\frac{\pi}{4}}(x^3+1)\cos x\,\mathrm{d}x=$ __________.

(6) 曲线 $y=\dfrac{2}{3}(\sqrt{x})^3$ $(0\leqslant x\leqslant 1)$ 的弧长为 __________.

(7) 曲线 $r=\sqrt{\cos 2\theta}$ $(0\leqslant\theta\leqslant\dfrac{\pi}{4})$ 与 $\theta=0$ 所围图形的面积为 __________.

(8) 设细杆位于 x 轴上的区间 $[0,1]$ 上, 且细杆上 x 点处的线密度是 $\rho(x)$, 则细杆的质量为 __________.

(9) 曲线 $y=1-x^2$ 与 x 轴所围成的平面图形绕 x 轴旋转一周所成的旋转体的体积为 __________.

(10) 设光滑曲线 $y=\int_{-\frac{\pi}{2}}^{x}\sqrt{\cos t}\mathrm{d}t$, 则 x 的取值范围为 __________, 曲线的弧长 $s=$ __________.

解 (1) $1-2x\int_0^x \mathrm{e}^{t^2-x^2}\mathrm{d}t$; (2) $xf(x^2)$; (3) $\sin x^2$; (4) $\dfrac{\pi}{2}$; (5) $\sqrt{2}$; (6) $\dfrac{2}{3}(2\sqrt{2}-1)$; (7) $\dfrac{1}{4}$; (8) $\int_0^1\rho(x)\,\mathrm{d}x$; (9) $\dfrac{16}{15}\pi$; (10) $x\in\left[-\dfrac{\pi}{2},\dfrac{\pi}{2}\right]$, 4.

解析

(1) $\int_0^x \mathrm{e}^{t^2-x^2}\mathrm{d}t=\mathrm{e}^{-x^2}\int_0^x\mathrm{e}^{t^2}\mathrm{d}t$, 再利用函数乘积的求导公式.

(2) 令$x^2-t^2=u$, 则 $\int_0^x tf(x^2-t^2)\mathrm{d}t=\dfrac{1}{2}\int_0^{x^2}f(u)\mathrm{d}u$.

(3) 令$u-t=v$, 则 $\int_0^u\sin(u-t)^2\mathrm{d}t=\int_u^0\sin v^2\mathrm{d}(u-v)=\int_0^u\sin v^2\mathrm{d}v$, 于是 $F'(x)=\int_0^x\sin v^2\mathrm{d}v$, 故 $F''=\sin x^2$.

注记 (2)(3) 两题都是利用换元将被积函数单变量化.

(4) 因为 $x^3\ln(1+x^2)$ 是奇函数, 所以 $\int_{-1}^1 x^3\ln(1+x^2)\,\mathrm{d}x=0$. 又 $\int_{-1}^1\sqrt{1-x^2}\,\mathrm{d}x$ 表示半径为 1 的半圆的面积, 所以积分值为$\dfrac{\pi}{2}$.

注记 此题利用对称区间上奇偶函数的积分性质和定积分的几何意义.

(5) $\int_{-\frac{\pi}{4}}^{\frac{\pi}{4}}(x^3+1)\cos x\,\mathrm{d}x=\int_{-\frac{\pi}{4}}^{\frac{\pi}{4}}x^3\cos x\,\mathrm{d}x+\int_{-\frac{\pi}{4}}^{\frac{\pi}{4}}\cos x\,\mathrm{d}x$, 然后利用对称区间上奇偶函数的积分性质.

(10) $s=\int_{-\frac{\pi}{2}}^{\frac{\pi}{2}}\sqrt{1+\cos x}\,\mathrm{d}x=2\sqrt{2}\int_0^{\frac{\pi}{2}}\cos\dfrac{x}{2}\,\mathrm{d}x=4$.

例 7.2.3 选择题

(1) 下面论断中错误的是 ( ).

(A)若$f(x)$在$[a,b]$上可积, 则$f(x)$在$[a,b]$上必有界;

(B)若$f(x)$在$[a,b]$上可积, 则$|f(x)|$在$[a,b]$ 上也必可积;

(C)若$f(x)$在$[a,b]$上可积, 则$\int_a^x f(t)\mathrm{d}t$在$[a,b]$ 上必可导;

(D)若$f(x)$在$[a,b]$上单调, 则$f(x)$在$[a,b]$上必可积.

(2) 设$f(x)$连续, $I=t\int_0^{\frac{s}{t}} f(tx)\,\mathrm{d}x$,其中 $s>0,t>0$, 则I 的值 (　　).

(A) 依赖于s 和t;

(B) 依赖于s,x 和t;

(C) 依赖于t和x, 但不依赖于s;

(D) 依赖于s, 但不依赖于t.

(3) 设$I_k=\int_0^{k\pi}\frac{\sin x}{\sqrt{x}}\,\mathrm{d}x$, 则有 (　　).

(A) $I_1>I_2>0$;　(B) $I_1>0>I_2$;　(C) $I_2>I_1>0$;　(D) $I_2>0>I_1$.

(4) 物体的运动规律为 $s=s(t)$, 介质的阻力与速度的平方成正比, 设比例系数为 k, 则物体从时刻 $t=a$ 运动至 $t=b$ 时克服阻力所做的功为 (　　).

(A) $\int_a^b k[s(t)]^2\mathrm{d}t$;　(B) $\int_a^b k[s'(t)]^2\mathrm{d}t$;　(C) $\int_a^b k[s(t)]^3\mathrm{d}t$;　(D) $\int_a^b k[s'(t)]^3\mathrm{d}t$.

(5) 设$f(x)$ 为连续的偶函数, 则 $f(x)$ 的原函数中 (　　).

(A) 都是奇函数;　(B) 都是偶函数;　(C) 有一个奇函数;　(D)有一个偶函数.

(6) 设 $f(x)$ 在 $[a,b]$ 上连续且无零点, 则方程 $\int_a^x f(t)\mathrm{d}t+\int_b^x\frac{1}{f(t)}\mathrm{d}t=0$ 在 (a,b) 内的实根个数是 (　　).

(A) 0;　(B) 1;　(C) 2;　(D) 3.

(7) 设 $I=\int_0^{\frac{\pi}{2}}\cos(\sin x)\,\mathrm{d}x$, 则 (　　).

(A) $I<1$;　(B) $I>1$;　(C) $I=1$;　(D) $I=0$.

(8) 设函数$f(x)=\begin{cases}1,\ 0\leqslant x\leqslant 1,\\ x,\ 1<x\leqslant 2,\end{cases}$ 则 $\Phi(x)=\int_0^x f(t)\mathrm{d}t$ 在区间 $[0,2]$ 上 (　　).

(A) 有第一类间断点;　(B) 有第二类间断点;　(C) 连续但不可导;　(D) 可导.

(9) 设函数$f(x)$连续, $F(x)=\frac{1}{2}\int_0^x(x-t)^2f(t)\mathrm{d}t$, 则 $F''(x)=$ (　　).

(A) $\int_0^x f(t)\mathrm{d}t$;　(B) $f(x)$;　(C) $x\int_0^x f(t)\mathrm{d}t$;　(D) 0.

(10) 设$I_1=\int_{-\frac{\pi}{4}}^{\frac{\pi}{4}}x\sin x\,\mathrm{d}x$, $I_2=\int_{-\frac{\pi}{4}}^{\frac{\pi}{4}}x^2\sin x\,\mathrm{d}x$, $I_3=\int_{-\frac{\pi}{4}}^{\frac{\pi}{4}}x^2\sin^2 x\,\mathrm{d}x$, 则有 (　　).

(A) $I_2<I_3<I_1$;　(B) $I_3<I_2<I_1$;　(C) $I_1<I_2<I_3$;　(D) $I_2<I_1<I_3$.

解　(1) C;　(2) D;　(3) A;　(4) D;　(5) C;　(6) B;　(7) B;　(8) D;　(9) A;　(10) A.

解析

(2) 令 $tx=u$, 可得 $I=\int_0^s f(u)\mathrm{d}u$.

(3) $I_1=\int_0^{\pi}\frac{\sin x}{\sqrt{x}}\mathrm{d}x>0, I_2=\int_0^{2\pi}\frac{\sin x}{\sqrt{x}}\mathrm{d}x=\int_0^{\pi}\frac{\sin x}{\sqrt{x}}\mathrm{d}x+\int_{\pi}^{2\pi}\frac{\sin x}{\sqrt{x}}\mathrm{d}x$.

而 $\int_{\pi}^{2\pi}\frac{\sin x}{\sqrt{x}}\mathrm{d}x=-\int_0^{\pi}\frac{\sin t}{\sqrt{t+\pi}}\mathrm{d}t$, 故 $I_2=\int_0^{\pi}[\frac{\sin x}{\sqrt{x}}-\frac{\sin x}{\sqrt{x+\pi}}]\mathrm{d}x>0$.

(7) 由 $\sin x<x$ 知 $\cos(\sin x)>\cos x, 0<x<\frac{\pi}{2}$.

(8) $f(x)$ 在区间 $[0,2]$ 上连续.

(9) 因为

$$
\begin{aligned}
F(x)&=\frac{1}{2}\int_0^x(x-t)^2 f(t)\mathrm{d}t=\frac{1}{2}\int_0^x(x^2-2xt+t^2)f(t)\mathrm{d}t\\
&=\frac{x^2}{2}\int_0^x f(t)\mathrm{d}t-x\int_0^x tf(t)\mathrm{d}t+\frac{1}{2}\int_0^x t^2 f(t)\mathrm{d}t,
\end{aligned}
$$

所以

$$
F'(x)=x\int_0^x f(t)\mathrm{d}t-\int_0^x tf(t)\mathrm{d}t,\ F''(x)=\int_0^x f(t)\mathrm{d}t.
$$

(10) $I_2=0,\ x\sin x>x^2\sin^2 x\geqslant 0, |x|<1$.

例 7.2.4　求极限

(1) $\lim\limits_{n\to\infty}\sin\frac{\pi}{n}\sum\limits_{i=1}^{n}\frac{1}{2+\frac{\pi i}{n}}$;

(2) $\lim\limits_{n\to\infty}\sqrt[n]{\left(1+\frac{1}{n}\right)(1+\frac{2}{n})\cdots\left(1+\frac{n}{n}\right)}$;

(3) $\lim\limits_{n\to\infty}\sum\limits_{i=1}^{n}\frac{1}{2n}\arctan(\frac{2i-1}{2n})$.

分析　利用定积分的定义求和式的极限是一种重要的方法, 具体过程是将所求极限转化为一个函数的特殊黎曼和的极限, 常见的特殊性有三个方面: 被积函数是连续函数, 划分是等分, 取点是左端点、右端点或者中点.

解　(本题知识点: 定积分定义 +定积分简单计算)

(1) 区间 $[0,\pi]$ 等分, $\Delta x=\frac{\pi}{n}$, 右端点 $\xi_i=\frac{\pi i}{n}, i=1,2,\cdots,n$. 为了将所给和式化为黎曼和的形式, 需要先处理 $\sin\frac{\pi}{n}$.

$$
\begin{aligned}
\lim_{n\to\infty}\sin\frac{\pi}{n}\sum_{i=1}^{n}\frac{1}{2+\frac{\pi i}{n}}&=\lim_{n\to\infty}\frac{\sin\frac{\pi}{n}}{\frac{\pi}{n}}\cdot\frac{\pi}{n}\sum_{i=1}^{n}\frac{1}{2+\frac{\pi i}{n}}\\
&=\lim_{n\to\infty}\frac{\sin\frac{\pi}{n}}{\frac{\pi}{n}}\cdot\lim_{n\to\infty}\frac{\pi}{n}\sum_{i=1}^{n}\frac{1}{2+\frac{\pi i}{n}}=\lim_{n\to\infty}\frac{\pi}{n}\sum_{i=1}^{n}\frac{1}{2+\frac{\pi i}{n}}
\end{aligned}
$$

$$=\int_0^{\pi}\frac{1}{2+x}\,\mathrm{d}x=\ln(2+x)|_0^{\pi}=\ln(2+\pi)-\ln 2=\ln(1+\frac{\pi}{2}).$$

(2) 取对数, 可得

$$\ln[\sqrt[n]{\left(1+\frac{1}{n}\right)\left(1+\frac{2}{n}\right)\cdots\left(1+\frac{n}{n}\right)}]=\frac{1}{n}\sum_{i=1}^{n}\ln(1+\frac{i}{n}).$$

于是

$$\lim_{n\to\infty}\frac{1}{n}\sum_{i=1}^{n}\ln(1+\frac{i}{n})=\int_0^1\ln(1+x)\,\mathrm{d}x=2\ln 2-1,$$

所以

$$\lim_{n\to\infty}\sqrt[n]{\left(1+\frac{1}{n}\right)\left(1+\frac{2}{n}\right)\cdots\left(1+\frac{n}{n}\right)}=\frac{4}{\mathrm{e}}.$$

(3) 对 $[0,1]$ 区间进行 n 等分时, 区间 $[\frac{i-1}{n},\frac{i}{n}]$ 的中点 $\xi_i=\dfrac{\frac{i-1}{n}+\frac{i}{n}}{2}=\dfrac{2i-1}{2n}$, 则

$$\lim_{n\to\infty}\sum_{i=1}^{n}\frac{1}{2n}\arctan\left(\frac{2i-1}{2n}\right)=\frac{1}{2}\lim_{n\to\infty}\sum_{i=1}^{n}\frac{1}{n}\arctan(\xi_i)$$

$$=\frac{1}{2}\int_0^1\arctan x\,\mathrm{d}x=\frac{1}{8}(\pi-2\ln 2).$$

例 7.2.5　求极限

(1) $\lim\limits_{n\to\infty}\int_0^1\dfrac{x^n}{1+x}\,\mathrm{d}x$;

(2) $\lim\limits_{x\to 0}\dfrac{\int_{\sin x}^{x}\sqrt{2+t^2}\mathrm{d}t}{x\sin^2 x}$;

(3) $\lim\limits_{x\to 1}\dfrac{\int_1^x\left(t\int_t^1 f(u)\mathrm{d}u\right)\mathrm{d}t}{(1-x)^3}$, 其中 $f(x)$ 在 $x=1$ 处可导, 且 $f(1)=0,\ f'(1)=1$.

解 (1) 方法1 (定积分单调性+夹逼定理) 由

$$0\leqslant\frac{x^n}{1+x}\leqslant x^n,$$

可知

$$0\leqslant\int_0^1\frac{x^n}{1+x}\,\mathrm{d}x\leqslant\int_0^1 x^n\,\mathrm{d}x=\frac{1}{1+n},$$

所以

$$\lim_{n\to\infty}\int_0^1\frac{x^n}{1+x}\,\mathrm{d}x=0.$$

方法2 (积分第一中值定理)

由于 $\dfrac{1}{1+x}$在$[0,1]$ 连续, x^n 在 $[0,1]$ 上连续且不变号, 则根据积分第一中值定理知

$$\int_0^1 \frac{x^n}{1+x}\,\mathrm{d}x = \frac{1}{1+\xi}\int_0^1 x^n\,\mathrm{d}x = \frac{1}{(1+n)(1+\xi)}, 0 \leqslant \xi \leqslant 1,$$

于是

$$\lim_{n\to\infty}\int_0^1 \frac{x^n}{1+x}\,\mathrm{d}x = \lim_{n\to\infty}\frac{1}{(1+n)(1+\xi)} = 0.$$

思考 请问如下的解答过程是否正确, 为什么?

因为

$$\int_0^1 \frac{x^n}{1+x}\,\mathrm{d}x = \frac{\xi^n}{1+\xi}\ (0<\xi<1),$$

又 $\lim\limits_{n\to\infty}\dfrac{\xi^n}{1+\xi}=0$, 所以 $\lim\limits_{n\to\infty}\displaystyle\int_0^1 \frac{x^n}{1+x}\,\mathrm{d}x = 0$.

(2) 方法1(积分中值定理) $\sqrt{2+t^2}$ 是连续函数, 根据积分中值定理可得

$$\lim_{x\to0}\frac{\displaystyle\int_{\sin x}^{x}\sqrt{2+t^2}\,\mathrm{d}t}{x\sin^2 x} = \lim_{x\to0}\frac{\sqrt{2+\xi^2}(x-\sin x)}{x^3},$$

其中 ξ 介于 x 与 $\sin x$ 之间. 于是

$$\lim_{x\to0}\frac{\displaystyle\int_{\sin x}^{x}\sqrt{2+t^2}\,\mathrm{d}t}{x\sin^2 x} = \lim_{\xi\to0}\sqrt{2+\xi^2}\cdot\lim_{x\to0}\frac{x-\sin x}{x^3} = \sqrt{2}\cdot\frac{1}{6} = \frac{\sqrt{2}}{6}.$$

方法2 (等价无穷小量替换+变限积分的求导+ L'Hospital 法则+Taylor 公式)

$$\begin{aligned}\lim_{x\to0}\frac{\displaystyle\int_{\sin x}^{x}\sqrt{2+t^2}\mathrm{d}t}{x\sin^2 x} &= \lim_{x\to0}\frac{\displaystyle\int_{\sin x}^{x}\sqrt{2+t^2}\mathrm{d}t}{x^3} = \lim_{x\to0}\frac{\sqrt{2+x^2}-\sqrt{2+\sin^2 x}\cos x}{3x^2}\\ &= \lim_{x\to0}\frac{\sqrt{2}(1+\frac{x^2}{4})-\sqrt{2}(1+\frac{\sin^2 x}{4})(1-\frac{x^2}{2})+o(x^2)}{3x^2}\\ &= \lim_{x\to0}\frac{\sqrt{2}x^2+o(x^2)}{6x^2} = \frac{\sqrt{2}}{6}.\end{aligned}$$

(3)

$$\lim_{x\to1}\frac{\displaystyle\int_1^x\left(t\int_t^1 f(u)\mathrm{d}u\right)\mathrm{d}t}{(1-x)^3} = \lim_{x\to1}\frac{x\displaystyle\int_x^1 f(u)\mathrm{d}u}{-3(1-x)^2} = -\lim_{x\to1}\frac{x}{3}\lim_{x\to1}\frac{\displaystyle\int_x^1 f(u)\mathrm{d}u}{(1-x)^2}$$

$$= -\frac{1}{3}\lim_{x\to1}\frac{f(x)}{2(1-x)} = \frac{1}{6}\lim_{x\to1}\frac{f(x)}{x-1} = \frac{1}{6}\lim_{x\to1}\frac{f(x)-f(1)}{x-1} = \frac{1}{6}.$$

思考 在此题的条件下, 等式 $\lim\limits_{x\to1}\dfrac{f(x)}{x-1} = \lim\limits_{x\to1}\dfrac{f'(x)}{1} = 1$ 是否成立? 为什么?

注记 求极限的方法总结:

1. 极限定义;
2. 极限的运算法则;
3. 极限存在准则;
4. 无穷小量性质;
5. 重要与典型极限;
6. 连续性与可导性;
7. Stolz 公式(数列) 与 L'Hospital 法则(函数);
8. Taylor 公式;
9. 微分中值公式;
10. 定积分定义;
11. 积分中值定理

例 7.2.6 设 $f(x)$ 在$[a,b]$上连续非负, 且 $f(x)$ 不恒为零, 证明

$$\int_a^b f(x)\,\mathrm{d}x > 0.$$

证 由$f(x)$ 的连续性知存在 $x_0\in[a,b]$ 有 $f(x_0)>0$.

不妨设 $x_0\in(a,b)$, 由极限的保号性知 $\exists\delta>0$, 使得当$x\in(x_0-\delta,x_0+\delta)\subset[a,b]$,有$f(x)>\dfrac{f(x_0)}{2}$. 而

$$\int_a^b f(x)\,\mathrm{d}x = \int_a^{x_0-\delta} f(x)\,\mathrm{d}x + \int_{x_0-\delta}^{x_0+\delta} f(x)\,\mathrm{d}x + \int_{x_0+\delta}^{b} f(x)\,\mathrm{d}x.$$

于是由积分的单调性得

$$\int_a^b f(x)\,\mathrm{d}x \geqslant 0 + \frac{f(x_0)}{2}\cdot 2\delta + 0 > 0,$$

故有

$$\int_a^b f(x)\,\mathrm{d}x > 0.$$

例 7.2.7 设$f(x) = x + \sqrt{1-x^2}\displaystyle\int_0^1 xf(x)\,\mathrm{d}x$, 求 $f(x)$.

解 设 $\displaystyle\int_0^1 xf(x)\,\mathrm{d}x = A$, 则 $f(x) = x + A\sqrt{1-x^2}$, 于是

$$A = \int_0^1 xf(x)\,\mathrm{d}x = \int_0^1 x(x+A\sqrt{1-x^2})\,\mathrm{d}x = \int_0^1 x^2\,\mathrm{d}x + A\int_0^1 x\sqrt{1-x^2}\,\mathrm{d}x$$

$$=\frac{1}{3}+A[-\frac{1}{2}\cdot\frac{2}{3}(1-x^2)^{\frac{3}{2}}]_0^1=\frac{1}{3}+\frac{A}{3},$$

解出 $A=\frac{1}{2}$, 所以 $f(x)=x+\frac{1}{2}\sqrt{1-x^2}$.

例 7.2.8　已知函数 $y=y(x)$ 由方程 $\int_0^{x+y}\mathrm{e}^{-t^2}\mathrm{d}t=\int_0^x x\sin(t^2)\mathrm{d}t$ 所确定, 求 $y'(0)$.

解　方程 $\int_0^{x+y}\mathrm{e}^{-t^2}\mathrm{d}t=\int_0^x x\sin(t^2)\mathrm{d}t$ 两端对 x 求导, 得

$$\mathrm{e}^{-(x+y)^2}(1+y')=\int_0^x\sin(t^2)\mathrm{d}t+x\sin(x^2).$$

当$x=0$时, $y=0$, 所以 $y'(0)=-1$.

例 7.2.9　求积分

(1) $I=\int_{-1}^1\frac{2x^2+x\sin(x^{2022})}{1+\sqrt{1-x^2}}\mathrm{d}x$;

(2) $I=\int_{\frac{1}{4}}^{\frac{3}{4}}\frac{\arcsin\sqrt{x}}{\sqrt{x(1-x)}}\mathrm{d}x$;

(3) $I=\int_0^1\frac{\ln(1+x)}{1+x^2}\mathrm{d}x$.

(4) 已知 $f(x)=\int_1^{\sqrt{x}}\mathrm{e}^{-t^2}\mathrm{d}t$, 求$I=\int_0^1\frac{f(x)}{\sqrt{x}}\mathrm{d}x$.

解　(1) 因为$\frac{2x^2}{1+\sqrt{1-x^2}}$ 是偶函数, $\frac{x\sin(x^{2022})}{1+\sqrt{1-x^2}}$ 是奇函数, 所以

$$I=4\int_0^1\frac{x^2}{1+\sqrt{1-x^2}}\mathrm{d}x=4\int_0^1\frac{x^2(1-\sqrt{1-x^2})}{1-(1-x^2)}\mathrm{d}x=4\int_0^1(1-\sqrt{1-x^2})\mathrm{d}x=4-\pi.$$

注记　此题利用了定积分的几何意义.

(2) 解法1 令 $\sqrt{x}=t$, 则

$$I=2\int_{\frac{1}{2}}^{\frac{\sqrt{3}}{2}}\frac{\arcsin t}{\sqrt{1-t^2}}\mathrm{d}t=[(\arcsin t)^2]_{\frac{1}{2}}^{\frac{\sqrt{3}}{2}}=\frac{\pi^2}{12}.$$

解法2 令 $x=\sin^2 t$, 则

$$I=\int_{\frac{\pi}{6}}^{\frac{\pi}{3}}\frac{t}{\sin t\cos t}\mathrm{d}\sin^2 t=2\int_{\frac{\pi}{6}}^{\frac{\pi}{3}}t\mathrm{d}t=\frac{\pi^2}{12}.$$

(3) 令 $x=\tan t$, 则

$$I=\int_0^{\frac{\pi}{4}}\ln(1+\tan t)\mathrm{d}t=\int_0^{\frac{\pi}{4}}\ln\frac{\sin t+\cos t}{\cos t}\mathrm{d}t=\int_0^{\frac{\pi}{4}}\ln\frac{\sqrt{2}\cos(\frac{\pi}{4}-t)}{\cos t}\mathrm{d}t$$

$$= \int_0^{\frac{\pi}{4}} \ln\sqrt{2}\,\mathrm{d}t + \int_0^{\frac{\pi}{4}} \ln\cos(\frac{\pi}{4} - t)\mathrm{d}t - \int_0^{\frac{\pi}{4}} \ln(\cos t)\mathrm{d}t.$$

而

$$\int_0^{\frac{\pi}{4}} \ln\cos(\frac{\pi}{4} - t)\mathrm{d}t = \int_0^{\frac{\pi}{4}} \ln(\cos u)\mathrm{d}u = \int_0^{\frac{\pi}{4}} \ln(\cos t)\mathrm{d}t,$$

所以

$$I = \int_0^{\frac{\pi}{4}} \ln\sqrt{2}\mathrm{d}t + \int_0^{\frac{\pi}{4}} \ln(\cos t)\mathrm{d}t - \int_0^{\frac{\pi}{4}} \ln(\cos t)\mathrm{d}t = \frac{\pi}{8}\ln 2.$$

(4) 由分部积分公式可知

$$I = 2\int_0^1 f(x)\mathrm{d}\sqrt{x} = 2f(x)\sqrt{x}\Big|_0^1 - 2\int_0^1 \sqrt{x}\mathrm{d}f(x) = 0 - \int_0^1 \mathrm{e}^{-x}\,\mathrm{d}x = \mathrm{e}^{-1} - 1.$$

例 7.2.10 设 $f(x)$ 在 $[0,1]$ 上连续, 且 $\int_0^1 f(t)\mathrm{d}t = 3\int_0^{\frac{1}{3}} \mathrm{e}^{1-x^2}\left(\int_0^x f(t)\mathrm{d}t\right)\mathrm{d}x$. 证明至少存在一个 $\xi \in (0,1)$, 使得 $f(\xi) = 2\xi\int_0^{\xi} f(x)\,\mathrm{d}x$.

分析 $\left[\mathrm{e}^{1-x^2}\left(\int_0^x f(t)\mathrm{d}t\right)\right]' = \mathrm{e}^{1-x^2}\left[-2x(\int_0^x f(t)\mathrm{d}t) + f(x)\right].$

证 令 $F(x) = \mathrm{e}^{1-x^2}\left(\int_0^x f(t)\mathrm{d}t\right)$, 由积分中值定理可得

$$\begin{aligned}F(1) &= \int_0^1 f(t)\mathrm{d}t = 3\int_0^{\frac{1}{3}} \mathrm{e}^{1-x^2}\left(\int_0^x f(t)\mathrm{d}t\right)\mathrm{d}x \\ &= 3\int_0^{\frac{1}{3}} F(x)\mathrm{d}x = F(\alpha),\ \ \alpha \in [0, \frac{1}{3}].\end{aligned}$$

于是由 Rolle 定理可知, 存在 $\xi \in (0,1), F'(\xi) = 0$, 即 $f(\xi) = 2\xi\int_0^{\xi} f(x)\,\mathrm{d}x$.

例 7.2.11 设$f(x)$在区间$[0,1]$上连续, 且单调增加, 证明: $\int_0^1 2xf(x)\,\mathrm{d}x \geqslant \int_0^1 f(x)\,\mathrm{d}x$.

证 设 $F(x) = \int_0^x 2tf(t)\mathrm{d}t - x\int_0^x f(t)\mathrm{d}t$, 则

$$\begin{aligned}F'(x) &= 2xf(x) - xf(x) - \int_0^x f(t)\mathrm{d}t \\ &= xf(x) - xf(\xi) = x[f(x) - f(\xi)], \xi \in [0, x],\end{aligned}$$

由题设 $f(x)$ 单调增加知 $F'(x) \geqslant 0$, 所以$F(1) \geqslant F(0) = 0$, 即 $\int_0^1 2xf(x)\,\mathrm{d}x \geqslant \int_0^1 f(x)\,\mathrm{d}x$.

注记 变限积分是构造新函数的一种特殊方式, 因为其独特的性质在定积分相关问题中有非常重要的作用, 关于函数导数的内容都可以平移到变限积分函数上.

例 7.2.12　设 $f(x)$ 在区间 $[a,b]$ 上二阶可导, 试证明: 存在 $c\in(a,b)$, 使得

$$\int_a^b f(x)\,\mathrm{d}x=(b-a)f\Big(\frac{a+b}{2}\Big)+\frac{1}{24}f''(c)(b-a)^2.$$

证　记 $F(x)=\displaystyle\int_a^x f(x)\,\mathrm{d}x,\ x_0=\frac{a+b}{2}, h=\frac{b-a}{2}, x\in[a,b]$. 由题设, $F(x)$ 在 $[a,b]$ 上三阶可导, 将 $x=a$ 和 $x=b$ 代入 $F(x)$ 在 x_0 处的 Taylor 公式为:

$$F(b)=F(x_0)+f(x_0)h+\frac{1}{2}f'(x_0)h^2+\frac{1}{6}f''(\xi)h^3,$$

$$F(a)=F(x_0)-f(x_0)h+\frac{1}{2}f'(x_0)h^2-\frac{1}{6}f''(\eta)h^3,$$

其中 $\xi,\eta\in(a,b)$. 于是有

$$\int_a^b f(x)\,\mathrm{d}x=F(b)-F(a)=(b-a)f(x_0)+\frac{(b-a)^3}{48}[f''(\xi)+f''(\eta)].$$

又因为导函数具有介值性, 所以存在 $c\in(a,b)$ 使得

$$f''(c)=\frac{1}{2}[f''(\xi)+f''(\eta)].$$

故有 $\displaystyle\int_a^b f(x)\,\mathrm{d}x=(b-a)f\Big(\frac{a+b}{2}\Big)+\frac{1}{24}f''(c)(b-a)^3.$

注记　此题中展函数是变限积分 $\displaystyle\int_a^x f(t)\mathrm{d}t$, 目标点是端点 $x=a,\ x=b$, 展开点是中点$x_0=\dfrac{a+b}{2}$.

例 7.2.13　设 $f(x)$ 在区间 $[a,b]$ 上二阶可导, 且 $f''(x)>0$. 证明:

$$(b-a)f\Big(\frac{a+b}{2}\Big)\leqslant\int_a^b f(x)\,\mathrm{d}x.$$

证　方法1　设 $g(x)=\displaystyle\int_a^x f(t)\mathrm{d}t-(x-a)f(\frac{a+x}{2}), x\in[a,b]$, 则

$$\begin{aligned}g'(x)&=f(x)-f(\frac{a+x}{2})-\frac{x-a}{2}f'(\frac{a+x}{2})\\&=f'(\xi)(x-\frac{a+x}{2})-\frac{x-a}{2}f'(\frac{a+x}{2})=\frac{x-a}{2}[f'(\xi)-f'(\frac{a+x}{2})],\end{aligned}$$

其中 $\xi\in(\dfrac{a+x}{2},x)$.

由 $f''(x)>0$ 知 $f'(x)$ 单调增加, 于是有 $f'(\xi)-f'(\dfrac{a+x}{2})>0$, 即可知 $g'(x)\geqslant0$. 又 $g(a)=0$, 故可知 $g(b)\geqslant0$, 即所证不等式成立.

方法2　由 Taylor 公式有

$$f(x)=f\left(\frac{a+b}{2}\right)+f'\left(\frac{a+b}{2}\right)\left(x-\frac{a+b}{2}\right)+\frac{f''(\xi)}{2}\left(x-\frac{a+b}{2}\right)^2,$$

ξ 介于 x 与 $\dfrac{a+b}{2}$ 之间, 于是

$$\int_a^b f(x)\,\mathrm{d}x=f\left(\frac{a+b}{2}\right)(b-a)+\int_a^b f'\left(\frac{a+b}{2}\right)\left(x-\frac{a+b}{2}\right)\mathrm{d}x+\int_a^b \frac{f''(\xi)}{2}\left(x-\frac{a+b}{2}\right)^2\mathrm{d}x$$

因为

$$\int_a^b f'\left(\frac{a+b}{2}\right)\left(x-\frac{a+b}{2}\right)\mathrm{d}x=0,\quad \int_a^b \frac{f''(\xi)}{2}\left(x-\frac{a+b}{2}\right)^2\mathrm{d}x\geqslant 0,$$

所以

$$\int_a^b f(x)\,\mathrm{d}x\geqslant(b-a)f\left(\frac{a+b}{2}\right).$$

方法3　设 $F(x)=\displaystyle\int_{\frac{a+b}{2}}^x f(t)\,\mathrm{d}t,\ x_0=\frac{a+b}{2}$, 则

$$F(x_0)=0,\ F(b)-F(a)=\int_a^b f(x)\,\mathrm{d}x.$$

又

$$F(a)=F(x_0)-f(x_0)\frac{b-a}{2}+\frac{1}{2}f'(x_0)\left(\frac{b-a}{2}\right)^2-\frac{1}{6}f''(\xi_1)\left(\frac{b-a}{2}\right)^3,$$

$$F(b)=F(x_0)+f(x_0)\frac{b-a}{2}+\frac{1}{2}f'(x_0)\left(\frac{b-a}{2}\right)^2+\frac{1}{6}f''(\xi_2)\left(\frac{b-a}{2}\right)^3,$$

其中 $\xi_1,\xi_2\in(a,b)$. 由题设知

$$f''(x)>0,\ f''(\xi_1),\ f''(\xi_2)>0,$$

所以有

$$F(b)-F(a)=\int_a^b f(x)\,\mathrm{d}x\geqslant(b-a)f\left(\frac{a+b}{2}\right).$$

例 7.2.14　设 $f(x)$ 在 $x=0$ 的某邻域 $U(0)$ 内连续可导, 且 $f'(0)\neq 0$, 对任意 $x\in U(0)$, 由积分中值定理可知存在 $\theta(x)(0<\theta(x)<1)$, 成立 $\displaystyle\int_0^x f(t)\mathrm{d}t=f(\theta(x)x)x\,(0<\theta(x)<1)$, 证明:

$$\lim_{x\to 0}\theta(x)=\frac{1}{2}.$$

证　对于 $x \in U(0)$, 设 $F(x) = \int_0^x f(t)\mathrm{d}t$, 则

$$F(0) = 0,\ F'(x) = f(x),\ F''(x) = f'(x).$$

于是$F(x)$ 在 $x = 0$ 点的二阶 Taylor 公式为

$$F(x) = F(0) + F'(0)x + \frac{1}{2}F''(0)x^2 + o(x^2) = f(0)x + \frac{1}{2}f'(0)x^2 + o(x^2),$$

即

$$f(0)x + \frac{1}{2}f'(0)x^2 + o(x^2) = f(\theta(x)x)x.$$

故当 $x \neq 0$时, $f(\theta(x)x) - f(0) = \frac{1}{2}f'(0)x + o(x)$, 且

$$\lim_{x\to 0}\left[\frac{f(\theta(x)x) - f(0)}{\theta(x)x}\theta(x)\right] = \frac{1}{2}\lim_{x\to 0}\frac{f'(0)x + o(x)}{x} = \frac{1}{2}f'(0) + 0 = \frac{1}{2}f'(0),$$

于是有

$$f'(0)\lim_{x\to 0}\theta(x) = \frac{1}{2}f'(0),$$

故

$$\lim_{x\to 0}\theta(x) = \frac{1}{2}.$$

例 7.2.15　(1) (Cauchy-Schwarz 不等式) 设 $f(x)$, $g(x) \in C[a, b]$, 证明:

$$\left(\int_a^b f(x)g(x)\,\mathrm{d}x\right)^2 \leqslant \int_a^b f^2(x)\,\mathrm{d}x \int_a^b g^2(x)\,\mathrm{d}x.$$

(2) 设$f(x) \in C[a, b]$,且$f(x) > 0$, 证明:

$$\int_a^b f(x)\,\mathrm{d}x \int_a^b \frac{1}{f(x)}\,\mathrm{d}x \geqslant (b-a)^2.$$

证　(1) 方法1 若 $g(x) \equiv 0$, $x \in [a, b]$, 结论自然成立.
当 $g(x) \not\equiv 0$, $x \in [a, b]$, 设 $t \in (-\infty, +\infty)$, 构造辅助函数

$$F(t) = \int_a^b \Big[f(x) + tg(x)\Big]^2\,\mathrm{d}x,$$

由积分性质可知　$F(t) \geqslant 0$, $t \in (-\infty, +\infty)$. 而

$$F(t) = \int_a^b f^2(x)\,\mathrm{d}x + 2t\int_a^b f(x)g(x)\,\mathrm{d}x + t^2\int_a^b g^2(x)\,\mathrm{d}x,$$

因而

$$\Delta = 4\left(\int_a^b f(x)g(x)\,\mathrm{d}x\right)^2 - 4\int_a^b f^2(x)\,\mathrm{d}x\int_a^b g^2(x)\,\mathrm{d}x \leqslant 0,$$

整理即得所要证明的不等式.

方法2 设 $F(u) = \int_a^u f^2(x)\,\mathrm{d}x\int_a^u g^2(x)\,\mathrm{d}x - \left(\int_a^u f(x)g(x)\,\mathrm{d}x\right)^2$, $u \in [a,b]$, 则

$$\begin{aligned}F'(u) &= f^2(u)\int_a^u g^2(x)\,\mathrm{d}x + g^2(u)\int_a^u f^2(x)\,\mathrm{d}x - 2f(u)g(u)\int_a^u f(x)g(x)\,\mathrm{d}x \\ &= \int_a^u \left[f^2(u)g^2(x) + f^2(x)g^2(u) - 2f(u)g(u)f(x)g(x)\right]\mathrm{d}x \\ &\geqslant \int_a^u \left(f(u)g(x) - f(x)g(u)\right)^2 \mathrm{d}x \geqslant 0,\end{aligned}$$

所以 $F'(u) \geqslant 0$. 又 $F(a) = 0$, 故有 $F(b) \geqslant 0$, 即结论成立.

(2) 由题设知 $\dfrac{1}{f(x)} > 0$, 应用 Cauchy-Schwarz 不等式可得

$$\begin{aligned}\int_a^b f(x)\,\mathrm{d}x\int_a^b \frac{1}{f(x)}\,\mathrm{d}x &= \int_a^b \left(\sqrt{f(x)}\right)^2 \mathrm{d}x\int_a^b \left(\sqrt{\frac{1}{f(x)}}\right)^2 \mathrm{d}x \\ &\geqslant \left(\int_a^b \sqrt{f(x)}\cdot\frac{1}{\sqrt{f(x)}}\,\mathrm{d}x\right)^2 = (b-a)^2.\end{aligned}$$

例 7.2.16 设 $f(x)$ 在 $[0,1]$ 可导, $f(0) = 0$, $0 \leqslant f'(x) \leqslant 1$, 证明:

$$\int_0^1 f^3(x)\,\mathrm{d}x \leqslant \left(\int_0^1 f(x)\,\mathrm{d}x\right)^2.$$

证 因为 $f(0) = 0$, $0 \leqslant f'(x) \leqslant 1$, 所以可知 $f(x) \geqslant 0$.
设

$$F(x) = \left(\int_0^x f(t)\mathrm{d}t\right)^2 - \int_0^x f^3(t)\mathrm{d}t,$$

则

$$F'(x) = 2f(x)\left(\int_0^x f(t)\mathrm{d}t\right) - f^3(x) = f(x)\left[2\int_0^x f(t)\mathrm{d}t - f^2(x)\right].$$

令 $G(x) = 2\int_0^x f(t)\mathrm{d}t - f^2(x)$, 则

$$G'(x) = 2f(x) - 2f(x)f'(x) \geqslant 0.$$

由 $G(0) = 0$ 可得 $G(x) \geqslant 0$, 即 $F'(x) \geqslant 0$, $x \in [0,1]$.
又 $F(0) = 0$, 所以 $F(x) \geqslant 0$, 故所证不等式成立.

例 7.2.17　(1) 证明定积分中值定理的中值可以在区间内部取得, 即：若函数 $f(x)$ 在闭区间$[a,b]$ 上连续, 则至少存在一点 $\xi\in(a,b)$ 使得 $\displaystyle\int_a^b f(x)\,\mathrm{d}x=f(\xi)(b-a)$.

(2) 设 $f(x)$ 在 $[0,\pi]$ 上连续, 且$\displaystyle\int_0^{\pi} f(x)\,\mathrm{d}x=0$, $\displaystyle\int_0^{\pi} f(x)\cos x\,\mathrm{d}x=0$. 证明在 $(0,\pi)$ 内至少存在两个不同的点ξ_1,ξ_2,使得$f(\xi_1)=f(\xi_2)=0$.

证　(1) 设 $F(x)=\displaystyle\int_a^x f(t)\mathrm{d}t$, 则 $F(x)$ 在 $[a,b]$ 上可导, 于是由Lagrange 中值定理可知至少存在一点 $\xi\in(a,b)$, 满足

$$F(b)-F(a)=F'(\xi)(b-a),$$

故有

$$\int_a^b f(x)\,\mathrm{d}x=f(\xi)(b-a),\ a<\xi<b.$$

(2)　设 $F(x)=\displaystyle\int_0^x f(t)\mathrm{d}t$, 则 $F(x)$ 在 $[0,\pi]$ 上可导, 且$F(0)=F(\pi)=0$.

$$\int_0^{\pi} f(x)\cos x\,\mathrm{d}x=\int_0^{\pi}\cos x\mathrm{d}F(x)=\cos xF(x)|_0^{\pi}+\int_0^{\pi}\sin xF(x)\,\mathrm{d}x=0.$$

于是由第1问的结论知存在 $\xi\in(0,\pi)$, 使得 $\sin\xi F(\xi)=0$, 即 $F(\xi)=0$. 于是由 Rolle 定理知, 在$(0,\pi)$ 内至少存在两个不同的点 $\xi_1\in(0,\xi),\xi_2\in(\xi,\pi)$, 使得 $f(\xi_1)=f(\xi_2)=0$.

例 7.2.18　(1) 设 $f(x)$ 在 $(-\infty,+\infty)$ 内连续且周期为 T, 对于任意的常数 $a\in(-\infty,+\infty)$, 证明:

$$\int_a^{a+T} f(t)\mathrm{d}t=\int_0^T f(t)\mathrm{d}t.$$

(2) 设 $f(x)$ 在 $(-\infty,+\infty)$ 内连续且周期为 T, 证明:

$$\lim_{x\to+\infty}\frac{1}{x}\int_0^x f(t)\mathrm{d}t=\frac{1}{T}\int_0^T f(t)\mathrm{d}t.$$

证　(1) 由积分可加性可得

$$\int_a^{a+T} f(t)\mathrm{d}t=\int_a^0 f(t)\mathrm{d}t+\int_0^T f(t)\mathrm{d}t+\int_T^{a+T} f(t)\mathrm{d}t.$$

令 $u=t-T$, 则

$$\int_T^{a+T} f(t)\mathrm{d}t=\int_0^a f(u+T)\mathrm{d}(u+T)=\int_0^a f(u)\mathrm{d}u=\int_0^a f(t)\mathrm{d}t,$$

于是

$$\int_a^{a+T} f(t)\mathrm{d}t=\int_a^0 f(t)\mathrm{d}t+\int_0^a f(t)\mathrm{d}t+\int_0^T f(t)\mathrm{d}t=\int_0^T f(t)\mathrm{d}t.$$

(2) 对于任意的实数x, 都存在自然数 n, 满足 $0 \leqslant x - nT < T$, 则由第1 问的结论有

$$\begin{aligned}\int_0^x f(t)\mathrm{d}t &= \int_0^T f(t)\mathrm{d}t + \int_T^{2T} f(t)\mathrm{d}t + \cdots + \int_{(n-1)T}^{nT} f(t)\mathrm{d}t + \int_{nT}^x f(t)\mathrm{d}t \\ &= n\int_0^T f(t)\mathrm{d}t + \int_{nT}^x f(t)\mathrm{d}t,\end{aligned}$$

当 $x \to +\infty$ 时, $\dfrac{x-nT}{x} \to 0$, $\dfrac{nT}{x} \to 1$, 于是

$$\begin{aligned}\lim_{x\to+\infty} \frac{1}{x}\int_0^x f(t)\mathrm{d}t &= \lim_{x\to+\infty} \frac{1}{x}\left[n\int_0^T f(t)\mathrm{d}t + \int_{nT}^x f(t)\mathrm{d}t\right] \\ &= \lim_{x\to+\infty} \frac{nT}{x}\cdot\frac{n}{nT}\int_0^T f(t)\mathrm{d}t + \lim_{x\to+\infty}\frac{(x-nT)f(\xi)}{x} \\ &= \frac{1}{T}\int_0^T f(t)\mathrm{d}t + 0 = \frac{1}{T}\int_0^T f(t)\mathrm{d}t,\end{aligned}$$

其中 $x \leqslant \xi \leqslant nT$. 故

$$\lim_{x\to+\infty} \frac{1}{x}\int_0^x f(t)\mathrm{d}t = \frac{1}{T}\int_0^T f(t)\mathrm{d}t.$$

例 7.2.19　(1) 试举例说明存在 $f(x)$ 在 $[a,b]$ 上可积, $\Phi(x) = \displaystyle\int_a^x f(t)\,\mathrm{d}t$ 在$[a,b]$ 上不可导.

(2) 是否存在函数 $f(x)$ 在 $[a,b]$ 不连续, 但是 $F(x) = \displaystyle\int_a^x f(t)\mathrm{d}t$ 在 $[a,b]$ 上可导.

(3) 是否存在函数$f(x)$ 在$[0,2]$上满足下列条件: $f(x)$在$[0,2]$ 上有连续导数, $f(0) = f(2) = 1, |f'(x)| \leqslant 1, |\displaystyle\int_0^2 f(x)\,\mathrm{d}x| \leqslant 1$, 并阐述理由.

解　(1) 设 $f(x) = \begin{cases} 0,\ 0 \leqslant x \leqslant 1, \\ 1,\ 1 < x \leqslant 2, \end{cases}$ 显然 $f(x)$ 在 $[0,2]$ 上可积, 且 $\displaystyle\int_0^2 f(x)dx = 1$.

而 $\Phi(x) = \begin{cases} 0, & 0 \leqslant x \leqslant 1, \\ x-1, & 1 < x \leqslant 2, \end{cases}$ 易知 $\Phi(x)$ 在 $[0,2]$ 上连续不可导.

(2) 设 $f(x) = \begin{cases} 1,\ 0 < x \leqslant 1, \\ 0,\ x = 0, \end{cases}$ 显然 $f(x)$ 在 $[0,1]$ 上不连续, 而 $F(x) = \displaystyle\int_0^x f(t)\mathrm{d}t = x$, 故 $F(x)$ 在 $[0,1]$ 上可导, 但是 $F(x)$ 不是 $f(x)$ 在 $[0,1]$ 上的原函数.

(3) 不存在这样的函数, 下面用反证法证明.

若存在满足所给条件的函数 $f(x)$, 则当 $x \in (0,2)$ 时, 在区间 $[0,x]$, $[x,2]$ 分别利用微

分中值定理得$f(x)=1+f'(\xi_1)x=1-f'(\xi_2)(2-x),\xi_1\in(0,x),\xi_2\in(x,2)$.

由题设知 $f(x)\geqslant 1-x, f(x)\geqslant x-1$, 且

$$\int_0^1 f(x)\,\mathrm{d}x\geqslant\int_0^1(1-x)\,\mathrm{d}x=\frac{1}{2},\ \int_1^2 f(x)\,\mathrm{d}x\geqslant\int_1^2(x-1)\,\mathrm{d}x=\frac{1}{2}.$$

下面证明上面的等式不能同时取等. 否则, 当$x\in[0,1]$时, $f(x)=1-x$,当$x\in[1,2]$ 时, $f(x)=x-1$, 此时函数不满足连续可导的条件. 于是

$$\int_0^2 f(x)\,\mathrm{d}x=\int_0^1 f(x)\,\mathrm{d}x+\int_1^2 f(x)\,\mathrm{d}x>1,$$

这导致了矛盾, 即不存在满足题设条件的函数.

例 7.2.20　设 $f(x)$ 在 $[a,b]$ 上可积, 且在 $[a,b]$ 上有原函数 $F(x)$, 证明:

$$\int_a^b f(x)\mathrm{d}x=F(b)-F(a).$$

(Newton-Leibniz 公式的弱条件形式)

证　由 $f(x)$ 在 $[a,b]$ 上可积可知, 对 $[a,b]$ 的任一划分P： $a=x_0<x_1<\cdots<x_n=b$, 以及任取 $\xi_i\in[x_{i-1},x_i]\,(i=1,2,\cdots,n)$, 当 $||\Delta||=\max\limits_{1\leqslant i\leqslant n}\Delta x_i\to 0$ 时, 有

$$\lim_{||\Delta||\to 0}\sum_{i=1}^n f(\xi_i)\Delta x_i=\int_a^b f(x)\mathrm{d}x.$$

在区间 $[x_{i-1},x_i]\,(i=1,2,\cdots,n)$ 上, 由 Lagrange 中值定理有

$$F(x_i)-F(x_{i-1})=F'(\xi_i')\Delta x_i=f(\xi_i')\Delta x_i\,(\xi_i'\in(x_{i-1},x_i),\ i=1,2,\cdots,n).$$

于是

$$\sum_{i=1}^n f(\xi_i')\Delta x_i=\sum_{i=1}^n[F(x_i)-F(x_{i-1})]=F(b)-F(a).$$

故有

$$\int_a^b f(x)\mathrm{d}x=\lim_{||\Delta||\to 0}\sum_{i=1}^n f(\xi_i')\Delta x_i=F(b)-F(a).$$

例 7.2.21　证明: π 是无理数.

证　采用反证法. 假设 π 是有理数: $\pi=\dfrac{a}{b}$ $(a,b$ 是互素正整数$)$. 构造函数

$$f(x) = \frac{1}{n!}x^n(a-bx)^n,$$

$$g(x) = f(x) - f''(x) + f^{(4)}(x) - \cdots + (-1)^n f^{(2n)}(x).$$

易知 $f^{(2n+1)}(x) \equiv 0$, 且

$$g''(x) = f''(x) - f^{(4)}(x) + \cdots + (-1)^{n-1} f^{(2n)}(x).$$

于是整理可得

$$g''(x) + g(x) = f(x).$$

上式两端同乘 $\sin x$ 并在 $[0, \pi]$ 上积分, 有

$$\int_0^\pi f(x)\sin x\,\mathrm{d}x = \int_0^\pi [g''(x)+g(x)]\sin x\,\mathrm{d}x = g(\pi) + g(0).$$

由 $\pi = \frac{a}{b}$ 可知

$$f(\pi - x) = f(\frac{a}{b} - x) = \frac{1}{n!}(\frac{a}{b} - x)^n[a - b(\frac{a}{b} - x)]^n = f(x),$$

因而有 $f^{(2k)}(\pi - x) = f^{(2k)}(x)$, $f(\pi) = f(0)$, $f^{(2k)}(\pi) = f^{(2k)}(0)$, 于是可得 $g(\pi) = g(0)$ 是整数, 即 $\int_0^\pi f(x)\sin x\,\mathrm{d}x$ 是整数.

另一方面, 当 $x \in (0, \pi)$ 时,

$$0 < \sin x \leqslant 1, \quad 0 < \frac{1}{n!}x^n(a-bx)^n < \frac{a^n\pi^n}{n!},$$

于是 $0 < f(x)\sin x \leqslant \frac{a^n\pi^n}{n!}$, 从而有

$$0 < \int_0^\pi f(x)\sin x\,\mathrm{d}x < \frac{a^n\pi^n}{n!}\pi.$$

适当取 n 的值, 使得不等式右端小于1, 矛盾, 因而 π 是无理数. 事实上, π, e 还是超越数.

§7.3　基本习题

一、判断题(在正确的命题后打 $\surd$, 在错误的命题后面打$\times$)

1. 若 $f(x)$ 在 $[a,b]$ 上可积, 则 $f^2(x)$ 在$[a,b]$上可积. (　　)

2. 若 $f(x)$, $g(x)$ 在 $[a,b]$ 上不可积, 则 $f(x)+g(x)$ 在 $[a,b]$ 上不可积. (　　)

3. 若 $f(x)$, $g(x)$ 在 $[a,b]$ 上可积, 则 $f(x)g(x)$ 在 $[a,b]$ 上可积, 且
$\int_a^b f(x)g(x)\,\mathrm{d}x=\int_a^b f(x)\,\mathrm{d}x\cdot\int_a^b g(x)\,\mathrm{d}x$. (　　)

4. 若 $f(x)$ 在 $[a,b]$ 上可积, 则 $f(x)$ 在 $[a,b]$ 上有界. (　　)

5. 若 $f(x)$ 在 $[a,b]$ 上可积, 则 $f(x)$ 在 $[a,b]$ 上的间断点只有有限个. (　　)

6. 若 $f(x)$ 在 $[a,b]$ 上可积且 $F'(x)=f(x)$, 则 $\int_a^b f(x)\mathrm{d}x=F(b)-F(a)$. (　　)

7. 若 $f(x)$ 在 $[0,1]$ 上连续, 则 $\int_0^{\frac{\pi}{2}} f(\sin x)\mathrm{d}x=\int_0^{\frac{\pi}{2}} f(\cos x)\mathrm{d}x$. (　　)

8. 若 $f(x)$ 在 $[a,b]$ 上可积, 则 $f(x)$ 在 $[a,b]$ 上存在原函数. (　　)

9. 若 $f(x)$ 在 $(-\infty,+\infty)$ 内以 T 为周期的周期函数, 且在 $[0,T]$ 上可积, 则 $\int_0^{nT} f(x)\mathrm{d}x=$
$n\int_0^{T} f(x)\mathrm{d}x$, n 是正整数. (　　)

10. 若 $f(x)$ 在 $[a,b]$ 上有界, 令 $g(x)=\dfrac{|f(x)|+f(x)}{2}$, $h(x)=\dfrac{|f(x)|-f(x)}{2}$, 则 $f(x)$ 在 $[a,b]$ 上可积的充分必要条件是 $g(x)$, $h(x)$ 在 $[a,b]$ 上可积. (　　)

二、填空题

1. $\lim\limits_{x\to 0}\dfrac{\int_0^x \cos t^2\,\mathrm{d}t}{x}=$__________.

2. $F(x)=\int_0^{x^2}\cos\sqrt{t}\,\mathrm{d}t$, 则$F'(x)=$__________.

3. 设 $f(x)$ 可导, 若当 $x\to 0$ 时, $\dfrac{\mathrm{d}}{\mathrm{d}x}\left[\int_0^x (x^2-t^2)f'(t)\,\mathrm{d}t\right]$ 与x^2为等价无穷小, 则$f'(0)=$__________.

4. 设$f(x)$连续, 则$\dfrac{\mathrm{d}}{\mathrm{d}x}\int_0^x tf(x^2-t^2)\,\mathrm{d}t=$__________.

5. $I=\int_0^{\frac{\pi}{2}}\dfrac{\sin^{2022}x}{\sin^{2022}x+\cos^{2022}x}\,\mathrm{d}x=$__________.

6. $I=\int_1^2\dfrac{\mathrm{d}x}{x(1+x^3)}=$__________.

7. $I=\int_0^{\frac{\pi}{2}}\sin^4 x\cos^3 x\,\mathrm{d}x=$__________.

8. 若 $\int_a^{2\ln 2}\dfrac{\mathrm{d}x}{\sqrt{\mathrm{e}^x-1}}=\dfrac{\pi}{6}$, 则 $a=$__________.

9. 设 $f(x)$ 连续, 且 $f(0)\neq 0$, 则 $\lim\limits_{x\to 0}\dfrac{\int_0^x (x-t)f(t)\,\mathrm{d}t}{x\int_0^x f(x-t)\,\mathrm{d}t}=$__________.

10. 曲线 $r=1+\cos\theta$ $(0\leqslant\theta\leqslant 2\pi)$ 的周长为 __________, 其所围的平面图形的面积为 __________.

11. 由 $y=\dfrac{x^2}{2}$, $y=0$, $x=1$ 围成的平面图形绕 $x=1$ 旋转所得旋转体的体积为 __________.

12. 一边长为 2 m 的正方形铁片垂直放置于水中, 顶边距离水面 10 m, 则铁片所受到的水压力为 __________ $g(N)$.

三、选择题

1. 下面论断中错误的是(　　)

   (A)若$f(x)$在$[a,b]$上可积, 则$f(x)$在$[a,b]$上必连续;

   (B)若$f(x)$在$[a,b]$上连续, 则$|f(x)|$在$[a,b]$ 上也必可积;

   (C)若$f(x)$在$[a,b]$上可积, 则$\displaystyle\int_a^x f(t)\mathrm{d}t$ 在 $[a,b]$ 上连续;

   (D)若$f(x)$在$[a,b]$上可积, 则 $|f(x)|$ 在 $[a,b]$ 上有界.

2. 设$f(x)$ 在 $[a,b]$上连续且 $\displaystyle\int_a^b f(x)\,\mathrm{d}x=0$, 则下面论断中错误的是 (　　).

   (A) $\displaystyle\int_a^b f^2(x)\,\mathrm{d}x=0$ 不一定成立;

   (B) $\displaystyle\int_a^b |f(x)|\,\mathrm{d}x=0$ 当且仅当 $f(x)\equiv 0,\ x\in[a,b]$;

   (C) $\displaystyle\int_a^b f^2(x)\,\mathrm{d}x=0$;

   (D) 存在 $\xi\in(a,b)$, 使得 $f(\xi)=0$.

3. 设函数$f(x)=\begin{cases} 2, & 0\leqslant x\leqslant 1,\\ x, & 1<x\leqslant 2,\end{cases}$ 则 $\Phi(x)=\displaystyle\int_0^x f(t)\mathrm{d}t$ 在区间 $[0,2]$上 (　　).

   (A)有第一类间断点;　　(B)有第二类间断点;

   (C)连续但不可导;　　(D)可导.

4. 设 $f(x)$ 在 $[0,1]$上连续, 则 $\displaystyle\int_0^1 f(x)\,\mathrm{d}x=$ (　　).

   (A) $\displaystyle\lim_{n\to\infty}\sum_{k=1}^{2n} f\left(\frac{2k-1}{2n}\right)\frac{1}{n}$;　　(B) $\displaystyle\lim_{n\to\infty}\sum_{k=1}^{n} f\left(\frac{2k-1}{2n}\right)\frac{1}{n}$;

   (C) $\displaystyle\lim_{n\to\infty}\sum_{k=1}^{n} f\left(\frac{2k-1}{2n}\right)\frac{1}{2n}$;　　(D) $\displaystyle\lim_{n\to\infty}\sum_{k=1}^{2n} f\left(\frac{k}{n}\right)\frac{1}{2n}$.

5. 当 $x\to 0^+$ 时, 下列无穷小量中最高阶的是 (　　).

   (A) $\displaystyle\int_0^{\sin x}(\cos t^2-1)\mathrm{d}t$;　　(B) $\displaystyle\int_0^x \ln(1+\sqrt{t^3})\mathrm{d}t$;

   (C) $\displaystyle\int_0^{1-\cos x}\sqrt{\sin t}\mathrm{d}t$;　　(D) $\displaystyle\int_0^x(\arctan t-t)\mathrm{d}t$.

6. 若常数 a, b, c 满足 $\lim\limits_{x\to 0}\dfrac{\displaystyle\int_c^x \ln(1+t)\mathrm{d}t}{ax^2+bx+1-\mathrm{e}^{-2x}}=\dfrac{1}{4}$, 则 $a+b+c=(\quad)$.

(A) 0; (B) 1; (C) 2; (D) 3.

7. 设 $f(x)$ 在 $[0,1]$上连续, 则 $\displaystyle\int_0^{\frac{\pi}{2}} f(\cos x)\,\mathrm{d}x=A$, 则 $\displaystyle\int_0^{2\pi} f(|\cos x|)\,\mathrm{d}x=(\quad)$.

(A) 0; (B) A; (C) $2A$; (D) $4A$.

8. 设 $f(x)$ 在 $[0,1]$ 上连续可导, $f(0)=0$, $f'(0)\neq 0$, $F(x)=\displaystyle\int_0^x (x-t)f(t)\mathrm{d}t$, 且当 $x\to 0^+$ 时, $F(x)$ 与 x^k 是同阶无穷小量, 则 $k=(\quad)$.

(A) 1; (B) 2; (C) 3; (D) 4.

9. 设 $f(x)$ 连续, 且 $f(x)=x^2-\displaystyle\int_1^2 xf(t)\mathrm{d}t$, 则 $f(x)=(\quad)$.

(A) $x^2-\dfrac{14}{15}x$; (B) $x^2+\dfrac{14}{15}x$; (C) $x^2-\dfrac{14}{15}$; (D) $x^2+\dfrac{14}{15}$.

10. 设 $f(x)$ 在 $[0,1]$上连续, 且 $\displaystyle\int_0^x tf(2x-t)\mathrm{d}t=\dfrac{1}{2}\arctan x^2$, $f(1)=1$, 则 $\displaystyle\int_1^2 f(x)\,\mathrm{d}x=$ $(\quad)$.

(A) 1; (B) $\dfrac{3}{4}$; (C) $\dfrac{1}{2}$; (D) $\dfrac{1}{4}$.

四、计算定积分

1. $I=\displaystyle\int_1^4 \frac{\mathrm{d}x}{x(1+\sqrt{x})}$.

2. $I=\displaystyle\int_{-\frac{\pi}{4}}^{\frac{\pi}{4}} \frac{x+1}{\cos^2 x}\,\mathrm{d}x$.

3. $I=\displaystyle\int_{-\frac{\pi}{4}}^{\frac{\pi}{4}} \frac{x^3+1}{1+\cos^2 x}\,\mathrm{d}x$.

4. $I=\displaystyle\int_0^{\frac{\pi}{2}} \frac{\sin x}{\sin x+\cos x}\,\mathrm{d}x$.

5. $I=\displaystyle\int_0^a \frac{\mathrm{d}x}{x+\sqrt{a^2-x^2}}\,(a>0)$.

6. $I=\displaystyle\int_0^{\frac{\pi}{2}} \frac{\mathrm{d}x}{1+(\tan x)^{\sqrt{3}}}$.

7. $I=\displaystyle\int_0^{\pi} \sqrt{\sin x-\sin^3 x}\,\mathrm{d}x$.

8. $I=\displaystyle\int_0^{98\pi} \sqrt{1-\cos x}\,\mathrm{d}x$.

9. $I=\displaystyle\int_1^2 \frac{\mathrm{d}x}{x\sqrt{1+x^2}}$.

10. $I=\int_0^1 (1-x^2)^n\,\mathrm{d}x$ (n 为正整数).

11. $I=\int_0^{\pi} x\sin^n x\,\mathrm{d}x$ (n 为正整数).

12. $I=\int_0^1 \frac{\ln(1+x)}{(2-x)^2}\,\mathrm{d}x$.

13. $I=\int_0^{\sqrt{\ln 2}} x^3\mathrm{e}^{x^2}\,\mathrm{d}x$.

14. $I=\int_0^1 \arcsin\sqrt{\frac{x}{1+x}}\,\mathrm{d}x$.

15. $I=\int_2^4 \frac{\sqrt{\ln(9-x)}}{\sqrt{\ln(9-x)}+\sqrt{\ln(x+3)}}\,\mathrm{d}x$.

16. $I=\int_0^1 \frac{x}{\mathrm{e}^x+\mathrm{e}^{1-x}}\,\mathrm{d}x$.

17. $I=\int_0^{\frac{1}{\sqrt{3}}} \frac{\mathrm{d}x}{(1+5x^2)\sqrt{1+x^2}}$.

18. $I=\int_1^2 \frac{x\ln x}{(1+x^2)^2}\,\mathrm{d}x$.

五、计算题

1. 设 $f(n)=\int_0^{\frac{\pi}{4}} \tan^n x\,\mathrm{d}x$ ($n\geqslant 2$ 是正整数), 求 $f(n)+f(n-2)$.

2. 求极限

(1) $\lim\limits_{n\to\infty}\left(\frac{1}{n+1}+\frac{1}{n+2}+\cdots+\frac{1}{n+n}\right)$;

(2) $\lim\limits_{n\to\infty}\frac{1^p+2^p+\cdots+n^p}{n^{p+1}}$ $(p>0)$;

(3) $\lim\limits_{n\to\infty}\sum\limits_{k=1}^{n}\frac{n}{n^2+k^2}$;

(4) $\lim\limits_{n\to\infty}\sum\limits_{k=1}^{n}\frac{k}{n^2}\ln(1+\frac{k}{n})$;

(5) $\lim\limits_{n\to\infty}\sum\limits_{k=1}^{n}\frac{\mathrm{e}^{\frac{k}{n}}}{n+n\mathrm{e}^{\frac{2k}{n}}}$.

3. 已知两曲线 $y=f(x)$ 与 $y=\int_0^{\arctan x}\mathrm{e}^{-t^2}\mathrm{d}t$ 在$(0,0)$ 处相切(即切线重合). 求:

(1) 此切线方程;

(2) 极限 $\lim\limits_{x\to+\infty}\sqrt{xf(\frac{2}{x})}$.

4. 设 $f(x)=\begin{cases}\mathrm{e}^{-x^2},\ |x|\leqslant 1,\\ 1,\ |x|>1,\end{cases}$ 求 $F(x)=\int_0^x f(t)\,\mathrm{d}t$, 并讨论 $F(x)$ 的可导性.

六、证明题

1. 设$f(x)\in C[0,1]$,且$f(x)>0$,证明：$\int_0^1 f(x)\,\mathrm{d}x\int_0^1\frac{1}{f(x)}\,\mathrm{d}x\geqslant 1$.

2. 设$f(x)$是$[1,+\infty)$上单调减少且非负的连续函数, $a_n=\sum\limits_{k=1}^{n}f(k)-\int_1^n f(x)\,\mathrm{d}x,\ n=1,2,\cdots$. 证明数列$\{a_n\}$的极限存在.

3. 设$f(x)$ 在 $[a,b]$ 上可积, 证明: $\mathrm{e}^{f(x)}$ 在 $[a,b]$ 上可积.

4. 设 $f(x)$ 在区间 $[a,b]$ 上连续, 且 $\int_a^b f(x)\,\mathrm{d}x=0$, 证明: $f(x)$ 在 (a,b) 中至少有一个零点.

5. 设 $f(x)$ 在 $[a,b]$ 上有二阶连续导数, 且 $f(a)=f(b)$, 证明:
$$\int_a^b f(x)\mathrm{d}x=\frac{1}{2}\int_a^b (x-a)(x-b)f''(x)\mathrm{d}x.$$

6. 设 $f(x)$ 连续, 证明:
$$\int_0^x f(u)(x-u)\mathrm{d}u=\int_0^x\left(\int_0^u f(t)\mathrm{d}t\right)\mathrm{d}u.$$

7. 设$f(x)$在$[0,1]$上连续, 在$(0,1)$ 内可导, 且$f(1)=2\int_0^{\frac{1}{2}}xf(x)\,\mathrm{d}x$. 证明: 存在$\xi\in(0,1)$, 使得$f(\xi)+\xi f'(\xi)=0$.

8. 设 $f(x)$ 在 $[0,1]$ 上有连续的导数, 对任意 $a\in[0,1]$, 证明:
$$|f(a)|\leqslant\int_0^1|f(x)|\,\mathrm{d}x+\int_0^1|f'(x)|\,\mathrm{d}x.$$

9. 设$f(x)$在$[a,b]$上连续且非负, M是$f(x)$ 在$[a,b]$上的最大值. 证明:
$$\lim_{n\to\infty}\sqrt[n]{\int_a^b f^n(x)\,\mathrm{d}x}=M.$$

10. 设$f(x)$ 在$[-a,a]$ $(a>0)$ 上连续, 若对 $[-a,a]$ 上的任意一个连续的偶函数 $g(x)$, 都成立等式
$$\int_{-a}^{a}f(x)g(x)\,\mathrm{d}x=0,$$
证明 $f(x)$ 是奇函数.

11. 设$f(x)$是$[0,1]$上的连续函数, 证明:
$$\int_0^1 f^2(x)\,\mathrm{d}x\geqslant\left(\int_0^1 f(x)\,\mathrm{d}x\right)^2.$$

12. 设$f(x)$在$[0,a]$上二阶可导$(a>0)$,且$f''(x)\geqslant 0$, 证明:

$$\int_0^a f(x)\,\mathrm{d}x \geqslant af(\frac{a}{2}).$$

13. 设 $f(x)$ 在 $(-\infty,+\infty)$ 内连续, $F(x)=\int_0^x (x-2t)f(t)\,\mathrm{d}t$, 证明:

(1) 若 $f(x)$ 是偶函数, 则 $F(x)$ 也是偶函数;

(2) 若 $f(x)$ 单调增加, 则 $F(x)$ 单调减少.

14. 设 $f(x)$, $g(x)$ 在 $[a,b]$ 上连续. 证明: 存在一点 $\xi\in(a,b)$, 使得 $f(\xi)\int_\xi^b g(x)\,\mathrm{d}x = g(\xi)\int_a^\xi f(x)\,\mathrm{d}x$.

15. 设函数 $f(x)$在区间$[0,1]$上连续, 在 $(0,1)$ 内可导, 且 $f(0)=0$, $f(1)=1$, $\int_0^1 f(x)\,\mathrm{d}x = \frac{1}{2}$, 证明: 在 $(0,1)$ 内至少存在一点 ξ, 使得 $f''(\xi)=0$.

16. 设函数$f(x)$在区间$[0,1]$上连续, 且$I=\int_0^1 f(x)\,\mathrm{d}x\neq 0$. 证明: 在$(0,1)$内存在不同的两点$x_1,x_2$, 使得$\frac{1}{f(x_1)}+\frac{1}{f(x_2)}=\frac{2}{I}$.

17. 设 $f(x)=-\frac{1}{2}(1+\frac{1}{\mathrm{e}})+\int_{-1}^1 |x-t|\mathrm{e}^{-t^2}\,\mathrm{d}t$, 证明: 函数 $f(x)$ 在区间 $(-1,1)$ 内有且只有两个实根.

七、定积分应用

1. 求抛物线 $y^2=2x$与直线 $x-y=4$ 所围图形的面积.
2. 求由曲线 $r=a\sin\theta$, $r=a(\cos\theta+\sin\theta)\ (a>0)$ 所围图形的面积.
3. 求由曲线 $x^4+y^4=a^2(x^2+y^2)$ 所围图形的面积.
4. 求曲线 $y=\int_0^x\sqrt{\sin t}\,\mathrm{d}t$ 的弧长 $(0\leqslant x\leqslant\pi)$.
5. 在旋轮线的一拱上: $\begin{cases}x=a(t-\sin t),\\ y=a(1-\cos t),\end{cases}$ $t\in[0,2\pi]$, 求将该拱的长度分为$1:3$的点的坐标.
6. 求阿基米德螺线 $r=a\phi\ (0\leqslant\phi\leqslant 2\pi)$ 的弧长.
7. 求 $x^2+(y-b)^2\leqslant a^2(0<a\leqslant b)$ 绕 x 轴旋转一周所成旋转体的体积.
8. 求曲线 $x=a(t-\sin t)$, $y=a(1-\cos t)(0\leqslant t\leqslant 2\pi)$ 与直线$y=0$ 所围图形绕 y 轴旋转一周所成旋转体的体积.
9. 设正劈锥体的底是半径为 R 的圆面, 顶棱是平行于底圆直径的线段, 高为H, 试求这正劈锥体的体积.
10. (牟合方盖)求由曲面$x^2+z^2=a^2, y^2+z^2=a^2$ 所围成立体的体积.

11. 求抛物线段 $y=x^2(0\leqslant x\leqslant 2)$ 绕 x 轴旋转一周所得旋转曲面的面积.
12. 求曲线 $\dfrac{x^2}{a^2}+\dfrac{y^2}{b^2}=1(0<b\leqslant a)$ 绕 x 轴旋转一周所成曲面的面积.
13. 求心脏线 $r=a(1+\cos\theta)$ 绕极轴旋转一周所成曲面的面积.
14. 求双曲线 $\dfrac{x^2}{a^2}-\dfrac{y^2}{b^2}=1$ 的曲率和曲率半径.
15. 一个横放着的圆柱形油桶, 桶的底半径为 R, 油的密度为 γ, 求桶的一个端面上所受的油的压力.
16. 设星形线 $x=a\cos^3 t,\ y=a\sin^3 t$ 上每一点处的线密度的大小等于该点到原点的距离的立方, 在原点 O 处有一单位质点, 求星形线在第一象限的弧段对这质点的引力.

§7.4 提高与综合习题

一、填空题

1. $\lim\limits_{x\to 0}\dfrac{\displaystyle\int_0^x\left[te^t\int_{t^2}^0 e^{-u^2}\mathrm{d}u\right]\mathrm{d}t}{x^4e^x}=$__________.
2. 设$f(x)=\displaystyle\int_1^x\frac{2\ln u}{1+u}\mathrm{d}u, x\in(0,+\infty)$, 则 $f(x)+f\left(\dfrac{1}{x}\right)=$__________.
3. 设 $y=y(x)$ 由参数方程 $\begin{cases}x=1+2t^2,\\ y=\displaystyle\int_1^{1+2\ln t}\frac{e^u}{u}\mathrm{d}u\end{cases}$ $(t>1)$ 所确定, 则 $\dfrac{\mathrm{d}^2y}{\mathrm{d}x^2}\Big|_{t=e}=$__________.
4. 设 $f(x)=\displaystyle\int_0^x\frac{\sin t}{\pi-t}\mathrm{d}t$, 则 $\displaystyle\int_0^\pi f(x)\,\mathrm{d}x=$__________.
5. $\displaystyle\int_0^{\frac{\pi}{2}}\frac{\cos x}{1+\tan x}\mathrm{d}x=$__________.
6. $\displaystyle\int_{\frac{1}{4}}^{\frac{1}{2}}\frac{\arcsin\sqrt{x}}{\sqrt{x(1-x)}}\mathrm{d}x=$__________.
7. $\displaystyle\int_{\frac{1}{2}}^{2}(1+x-\frac{1}{x})e^{x+\frac{1}{x}}\,\mathrm{d}x=$__________.
8. $\displaystyle\int_0^\pi x\sin^4 x\,\mathrm{d}x=$__________.
9. $\displaystyle\int_0^{\frac{\pi}{2}}\frac{\mathrm{d}x}{1+\tan^{2023}x}=$__________.
10. $\lim\limits_{n\to\infty}\displaystyle\sum_{k=1}^{n}\frac{k}{n^2}\sin\frac{k}{n}=$__________.

二、计算题

1. $I=\displaystyle\int_{-\frac{\pi}{4}}^{\frac{\pi}{4}}\frac{\sin^2 x}{1+e^{-x}}\,\mathrm{d}x.$

2. $I=\int_0^{\frac{1}{2}}\frac{x\mathrm{e}^{-x}}{(1-x)^2}\,\mathrm{d}x$.

3. $I=\int_0^1 x\arcsin\sqrt{\frac{x}{1+x}}\,\mathrm{d}x$.

4. $I=\int_0^2\frac{(x-1)^2+1}{(x-1)^2+x^2(x-2)^2}\,\mathrm{d}x$.

5. $I=\int_{\mathrm{e}^{-2n\pi}}^1\left|\mathrm{d}\left[\cos(\ln\frac{1}{x})\right]\right|$.

6. 设 $f(x)$ 是$[0,\frac{\pi}{2}]$ 上的连续函数, 且满足 $\int_0^{\frac{\pi}{2}}f(x)\,\mathrm{d}x=\pi$, 求一个这样的函数 $f(x)$ 使得积分 $I=\int_0^{\frac{\pi}{2}}(1+\cos x)f^2(x)\,\mathrm{d}x$ 取得最小值.

7. 设 $f(x)$ 是 $(-\infty,+\infty)$ 上的连续非负函数, 且 $f(x)\int_0^x f(x-t)\,\mathrm{d}t=\sin^4 x$, 求 $f(x)$ 在区间 $[0,\pi]$ 上的平均值.

8. 设 $f(x)$ 在 $[0,1]$ 上有一阶连续导数, $f(0)=f(1)=0$, 且满足

$$\int_0^1\left[f'(x)\right]^2\mathrm{d}x-8\int_0^1 f(x)\,\mathrm{d}x+\frac{4}{3}=0,$$

求 $f(x)$.

9. 求 $\lim\limits_{n\to\infty}\sqrt{n}\big(1-\sum\limits_{k=1}^n\frac{1}{n+\sqrt{k}}\big)$.

10. 设 $f(x)$ 有连续的二阶导数, $f(0)=f'(0)=0$, 且 $f''(x)>0$. 求极限 $\lim\limits_{x\to0^+}\frac{\int_0^{u(x)}f(t)\,\mathrm{d}t}{\int_0^x f(t)\,\mathrm{d}t}$, 其中$u(x)$ 是曲线$y=f(x)$在点$(x,f(x))$ 处切线在x轴上的截距.

11. 设 $f(x)=\arctan x$, A, B 为常数. 若 $B=\lim\limits_{n\to\infty}\big[\sum\limits_{k=1}^n f(\frac{k}{n})-An\big]$ 存在, 求 A, B.

12. 设 $f(x)$ 在区间 $[a,b]$ 上有连续二阶导数, 求极限

$$\lim_{n\to\infty}n^2\left[\int_a^b f(x)\,\mathrm{d}x-\frac{b-a}{n}\sum_{k=1}^n f\left[a+\frac{2k-1}{2n}(b-a)\right]\right].$$

13. 设 $f(x)=1-x^2+x^3, x\in[0,1]$, 求极限

$$\lim_{n\to\infty}\frac{\int_0^1 f^n(x)\ln(x+2)\,\mathrm{d}x}{\int_0^1 f^n(x)\,\mathrm{d}x}.$$

三、证明题

1. 设 $f(x)$, $g(x)$ 在 $[a,b]$ 上连续, 且满足

$$\int_a^x f(t)\,\mathrm{d}t \geqslant \int_a^x g(t)\,\mathrm{d}t,\quad \int_a^b f(x)\,\mathrm{d}x = \int_a^b g(x)\,\mathrm{d}x.$$

证明: $\displaystyle\int_a^b xf(x)\,\mathrm{d}x \leqslant \int_a^b xg(x)\,\mathrm{d}x$.

2. 设函数 f 在 $[a,b]$ 上可积, 且 $\displaystyle\int_a^b f(x)\,\mathrm{d}x > 0$, 证明: 必存在一个区间 $[\alpha,\beta]\subset[a,b]$ 及一个正数μ, 使得 $\forall x\in[\alpha,\beta]$, 有 $f(x)\geqslant\mu$.

3. 设 $f(x)$ 在 $[a,b]$ 上连续, 且 $f(x)\geqslant 0$, 证明:

$$\left(\int_a^b f(x)\cos x\,\mathrm{d}x\right)^2 + \left(\int_a^b f(x)\sin x\,\mathrm{d}x\right)^2 \leqslant \left(\int_a^b f(x)\,\mathrm{d}x\right)^2.$$

4. 设$f(x)$在$[0,1]$上连续, 且$1\leqslant f(x)\leqslant 3$, 证明:

$$1 \leqslant \int_0^1 f(x)\,\mathrm{d}x \int_0^1 \frac{1}{f(x)}\,\mathrm{d}x \leqslant \frac{4}{3}.$$

5. 设函数$f(x)$在$[0,1]$上二阶可导,且 $f''(x)\leqslant 0, x\in[0,1]$, n为正整数,证明:

$$\int_0^1 f(x^n)\,\mathrm{d}x \leqslant f\left(\frac{1}{n+1}\right).$$

6. 设$f(x)$为$[0,2\pi]$上的单调减少函数, 证明: 对任意正整数 n, 成立

$$\int_0^{2\pi} f(x)\sin nx\,\mathrm{d}x \geqslant 0.$$

7. 设$f(x)$在$(-a,a)$内连续, 在$x=0$处可导, 且$f'(0)\neq 0$.

(1) 证明: 对于任意的$x\in(0,a)$, 存在 $\theta\in(0,1)$, 使

$$\int_0^x f(t)\,\mathrm{d}t + \int_0^{-x} f(t)\,\mathrm{d}t = x[f(\theta x) - f(-\theta x)];$$

(2) 求极限 $\lim\limits_{x\to 0^+}\theta$.

8. 设$f(x)$, $g(x)$在$[a,b]$上连续, 且$\displaystyle\int_a^b g(x)\,\mathrm{d}x = 0$. 证明: 存在一点 $\xi\in(a,b)$, 使得

$$f(\xi)\int_\xi^b g(x)\,\mathrm{d}x = g(\xi).$$

9. 设函数 f 在 $[a,b]$ 上有界, $\{a_n\}\subset[a,b]$, $f(x)$ 只在 a_n 处间断, 且 $\lim\limits_{n\to\infty}a_n=c$.

(1)证明 $f(x)$ 在 $[a,b]$ 上可积.

(2)证明函数 $g(x)=\begin{cases}\operatorname{sgn}\left(\sin\dfrac{\pi}{x}\right), & x\neq 0,\\ 0, & x=0\end{cases}$ 在 $[0,1]$ 上可积.

10. 设函数 $f(x)$ 在 $[a,b]$ 上可微, 且 $|f'(x)|\leqslant M, \forall x\in[a,b]$.

(1)若 $f(a)=0$, 证明 $\displaystyle\int_a^b|f(x)|\,\mathrm{d}x\leqslant\frac{M}{2}(b-a)^2$;

(2)若 $f(a)=f(b)=0$, 证明 $\displaystyle\int_a^b|f(x)|\,\mathrm{d}x\leqslant\frac{M}{4}(b-a)^2$;

(3)证明 $\displaystyle\left|\int_0^1 f(x)\,\mathrm{d}x-\frac{1}{n}\sum_{k=1}^{n}f(\frac{k}{n})\right|\leqslant\frac{M}{2n}$.

11. 设$f(x)$在$[0,1]$上有连续导数, 证明:

$$\lim_{n\to\infty}n\left(\int_0^1 f(x)\,\mathrm{d}x-\sum_{k=1}^{n}f(\frac{k}{n})\frac{1}{n}\right)=\frac{f(0)-f(1)}{2}.$$

12. 设 $f(x)$ 在$[a,b]$可积, 任给 $\varepsilon>0$, 证明:

(1)存在阶梯函数 $g(x)$ 满足 $\displaystyle\int_a^b\big|g(x)-f(x)\big|\,\mathrm{d}x<\varepsilon$ (阶梯函数就是分段常值函数);

(2)存在连续函数 $h(x)$ 满足 $\displaystyle\int_a^b\big|h(x)-f(x)\big|\,\mathrm{d}x<\varepsilon$;

(3)存在多项式函数 $P(x)$ 满足 $\displaystyle\int_a^b\big|P(x)-f(x)\big|\,\mathrm{d}x<\varepsilon$ (Weierstrass 逼近定理).

13. 设 $f(x)$ 在 $[0,1]$ 上有二阶连续导函数, 且 $f(0)f(1)\geqslant 0$. 证明:

$$\int_0^1\big|f'(x)\big|\,\mathrm{d}x\leqslant 2\int_0^1\big|f(x)\big|\,\mathrm{d}x+\int_0^1\big|f''(x)\big|\,\mathrm{d}x.$$

14. 设 $f(x),g(x)$ 是 $[0,1]$ 区间上的单调增加函数, 满足

$$0\leqslant f(x),\ g(x)\leqslant 1,\ \int_0^1 f(x)\,\mathrm{d}x=\int_0^1 g(x)\,\mathrm{d}x,$$

证明: $\displaystyle\int_0^1\big|f(x)-g(x)\big|\,\mathrm{d}x\leqslant\frac{1}{2}$.

15. 设 $f(x)$ 是 $(-\infty,+\infty)$ 上有下界或者有上界的连续函数, 且存在正数 a 使得

$$f(x)+a\int_{x-1}^{x}f(t)\,\mathrm{d}t \text{ 为常数},$$

证明 $f(x)$ 必为常数.

16. 设 $f(x)$ 在区间 $[0,1]$ 上连续可导, 且 $f(0)=f(1)=0$, 证明:

$$\left[\int_0^1 xf(x)\,\mathrm{d}x\right]^2 \leqslant \frac{1}{45}\int_0^1 (f'(x))^2\,\mathrm{d}x$$

且当且仅当 $f(x)=A(x-x^3)$ 时等号成立, 其中 A 是常数.

17. 设 $f(x)$ 是 $\mathbb{R}$ 上的正值可微函数, 且存在常数 $\alpha\in(0,1]$, 对所有的 $x,y\in\mathbb{R}$, 有

$$|f'(x)-f'(y)|\leqslant|x-y|^{\alpha},$$

证明: 对所有的 $x\in\mathbb{R}$, 有 $\left|f'(x)\right|^{\frac{\alpha+1}{\alpha}}<\dfrac{\alpha+1}{\alpha}f(x)$.

四、应用题

1. 设抛物线 $y=ax^2+bx+2\ln c$ 过原点,当$0\leqslant x\leqslant 1$时, $y\geqslant 0$, 又已知该抛物线与x轴及$x=1$ 所围成图形的面积为$\dfrac{1}{3}$.试确定a,b,c 使得此图形绕x 轴旋转一周而成的旋转体的体积V最小.
2. 在平面上, 有一条从点$(a,0)$向右的射线, 线密度为ρ, 在点$(0,h)$ 处(其中$h>0$) 有一质量为 m 的质点, 求射线对该质点的引力.
3. 设 A 为正常数, 直线 l 与双曲线 $x^2-y^2=2(x\geqslant 0)$ 所围的有限部分的面积为 A, 证明:
(1) 所有上述 l 与双曲线 $x^2-y^2=2(x>0)$ 所截线段的中点的轨迹为双曲线;
(2) l 总是 (1) 中轨迹曲线的切线.
4. 过曲线 $y=\sqrt[3]{x}(x\geqslant 0)$ 上的点 A 作切线, 使得该切线与曲线及 x 轴所围成的平面图形的面积为 $\dfrac{3}{4}$, 求点 A 的坐标.
5. 求曲线 $L_1: y=\dfrac{1}{3}x^3+2x(0\leqslant x\leqslant 1)$ 绕直线 $L_2: y=\dfrac{4}{3}x$ 旋转一周所生成的旋转曲面的面积.

§7.5 自测题

一、判断题

1. 若 $f(x)$, $g(x)$ 在 $[a,b]$ 上可积, 则 $\min\{f(x),g(x)\}$ 在 $[a,b]$ 上可积. (　　)
2. 若 $f(x)$, $g(x)$ 的乘积 $f(x)g(x)$ 在 $[a,b]$ 上可积, 则 $f(x)$, $g(x)$ 至少有一个函数在 $[a,b]$ 上可积. (　　)
3. 若 $f(x)$ 在 $[a,b]$ 上单调, 则 $f(x)$ 在 $[a,b]$ 上可积. (　　)
4. 若 $f(x)$ 在 $[a,b]$ 上连续, 则 $F(x)=\displaystyle\int_a^x f(t)\,\mathrm{d}t$ 在 $[a,b]$ 上可导, 但不一定成立 $F'(x)=f(x)$. (　　)
5. 若 $f(x)$ 在 $[a,b]$ 上存在原函数, 则 $f(x)$ 在 $[a,b]$ 上可积. (　　)

二、填空题

1. $\lim\limits_{n\to\infty}\ln\left(\dfrac{1}{n}\sqrt[n]{n(n+1)\cdots(2n-1)}\right)=$__________.

2. 设$f(x)=\displaystyle\int_0^{x^2}\frac{x\sin t}{1+\cos^2 t}\,\mathrm{d}t$, 则$f'(x)=$__________.

3. 设实数$a>0$, 则当 $a=$__________时, 积分 $\displaystyle\int_a^{2a}\frac{\mathrm{d}x}{\sqrt{1+x^3}}$之值最大.

4. $\displaystyle\int_{-\frac{\pi}{2}}^{\frac{\pi}{2}}(x^3+\sin^2 x)\cos^2 x\,\mathrm{d}x=$ __________.

5. 用铁锤将一铁钉钉入木板, 且木板对铁钉的阻力与铁钉进入木板的深度成正比. 已知第一锤将钉击入1cm, 如果每锤所做的功相等, 问第二锤能将钉又击入__________cm.

三、计算题

1. $\lim\limits_{x\to0}\dfrac{1}{x}\displaystyle\int_0^x(1+\sin 2t)^{\frac{1}{t}}\,\mathrm{d}t$.

2. $\displaystyle\int_{\mathrm{e}^2}^{\mathrm{e}^{\mathrm{e}}}\frac{\mathrm{d}x}{x\ln x\ln\ln x}$.

3. $\displaystyle\int_0^{\frac{\pi}{4}}\frac{x}{1+\cos 2x}\,\mathrm{d}x$.

4. 求由曲线$x=a\cos t, y=\dfrac{a\sin^2 t}{2+\sin t}$ $(a>0)$ 所围图形的面积.

5. 长与宽均为 a 且高为 b 的长方体的水箱装满水(水密度为ρ), 求一个侧壁受到的水压力.

四、证明题

1. 设$f(x)$是$[0,1]$上单调增加且连续的函数, 证明:

$$\int_0^1 3x^2 f(x)\,\mathrm{d}x\geqslant\int_0^1 f(x)\,\mathrm{d}x.$$

2. 设$f(x),g(x)$在区间$[a,b]$上连续, 且$\displaystyle\int_a^b g(x)\,\mathrm{d}x=0$,证明存在$\xi\in(a,b)$, 使得$f(\xi)\displaystyle\int_\xi^b g(x)\,\mathrm{d}x=g(\xi)$.

3. 设$f(x)$在$[0,3]$上连续, 在$(0,3)$内二阶可导, 且$2f(0)=\displaystyle\int_0^2 f(x)\,\mathrm{d}x=f(2)+f(3)$. 证明:
(1) 存在$\eta\in(0,2)$, 使得$f(\eta)=f(0)$; (2) 存在$\xi\in(0,3)$, 使得$f''(\xi)=0$.

4. 设 $f(x)$ 在区间 $[-a,a]$ 上二阶可导, $f(0)=0$, 试证: 存在 $\xi\in(-a,a)$, 使得

$$a^3 f''(\xi)=3\int_{-a}^a f(x)\,\mathrm{d}x.$$

§7.6 思考、探索题与数学实验题

一、思考与探索题

1. 在定积分的定义中, 可否用等分代替任意划分, 可否用取小区间上的特殊点(如端点, 中点等) 代替取任意点?

2. 注意到 Dirichlet 函数在 $[0,1]$ 上不可积, Riemann 函数在 $[0,1]$ 上可积. 设 $f(x)$ 在 $[a,b]$ 上可积, 试讨论 $f(x)$ 在 $[a,b]$ 上的连续点和间断点的情况.

3. 讨论在 $[a,b]$ 上可导函数 $f(x)$ 的导函数 $f'(x)$ 在$[a,b]$ 上的可积性.

4. 讨论复合函数的可积性.

5. 试探索被积函数 $f(x)$ 在 $[a,b]$ 上不连续时是否仍有 Newton-Leibniz 公式, 具体表述如何?

二、数学实验题

1. 计算下列定积分:

(1) $\displaystyle\int_{-\frac{\pi}{4}}^{\frac{\pi}{4}} \frac{x^3+1}{1+\cos^2 x}\mathrm{d}x$;

(2) $\displaystyle\int_{-\frac{\pi}{4}}^{\frac{\pi}{4}} \frac{x^{2023}+1}{1+\cos^2 x}\mathrm{d}x$;

(3) $\displaystyle\int_{1}^{\sqrt{2}} \frac{1}{x\sqrt{1+x^2}}\mathrm{d}x$;

(4) $\displaystyle\int_{1}^{2} \frac{1}{x\sqrt{1+x^2}}\mathrm{d}x$;

(5) $\displaystyle\int_{0}^{1} x\arcsin\sqrt{\frac{x}{1+x}}\mathrm{d}x$;

(6) $\displaystyle\int_{0}^{2} \max\{x,x^2\}\mathrm{d}x$.

2. 求积分变限函数 $\displaystyle\int_{\ln x}^{x^2} t\mathrm{e}^{x-t}\mathrm{d}t$ 的导数.

3. 画出由 $y=\sin x$, $y=\cos 2x$ 在 $0\leqslant x\leqslant \pi$ 所围成的封闭图形, 并求其面积.

4. 设L: $x(t)=\sin t^3$, $y(t)=t\,(-1\leqslant t\leqslant 1)$, 作此弧段的图形并求其弧长.

5. 求积分 $\displaystyle\int_0^1 \mathrm{e}^{-x^2}\mathrm{d}x$ 的近似值, 要求误差小于 10^{-5}.

6. 分别用矩形法、梯形法和抛物线法(辛普森法)计算积分 $\displaystyle\int_0^1 \frac{x^2}{1+x^3}\mathrm{d}x$ 取 $n=10$ 等分的近似值, 并与精确值进行比较.

7. 分别利用矩形法、梯形法和抛物线法计算 $\displaystyle\int_0^1 \sqrt{1-x^2}\mathrm{d}x$, 并由此积分值估计π(精确到小数点后5位), 比较三种方法的收敛速度.

§7.7 本章习题答案与参考解答

§7.7.1 基本习题

一、判断题

1. $\surd$; 2. $\times$; 3. $\times$; 4. $\surd$; 5. $\times$ (反例: Riemann 函数); 6. $\surd$; 7. $\surd$; 8. $\times$ (反例: 见例7.2.19); 9. $\surd$; 10. $\surd$.

二、填空题

1. 1; 2. $2x\cos|x|$; 3. $\frac{1}{2}$. 提示: $\int_0^x (x^2-t^2)f'(t)\,\mathrm{d}t = x^2\int_0^x f'(t)\,\mathrm{d}t - \int_0^x t^2 f'(t)\,\mathrm{d}t$;

4. $xf(x^2)$; 5. $\frac{\pi}{4}$; 6. $\frac{2}{3}\ln\frac{4}{3}$ (令 $t=\frac{1}{x}$); 7. $\frac{2}{35}$; 8. $\ln 2$;

9. $\frac{1}{2}$ (提示: L'Hospital 法则+积分中值定理); 10. 8, $\frac{3\pi}{2}$;

11. $\frac{\pi}{12}$ $(V=\int_0^{\frac{1}{2}}\pi[1-\sqrt{2y}]^2\mathrm{d}y)$; 12. 44 $(F=2g\int_0^2(10+x)\mathrm{d}x)$.

三、选择题

1. A; 2. C; 3. C; 4. B; 5. A 6. C ($a=4$, $b=-2$, $c=0$); 7. D; 8. C ; 9. A; 10. B (换元).

四、计算定积分

1. $\int_1^4 \frac{\mathrm{d}x}{x(1+\sqrt{x})} = \int_1^2 \frac{2t\,\mathrm{d}t}{t^2(1+t)} = 2\int_1^2\left(\frac{1}{t}-\frac{1}{t+1}\right)\mathrm{d}t = 2\ln\frac{4}{3}$.

2. 2. 提示: 利用奇偶函数的对称区间上的定积分性质.

3. $\sqrt{2}\arctan\frac{\sqrt{2}}{2}$. 提示: 利用奇偶函数的对称区间上的定积分性质.

4. 由性质 $\int_0^{\frac{\pi}{2}} f(\sin x)\,\mathrm{d}x = \int_0^{\frac{\pi}{2}} f(\cos x)\,\mathrm{d}x$ 可得 $I=\frac{1}{2}\int_0^{\frac{\pi}{2}}\frac{\sin x+\cos x}{\sin x+\cos x}\,\mathrm{d}x = \frac{\pi}{4}$.

5. $\frac{\pi}{4}$. 提示: 令 $x=a\sin t$, 再利用上一题的结论.

6. $\frac{\pi}{4}$. 令 $x=\frac{\pi}{2}-t$, $I=-\int_{\frac{\pi}{2}}^0 \frac{\mathrm{d}t}{1+(\cot t)^{\sqrt{3}}} = \int_0^{\frac{\pi}{2}}\frac{(\tan x)^{\sqrt{3}}\,\mathrm{d}x}{1+(\tan x)^{\sqrt{3}}}$, 则 $2I=\frac{\pi}{2}$, 即$I=\frac{\pi}{4}$.

7. $I=\int_0^{\frac{\pi}{2}}\sqrt{\sin x}\cos x\,\mathrm{d}x - \int_{\frac{\pi}{2}}^{\pi}\sqrt{\sin x}\cos x\,\mathrm{d}x = \frac{4}{3}$.

8. $I=\int_0^{98\pi}\sqrt{2}|\sin\frac{x}{2}|\,\mathrm{d}x = 49\int_0^{\pi}2\sqrt{2}\sin t\mathrm{d}t = 196\sqrt{2}$.

9. $\ln\frac{2+2\sqrt{2}}{1+\sqrt{5}}$. 提示: 令 $x=\frac{1}{t}$ 或者 $x=\tan t$.

10. $\frac{(2n)!!}{(2n+1)!!}$. 令 $x=\sin t$, $I=\int_0^{\frac{\pi}{2}}\cos^{2n+1}t\,\mathrm{d}t = \frac{(2n)!!}{(2n+1)!!}$.

11. 提示: 令 $x=\pi-t$, $I=\int_0^{\pi}(\pi-t)\sin^n t\,\mathrm{d}t = \pi\int_0^{\pi}\sin^n t\,\mathrm{d}t - \int_0^{\pi}t\sin^n t\,\mathrm{d}t$,

所以 $I=\frac{\pi}{2}\int_0^{\pi}\sin^n x\,\mathrm{d}x = \pi\int_0^{\frac{\pi}{2}}\sin^n x\,\mathrm{d}x = \begin{cases}\frac{(n-1)!!}{(n)!!}\cdot\frac{\pi^2}{2}, & n\text{为偶数},\\ \frac{(n-1)!!}{(n)!!}\cdot\pi, & n\text{为奇数}.\end{cases}$

12. $I=\int_0^1\ln(1+x)\mathrm{d}\frac{1}{2-x} = \frac{\ln(1+x)}{2-x}\Big|_0^1 - \frac{1}{3}\int_0^1\left(\frac{1}{1+x}+\frac{1}{2-x}\right)\mathrm{d}x = \frac{1}{3}\ln 2$.

13. 令 $t=x^2$, $I=\frac{1}{2}\int_0^{\ln 2} te^t dt=\ln 2-\frac{1}{2}$.

14. $\frac{\pi}{2}-1$. 令 $\arcsin\sqrt{\frac{x}{1+x}}=t$, $I=\int_0^{\frac{\pi}{4}} td(\tan^2 t)=\frac{\pi}{2}-1$.

15. 令 $t=x-3$, 则

$$\begin{aligned}I&=\int_{-1}^{1}\frac{\sqrt{\ln(6-t)}}{\sqrt{\ln(6-t)}+\sqrt{\ln(6+t)}}dt=\int_{1}^{-1}\frac{\sqrt{\ln(6+u)}}{\sqrt{\ln(6+u)}+\sqrt{\ln(6-u)}}d(-u)\\&=\frac{1}{2}\int_{-1}^{1}1du=1.\end{aligned}$$

16. $I=\int_0^1\frac{1-t}{e^{1-t}+e^t}dt=\int_0^1\frac{1}{e^t+e^{1-t}}dt-\int_0^1\frac{t}{e^t+e^{1-t}}dt$, 故

$$\begin{aligned}I&=\frac{1}{2}\int_0^1\frac{1}{e^x+e^{1-x}}dx=\frac{1}{2e}\int_0^1\frac{e^x\,dx}{1+\left(\frac{e^x}{\sqrt{e}}\right)^2}\\&=\frac{1}{2\sqrt{e}}\arctan\frac{e^x}{\sqrt{e}}\Big|_0^1=\frac{1}{2\sqrt{e}}\left(\arctan\sqrt{e}-\arctan\frac{1}{\sqrt{e}}\right).\end{aligned}$$

17. $I=\int_0^{\frac{\pi}{6}}\frac{d\tan t}{(1+5\tan^2 t)\sqrt{1+\tan^2 t}}=\int_0^{\frac{\pi}{6}}\frac{\cos t\,dt}{1+4\sin^2 t}=\frac{1}{2}\arctan(2\sin t)\big|_0^{\frac{\pi}{6}}=\frac{\pi}{8}$.

18. $I=[-\frac{\ln x}{2(1+x^2)}]_1^2+\frac{1}{2}\int_1^2\frac{dx}{x(1+x^2)}=[\frac{x^2\ln x}{2(1+x^2)}-\frac{1}{4}\ln(1+x^2)]_1^2=\frac{13}{20}\ln 2-\frac{1}{4}\ln 5$.

五、计算题

1. $\frac{1}{n-1}$ (分部积分).

2. (1) $\lim\limits_{n\to\infty}(\frac{1}{n+1}+\frac{1}{n+2}+\cdots+\frac{1}{n+n})=\lim\limits_{n\to\infty}\sum\limits_{k=1}^{n}\frac{1}{1+\frac{k}{n}}\cdot\frac{1}{n}=\int_0^1\frac{1}{1+x}dx=\ln 2$.

(2) $\lim\limits_{n\to\infty}\frac{1^p+2^p+\cdots+n^p}{n^{p+1}}=\lim\limits_{n\to\infty}\sum\limits_{k=1}^{n}(\frac{k}{n})^p\frac{1}{n}=\int_0^1 x^p\,dx=\frac{1}{p+1}$.

(3) $\lim\limits_{n\to\infty}\sum\limits_{k=1}^{n}\frac{n}{n^2+k^2}=\lim\limits_{n\to\infty}\sum\limits_{k=1}^{n}\frac{1}{1+(\frac{k}{n})^2}\frac{1}{n}=\int_0^1\frac{1}{1+x^2}dx=\frac{\pi}{4}$.

(4) $\lim\limits_{n\to\infty}\sum\limits_{i=1}^{n}\frac{k}{n^2}\ln(1+\frac{k}{n})=\lim\limits_{n\to\infty}\frac{1}{n}\sum\limits_{i=1}^{n}\frac{k}{n}\ln(1+\frac{k}{n})=\int_0^1 x\ln(1+x)\,dx=\frac{1}{4}$.

(5) $\lim\limits_{n\to\infty}\sum\limits_{k=1}^{n}\frac{e^{\frac{k}{n}}}{n+ne^{\frac{2k}{n}}}=\int_0^1\frac{e^x\,dx}{1+e^{2x}}=\arctan e-\frac{\pi}{4}$.

3. (1) 切线方程$y=x$; (2) $\lim\limits_{x\to+\infty}\sqrt{xf(\frac{2}{x})}=\lim\limits_{x\to+\infty}\sqrt{x\cdot\frac{2}{x}}=\sqrt{2}$.

4. 由于 $f(x)$ 在任意区间闭 $[a,b]$ 可积, 所以 $F(x)$ 在 $\mathbb{R}$ 上连续, 且

$$F(x)=\begin{cases}x-1+\int_0^1 e^{-t^2}\,dt,\ x>1,\\ \int_0^x e^{-t^2}\,dt,-1\leqslant x\leqslant 1,\\ x+1-\int_0^1 e^{-t^2}\,dt,\ x<-1.\end{cases}$$

由于 $F'_+(1)=1, F'_-(1)=\mathrm{e}^{-1}, F'_-(-1)=1, F'_+(1)=\mathrm{e}^{-1}$, 故 $F(x)$ 在 $x=\pm1$ 时不可导, 在其它点可导.

六、证明题

1. $\displaystyle\int_0^1 f(x)\,\mathrm{d}x\int_0^1\frac{1}{f(x)}\,\mathrm{d}x\geqslant\left(\int_0^1\sqrt{f(x)}\cdot\frac{1}{\sqrt{f(x)}}\,\mathrm{d}x\right)^2=1.$

2. 提示: $a_{n+1}-a_n=f(n+1)-\displaystyle\int_n^{n+1}f(x)\,\mathrm{d}x<0$, 且$a_n\geqslant 0$. 由单调有界原理即得.

3. 做划分 $\Delta: a=x_0<x_1<x_2<\cdots<x_n=b$, 设 $x', x''\in[x_{i-1},x_i]$, 则由 Lagrange 中值定理, 知存在 ξ_i 介于 $f(x')$ 与 $f(x'')$ 之间, 使得:

$$\left|\mathrm{e}^{f(x')}-\mathrm{e}^{f(x'')}\right|=\mathrm{e}^{\xi_i}\left|f(x')-f(x'')\right|.$$

由于可积函数必有界, 故可设 $|f(x)|<M$, 于是有

$$\left|\mathrm{e}^{f(x')}-\mathrm{e}^{f(x'')}\right|\leqslant\mathrm{e}^{M}\left|f(x')-f(x'')\right|.$$

设 ω_i 与 $\bar{\omega}_i$ 分别表示 $f(x)$ 与 $\mathrm{e}^{f(x)}$ 在 $[x_{i-1},x_i]$ 上的振幅, 于是由上式可得 $\bar{\omega}_i\leqslant\mathrm{e}^M\omega_i(i=1,2,\cdots,n)$, 因此有

$$\sum_{i=1}^n\bar{\omega}_i\Delta x_i\leqslant\mathrm{e}^M\sum_{i=1}^n\omega_i\Delta x_i.$$

令 $\lambda=\max\limits_{1\leqslant i\leqslant n}\{\Delta x_i\}$, 由 f 可积可知 $\lim\limits_{\lambda\to0}\sum\limits_{i=1}^n\omega_i\Delta x_i=0$, 故有 $\lim\limits_{\lambda\to0}\sum\limits_{i=1}^n\bar{\omega}_i\Delta x_i=0$, 即 $\mathrm{e}^{f(x)}\in R[a,b]$.

4. 反证法. 若 $f(x)$ 在 (a,b) 内没有零点, 则可证 $\displaystyle\int_a^b f(x)\,\mathrm{d}x\neq0$.

5. 提示: 对左端的积分应用两次分部积分公式.

6. 提示: 等式两端求导.

7. 提示: 由积分中值定理知存在$\eta\in[0,\frac{1}{2}]$, 使$2\displaystyle\int_0^{\frac{1}{2}}xf(x)\,\mathrm{d}x=\eta f(\eta)$. 令$F(x)=xf(x)$, 则$F(\eta)=F(1)$, 使用 Rolle 定理即得.

8. 提示: $\displaystyle\int_0^1|f(x)|\,\mathrm{d}x=|f(\xi)|,\xi\in[0,1]$. 而由 $\forall a\in[0,1], f(a)-f(\xi)=\displaystyle\int_\xi^a f'(x)\,\mathrm{d}x$ 可知

$$|f(a)|\leqslant|f(\xi)|+|\int_\xi^a f'(x)\,\mathrm{d}x|\leqslant|f(\xi)|+\int_0^1|f'(x)|\,\mathrm{d}x.$$

9. 提示: 不妨设$f(x)$在$[a,b]$上的最大值在(a,b) 内取得, 即存在$c\in(a,b)$, 使得$f(c)=M$. 则当n 充分大时, $[c-\frac{1}{n},c+\frac{1}{n}]\subset[a,b]$. 由积分中值定理, 存在$c_n\in[c-\frac{1}{n},c+\frac{1}{n}]$, 使得

$$(\frac{2}{n})^{\frac{1}{n}}f(c_n)=\sqrt[n]{\int_{c-\frac{1}{n}}^{c+\frac{1}{n}}f^n(x)\,\mathrm{d}x}\leqslant\sqrt[n]{\int_a^b f^n(x)\,\mathrm{d}x}\leqslant M(b-a)^{\frac{1}{n}}.$$

10. 提示: $\displaystyle\int_{-a}^a f(x)g(x)\,\mathrm{d}x=\int_0^a[f(x)+f(-x)]g(x)\,\mathrm{d}x$. 取 $g(x)=f(x)+f(-x)$, 则 $g(x)$ 在 $[0,a]$ 上连续, 且 $\displaystyle\int_{-a}^a g^2(x)\,\mathrm{d}x=0$, 故有 $g(x)\equiv0$.

11. 提示: 由Cauchy不等式有

$$\left(\int_0^1 f(x)\,\mathrm{d}x\right)^2=\left(\int_0^1 f(x)\cdot 1\,\mathrm{d}x\right)^2\leqslant\int_0^1 f^2(x)\,\mathrm{d}x\cdot\int_0^1 1\,\mathrm{d}x.$$

12. 提示:

$$f(x)=f(\frac{a}{2})+f'(\frac{a}{2})(x-\frac{a}{2})+\frac{1}{2}f''(\xi)(x-\frac{a}{2})^2\geqslant f(\frac{a}{2})+f'(\frac{a}{2})(x-\frac{a}{2})$$

对不等式两边积分.

13. 提示: (1) $F(-x)=\int_0^{-x}(-x-2t)f(t)\,\mathrm{d}t$, 令 $t=-u$. (2) $F'(x)=\int_0^x f(t)\,\mathrm{d}t-xf(x)=x[f(\xi)-f(x)]$, ξ 介于 0 与 x 之间. 分 $x>0,x<0$ 讨论 $F'(x)$ 的符号.

14. 提示: 令$F(x)=\int_a^x f(t)\,\mathrm{d}t\cdot\int_x^b g(t)\,\mathrm{d}t$, 则$F(a)=F(b)$, 由 Rolle 定理即得.

15. 构造辅助函数 $F(x)=f(x)-x$, 则 $F(x)$在区间$[0,1]$上连续, 且 $F(0)=F(1)=0$. 由题设可知 $\int_0^1 F(x)\,\mathrm{d}x=\int_0^1[f(x)-x]\,\mathrm{d}x=0$, 根据积分中值定理可知至少存在 $c\in(0,1)$, 满足 $F(c)=0$. 重复用 Rolle 定理可得在 $(0,1)$ 内至少存在一点 ξ, 使得 $f''(\xi)=0$.

16. 提示: 设$F(x)=\frac{1}{I}\int_0^x f(t)\,\mathrm{d}t$, 那么$F(0)=0,F(1)=1$, 由介值定理, 存在$\xi\in(0,1)$, 使得 $F(\xi)=\frac{1}{2}$, 在两个子区间$[0,\xi]$, $[\xi,1]$ 上使用 Lagrange 中值定理后相加得证.

17. 提示: $f(x)=-\frac{1}{2}(1+\frac{1}{\mathrm{e}})+\int_{-1}^x(x-t)\mathrm{e}^{-t^2}\,\mathrm{d}t+\int_x^1(t-x)\mathrm{e}^{-t^2}\,\mathrm{d}t=2x\int_0^x \mathrm{e}^{-t^2}\,\mathrm{d}t+\mathrm{e}^{-x^2}-\frac{3}{2\mathrm{e}}-\frac{1}{2}$, 是偶函数. 又 $f(0)f(1)<0$, $f'>0,x\in[0,1]$, 所以在$(0,1)$ 内有唯一的零点, 故在区间 $(-1,1)$ 内有且只有两个零点.

七、定积分应用

1. 18.
2. $S=\frac{\pi}{2}(\frac{a}{2})^2+\int_{\frac{\pi}{2}}^{\frac{3\pi}{4}}\frac{1}{2}[a(\cos\theta+\sin\theta)]^2\mathrm{d}\theta=\frac{1}{4}(\pi-1)a^2$.
3. $S=\sqrt{2}\pi a^2$ (提示: 利用极坐标).
4. 4.
5. $(a(\frac{2\pi}{3}-\frac{\sqrt{3}}{2}),\frac{3a}{2})$ 或$(a(\frac{4\pi}{3}+\frac{\sqrt{3}}{2}),\frac{3a}{2})$.
6. $\frac{a}{2}(2\pi\sqrt{4\pi^2+1}+\ln(2\pi+\sqrt{4\pi^2+1}))$.
7. $2\pi^2a^2b$.
8. $6\pi^3a^3$.
9. $\frac{\pi R^2H}{2}$.
10. 用平行于 xOy 坐标面的平面$Z=z(-a\leqslant z\leqslant a)$ 与几何体相截得到的是正方形, 由此可以算出体积为 $\frac{16}{3}a^3$.
11. $[\frac{33\sqrt{17}}{8}-\frac{1}{32}\ln(\sqrt{17}+4)]\pi$.
12. $S=2\pi\int_0^\pi b\sin t\sqrt{a^2\sin^2t+b^2\cos^2t}\,\mathrm{d}t=2\pi b\int_{-1}^1\sqrt{a^2-(a^2-b^2)u^2}\mathrm{d}u=2\pi b^2+\frac{2\pi ab}{\varepsilon}\arcsin\varepsilon$ ($\varepsilon=\frac{\sqrt{a^2-b^2}}{a}$ 为椭圆的离心率).

13. $\dfrac{32}{5}\pi a^2$;

14. $K=\dfrac{a^4 b}{[(a^2+b^2)x^2-a^4]^{\frac{3}{2}}}$, $R=1/K$.

15. $\gamma g\pi R^3$;

16. 弧段上任一点 (x,y) 处弧长 $\mathrm{d}s$ 对应的质量为 $\mathrm{d}m=(x^2+y^2)^{\frac{3}{2}}\mathrm{d}s$, 引力的大小为 $\mathrm{d}F=G(x^2+y^2)^{\frac{1}{2}}\mathrm{d}s$, 方向 $\mathbf{r}^0=(\cos\alpha,\sin\alpha)=(\dfrac{x}{\sqrt{x^2+y^2}},\dfrac{y}{\sqrt{x^2+y^2}})$, 于是

$\mathrm{d}F_x=\mathrm{d}F\cos\alpha=Gx\mathrm{d}s$, $\mathrm{d}F_y=\mathrm{d}F\sin\alpha=Gy\mathrm{d}s$, 所以

$$F_x=\int_0^a \mathrm{d}F_x=\int_0^a \mathrm{d}F\cos\alpha=\int_0^a Gx\mathrm{d}s=\int_0^{\frac{\pi}{2}} 3Ga^2\cos^4 t\sin t\mathrm{d}t=\frac{3}{5}Ga^2,$$

$$F_y=\int_0^a \mathrm{d}F_y=\int_0^a \mathrm{d}F\sin\alpha=\int_0^a Gy\mathrm{d}s=\int_0^{\frac{\pi}{2}} 3Ga^2\sin^4 t\cos t\mathrm{d}t=\frac{3}{5}Ga^2.$$

§7.7.2　提高与综合习题

一、填空题

1. $\lim\limits_{x\to0}\dfrac{\displaystyle\int_0^x\left[te^t\int_{t^2}^0 \mathrm{e}^{-u^2}\mathrm{d}u\right]\mathrm{d}t}{x^4\mathrm{e}^x}=\lim\limits_{x\to0}\dfrac{x\mathrm{e}^x\displaystyle\int_{x^2}^0 \mathrm{e}^{-u^2}\mathrm{d}u}{4x^3}=\lim\limits_{x\to0}\dfrac{\mathrm{e}^{-x^4}(-2x)}{8x}=-\dfrac{1}{4}$.

2. $\ln^2 x$. 提示: 换元. $f\left(\dfrac{1}{x}\right)=\displaystyle\int_1^{\frac{1}{x}}\frac{2\ln u}{1+u}\mathrm{d}u=\int_1^x\frac{-2\ln t}{1+\frac{1}{t}}\left(-\frac{1}{t^2}\right)\mathrm{d}t=\int_1^x\frac{2\ln t}{(1+t)t}\mathrm{d}t$.

故 $f(x)+f\left(\dfrac{1}{x}\right)=\displaystyle\int_1^x\frac{2\ln u}{1+u}\left(1+\frac{1}{u}\right)\mathrm{d}u=\int_1^x\frac{2\ln u}{u}\mathrm{d}u$.

3. $-\dfrac{1}{36\mathrm{e}}$.

4. 2.

5. $\dfrac{\sqrt{2}}{2}\ln(1+\sqrt{2})$.

6. $\dfrac{5\pi^2}{144}$.

7. $\dfrac{3}{2}\mathrm{e}^{\frac{5}{2}}$. 提示: 利用分部积分公式可得,

$$\int_{\frac{1}{2}}^2 \mathrm{e}^{x+\frac{1}{x}}\mathrm{d}x=x\mathrm{e}^{x+\frac{1}{x}}\Big|_{\frac{1}{2}}^2-\int_{\frac{1}{2}}^2 x\mathrm{e}^{x+\frac{1}{x}}(1-\frac{1}{x^2})\mathrm{d}x.$$

8. $I=\dfrac{3\pi^2}{16}$. 提示: $I=\displaystyle\int_0^{\pi}(\pi-t)\sin^4 t\,\mathrm{d}t=\pi\int_0^{\pi}\sin^4 t\,\mathrm{d}t-\int_0^{\pi}t\sin^4 t\,\mathrm{d}t$.

9. $\dfrac{\pi}{4}$. 提示: $I=\displaystyle\int_0^{\frac{\pi}{2}}\frac{\cos^{2023}x\,\mathrm{d}x}{\cos^{2023}x+\sin^{2023}x}$, $2I=\displaystyle\int_0^{\frac{\pi}{2}}\frac{\cos^{2023}x+\sin^{2023}x}{\cos^{2023}x+\sin^{2023}x}\mathrm{d}x=\frac{\pi}{2}$.

10. $\sin 1-\cos 1$. 提示: 根据定积分定义, 极限等于 $\displaystyle\int_0^1 x\sin x\,\mathrm{d}x$.

二、计算题

1. $I=\displaystyle\int_0^{\frac{\pi}{4}}\left(\frac{1}{1+\mathrm{e}^{-x}}+\frac{1}{1+\mathrm{e}^x}\right)\sin^2 x\,\mathrm{d}x=\int_0^{\frac{\pi}{4}}\sin^2 x\,\mathrm{d}x=\frac{\pi}{8}-\frac{1}{4}$.

(提示: $\displaystyle\int_{-a}^a f(x)\,\mathrm{d}x=\int_0^a[f(x)+f(-x)]\,\mathrm{d}x$).

2. $2\mathrm{e}^{-\frac{1}{2}}-1$.

3. $\frac{1}{3}$. 令 $\arcsin\sqrt{\frac{x}{1+x}}=t$, $I=\int_0^{\frac{\pi}{4}} t\tan^2 t\mathrm{d}(\tan^2 t)=\frac{1}{2}\int_0^{\frac{\pi}{4}} t\mathrm{d}(\tan^4 t)=\frac{1}{3}$.

4. π 或 $2[\arctan(2+\sqrt{3})+\arctan(2-\sqrt{3})]$. 提示: 令 $x-1=t$, 则 $I=2\int_0^1 \frac{t^2+1}{t^4-t^2+1}\mathrm{d}t$.

5. $I=\int_{\mathrm{e}^{-2n\pi}}^1 \left|\mathrm{d}[\cos(\ln x)]\right|=\int_{\mathrm{e}^{-2n\pi}}^1 \left|\frac{1}{x}\sin(\ln x)\right|\mathrm{d}x$

$\overset{\ln x=u}{=\!=\!=}\int_{-2n\pi}^0 |\sin u|\mathrm{d}u=\int_0^{2n\pi}|\sin u|\mathrm{d}u=4n\int_0^{\frac{\pi}{2}}\sin u\mathrm{d}u=4n$.

6. $\pi=\int_0^{\frac{\pi}{2}} f(x)\,\mathrm{d}x=\int_0^{\frac{\pi}{2}} f(x)\frac{\sqrt{1+\cos x}}{\sqrt{1+\cos x}}\,\mathrm{d}x\leqslant(\int_0^{\frac{\pi}{2}}(1+\cos x)f^2(x)\,\mathrm{d}x)^{\frac{1}{2}}\cdot(\int_0^{\frac{\pi}{2}}\frac{\mathrm{d}x}{1+\cos x})^{\frac{1}{2}}$,

而 $\int_0^{\frac{\pi}{2}}\frac{\mathrm{d}x}{1+\cos x}=\int_0^{\frac{\pi}{2}}\sec^2\frac{x}{2}\mathrm{d}\frac{x}{2}=\tan\frac{x}{2}\Big|_0^{\frac{\pi}{2}}=1$, 于是 $\int_0^{\frac{\pi}{2}}[(1+\cos x)f^2(x)]\,\mathrm{d}x\geqslant\pi^2$.

所以当 $f(x)=\frac{\pi}{1+\cos x}$ 时, I 取得最小值 π^2.

7. 令 $u=x-t$, 则 $f(x)\int_0^x f(u)\mathrm{d}u=\sin^4 x$. 记 $F(x)=\int_0^x f(u)\mathrm{d}u$, 则 $f(x)F(x)=\sin^4 x$. 两端从 $0\to\pi$ 积分可得 $\frac{1}{2}F^2(\pi)=\int_0^{\pi}\sin^4 x\,\mathrm{d}x=\frac{3}{8}\pi$, 所以 $f(x)$ 在区间 $[0,\pi]$ 上的平均值为 $\frac{1}{\pi}F(\pi)=\frac{\sqrt{3\pi}}{2\pi}$.

8. $2x-2x^2$; 提示: $\int_0^1[f'(x)]^2\,\mathrm{d}x-8\int_0^1 f(x)\,\mathrm{d}x+\frac{4}{3}=\int_0^1[f'(x)+4x-2]^2\,\mathrm{d}x$.

9. $\frac{2}{3}$. 提示: 记 $a_n=\sqrt{n}(1-\sum\limits_{k=1}^n\frac{1}{n+\sqrt{k}})=\sum\limits_{k=1}^n\frac{\sqrt{k}}{\sqrt{n}(n+\sqrt{k})}$,

$\frac{n}{n+\sqrt{n}}\sum\limits_{k=1}^n\frac{1}{n}\sqrt{\frac{k}{n}}=\sum\limits_{k=1}^n\frac{\sqrt{k}}{\sqrt{n}(n+\sqrt{n})}\leqslant a_n\leqslant\sum\limits_{k=1}^n\frac{1}{n}\sqrt{\frac{k}{n}}$, $\lim\limits_{n\to\infty}\sum\limits_{k=1}^n\frac{1}{n}\sqrt{\frac{k}{n}}=\int_0^1\sqrt{x}\,\mathrm{d}x$.

10. $u(x)=x-\frac{f(x)}{f'(x)}$, 于是$u'(x)=\frac{f(x)f''(x)}{[f'(x)]^2}$, 且

$$\lim_{x\to0^+}\frac{u(x)}{x}=\lim_{x\to0^+}\left[1-\frac{f(x)}{xf'(x)}\right]=1-\lim_{x\to0^+}\frac{f'(x)}{f'(x)+xf''(x)}$$

$$=1-\lim_{x\to0^+}\frac{\frac{f'(x)}{x}}{\frac{f'(x)}{x}+f''(x)}=\frac{1}{2}.$$

故由 L'Hospital 法则可知,

$$\lim_{x\to0^+}\frac{\int_0^{u(x)}f(t)\mathrm{d}t}{\int_0^x f(t)\mathrm{d}t}=\lim_{x\to0^+}\frac{f(u(x))u'(x)}{f(x)}=\lim_{x\to0^+}\frac{f(u(x))f''(x)}{[f'(x)]^2}$$

$$=\lim_{x\to0^+}\frac{f''(x)\left[\frac{1}{2}f''(0)u^2(x)+o(u^2(x))\right]}{[f''(0)x+o(x)]^2}=\frac{1}{8}.$$

11. 根据定积分的定义, 有

$$A=\lim_{n\to\infty}\frac{1}{n}\sum_{k=1}^n f(\frac{k}{n})=\int_0^1 f(x)\,\mathrm{d}x=\int_0^1\arctan x\,\mathrm{d}x=\frac{\pi}{4}-\frac{\ln 2}{2}.$$

对于 $x \in \left(\frac{k-1}{n}, \frac{k}{n}\right), 1 \leqslant k \leqslant n$, 由 Taylor 公式知存在 $\xi_{n,k} \in \left(\frac{k-1}{n}, \frac{k}{n}\right)$, 使得

$$f(x) = f\left(\frac{k}{n}\right) + f'\left(\frac{k}{n}\right)(x - \frac{k}{n}) + \frac{f''(\xi_{n,k})}{2}\left(x - \frac{k}{n}\right)^2.$$

因而

$$\begin{aligned}
&\left|\sum_{k=1}^{n} f\left(\frac{k}{n}\right) - nA + \sum_{k=1}^{n} n \int_{\frac{k-1}{n}}^{\frac{k}{n}} f'\left(\frac{k}{n}\right)\left(x - \frac{k}{n}\right) \mathrm{d}x\right| \\
=& \left|\sum_{k=1}^{n} n \int_{\frac{k-1}{n}}^{\frac{k}{n}} \left[f\left(\frac{k}{n}\right) + f'\left(\frac{k}{n}\right)\left(x - \frac{k}{n}\right) - f(x)\right] \mathrm{d}x\right| \\
\leqslant& M \sum_{k=1}^{n} n \int_{\frac{k-1}{n}}^{\frac{k}{n}} \left(x - \frac{k}{n}\right)^2 \mathrm{d}x = \frac{M}{3n},
\end{aligned}$$

其中 $M = \frac{1}{2} \max\limits_{x \in [0,1]} |f''(x)|$, 因此

$$\begin{aligned}
B &= \lim_{n \to \infty} \left(\sum_{k=1}^{n} f\left(\frac{k}{n}\right) - An\right) = -\lim_{n \to \infty} \sum_{k=1}^{n} n \int_{\frac{k-1}{n}}^{\frac{k}{n}} f'\left(\frac{k}{n}\right)\left(x - \frac{k}{n}\right) \mathrm{d}x \\
&= \lim_{n \to \infty} \frac{1}{2n} \sum_{k=1}^{n} f'\left(\frac{k}{n}\right) = \frac{1}{2} \int_0^1 f'(x) \,\mathrm{d}x = \frac{\pi}{8}.
\end{aligned}$$

12. $\frac{(b-a)^2}{24}[f'(b) - f'(a)]$. 提示: $[a,b]$ n 等分, 分点 $x_k = a + \frac{k(b-a)}{n}$ $(k = 0, 1, \cdots, n)$, 记 $[x_{k-1}, x_k]$ 的中点为 $\xi_k = \frac{x_{k-1} + x_k}{2} = a + \frac{2k-1}{2n}(b-a)$. $f(x)$ 在 ξ_k 点的 Taylor 公式

$$f(x) = f(\xi_k) + f'(\xi_k)(x - \xi_k) + \frac{f''(\eta_k)}{2}(x - \xi_k)^2, x \in [x_{k-1}, x_k],$$

η_k 介于 x 与 ξ_k 之间, 则

$$\begin{aligned}
A_n &= \int_a^b f(x) \,\mathrm{d}x - \frac{b-a}{n} \sum_{k=1}^{n} f\left[a + \frac{2k-1}{2n}(b-a)\right] \\
&= \sum_{k=1}^{n} \int_{x_{k-1}}^{x_k} [f(x) - f(\xi_k)] \,\mathrm{d}x = \frac{1}{2} \sum_{k=1}^{n} \int_{x_{k-1}}^{x_k} f''(\eta_k)(x - \xi_k)^2 \,\mathrm{d}x.
\end{aligned}$$

记 $f''(x)$ 在 $[x_{k-1}, x_k]$ 的最大最小值分别为 M_k, m_k, 于是

$$\frac{m_k(b-a)^3}{12n^3} \leqslant \int_{x_{k-1}}^{x_k} f''(\eta_k)(x - \xi_k)^2 \,\mathrm{d}x \leqslant \int_{x_{k-1}}^{x_k} M_k(x - \xi_k)^2 \,\mathrm{d}x = \frac{M_k(b-a)^3}{12n^3}.$$

又 $\lim\limits_{n \to \infty} \sum\limits_{k=1}^{n} \frac{m_k(b-a)}{n} = \lim\limits_{n \to \infty} \sum\limits_{k=1}^{n} \frac{M_k(b-a)}{n} = \int_a^b f''(x) \,\mathrm{d}x = f'(b) - f'(a)$, 于是整理可得结论.

13. 注意到 $f(x)$ 连续, 且 $f(x) = 1 - x^2(1-x)$, 于是有

$$\forall x \in (0,1), 0 < f(x) < 1 = f(0) = f(1).$$

任取 $\delta \in (0, \frac{1}{2})$, 存在 $\eta \in (0, \delta)$, 使得

$$m_\eta = \min_{x\in[0,\eta]} f(x) > M_\delta = \max_{x\in[\delta,1-\delta]} f(x),$$

于是当 $n \geqslant \frac{1}{\delta^2}$ 时,

$$\begin{aligned}
0 \leqslant \frac{\int_\delta^1 f^n(x)\,\mathrm{d}x}{\int_0^\delta f^n(x)\,\mathrm{d}x} &= \frac{\int_{1-\delta}^1 f^n(x)\,\mathrm{d}x}{\int_0^\delta f^n(x)\,\mathrm{d}x} + \frac{\int_\delta^{1-\delta} f^n(x)\,\mathrm{d}x}{\int_0^\delta f^n(x)\,\mathrm{d}x} \\
&= \frac{\int_0^\delta (1-x(1-x)^2)^n\,\mathrm{d}x}{\int_0^\delta (1-x^2(1-x))^n\,\mathrm{d}x} + \frac{\int_\delta^{1-\delta} f^n(x)\,\mathrm{d}x}{\int_0^\delta f^n(x)\,\mathrm{d}x} \\
&\leqslant \frac{\int_0^\delta (1-\frac{x}{4})^n\,\mathrm{d}x}{\int_0^\delta (1-x^2)^n\,\mathrm{d}x} + \frac{\int_\delta^{1-\delta} f^n(x)\,\mathrm{d}x}{\int_0^\delta f^n(x)\,\mathrm{d}x} \\
&\leqslant \frac{\int_0^\delta (1-\frac{x}{4})^n\,\mathrm{d}x}{\int_0^{\frac{1}{\sqrt{n}}} (1-\frac{x}{\sqrt{n}})^n\,\mathrm{d}x} + \frac{(1-2\delta)M_\delta^n}{\eta m_\eta^n} \\
&= \frac{\frac{4}{n+1}\left(1-(1-\frac{\delta}{4})^{n+1}\right)}{\frac{\sqrt{n}}{n+1}\left(1-(1-\frac{1}{n})^{n+1}\right)} + \frac{1-2\delta}{\eta}\left(\frac{M_\delta}{m_\eta}\right)^n,
\end{aligned}$$

因而 $\lim\limits_{n\to\infty} \frac{\int_\delta^1 f^n(x)\,\mathrm{d}x}{\int_0^\delta f^n(x)\,\mathrm{d}x} = 0$. 下面求极限.

$\forall \varepsilon \in \left(0, \ln\frac{5}{4}\right)$, 取 $\delta = 2(\mathrm{e}^\varepsilon - 1) \in \left(0, \frac{1}{2}\right)$, 由于前述的结论, $\exists N \in \mathbb{N}^+$, 使得当 $n \geqslant N$ 时, $\frac{\int_\delta^1 f^n(x)\,\mathrm{d}x}{\int_0^\delta f^n(x)\,\mathrm{d}x} \leqslant \varepsilon$, 从而又有

$$\begin{aligned}
\left|\frac{\int_0^1 f^n(x)\ln(x+2)\,\mathrm{d}x}{\int_0^1 f^n(x)\,\mathrm{d}x} - \ln 2\right| &= \frac{\int_0^1 f^n(x)\ln\left(\frac{x+2}{2}\right)\mathrm{d}x}{\int_0^1 f^n(x)\,\mathrm{d}x} \\
&\leqslant \frac{\int_0^\delta f^n(x)\ln\left(\frac{x+2}{2}\right)\mathrm{d}x}{\int_0^\delta f^n(x)\,\mathrm{d}x} + \frac{\int_\delta^1 f^n(x)\ln\left(\frac{x+2}{2}\right)\mathrm{d}x}{\int_0^\delta f^n(x)\,\mathrm{d}x}
\end{aligned}$$

$$\leqslant \ln\frac{\delta+2}{2}+\frac{\ln 2\int_{\delta}^{1} f^{n}(x)\,\mathrm{d}x}{\int_{0}^{\delta} f^{n}(x)\,\mathrm{d}x}\leqslant \varepsilon(1+\ln 2),$$

因此所求极限为 $\ln 2$.

三、证明题

1. 提示: $F(x)=\int_a^x f(t)\,\mathrm{d}t$, $G(x)=\int_a^x g(t)\,\mathrm{d}t, x\in[a,b]$, 则 $F(x)\geqslant G(x)$, 于是有 $\int_a^b F(x)\,\mathrm{d}x\geqslant \int_a^b G(x)\,\mathrm{d}x$. 对不等式两端分部积分并整理即得结论.

2. 提示(方法1): 由 $I=\int_a^b f(x)\,\mathrm{d}x>0$ 及定积分的定义可知, 存在$[a,b]$ 的一个划分P: $a=x_0<x_1<\cdots<x_n=b$, 使得对任意 $\xi\in[x_{i-1},x_i]$, 成立

$$\sum_{i=1}^{n} f(\xi_i)\Delta x_i>\frac{I}{2}>0.$$

记 $m_i=\inf\limits_{x\in[x_{i-1},x_i]} f(x), i=1,2,\cdots,n$, 并对上面的和式取下确界,就得到

$$\sum_{i=1}^{n} m_i\Delta x_i\geqslant\frac{I}{2}>0.$$

显然在和式中至少有一项大于0, 设这一项是第k项,取$[\alpha,\beta]=[x_{k-1},x_k]$.
(方法2) 用反证法.

3. 由 Cauchy-Schwarz 不等式可得

$$\Big(\int_a^b f(x)\cos x\,\mathrm{d}x\Big)^2=\Big(\int_a^b \sqrt{f(x)}\cdot\sqrt{f(x)}\cos x\,\mathrm{d}x\Big)^2\leqslant\int_a^b f(x)\,\mathrm{d}x\cdot\int_a^b f(x)\cos^2 x\,\mathrm{d}x,$$
$$\Big(\int_a^b f(x)\sin x\,\mathrm{d}x\Big)^2=\Big(\int_a^b \sqrt{f(x)}\cdot\sqrt{f(x)}\sin x\,\mathrm{d}x\Big)^2\leqslant\int_a^b f(x)\,\mathrm{d}x\cdot\int_a^b f(x)\sin^2 x\,\mathrm{d}x,$$

于是有

$$\begin{aligned}&\Big(\int_a^b f(x)\cos x\,\mathrm{d}x\Big)^2+\Big(\int_a^b f(x)\sin x\,\mathrm{d}x\Big)^2\\ \leqslant&\int_a^b f(x)\,\mathrm{d}x\Big(\int_a^b f(x)\cos^2 x\,\mathrm{d}x+\int_a^b f(x)\sin^2 x\,\mathrm{d}x\Big)=\Big(\int_a^b f(x)\,\mathrm{d}x\Big)^2,\end{aligned}$$

即所证不等式成立.

4. 提示: 由 Cauchy 不等式有

$$\int_0^1 f(x)\,\mathrm{d}x\cdot\int_0^1\frac{1}{f(x)}\,\mathrm{d}x\geqslant\left(\int_0^1\sqrt{f(x)}\sqrt{\frac{1}{f(x)}}\,\mathrm{d}x\right)^2=1.$$

考察非负函数 $\dfrac{(f(x)-1)(3-f(x))}{f(x)}$, 则有$f(x)+\dfrac{3}{f(x)}\leqslant 4$, 于是

$$\int_0^1 f(x)\,\mathrm{d}x+3\int_0^1\frac{1}{f(x)}\,\mathrm{d}x\leqslant 4.$$

设$a=\int_0^1 f(x)\,\mathrm{d}x$, $b=\int_0^1 \frac{1}{f(x)}\,\mathrm{d}x$, 则$ab\leqslant \frac{1}{3}\frac{(a+3b)^2}{4}=\frac{4}{3}$.

5. 提示:

$$\begin{aligned}f(x)&=f\left(\frac{1}{n+1}\right)+f'\left(\frac{1}{n+1}\right)(x-\frac{1}{n+1})+\frac{1}{2}f''(\xi)(x-\frac{1}{n+1})^2\\&\leqslant f\left(\frac{1}{n+1}\right)+f'\left(\frac{1}{n+1}\right)\left(x-\frac{1}{n+1}\right)\end{aligned}$$

将x换成x^n, 并对不等式两边从 0 到 1 积分.

6. 提示:

$$\begin{aligned}\int_0^{2\pi} f(x)\sin nx\,\mathrm{d}x&=\sum_{k=0}^{n-1}\left(\int_{\frac{2k\pi}{n}}^{\frac{(2k+1)\pi}{n}} f(x)\sin nx\,\mathrm{d}x+\int_{\frac{(2k+1)\pi}{n}}^{\frac{(2k+2)\pi}{n}} f(x)\sin nx\,\mathrm{d}x\right)\\&=\frac{1}{n}\sum_{k=0}^{n-1}\int_0^{\pi}\left(f\left(\frac{2k\pi+t}{n}\right)-f\left(\frac{(2k+1)\pi+t}{n}\right)\right)\sin t\,\mathrm{d}t\geqslant 0.\end{aligned}$$

7. 提示: (1) 由换元公式和积分中值定理知,

$$\int_0^x f(t)\,\mathrm{d}t+\int_0^{-x} f(t)\,\mathrm{d}t=\int_0^x [f(t)-f(-t)]\,\mathrm{d}t=x[f(\theta x)-f(-\theta x)].$$

(2) 由(1)知, $\dfrac{\int_0^x f(t)\,\mathrm{d}t+\int_0^{-x} f(t)\,\mathrm{d}t}{x^2}=\theta\dfrac{f(\theta x)-f(-\theta x)}{\theta x}$, 而且

$$\lim_{x\to 0^+}\frac{\int_0^x f(t)\mathrm{d}t+\int_0^{-x} f(t)\,\mathrm{d}t}{x^2}=f'(0),\quad \lim_{x\to 0^+}\frac{f(\theta x)-f(-\theta x)}{\theta x}=2f'(0).$$

故$\lim\limits_{x\to 0^+}\theta=\dfrac{1}{2}$.

8. 提示: 设辅助函数 $F(x)=\mathrm{e}^{\int_a^x f(t)\,\mathrm{d}t}\cdot\int_x^b g(t)\,\mathrm{d}t$, 在区间$[a,b]$ 上满足 Rolle 定理.

9. (1) 不妨设 $c=a$, 即 $\lim\limits_{n\to\infty} a_n=a$. 记$f(x)$ 在 $[a,b]$ 上的振幅为 ω, $\forall\varepsilon>0$, 取$0<\delta<\dfrac{\varepsilon}{2\omega}$, 由 $\lim\limits_{n\to\infty} a_n=a$ 知, $\exists N\in\mathbb{N}$, 当 $n>N$ 时 $a_n\in[a,a+\delta]$, 从而 $f(x)$ 在$[a+\delta,b]$ 上至多有有限多个间断点. 于是可知 $f(x)$ 在 $[a+\delta,b]$ 上可积, 故存在其上的划分 T^*, 使得 $\sum\limits_{T^*}\omega_i\Delta x_i<\dfrac{\varepsilon}{2}$. 将 $[a,a+\delta]$ 与 T^* 合并形成 $[a,b]$ 的一个划分 T, 则

$$\sum_T \omega_i\Delta x_i\leqslant\omega\delta+\sum_{T^*}\omega_i\Delta x_i<\frac{\varepsilon}{2}+\frac{\varepsilon}{2}=\varepsilon.$$

由可积的充要条件知, $f(x)$ 在$[a,b]$ 上可积.

(2) $g(x)$ 在$[0,1]$ 上有界, 其不连续点为$0,1,\dfrac{1}{2},\cdots,\dfrac{1}{n},\cdots$, 而 $\dfrac{1}{n}\to 0$, 由 (1) 知$f(x)\in R[0,1]$.

10. (1) 由 $f(x)=f(a)+f'(\xi)(x-a)=f'(\xi)(x-a)$ 得

$$|f(x)|=|f'(\xi)|(x-a)\leqslant M(x-a).$$

故 $\int_a^b |f(x)|\,\mathrm{d}x \leqslant \frac{M}{2}(b-a)^2,\ x\in[a,b]$.

(2) 将区间 $[a,b]$ 分为 $\left[a,\frac{a+b}{2}\right]$ 和 $\left[\frac{a+b}{2},b\right]$，再由(1) 可得证.

(3) 由 $\int_0^1 f(x)\,\mathrm{d}x=\sum_{k=1}^n\int_{\frac{k-1}{n}}^{\frac{k}{n}} f(x)\,\mathrm{d}x$ 得

$$\int_0^1 f(x)\,\mathrm{d}x-\frac{1}{n}\sum_{k=1}^n f\left(\frac{k}{n}\right)=\sum_{k=1}^n\int_{\frac{k-1}{n}}^{\frac{k}{n}}\left[f(x)-f\left(\frac{k}{n}\right)\right]\mathrm{d}x.$$

在区间 $\left[\frac{k-1}{n},\frac{k}{n}\right]$ 上, 利用 (1)可得

$$\int_{\frac{k-1}{n}}^{\frac{k}{n}}\left|f(x)-f\left(\frac{k}{n}\right)\right|\mathrm{d}x\leqslant\frac{M}{2n^2}.$$

于是有 $\left|\int_0^1 f(x)\,\mathrm{d}x-\frac{1}{n}\sum_{k=1}^n f\left(\frac{k}{n}\right)\right|\leqslant n\cdot\frac{M}{2n^2}=\frac{M}{2n}$.

11. 提示: n 等分区间$[0,1]$, 分点为$0=x_0<x_1<\cdots<x_{n-1}<x_n=1$. 记$h=\frac{1}{n}$, 则

$$\begin{aligned}
&\lim_{n\to\infty} n\left(\int_0^1 f(x)\,\mathrm{d}x-\sum_{k=1}^n f\left(\frac{k}{n}\right)\frac{1}{n}\right)\\
=&\lim_{n\to\infty} n\sum_{k=1}^n\int_{x_{k-1}}^{x_k}(f(x)-f(x_k))\,\mathrm{d}x\\
=&\lim_{n\to\infty} n\sum_{k=1}^n\frac{f(\xi_k)-f(x_k)}{\xi_k-x_k}\int_{x_{k-1}}^{x_k}(x-x_k)\,\mathrm{d}x\\
=&\lim_{n\to\infty} n\sum_{k=1}^n f'(\eta_k)\left(-\frac{1}{2}\right)(x_k-x_{k-1})^2\\
=&-\frac{1}{2}\lim_{n\to\infty}\sum_{k=1}^n f'(\eta_k)h\\
=&-\frac{1}{2}\int_0^1 f'(x)\,\mathrm{d}x=\frac{f(0)-f(1)}{2},
\end{aligned}$$

其中第二个等式利用了第一积分中值定理, 第三个等式利用了 Lagrange 中值定理.

12. (1) 由 $f\in R[a,b]$ 知, 对于任意的 $\varepsilon>0$, 存在 $[a,b]$ 的划分

$$P:\ a=x_0<x_1<\cdots<x_n=b,$$

使得

$$\sum_{i=1}^n\omega_i(f)\Delta x_i<\varepsilon.$$

构造阶梯函数

$$g(x)=\begin{cases}f(x_{i-1}), & x\in[x_{i-1},x_i)\ (i=1,2,\cdots,n-1),\\ f(x_n), & x\in[x_{n-1},x_n].\end{cases}$$

$g(x)$ 满足要求.

(2) 对(1)中取等分得到$g(x)$, 它的间断部分进行连续拟合可得到所需的连续函数 $h(x)$. 比如对于间断点x_1, 取区间$[x_1-\frac{\varepsilon}{4M(n-1)},x_1+\frac{\varepsilon}{4M(n-1)}]$ ($|f(x)|<M$), 作函数

$$K(x)=\frac{x_1+\frac{\varepsilon}{4M(n-1)}-x}{\frac{\varepsilon}{2M(n-1)}}f(x_1)+\frac{x-(x_1-\frac{\varepsilon}{4M(n-1)})}{\frac{\varepsilon}{2M(n-1)}}f(x_2).$$

$K(x)$ 在 $[a,x_2)$ 连续, 且 $K(x_1-\frac{\varepsilon}{4M(n-1)})=f(x_1),K(x_2-\frac{\varepsilon}{4M(n-1)})=f(x_2)$, 所有间断点都进行类似处理后得到 $[a,b]$ 上连续 $h(x)$. 可验证 $h(x)$ 满足要求.

(3)由 Weierstrass 逼近定理可得.

13. 设 $M=\max\limits_{x\in[0,1]}|f'(x)|=|f'(x_1)|,m=\min\limits_{x\in[0,1]}|f'(x)|=|f'(x_0)|$, 则有

$$\int_0^1|f''(x)|\,\mathrm{d}x\geqslant\left|\int_{x_0}^{x_1}f''(x)\,\mathrm{d}x\right|=|f'(x_1)-f'(x_0)|\geqslant M-m,$$

另一方面, 有 $\int_0^1|f'(x)|\,\mathrm{d}x\leqslant M$, 故只需证明 $m\leqslant 2\int_0^1|f(x)|\,\mathrm{d}x$.

若 $f'(x)$ 在 $[0,1]$ 中有零点, 则 $m=0$, 此时上面的不等式显然成立. 因而假设 $f'(x)$ 在 $[0,1]$ 上无零点, 不妨设 $f'(x)>0$, 即 $f(x)$ 严格单调增加, 分下面两种情形讨论.

情形 1: $f(0)\geqslant 0$, 此时 $f(x)\geqslant 0,\forall x\in[0,1]$, 由于 $f'(x)=|f'(x)|\geqslant m$, 得

$$\int_0^1|f(x)|\,\mathrm{d}x=\int_0^1(f(x)-f(0))\,\mathrm{d}x+f(0)\geqslant f'(\xi)\int_0^1x\,\mathrm{d}x\geqslant\frac{1}{2}m.$$

即所得证.

情形 2: $f(0)<0$, 由题意知 $f(1)\leqslant 0$. 由于 f 单调增加, 因而 $f(x)\leqslant 0,\forall x\in[0,1]$, 且

$$\begin{aligned}\int_0^1|f(x)|\,\mathrm{d}x&=-\int_0^1f(x)\,\mathrm{d}x=\int_0^1(f(1)-f(x))\,\mathrm{d}x-f(1)\geqslant\int_0^1|f(1)-f(x)|\,\mathrm{d}x\\&=\int_0^1|f'(\xi)|(1-x)\,\mathrm{d}x\geqslant\int_0^1m(1-x)\,\mathrm{d}x=\frac{1}{2}m.\end{aligned}$$

此时也即所得证.

14. 由于 f,g 可用单调的阶梯函数逼近, 故不妨设 f,g 都是单调增加的阶梯函数, 令 $h(x)=f(x)-g(x)$, 则 $\forall x,y\in[0,1]$, 有 $|h(x)-h(y)|\leqslant 1$.

事实上, 对于 $x\geqslant y$, 有

$$-1\leqslant-(g(x)-g(y))\leqslant h(x)-h(y)=f(x)-f(y)-(g(x)-g(y))\leqslant f(x)-f(y)\leqslant 1.$$

对于 $x<y$, 有

$$-1\leqslant f(x)-f(y)\leqslant h(x)-h(y)\leqslant g(y)-g(x)\leqslant 1.$$

记 $C_1=\{x\in[0,1]:f(x)\geqslant g(x)\}$, $C_2=\{x\in[0,1]:f(x)<g(x)\}$, 那么 C_1, C_2 分别为有限个互不相交的区间的并, 且由 $\int_0^1f(x)\,\mathrm{d}x=\int_0^1g(x)\,\mathrm{d}x$, 有

$$\int_{C_1}h(x)\,\mathrm{d}x=-\int_{C_2}h(x)\,\mathrm{d}x,$$

若某 $|C_i|=0$, 结论显然成立. 注意 $|C_1|+|C_2|=1$, 因而

$$
\begin{aligned}
&2\int_0^1 |f(x)-g(x)|\,\mathrm{d}x = 2\left(\int_{C_1} h(x)\,\mathrm{d}x - \int_{C_2} h(x)\,\mathrm{d}x\right)\\
&\leqslant \left(\frac{|C_2|}{|C_1|}\int_{C_1} h(x)\,\mathrm{d}x + \frac{|C_1|}{|C_2|}\int_{C_2}[-h(x)]\,\mathrm{d}x\right) + \int_{C_1} h(x)\,\mathrm{d}x + \int_{C_2}[-h(x)]\,\mathrm{d}x\\
&= \left(\frac{1}{|C_1|}\int_{C_1} h(x)\,\mathrm{d}x + \frac{1}{|C_2|}\int_{C_2}[-h(x)]\,\mathrm{d}x\right)\\
&\leqslant \sup_{x\in C_1} h(x) + \sup_{x\in C_2}[-h(x)] \leqslant 1.
\end{aligned}
$$

15. 不妨设 $f(x)$ 有下界, 记

$$
m=\inf_{x\in\mathbb{R}} f(x),\ g(x)=f(x)-m,
$$

则 $g(x)$ 是非负连续函数, 且

$$
A=g(x)+a\int_{x-1}^{x} g(t)\,\mathrm{d}t
$$

是非负常数, 因而 g 是可微函数, 并且

$$
g'(x)+a[g(x)-g(x-1)]=0,
$$

由此 $[\mathrm{e}^{ax}g(x)]'=a\mathrm{e}^{ax}g(x-1)\geqslant 0$, 即 $\mathrm{e}^{ax}g(x)$ 递增, 因而

$$
\begin{aligned}
A&=g(x)+a\int_{x-1}^{x}\mathrm{e}^{at}g(t)\mathrm{e}^{-at}\,\mathrm{d}t \leqslant g(x)+a\mathrm{e}^{ax}g(x)\int_{x-1}^{x}\mathrm{e}^{-at}\,\mathrm{d}t\\
&=g(x)+\mathrm{e}^{ax}g(x)\left[\mathrm{e}^{-a(x-1)}-\mathrm{e}^{-ax}\right]=\mathrm{e}^{a}g(x),
\end{aligned}
$$

由此可得 $0\leqslant A\leqslant \inf\limits_{x\in\mathbb{R}}\mathrm{e}^{a}g(x)=0$, 再由 $A=g(x)+a\displaystyle\int_{x-1}^{x}g(t)\,\mathrm{d}t=0$ 知 $g(x)\equiv 0$.

16. 利用分部积分可得

$$
\int_0^1 xf(x)\,\mathrm{d}x=\frac{1}{2}x^2f(x)\Big|_0^1-\int_0^1\frac{x^2}{2}f'(x)\,\mathrm{d}x=-\frac{1}{2}\int_0^1 x^2f'(x)\,\mathrm{d}x,
$$

因而根据微积分基本定理, 有

$$
6\int_0^1 xf(x)\,\mathrm{d}x=\int_0^1(1-3x^2)f'(x)\,\mathrm{d}x.
$$

使用 Cauchy-Schwarz 不等式, 有

$$
36\left(\int_0^1 xf(x)\,\mathrm{d}x\right)^2\leqslant\int_0^1(1-3x^2)^2\,\mathrm{d}x\int_0^1[f'(x)]^2\,\mathrm{d}x=\frac{4}{5}\int_0^1[f'(x)]^2\,\mathrm{d}x,
$$

由此可得 $\left(\displaystyle\int_0^1 xf(x)\,\mathrm{d}x\right)^2\leqslant\dfrac{1}{45}\displaystyle\int_0^1[f'(x)]^2\,\mathrm{d}x$, 等号成立当且仅当 $f'(x)=A(1-3x^2)$, 即 $f(x)=A(x-x^3)+C$, 由于 $f(0)=f(1)=0$, 因而当且仅当 $f(x)=A(x-x^3)$.

17. 提示: 分 $f'(x)=0, f'(x)>0, f'(x)<0$ 三种情形进行讨论.

(1) $f'(x)=0$, 结论成立.

(2) $f'(x) > 0$. 记 $h = (f'(x))^{\frac{1}{\alpha}} > 0$, 则由题设和 Newton-Leibniz 公式可得

$$
\begin{aligned}
0 < f(x-h) &= -\int_{x-h}^{x} f'(t)\,\mathrm{d}t + f(x) = \int_{x-h}^{x} [f'(x) - f'(t)]\,\mathrm{d}t - f'(x)h + f(x) \\
&\leqslant \int_{x-h}^{x} (x-t)^{\alpha}\,\mathrm{d}t - f'(x)h + f(x) = \frac{1}{\alpha+1} - f'(x)h + f(x).
\end{aligned}
$$

将 $h = (f'(x))^{\frac{1}{\alpha}}$ 代入上式即可得 $|f'(x)|^{\frac{\alpha+1}{\alpha}} < \dfrac{\alpha+1}{\alpha} f(x)$.

(3) $f'(x) < 0$. 记 $h = (-f'(x))^{\frac{1}{\alpha}} > 0$, 考虑不等式

$$
0 < f(x+h) = \int_{x}^{x+h} f'(t)\,\mathrm{d}t + f(x),
$$

类似 (2) 的过程, 可得结论.

四、应用题

1. $a = -\dfrac{5}{4}, b = \dfrac{3}{2}, c = 1$;
2. $F_x = \dfrac{Gm\rho}{\sqrt{h^2+a^2}}, F_y = \dfrac{Gm\rho}{h}(1 - \sin\arctan\dfrac{a}{h})$ 所求引力向量为$\vec{F} = (F_x, F_y)$;
3. 略;
4. $A(1,1)$;
5. $\dfrac{\sqrt{5}(2\sqrt{2}-1)}{3}\pi$.

第8章　反常积分

§8.1　内容提要

一、基本概念

无穷区间与无界函数的反常积分, 瑕积分, 瑕点, 收敛, 发散, 绝对收敛, 条件收敛, Cauchy 主值(cpv), Γ 函数, B 函数

二、基本定理、性质

以区间无穷的反常积分为例, 无界函数的类似.

1. Cauchy 收敛原理

反常积分 $\int_a^{+\infty} f(x)\,\mathrm{d}x$ 收敛的充分必要条件是: 对任意给定的 $\varepsilon>0$, 存在 $A_0\geqslant a$, 使得对任意 $A, A'>A_0$, 有

$$\left|\int_A^{A'} f(x)\,\mathrm{d}x\right|<\varepsilon.$$

2. 比较判别法及其极限形式

设在 $[a,+\infty)$ 上恒有 $0\leqslant f(x)\leqslant Kg(x)$, 其中 K 是正常数, 则

(1) 当 $\int_a^{+\infty} g(x)\,\mathrm{d}x$ 收敛时, $\int_a^{+\infty} f(x)\,\mathrm{d}x$ 也收敛;

(2) 当 $\int_a^{+\infty} f(x)\,\mathrm{d}x$ 发散时, $\int_a^{+\infty} g(x)\,\mathrm{d}x$ 也发散.

(极限形式) 设在 $[a,+\infty)$ 上恒有 $f(x)\geqslant 0$ 和 $g(x)\geqslant 0$, 且

$$\lim_{x\to+\infty}\frac{f(x)}{g(x)}=l,$$

则 (1) 若 $0\leqslant l<+\infty$, 则 $\int_a^{+\infty} g(x)\,\mathrm{d}x$ 收敛时, $\int_a^{+\infty} f(x)\,\mathrm{d}x$ 也收敛.

(2) 若 $0<l\leqslant+\infty$, 则 $\int_a^{+\infty} g(x)\,\mathrm{d}x$ 发散时, $\int_a^{+\infty} f(x)\,\mathrm{d}x$ 也发散.

3. Cauchy判别法

设在 $[a,+\infty)\subset(0,+\infty)$ 上恒有 $f(x)\geqslant 0$, K 是正常数.

(1) 若 $f(x)\leqslant\dfrac{K}{x^p}$ 或 $f(x)\sim\dfrac{K}{x^p}$ 且 $p>1$, 则 $\int_a^{+\infty} f(x)\,\mathrm{d}x$ 收敛.

(2) 若 $f(x)\geqslant\dfrac{K}{x^p}$ 或 $f(x)\sim\dfrac{K}{x^p}$ 且 $p\leqslant 1$, 则 $\int_a^{+\infty} f(x)\,\mathrm{d}x$ 发散.

4. Abel 和 Dirichlet 判别法

若下列两个条件之一满足, 则 $\int_a^{+\infty} f(x)g(x)\,\mathrm{d}x$ 收敛.

(1) Abel 判别法 $\int_a^{+\infty} f(x)\,\mathrm{d}x$ 收敛, $g(x)$在$[a,+\infty)$上单调有界;

(2) Dirichlet 判别法 $F(A)=\int_a^{A} f(x)\,\mathrm{d}x$ 在$[a,+\infty)$上有界, $g(x)$在$[a,+\infty)$上单调且 $\lim\limits_{x\to+\infty} g(x)=0$.

5. 绝对收敛与条件收敛的关系

若反常积分 $\int_a^{+\infty} f(x)\,\mathrm{d}x$ 绝对收敛, 则 $\int_a^{+\infty} f(x)\,\mathrm{d}x$ 一定收敛.

三、基本计算

求反常积分, Cauchy 主值

四、基本结论

1. $\int_1^{+\infty} \frac{\mathrm{d}x}{x^p}$ 当 $p>1$ 时收敛, $p\leqslant 1$ 时发散.

2. $\int_0^{1} \frac{\mathrm{d}x}{x^q}$ 当 $q<1$ 时收敛, $q\geqslant 1$ 时发散.

3. $\int_1^{+\infty} \frac{\sin x}{x}\,\mathrm{d}x$ 条件收敛.

4. Euler 积分:

(1) Γ 函数: $\Gamma(s)=\int_0^{+\infty} x^{s-1}\mathrm{e}^{-x}\,\mathrm{d}x=2\int_0^{+\infty} u^{2s-1}\mathrm{e}^{-u^2}\mathrm{d}u,\ s>0$. 具有性质:

(i) $\Gamma(s+1)=s\Gamma(s)$, 特别地, $\Gamma(n+1)=n!$;

(ii) 当 $0<s<1$ 时, $\Gamma(s)\Gamma(1-s)=\dfrac{\pi}{\sin(\pi s)}$, 特别地, $\Gamma\left(\dfrac{1}{2}\right)=\sqrt{\pi}$.

(2) B 函数: $B(p,q)=\int_0^{1} x^{p-1}(1-x)^{q-1}\,\mathrm{d}x,\ p>0,\ q>0$. 具有性质:

(i) $B(p,q)=B(q,p)$;

(ii) $B(p,q)=\dfrac{\Gamma(p)\Gamma(q)}{\Gamma(p+q)},\ p>0,\ q>0$.

§8.2 典型例题讲解

例 8.2.1 判断是非

(1) 若 $\int_a^{+\infty} |f(x)|\,\mathrm{d}x$ 收敛, 则 $\int_a^{+\infty} f(x)\,\mathrm{d}x$ 收敛, 且值相等. (   )

(2) 若 $\int_{-\infty}^{+\infty} f(x)\,\mathrm{d}x$ 收敛, 则其 Cauchy 主值存在, 且值相等. (   )

(3) 设 $f(x)\leqslant 0$, 若 $\int_{-\infty}^{+\infty} f(x)\,\mathrm{d}x$ 的Cauchy 主值存在, 则 $\int_{-\infty}^{+\infty} f(x)\,\mathrm{d}x$ 收敛. (   )

(4) 若 $\int_a^{+\infty} f(x)\,\mathrm{d}x$ 收敛, 则 $f(x)$ 在 $[a,+\infty)$ 上有界. (　　)

(5) 若 $\int_a^{+\infty} f(x)\,\mathrm{d}x$ 收敛, 且 $f(x)$ 在 $[a,+\infty)$ 上连续, 则 $\lim\limits_{x\to+\infty} f(x)=0$. (　　)

(6) 反常积分 $\int_1^{+\infty} \sin x^2\,\mathrm{d}x$ 收敛. (　　)

(7) 若 $\int_a^{+\infty} f(x)\,\mathrm{d}x$ 收敛, 且 $f(x)$ 在 $[a,+\infty)$ 上一致连续, 则 $\lim\limits_{x\to+\infty} f(x)=0$. (　　)

(8) 若 $\int_a^{+\infty} f(x)\,\mathrm{d}x$ 收敛, 且 $f(x)$ 在 $[a,+\infty)$ 上连续可导, 则 $\lim\limits_{x\to+\infty} f(x)=0$. (　　)

(9) 设非负函数 $f(x)$ 在 $[a,+\infty)$ 上单调减少, 若 $\int_a^{+\infty} f(x)\,\mathrm{d}x$ 收敛, 则 $\lim\limits_{x\to+\infty} f(x)=0$. (　　)

(10) 若 $\int_a^{+\infty} |f(x)|\,\mathrm{d}x$ 收敛, 则 $\int_a^{+\infty} f^2(x)\,\mathrm{d}x$ 收敛. (　　)

解 (1) ×; (2) √; (3) √; (4) ×; (5) ×; (6) √; (7) √; (8) ×; (9) √; (10) ×.

解析

(1) $\int_a^{+\infty} |f(x)|\,\mathrm{d}x$ 收敛, $\int_a^{+\infty} f(x)\,\mathrm{d}x$ 必定收敛, 但是它们的值不一定相等.

(4) 反例: $f(x)=\begin{cases} n[1+\cos(n^3(x-n))], & x\in[n-\dfrac{\pi}{n^3},n+\dfrac{\pi}{n^3}]\ (n=2,3,\cdots), \\ 0, & \text{其他}, \end{cases}$ 显然 $\int_0^{+\infty} f(x)\,\mathrm{d}x$ 收敛, 但是 $f(x)$ 在 $[0,+\infty)$ 上无界.

(5) 参见(4)的反例.

(6) 令 $t=x^2$.

(8) 参见(4)的反例.

例 8.2.2 选择题

(1) 下列反常积分中, 发散的为 (　　).

(A) $\int_1^2 \dfrac{\ln x}{\sqrt{x(x-1)^3}}\,\mathrm{d}x$; (B) $\int_{-\infty}^{+\infty} x\mathrm{e}^{-x^2}\,\mathrm{d}x$;

(C) $\int_0^{+\infty} \dfrac{\mathrm{d}x}{x\sqrt{x}}$; (D) $\int_0^1 \dfrac{x^4\,\mathrm{d}x}{\sqrt{1-x^4}}$.

(2)下列反常积分中, 收敛的是 (　　).

(A) $\int_{-1}^1 \dfrac{\mathrm{d}x}{\sqrt{1-x^2}}$; (B) $\int_1^{+\infty} \dfrac{\mathrm{e}^x}{x^2}\,\mathrm{d}x$;

(C) $\int_{-\infty}^{+\infty} \dfrac{\mathrm{d}x}{x^3}$; (D) $\int_0^1 \dfrac{\mathrm{d}x}{\sqrt{x}\ln(1+x)}$.

(3)设$I_1=\int_0^1 \dfrac{x^4}{\sqrt{1-x}}\,\mathrm{d}x,\ I_2=\int_1^{+\infty} \dfrac{\mathrm{d}x}{x\ln^2 x}$, 则 (　　).

(A) I_1与I_2 都发散;　　(B) I_1 与 I_2 都收敛;

(C) I_1 发散I_2 收敛;　　(D) I_1 收敛 I_2 发散.

解 (1) C; (2) A; (3) D.

解析

(1) 因为 $\dfrac{\ln x}{\sqrt{x(x-1)^3}}=\dfrac{\ln(1+x-1)}{\sqrt{x}(x-1)^{\frac{3}{2}}}\sim\dfrac{1}{\sqrt{x-1}}\,(x\to1^+)$, 所以 $\displaystyle\int_1^2\frac{\ln x}{\sqrt{x(x-1)^3}}\,\mathrm{d}x$ 收敛.

$\displaystyle\int_{-\infty}^{+\infty}x\mathrm{e}^{-x^2}\,\mathrm{d}x=-\frac{1}{2}\mathrm{e}^{-x^2}|_{-\infty}^{\infty}=0$, 收敛.

$\displaystyle\int_0^{+\infty}\frac{\mathrm{d}x}{x\sqrt{x}}=\int_0^1\frac{\mathrm{d}x}{x\sqrt{x}}+\int_1^{+\infty}\frac{\mathrm{d}x}{x\sqrt{x}}$, 而$\displaystyle\int_0^1\frac{\mathrm{d}x}{x\sqrt{x}}$ 发散.

$\dfrac{x^4}{\sqrt{1-x^4}}\sim\dfrac{1}{2\sqrt{1-x}}\,(x\to1^-)$, $\displaystyle\int_0^{+\infty}\frac{\mathrm{d}x}{x\sqrt{x}}$ 收敛.

例 8.2.3 判别下列反常积分的收敛性:

(1)$\displaystyle\int_0^{+\infty}\frac{\sin x}{\sqrt{x^3}}\,\mathrm{d}x$;　　(2)$\displaystyle\int_1^{+\infty}\frac{\mathrm{d}x}{x\sqrt{3x^2-2x-1}}$.

解 (1) 原式 $\displaystyle=\int_0^1\frac{\sin x}{\sqrt{x^3}}\,\mathrm{d}x+\int_1^{+\infty}\frac{\sin x}{\sqrt{x^3}}\,\mathrm{d}x$.

因为 $|\dfrac{\sin x}{\sqrt{x^3}}|\leqslant\dfrac{1}{\sqrt{x^3}}$, 而 $\displaystyle\int_1^{+\infty}\frac{1}{\sqrt{x^3}}\,\mathrm{d}x$ 收敛, $\displaystyle\int_1^{+\infty}\frac{\sin x}{\sqrt{x^3}}\,\mathrm{d}x$ 绝对收敛.

又 $\dfrac{\sin x}{\sqrt{x^3}}\sim\dfrac{1}{\sqrt{x}}\,(x\to0^+)$ 因而 $\displaystyle\int_0^1\frac{\sin x}{\sqrt{x^3}}\,\mathrm{d}x$ 收敛. 故 $\displaystyle\int_0^{+\infty}\frac{\sin x}{\sqrt{x^3}}\,\mathrm{d}x$ 绝对收敛.

(2) 原式$\displaystyle=\int_1^2\frac{\mathrm{d}x}{x\sqrt{3x^2-2x-1}}+\int_2^{+\infty}\frac{\mathrm{d}x}{x\sqrt{3x^2-2x-1}}$.

因为 $\sqrt{3x^2-2x-1}=\sqrt{(x-1)(3x+1)}$, 所以 $\displaystyle\int_1^2\frac{\mathrm{d}x}{x\sqrt{3x^2-2x-1}}$ 收敛;

因为 $x\sqrt{3x^2-2x-1}\sim\sqrt{3}x^2\,(x\to+\infty)$, 所以 $\displaystyle\int_2^{+\infty}\frac{\mathrm{d}x}{x\sqrt{3x^2-2x-1}}$ 收敛.

故 $\displaystyle\int_1^{+\infty}\frac{\mathrm{d}x}{x\sqrt{3x^2-2x-1}}$ 收敛.

例 8.2.4 设 $f(x)=\begin{cases}\dfrac{1}{x\sqrt{x-1}}, & x>1,\\ x, & 0\leqslant x\leqslant1,\\ 0, & x<0,\end{cases}$ 求$\displaystyle\int_{-\infty}^{x}f(t)\,\mathrm{d}t$.

解 令 $\sqrt{t-1}=u$, 则

$$\int\frac{\mathrm{d}t}{t\sqrt{t-1}}=\int\frac{2u\mathrm{d}u}{u(u^2+1)}=2\arctan\sqrt{t-1}+C,$$

$$\text{于是} \int_{-\infty}^{x} f(t)\,\mathrm{d}t = \begin{cases} \displaystyle\int_{-\infty}^{x} 0\,\mathrm{d}t = 0, & x \leqslant 0, \\ \displaystyle\int_{0}^{x} t\,\mathrm{d}t = \frac{x^2}{2}, & 0 < x \leqslant 1, \\ \displaystyle\int_{0}^{1} t\,\mathrm{d}t + \int_{1}^{x} f(t)\,\mathrm{d}t = \frac{1}{2} + 2\arctan\sqrt{x-1}, & x > 1. \end{cases}$$

例 8.2.5 求反常积分:

(1) $\displaystyle\int_{0}^{+\infty} \frac{\mathrm{d}x}{(1+x^2)(1+x^{2022})}$; (2) $\displaystyle\int_{0}^{+\infty} \frac{x - x^2 + x^3 - x^4 + \cdots + x^{2019} - x^{2020}}{(1+x)^{2023}}\,\mathrm{d}x$.

解 (1) $\displaystyle\int_{0}^{+\infty} \frac{\mathrm{d}x}{(1+x^2)(1+x^{2022})} = \int_{0}^{1} \frac{\mathrm{d}x}{(1+x^2)(1+x^{2022})} + \int_{1}^{+\infty} \frac{\mathrm{d}x}{(1+x^2)(1+x^{2022})}$.

对于上式右端的第二个积分, 令 $x = \dfrac{1}{t}$, 有

$$\begin{aligned} \int_{1}^{+\infty} \frac{\mathrm{d}x}{(1+x^2)(1+x^{2022})} &= \int_{1}^{0} \frac{1}{(1+t^{-2})(1+t^{-2022})}\mathrm{d}\left(\frac{1}{t}\right) \\ &= \int_{0}^{1} \frac{t^{2022}}{(1+t^2)(1+t^{2022})}\mathrm{d}t = \int_{0}^{1} \frac{x^{2022}}{(1+x^2)(1+x^{2022})}\mathrm{d}x, \end{aligned}$$

于是

$$\begin{aligned} \int_{0}^{+\infty} \frac{\mathrm{d}x}{(1+x^2)(1+x^{2022})} &= \int_{0}^{1} \frac{\mathrm{d}x}{(1+x^2)(1+x^{2022})} + \int_{1}^{+\infty} \frac{\mathrm{d}x}{(1+x^2)(1+x^{2022})} \\ &= \int_{0}^{1} \frac{\mathrm{d}x}{(1+x^2)(1+x^{2022})} + \int_{0}^{1} \frac{x^{2022}}{(1+x^2)(1+x^{2022})}\mathrm{d}x \\ &= \int_{0}^{1} \frac{1+x^{2022}}{(1+x^2)(1+x^{2022})}\mathrm{d}x = \int_{0}^{1} \frac{1}{1+x^2}\mathrm{d}x = \frac{\pi}{4}. \end{aligned}$$

(2) 对于 $1 \leqslant k \leqslant 2021$, $\displaystyle\int_{0}^{+\infty} \frac{x^k}{(1+x)^{2023}}\,\mathrm{d}x$ 收敛. 令 $x = \dfrac{1}{t}$, 有

$$\begin{aligned} \int_{0}^{+\infty} \frac{x^k}{(1+x)^{2023}}\mathrm{d}x &= \int_{+\infty}^{0} \frac{t^{-k}}{(1+t^{-1})^{2023}}\mathrm{d}\left(\frac{1}{t}\right) \\ &= \int_{0}^{+\infty} \frac{t^{2021-k}}{(1+t)^{2023}}\mathrm{d}t = \int_{0}^{+\infty} \frac{x^{2021-k}}{(1+x)^{2023}}\mathrm{d}x, \end{aligned}$$

因而可得

$$\begin{aligned} &\int_{0}^{+\infty} \frac{x - x^2 + x^3 - x^4 + \cdots + x^{2019} - x^{2020}}{(1+x)^{2023}}\mathrm{d}x \\ = &\sum_{k=1}^{1010} \int_{0}^{+\infty} (-1)^{k+1} \frac{x^k - x^{2021-k}}{(1+x)^{2023}}\mathrm{d}x = 0. \end{aligned}$$

注记　本例 (3) 中x^{2022} 可以换成 x^{α} (α 是任意实数), 结果不变.

例 8.2.6　计算$I=\int_{0}^{\frac{\pi}{2}}\ln\sin x\,\mathrm{d}x$.

解　作变量代换 $x=2t$, 则

$$
\begin{aligned}
I&=\int_{0}^{\frac{\pi}{2}}\ln\sin x\,\mathrm{d}x=2\int_{0}^{\frac{\pi}{4}}\ln\sin(2t)dt=2\int_{0}^{\frac{\pi}{4}}\ln(2\sin t\cos t)\mathrm{d}t\\
&=\frac{\pi}{2}\ln 2+2\int_{0}^{\frac{\pi}{4}}\ln\sin t\mathrm{d}t+2\int_{0}^{\frac{\pi}{4}}\ln\cos t\mathrm{d}t
\end{aligned}
$$

对后一积分作代换 $t=\dfrac{\pi}{2}-u$, 则

$$
\int_{0}^{\frac{\pi}{4}}\ln\cos t\mathrm{d}t=-\int_{\frac{\pi}{2}}^{\frac{\pi}{4}}\ln\sin u\mathrm{d}u=\int_{\frac{\pi}{4}}^{\frac{\pi}{2}}\ln\sin t\mathrm{d}t,
$$

从而有

$$
I=\frac{\pi}{2}\ln 2+2\int_{0}^{\frac{\pi}{4}}\ln\sin t\mathrm{d}t+2\int_{\frac{\pi}{4}}^{\frac{\pi}{2}}\ln\sin t\mathrm{d}t=\frac{\pi}{2}\ln 2+2I,
$$

故可得 $I=-\dfrac{\pi}{2}\ln 2$.

例 8.2.7　设 $f(x)$ 是 $[0,+\infty)$ 上的非负可导函数, $f(0)=0$, 且 $f'(x)\leqslant 1$. 证明: 若 $\int_{0}^{+\infty}f(x)\,\mathrm{d}x$ 收敛, 则 $\int_{0}^{+\infty}f^{3}(x)\,\mathrm{d}x$ 收敛, 且 $\int_{0}^{+\infty}f^{3}(x)\,\mathrm{d}x\leqslant\left(\int_{0}^{+\infty}f(x)\,\mathrm{d}x\right)^{2}$.

证　令 $g(t)=\left(\int_{0}^{t}f(x)\,\mathrm{d}x\right)^{2}-\int_{0}^{t}f^{3}(x)\,\mathrm{d}x$, 则 $g(0)=0$, 且

$$
g'(t)=2\left(\int_{0}^{t}f(x)\,\mathrm{d}x\right)f(t)-f^{3}(t)=f(t)\left[2\int_{0}^{t}f(x)\,\mathrm{d}x-f^{2}(t)\right].
$$

再令 $h(t)=2\int_{0}^{t}f(x)\,\mathrm{d}x-f^{2}(t)$, 则 $h(0)=0$, 且

$$
h'(t)=2f(t)-2f(t)f'(t)=2f(t)[1-f'(t)]\geqslant 0,
$$

故 $h(t)$ 在 $[0,+\infty)$ 上单调增加, 且当 $t\geqslant 0$, $h(t)\geqslant 0$, 从而 $g'(t)\geqslant 0$. 故 $g(t)$ 在 $[0,+\infty)$ 上单调增加, 且当 $t\geqslant 0$ 时,

$$
\int_{0}^{t}f^{3}(x)\,\mathrm{d}x\leqslant\left(\int_{0}^{t}f(x)\,\mathrm{d}x\right)^{2}.
$$

令 $t\to+\infty$, 结论得证.

例 8.2.8　求 $I_n=\dfrac{1}{\sqrt{2\pi}}\int_{-\infty}^{+\infty}x^{n}\mathrm{e}^{-\frac{x^{2}}{2}},n$ 是自然数.

解　当 $n=2k-1\,(k=1,2,\cdots)$ 时, 由于 I_n 收敛, 且被积函数是奇函数, 所以 $I_n=0$. 当 $n=2k\,(k=1,2,\cdots)$ 时, 被积函数是偶函数. 令 $t=\dfrac{x^2}{2}$, 则

$$\begin{aligned}I_n&=\frac{2}{\sqrt{\pi}}\cdot 2^k\int_0^{+\infty}t^{k+\frac{1}{2}-1}\mathrm{e}^{-t}\,\mathrm{d}t=\frac{1}{\sqrt{\pi}}\cdot 2^k\Gamma(k+\frac{1}{2})\\&=\frac{2^k}{\sqrt{\pi}}(k-\frac{1}{2})(k-\frac{3}{2})\cdots\frac{3}{2}\Gamma(\frac{1}{2})=(2k-1)!!.\end{aligned}$$

例 8.2.9　讨论收敛性: (1) $\displaystyle\int_0^{+\infty}\frac{\sin x}{x^\alpha}\mathrm{d}x\,(\alpha>0)$; (2) $\displaystyle\int_0^{+\infty}\frac{\sin\sqrt[3]{x}}{x^\alpha}\mathrm{d}x\,(\alpha>0)$.

解　(1) $\displaystyle\int_0^{+\infty}\frac{\sin x}{x^\alpha}\mathrm{d}x=\int_0^{1}\frac{\sin x}{x^\alpha}\mathrm{d}x+\int_1^{+\infty}\frac{\sin x}{x^\alpha}\mathrm{d}x=I_1+I_2$.

I_1 : $x\to 0,\dfrac{\sin x}{x^\alpha}\sim\dfrac{1}{x^{\alpha-1}}$, 因而当 $\alpha-1<1$, 即当 $\alpha<2$, I_1 收敛.

I_2 : $1<\alpha<2$, $|\dfrac{\sin x}{x^\alpha}|\leqslant\dfrac{1}{x^\alpha}$, I_2 绝对收敛.

　　$0<\alpha\leqslant 1$, $\dfrac{1}{x^\alpha}\downarrow 0\,(x\to+\infty),\forall A>0$, $|\displaystyle\int_1^A\sin x\,\mathrm{d}x|\leqslant 2$, 由 Dirichlet 判别法知 I_2 收敛.

但在 $[1,+\infty)$,有$|\dfrac{\sin x}{x^\alpha}|\geqslant\dfrac{\sin^2x}{x^\alpha}=\dfrac{1}{2x^\alpha}-\dfrac{\cos 2x}{2x^\alpha}$, $\displaystyle\int_1^{+\infty}\frac{1}{2x^\alpha}\mathrm{d}x$ 发散, $\displaystyle\int_1^{+\infty}\frac{\cos 2x}{2x^\alpha}\mathrm{d}x$ 收敛, 故由比较判别法, 可知 $\displaystyle\int_1^{+\infty}|\frac{\sin x}{x^\alpha}|\,\mathrm{d}x$ 发散. 因此, $\displaystyle\int_1^{+\infty}\frac{\sin x}{x^\alpha}\mathrm{d}x$ 条件收敛.

综上, $\displaystyle\int_0^{+\infty}\frac{\sin x}{x^\alpha}\mathrm{d}x$ 当$1<\alpha<2$ 时, 绝对收敛, 当 $0<\alpha\leqslant 1$ 时条件收敛.

(2) $\displaystyle\int_0^{+\infty}\frac{\sin\sqrt[3]{x}}{x^\alpha}\mathrm{d}x=\int_0^{1}\frac{\sin\sqrt[3]{x}}{x^\alpha}\mathrm{d}x+\int_1^{+\infty}\frac{\sin\sqrt[3]{x}}{x^\alpha}\mathrm{d}x=I_1+I_2$.

I_1 : 由于 $x\to 0,\dfrac{\sin\sqrt[3]{x}}{x^\alpha}\sim\dfrac{1}{x^{\alpha-\frac{1}{3}}}$, 因而当 $\alpha-\dfrac{1}{3}<1$, 即当 $\alpha<\dfrac{4}{3}$,I_1 收敛, 且绝对收敛.

I_2 : 令 $x=t^3$, 有

$$I_2=\int_1^{+\infty}\frac{\sin t}{t^{3\alpha}}\mathrm{d}(t^3)=\int_1^{+\infty}\frac{3\sin t}{t^{3\alpha-2}}\mathrm{d}t.$$

利用第 1 问的结论, 可知当 $1<3\alpha-2$ 即 $\alpha>1$ 时, I_2 绝对收敛; 当 $0<3\alpha-2\leqslant 1$ 即 $\dfrac{2}{3}<\alpha\leqslant 1$时, I_2 条件收敛; $3\alpha-2\leqslant 0$ 时, I_2 发散.

综上, $\displaystyle\int_0^{+\infty}\frac{\sin\sqrt[3]{x}}{x^\alpha}dx$ 当 $1<\alpha<\dfrac{4}{3}$ 时绝对收敛, 当 $\dfrac{2}{3}<\alpha\leqslant 1$ 时条件收敛, 当 $0<\alpha\leqslant\dfrac{2}{3}$ 时发散.

例 8.2.10 讨论 $I=\int_1^{+\infty}\frac{\mathrm{e}^{f(x)}}{x^p}\cos(x^2-\frac{1}{x^2})\,\mathrm{d}x$ 的收敛性, 其中 $f(x)=\int_0^x(1-\frac{[t]}{t})\,\mathrm{d}t$, $[x]$ 表示小于等于 x 的最大整数, $p>0$.

解 当 $x\in[N,N+1)$ 时,

$$
\begin{aligned}
f(x)&=\int_0^1\mathrm{d}t+\int_1^x\left(1-\frac{[t]}{t}\right)\mathrm{d}t\\
&=1+\sum_{k=1}^{N-1}\int_k^{k+1}\left(1-\frac{k}{t}\right)\mathrm{d}t+\int_N^x\left(1-\frac{N}{t}\right)\mathrm{d}t=x+\ln(N!)-N\ln x,
\end{aligned}
$$

于是

$$
\mathrm{e}^{f(x)}=\frac{\mathrm{e}^xN!}{x^N},\ x\in[N,N+1),
$$

从而有

$$
\frac{\mathrm{e}^NN!}{(N+1)^N}\leqslant\mathrm{e}^{f(x)}\leqslant\frac{\mathrm{e}^{N+1}N!}{N^N}.
$$

因而当 x 与 N 充分大时, 由 Stirling 公式 $n!\sim\sqrt{2n\pi}(\frac{n}{\mathrm{e}})^n\ (n\to\infty)$ 有

$$
\frac{\mathrm{e}^NN!}{(N+1)^N}\sim\frac{1}{\mathrm{e}}\sqrt{2\pi}\sqrt{N}\leqslant\frac{1}{\mathrm{e}}\sqrt{2\pi}\sqrt{x},\quad\frac{\mathrm{e}^{N+1}N!}{N^N}\sim\mathrm{e}\sqrt{2\pi}\sqrt{N}\leqslant\mathrm{e}\sqrt{2\pi}\sqrt{x},
$$

于是 $\mathrm{e}^{f(x)}$ 与 $\sqrt{x}$ 是同阶无穷大, 所以原积分的收敛性与 $I_1=\int_1^{+\infty}\frac{1}{x^{p-\frac{1}{2}}}\cos(x^2-\frac{1}{x^2})\,\mathrm{d}x$ 的相同.

令 $x=\sqrt{u}$, 则 $I_1\sim\int_1^{+\infty}\frac{1}{u^{\frac{2p+1}{4}}}\cos(u-\frac{1}{u})\mathrm{d}u$, 显然当 $\frac{2p+1}{4}>1$ 即 $p>\frac{3}{2}$ 时, 积分绝对收敛.

当 $0<p\leqslant\frac{3}{2}$ 时,

$$
I_1=\int_1^{+\infty}\frac{1}{u^{\frac{2p+1}{4}}}\cos u\cos\frac{1}{u}\mathrm{d}u+\int_1^{+\infty}\frac{1}{u^{\frac{2p+1}{4}}}\sin u\sin\frac{1}{u}\mathrm{d}u.
$$

由于

$$
\frac{1}{u^{\frac{2p+1}{4}}}\cos\frac{1}{u}\sim\frac{1}{u^{\frac{2p+1}{4}}},\quad\frac{1}{u^{\frac{2p+1}{4}}}\sin\frac{1}{u}\sim\frac{1}{u^{\frac{2p+1}{4}+1}},
$$

因而由 Dirichlet 和比较判别法知 $\int_1^{+\infty}\frac{1}{u^{\frac{2p+1}{4}}}\cos u\cos\frac{1}{u}\mathrm{d}u$ 在 $0<p\leqslant\frac{3}{2}$ 时条件收敛, $p>\frac{3}{2}$ 时绝对收敛; $\int_1^{+\infty}\frac{1}{u^{\frac{2p+1}{4}}}\sin u\sin\frac{1}{u}\mathrm{d}u$ 在 $0<p\leqslant\frac{1}{2}$ 时条件收敛, $p>\frac{1}{2}$ 时绝对收敛. 综上, 原积分当 $0<p\leqslant\frac{3}{2}$ 时条件收敛, $p>\frac{3}{2}$ 时绝对收敛.

§8.3 基本习题

一、计算题

1. 求反常积分

(1) $I=\int_2^{+\infty}\dfrac{\mathrm{d}x}{x^2+x-2}$;

(2) $I=\int_0^1\dfrac{\mathrm{d}x}{(2-x)\sqrt{1-x}}$;

(3) $I=\int_0^{+\infty}\mathrm{e}^{-ax}\cos bx\,\mathrm{d}x\,(a>0)$;

(4) $I=\int_0^{\frac{\pi}{2}}\ln\cos x\,\mathrm{d}x$;

(5) $I=\int_0^{+\infty}\dfrac{\ln x}{(1+x)^4}\mathrm{d}x$;

(6) $\int_0^{+\infty}\dfrac{x\mathrm{e}^{-x}}{(1+\mathrm{e}^{-x})^2}\mathrm{d}x$;

(7) $I=\int_0^1 x^n(\ln x)^m\,\mathrm{d}x$, m, n 是自然数;

(8) $I_n=\int_1^{+\infty}\dfrac{\mathrm{d}x}{x(x+1)\cdots(x+n)}$, n 是正整数.

2. 已知 $\int_1^{+\infty}\dfrac{\mathrm{d}x}{\mathrm{e}^{1+ax}+\mathrm{e}^{2-ax}}=\dfrac{\pi}{2\mathrm{e}\sqrt{\mathrm{e}}}$, 求 a 的值.

3. 求极限 $\lim\limits_{n\to\infty}\dfrac{1}{\sqrt{n}}\int_1^n\ln(1+\dfrac{1}{\sqrt{x}})\,\mathrm{d}x$.

4. 已知 $\int_0^{+\infty}\mathrm{e}^{-\alpha x^2}\mathrm{d}x=\dfrac{1}{2}\sqrt{\dfrac{\pi}{\alpha}}\;(\alpha>0)$, 求 $I=\int_0^{+\infty}\dfrac{\mathrm{e}^{-x^2}-\mathrm{e}^{-2x^2}}{x^2}\mathrm{d}x$.

二、判别敛散性

1. 讨论下列定号函数反常积分的敛散性

(1) $\int_0^{+\infty}\dfrac{\mathrm{d}x}{\sqrt[3]{x^4+1}}$;

(2) $\int_1^{+\infty}\dfrac{x}{1-\mathrm{e}^x}\mathrm{d}x$;

(3) $\int_1^{+\infty}\dfrac{x\arctan x}{1+x^3}\mathrm{d}x$;

(4) $\int_1^{+\infty}\dfrac{\ln(1+x)}{x^n}\mathrm{d}x$;

(5) $\int_0^{+\infty}\dfrac{x^m}{1+x^n}\mathrm{d}x(n,m\geqslant 0)$;

(6) $\int_0^{\frac{\pi}{2}}\dfrac{1}{\cos x^2\sin x^2}\mathrm{d}x$;

(7) $\int_0^1 x^{p-1}(1-x)^{q-1}\,\mathrm{d}x$;

(8) $\int_0^{+\infty} \frac{1}{\sqrt[3]{x(x-1)^2(x-2)}}\,\mathrm{d}x$;

(9) $\int_0^1 \frac{x^{p-1}-x^{q-1}}{\ln x}\,\mathrm{d}x\ (p,q>0)$;

(10) $\int_0^{+\infty} \frac{x^{p-1}}{1+x^2}\,\mathrm{d}x$;

(11) $\int_0^{+\infty} \frac{1}{x^p+x^q}\,\mathrm{d}x\,(p,q>0)$;

(12) $\int_1^{+\infty} \frac{\mathrm{d}x}{\sqrt{x^p(x-1)}}$.

2. 讨论下列反常积分的敛散性

(1) $\int_1^{+\infty} \frac{\cos x}{x^p}\,\mathrm{d}x\ (p>1)$;

(2) $\int_2^{+\infty} (\cos\frac{1}{x}-1)\,\mathrm{d}x$;

(3) $\int_1^{+\infty} \sin x^2\,\mathrm{d}x$;

(4) $\int_0^1 \frac{1}{x^\alpha}\sin\frac{1}{x}\,\mathrm{d}x$;

(5) $\int_0^1 \sin(\frac{1}{1-x})\frac{\mathrm{d}x}{1-x}$;

(6) $\int_0^1 \frac{1}{x}\cos\frac{1}{x^2}\,\mathrm{d}x$;

(7) $\int_0^{\frac{\pi}{2}} \frac{\sqrt{\tan x}}{x^p}\,\mathrm{d}x$.

三、证明题

1. 设 $f\in C[0,+\infty)$, $\int_0^{+\infty} g(x)\,\mathrm{d}x$ 绝对收敛, 证明:

$$\lim_{n\to\infty}\int_0^{\sqrt{n}} f(\frac{x}{n})g(x)\,\mathrm{d}x = f(0)\int_0^{+\infty} g(x)\,\mathrm{d}x.$$

2. 已知 $f(x)$ 在 $[0,+\infty)$ 单调, 且 $\int_0^{+\infty} f(x)\,\mathrm{d}x$ 收敛. 证明: $\lim\limits_{x\to+\infty} xf(x)=0$, 即 $f(x)=o\left(\frac{1}{x}\right)\ (x\to+\infty)$.

3. 设 $f(x)$ 在 $[a,+\infty)$ 上一致连续, 且 $\int_a^{\infty} f(x)\,\mathrm{d}x$ 收敛, 证明: 则 $\lim\limits_{x\to+\infty} f(x)=0$.

4. 设 $f(x)$ 在 $[1,+\infty)$ 内有一阶连续导数, 且 $\int_1^{+\infty} |f(x)|\,\mathrm{d}x$ 收敛. 证明: 若 $|f'(x)|\leqslant$

$M(1 \leqslant x < \infty)$, 则 $f(x) \to 0\ (x \to +\infty)$.

5. 设 $f(x)$ 在 $[1,+\infty)$ 内有一阶连续导数, 且 $f(x) > 0, f'(x) > 0$. 证明: 若反常积分 $\displaystyle\int_1^{+\infty} \frac{\mathrm{d}x}{f(x)+f'(x)}$ 收敛, 则 $\displaystyle\int_1^{+\infty} \frac{\mathrm{d}x}{f(x)}$ 收敛.

6. 设连续函数 $f(x)$ 在 $[a,+\infty)$ 内满足 $f(x) > 0$ 且单调减少, 证明: $\displaystyle\int_a^{+\infty} f(x)\,\mathrm{d}x$ 与 $\displaystyle\int_a^{+\infty} f(x)\sin^2 x\,\mathrm{d}x$ 有相同的收敛性.

§8.4　提高与综合习题

一、求反常积分

1. $I = \displaystyle\int_0^{+\infty} \frac{\ln x}{a^2+x^2}\,\mathrm{d}x (a>0)$.

2. (1) $\displaystyle\int_0^{+\infty} \frac{\mathrm{d}x}{1+x^4}$ 与 $\displaystyle\int_0^{+\infty} \frac{x^2}{1+x^4}\,\mathrm{d}x$;　(2) $I = \displaystyle\int_{-\infty}^{+\infty} |t-x|^{\frac{1}{2}} \frac{y}{(t-x)^2+y^2}\,\mathrm{d}t\,(y>0)$.

3. 利用 $\displaystyle\int_0^{+\infty} \frac{\sin x}{x}\,\mathrm{d}x = \frac{\pi}{2}$ 计算下列反常积分.

(1) $I = \displaystyle\int_0^{+\infty} \frac{\sin^2 x}{x^2}\,\mathrm{d}x$;　(2) $I = \displaystyle\int_0^{+\infty} \frac{\sin^4 x}{x^2}\,\mathrm{d}x$;

(3) $I = \displaystyle\int_0^{+\infty} \frac{\sin^3 \alpha x}{x}\,\mathrm{d}x (\alpha > 0)$;　(4) $I = \displaystyle\int_0^{+\infty} \frac{\sin \alpha x \cdot \cos \beta x}{x}\,\mathrm{d}x$;

(5) $I = \displaystyle\int_{-\infty}^{+\infty} \frac{(\mathrm{e}^{\mathrm{i}ax}-1)(\mathrm{e}^{\mathrm{i}bx}-1)}{x^2}\,\mathrm{d}x$.

4. $I = \displaystyle\int_0^1 \frac{1}{\sqrt[n]{1-x^n}}\,\mathrm{d}x\,(n$ 是正整数).

二、判别敛散性

1. $\displaystyle\int_1^{+\infty} \frac{\sin\sqrt{x}}{x} \arctan\frac{1}{\sqrt{x}}\,\mathrm{d}x$.

2. $\displaystyle\int_0^{+\infty} x^2 \sin\left(\frac{\cos x^3}{1+x^2}\right)\mathrm{d}x$.

3. $\displaystyle\int_1^{+\infty} \frac{1+x}{x^p} \sin x^3\,\mathrm{d}x$.

4. $\displaystyle\int_2^{+\infty} \frac{\cos\sqrt{x}}{x^p \ln x}\,\mathrm{d}x$.

5. $\displaystyle\int_0^{\frac{1}{2}} x^{p-1} |\ln x|^q\,\mathrm{d}x$.

6. $\displaystyle\int_0^1 \frac{\cos\left(\frac{1}{1-x}\right)}{\sqrt[p]{1-x^2}}\,\mathrm{d}x$.

7. $\int_0^1 \cos(\frac{1}{\sqrt{x}}-1)\frac{\mathrm{d}x}{x^\alpha}$.

8. $\int_0^{+\infty} \frac{\mathrm{e}^{\sin x}\cos x}{x^p}\,\mathrm{d}x$.

三、证明题

1. 利用 $\int_1^{+\infty}(\frac{1}{[x]}-\frac{1}{x})\,\mathrm{d}x$ 的收敛性, 证明数列 $x_n=1+\frac{1}{2}+\cdots+\frac{1}{n}-\ln n$ 收敛.

2. 设 $xf(x)$在 $[a,+\infty)$ 单调, 且 $\int_a^{+\infty} f(x)\,\mathrm{d}x$ 收敛, 证明 $\lim\limits_{x\to+\infty} xf(x)\ln x=0$.

3. 设 $f(x)$ 连续可微, 积分 $\int_a^{\infty} f(x)\,\mathrm{d}x$ 和 $\int_a^{\infty} f'(x)\,\mathrm{d}x$ 都收敛, 证明 $\lim\limits_{x\to+\infty} f(x)=0$.

4. 设 $f(x)$ 在 $[1,+\infty)$上单调减少, $I=\int_1^{+\infty} x^\alpha f(x)\,\mathrm{d}x$ 收敛, 证明 $\lim\limits_{x\to+\infty} x^{\alpha+1}f(x)=0$.

5. 设 $f(x)$在 $[a,+\infty)$ 上可导, $f'(x)$ 严格单调增加, $f'(a)>0$, 且 $\lim\limits_{x\to+\infty} f'(x)=+\infty$, 证明积分 $\int_a^{+\infty}\sin(f(x))\,\mathrm{d}x$ 收敛.

6. 设 $f(x)$ 在 $[a,+\infty)$ 上可导、单调减少, 且 $\lim\limits_{x\to+\infty} f(x)=0$, 证明: 若积分 $\int_a^{+\infty} f(x)\,\mathrm{d}x$ 收敛, 则积分 $\int_a^{+\infty} xf'(x)\,\mathrm{d}x$ 收敛.

§8.5　自测题

一、判断题

1. $\int_0^1 \frac{\ln x}{x-1}\,\mathrm{d}x$ 的瑕点是 $x=0$ 和 $x=1$. (　　)

2. 若瑕积分$\int_a^b f(x)\,\mathrm{d}x$收敛, 则$\int_a^b f^2(x)\,\mathrm{d}x$ 收敛. (　　)

3. 当$\alpha>1$时, 对非负实数β, $\int_1^{+\infty}\frac{\ln^\beta x}{x^\alpha}\,\mathrm{d}x$ 均收敛. (　　)

4. 对任意实数p, $\int_0^{+\infty}\frac{1}{x^p}\,\mathrm{d}x$ 均发散. (　　)

5. 对任意实数 $p>0$, $\int_1^{+\infty} x^{p-1}\mathrm{e}^{-x}\,\mathrm{d}x$ 均收敛. (　　)

二、计算题

1. $\int_0^{+\infty}\frac{\mathrm{d}x}{(1+x^2)(1+x^\alpha)}(\alpha\in\mathbb{R})$.

2. (cpv) $\int_{-\infty}^{+\infty} \frac{1+x}{1+x^2}\,dx$.

3. $\int_0^{\frac{\pi}{2}} \frac{dx}{\sqrt{\tan x}}$.

4. $\int_0^{+\infty} \frac{\arctan x}{(1+x^2)^{\frac{3}{2}}}\,dx$.

三、判断收敛性

1. $\int_0^1 \frac{1}{\sqrt[3]{x^2(1-x)}}\,dx$.

2. $\int_0^{\frac{\pi}{2}} \frac{1-\cos x}{x^p}\,dx$.

3. $\int_1^{+\infty} \frac{\sin\left(x+\frac{1}{x}\right)}{x^p}\,dx$.

4. $\int_2^{+\infty} \frac{1}{x^p \ln^q x}\,dx$.

四、证明题

1. 设 $\int_1^{+\infty} f^2(x)\,dx$ 收敛, 证明: $\int_1^{+\infty} \frac{f(x)}{x}\,dx$ 绝对收敛.

2. 设 $f \in C(-\infty,+\infty)$ 且是周期为 T 的周期函数, 又 $g(x)$ 是 $[a,+\infty)$ 上的单调函数, 且 $\lim\limits_{x\to+\infty} g(x)=0$. 证明:

(1) 若 $\int_a^{a+T} f(x)\,dx=0$, 则 $\int_a^{+\infty} f(x)g(x)\,dx$ 收敛.

(2) 若 $\int_a^{a+T} f(x)\,dx\neq 0$, 则 $\int_a^{+\infty} f(x)g(x)\,dx$ 与 $\int_a^{+\infty} g(x)\,dx$ 有相同的收敛性.

3. 设 $f(x)$ 在 $[a,+\infty)$ 连续单调, 且 $\lim\limits_{x\to+\infty} f(x)=0$. 证明: $\int_a^{+\infty} f(x)\,dx$ 发散, 则积分 $I=\int_a^{+\infty} f(x)\sin x\,dx$ 和 $J=\int_a^{+\infty} f(x)\cos x\,dx$ 都条件收敛.

§8.6　思考、探索题与数学实验题

一、思考与探索题

1. 如何理解无界函数的反常积分 $\int_a^b f(x)\,dx$ 与定积分 $\int_a^b f(x)\,dx$ 的区别?

2. 如何理解反常积分 $\int_a^{+\infty} f(x)\,dx$ 的几何意义?

3. 如何理解 Abel 判别法与 Dirichlet 判别法的区别与联系以及使用特点?

4. 对于反常积分 $\int_a^{+\infty} f(x)\,\mathrm{d}x$, 讨论其收敛性与 $\lim\limits_{x\to+\infty} f(x)$ 存在的关系.

二、数学实验题

1. 计算无穷积分 $\int_0^{+\infty} \mathrm{e}^{-2x}x^{10}\mathrm{d}x$.

2. 计算无穷积分 $\int_{-\infty}^{+\infty} \dfrac{1}{(1+x^2)^2}\mathrm{d}x$.

3. 计算瑕积分 $\int_{-1}^{1} \dfrac{|x|}{(2-x^2)\sqrt{1-x^2}}\mathrm{d}x$.

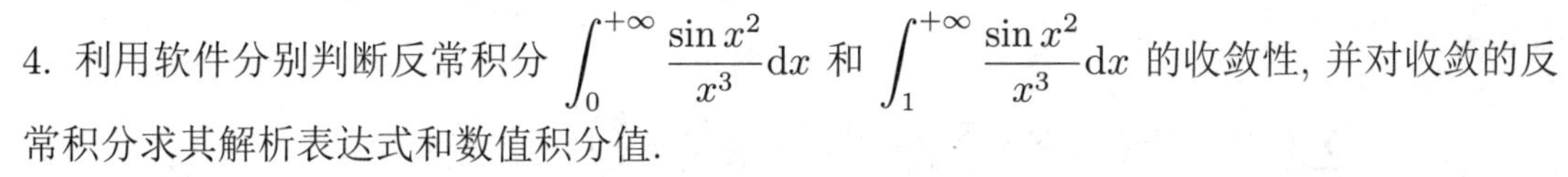

4. 利用软件分别判断反常积分 $\int_0^{+\infty} \dfrac{\sin x^2}{x^3}\mathrm{d}x$ 和 $\int_1^{+\infty} \dfrac{\sin x^2}{x^3}\mathrm{d}x$ 的收敛性, 并对收敛的反常积分求其解析表达式和数值积分值.

§8.7　本章习题答案与参考解答

§8.7.1　基本习题

一、计算题

1. (1) $\dfrac{2}{3}\ln 2$.

(2) $\dfrac{\pi}{2}$, 提示: 作代换$t=\sqrt{1-x}$.

(3) $\dfrac{a}{a^2+b^2}$.

(4) $-\dfrac{\pi}{2}\ln 2$. 提示: 利用 $\int_0^{\frac{\pi}{2}} \ln\sin x\,\mathrm{d}x = \int_0^{\frac{\pi}{2}} \ln\cos x\,\mathrm{d}x$.

(5) 利用分部积分有

$$\int \frac{\ln x}{(1+x)^4}\,\mathrm{d}x = \frac{\ln x}{3}\left[1-\frac{1}{(1+x)^3}\right] - \frac{1}{3}\ln(1+x) + \frac{1}{3(1+x)} + \frac{1}{6(1+x)^2} + C.$$

记 $F(x)=\dfrac{\ln x}{3}[1-\dfrac{1}{(1+x)^3}]-\dfrac{1}{3}\ln(1+x)+\dfrac{1}{3(1+x)}+\dfrac{1}{6(1+x)^2}$, 易知 $\lim\limits_{x\to+\infty} F(x)=0$,且有

$$F(\varepsilon)=\frac{\varepsilon\ln\varepsilon}{3}\cdot\frac{\varepsilon^2+3\varepsilon+3}{(1+\varepsilon)^3}-\frac{\ln(1+\varepsilon)}{3}+\frac{1}{3(1+\varepsilon)}+\frac{1}{6(1+\varepsilon)^2}.$$

从而得 $\lim\limits_{\varepsilon\to0^+} F(\varepsilon)=\dfrac{1}{2}$. 所以 $I=F(x)|_0^{+\infty}=\lim\limits_{x\to+\infty}F(x)-\lim\limits_{\varepsilon\to0^+}F(\varepsilon)=-\dfrac{1}{2}$.

(6) $\ln 2$. 提示: 先分部积分后换元.

(7) 利用分部积分, 得到递推公式:

$$I_m=\int_0^1 x^n(\ln x)^m\,\mathrm{d}x=\frac{1}{n+1}\int_0^1(\ln x)^m\mathrm{d}x^{n+1}=-\frac{m}{n+1}I_{m-1}.$$

于是

$$I=I_m=(-\frac{m}{n+1})(-\frac{m-1}{n+1})\cdots(-\frac{1}{n+1})I_0$$

$$= (-1)^m \frac{m!}{(n+1)^m} \int_0^1 x^n \, \mathrm{d}x = (-1)^m \frac{m!}{(n+1)^{m+1}}.$$

(8) 设 $\dfrac{1}{x(x+1)\cdots(x+n)} = \dfrac{A_0}{x} + \dfrac{A_1}{x+1} + \cdots + \dfrac{A_n}{x+n}$, 可求得 $A_k = (-1)^k \dfrac{C_n^k}{n!}$, $k = 0, 1, \cdots, n$. 于是

$$\begin{aligned} I_n &= \int_1^{+\infty} \sum_{k=0}^{n} (-1)^k \frac{C_n^k}{n!} \frac{1}{x+k} \, \mathrm{d}x \\ &= \sum_{k=0}^{n} (-1)^k \frac{C_n^k}{n!} \int_1^{+\infty} \frac{1}{x+k} \, \mathrm{d}x = \frac{1}{n!} \sum_{k=0}^{n} (-1)^k C_n^k \ln(x+k) \Big|_1^{+\infty}. \end{aligned}$$

因为

$$\begin{aligned} \sum_{k=0}^{n} (-1)^k C_n^k \ln(x+k) &= \sum_{k=0}^{n} (-1)^k C_n^k \ln \left[x \left(1 + \frac{k}{x} \right) \right] \\ &= \ln x \sum_{k=0}^{n} (-1)^k C_n^k + \sum_{k=0}^{n} (-1)^k C_n^k \ln \left(1 + \frac{k}{x} \right) \\ &= \ln x \cdot (1-1)^n + \sum_{k=0}^{n} (-1)^k C_n^k \ln \left(1 + \frac{k}{x} \right) \to 0 \, (x \to +\infty), \end{aligned}$$

所以 $I_n = \dfrac{1}{n!} \sum\limits_{k=0}^{n} (-1)^{k+1} C_n^k \ln(1+k)$.

2. $a = \dfrac{1}{2}$.

3. $\lim\limits_{x \to +\infty} \dfrac{1}{\sqrt{x}} \displaystyle\int_1^x \ln(1 + \frac{1}{\sqrt{t}}) \, \mathrm{d}t = \lim\limits_{x \to +\infty} \dfrac{\ln(1 + \frac{1}{\sqrt{x}})}{\frac{1}{2\sqrt{x}}} = 2.$

4. $(\sqrt{2} - 1)\sqrt{\pi}$.

二、判别反常积分的敛散性

1. (1) 收敛; (2) 收敛; (3) 收敛; (4) $n > 1$ 时收敛, $n \leqslant 1$时发散; (5) $n - m > 1$ 时收敛, $n - m \leqslant 1$时发散; (6) 发散; (7) 当$p > 0$, $q > 0$ 时收敛,其余情况下发散; (8) 收敛; (9) 收敛; (10) 当 $0 < p < 2$ 时收敛; (11)当 $\min(p, q) < 1$ 且 $\max(p, q) > 1$ 时收敛; (12) $p > 1$ 时收敛.

2. (1) 注意到不等式 $\left| \dfrac{\cos x}{x^p} \right| \leqslant \dfrac{1}{x^p}$,根据比较判别法可知, I 是绝对收敛的.

   (2)因为 $\cos\left(\dfrac{1}{x}\right) - 1 = -\dfrac{1}{2x^2} + O\left(\dfrac{1}{x^4}\right)(x \to +\infty)$, 所以绝对收敛.

   (3) 应用变量替换 $x^2 = t$ 以及分部积分法,可得

$$I = \frac{1}{2} \int_1^{+\infty} \frac{\sin t}{\sqrt{t}} \, \mathrm{d}t = \frac{1}{2} (\frac{-\cos t}{\sqrt{t}}) \Big|_1^{+\infty} - \frac{1}{4} \int_1^{+\infty} \frac{\cos t}{t^{\frac{3}{2}}} \, \mathrm{d}t.$$

   注意到上式右端的积分的绝对收敛性, 即知 I 收敛.

   此外注意到 $|\sin x^2| \geqslant (\sin x^2)^2 = \dfrac{1}{2} - \dfrac{\cos(2x^2)}{2}$, 以及积分

$$\int_1^{+\infty} \frac{\cos 2x^2}{2} \, \mathrm{d}x = \frac{1}{8} \int_1^{+\infty} \frac{\mathrm{d} \sin(2x^2)}{x} = \frac{1}{8} \left[\frac{\sin(2x^2)}{x} \Big|_1^{+\infty} + \int_1^{+\infty} \frac{\sin(2x^2)}{x^2} \, \mathrm{d}x \right]$$

收敛,从而由 $\int_1^A |\sin x^2|\,\mathrm{d}x \geqslant \int_1^A \frac{\mathrm{d}x}{2} - \int_1^A \frac{\cos(2x^2)}{x^2}\,\mathrm{d}x$ 可知, I 不绝对收敛.

(4) $0<\alpha<1$时绝对收敛,$1\leqslant\alpha<2$时条件收敛,$\alpha\geqslant 2$ 时发散.

(5) $x=1$ 是瑕点. 改写 $\dfrac{\sin\left(\frac{1}{1-x}\right)}{1-x} = (1-x)\dfrac{1}{(1-x)^2}\sin\left(\dfrac{1}{1-x}\right)$. 因为 $1-x$ 在 $[0,1]$ 上单调, 且当 $x\to 1^-$ 时趋于零, 而 $\dfrac{\sin\left(\frac{1}{1-x}\right)}{(1-x)^2}$ 的原函数 $-\cos\dfrac{1}{1-x}$ 有界, 所以根据 Dirichlet 判别法, I 收敛. 此外,由于

$$\left|\frac{1}{1-x}\sin\left(\frac{1}{1-x}\right)\right| \geqslant \frac{1}{1-x}\sin^2\left(\frac{1}{1-x}\right) = \frac{1}{1-x}\left(\frac{1}{2}-\frac{1}{2}\cos\left(\frac{2}{1-x}\right)\right)$$
$$= \frac{1}{2(1-x)} - \frac{1}{2(1-x)}\cos\left(\frac{2}{1-x}\right),$$

又积分 $\int_0^1 \frac{1}{2(1-x)}\cos\left(\frac{2}{1-x}\right)\mathrm{d}x$ 收敛 (令 $t=\frac{1}{1-x}$, $\int_0^1 \frac{1}{1-x}\cos\left(\frac{2}{1-x}\right)\mathrm{d}x = \int_1^{+\infty}\frac{\cos 2t}{t}\,\mathrm{d}t$), 故 I 非绝对收敛.

(6)$x=0$ 是瑕点. 记 $\dfrac{\cos\left(\frac{1}{x^2}\right)}{x} = x\cdot\dfrac{1}{x^2}\cos\dfrac{1}{x^2}$. 因为函数 x 在 $[0,1]$ 上单调,且当 $x\to 0^+$ 时趋于零,而 $\int_0^1 \dfrac{\cos\left(\frac{1}{x^2}\right)}{x^2}\,\mathrm{d}x$ 收敛, 所以 I 收敛. 此外,与(1)类似,易知 I 不是绝对收敛的.

(7) $p<\frac{3}{2}$时收敛, $p\geqslant\frac{3}{2}$时发散. 提示: 当$x\to\frac{\pi}{2}^-$ 时, $\tan x \sim \dfrac{1}{\frac{\pi}{2}-x}$.

三、证明题

1. 令 $x=\sqrt{n}\,t$, 并应用积分中值公式, 可知存在 $0\leqslant\xi_n\leqslant 1$, 有

$$\left|\int_0^{\sqrt{n}} f\left(\frac{x}{n}\right)g(x)\,\mathrm{d}x - \int_0^{\sqrt{n}} f(0)g(x)\,\mathrm{d}x\right|$$
$$\leqslant \int_0^{\sqrt{n}}\left|f\left(\frac{x}{n}\right)-f(0)\right||g(x)|\,\mathrm{d}x = \int_0^1\left|f\left(\frac{t}{\sqrt{n}}\right)-f(0)\right||g(\sqrt{n}\,t)|\sqrt{n}\,\mathrm{d}t$$
$$= \left|f\left(\frac{\xi_n}{\sqrt{n}}\right)-f(0)\right|\int_0^1 |g(\sqrt{n}\,t)|\sqrt{n}\,\mathrm{d}t \leqslant \left|f\left(\frac{\xi_n}{\sqrt{n}}\right)-f(0)\right|\int_0^{+\infty}|g(x)|\,\mathrm{d}x.$$

再由 $f(x)$ 在 $x=0$ 处连续知, 存在 N, 当 $n>N$ 时, 使得

$$|f\left(\frac{\xi_n}{\sqrt{n}}\right)-f(0)| < \frac{\varepsilon}{\int_0^{+\infty}|g(x)|\,\mathrm{d}x},$$

由此知 $|\int_0^{\sqrt{n}} f\left(\frac{x}{n}\right)g(x)\,\mathrm{d}x - f(0)\int_0^{\sqrt{n}} g(x)\,\mathrm{d}x| < \varepsilon$. 结论得证.

2. 由于$f(x)$ 在 $[0,+\infty)$ 内单调, 不访设 $f(x)$ 单调增加, 则有 $f(x)\leqslant 0\,(\forall x\in[0,+\infty))$. 事实上, 若存在 $x_0\in[0,+\infty)$, 使得 $f(x_0)>0$.则对 $\forall x>x_0$, 均有 $f(x)>f(x_0)>0$,从而有 $\int_0^{\infty} f(x)\,\mathrm{d}x$ 发散, 与已知条件矛盾.

由 $\int_0^{\infty} f(x)\,\mathrm{d}x$ 收敛, 对 $\forall\varepsilon>0$, $\exists A_0>0$, 当 $A_2>A_1>A_0$ 时,有 $-\int_{A_1}^{A_2} f(x)\,\mathrm{d}x<\frac{\varepsilon}{2}$. 故对 $\forall x>2A_0$, 有

$$0\leqslant -xf(x)=-2\int_{\frac{x}{2}}^{x} f(x)\,\mathrm{d}t\leqslant -2\int_{\frac{x}{2}}^{x} f(t)\,\mathrm{d}t<\varepsilon,$$

因此 $\lim\limits_{x\to+\infty}[-xf(x)]=0$, 即

$$\lim_{x\to+\infty}\frac{f(x)}{\frac{1}{x}}=0.$$

故当 $x\to+\infty$ 时, $f(x)=o\left(\frac{1}{x}\right)$.

3. 因为 $f(x)$ 在 $[a,+\infty)$ 上一致连续, 对任意 $\varepsilon>0$, 存在 $\delta>0$ (不妨设 $\delta<\varepsilon$), 使得对任何 $x_1,x_2\in[a,+\infty)$, 只要 $|x_1-x_2|<\delta$, 就有 $|f(x_1)-f(x_2)|<\frac{\varepsilon}{2}$.

又由 $\int_a^{\infty} f(x)\,\mathrm{d}x$ 收敛, 所以存在 $T>a$, 使得对任意 $x_1,x_2>T$, 有 $\left|\int_{x_1}^{x_2} f(x)\,\mathrm{d}x\right|<\frac{\delta^2}{2}$.

于是对任意 $x>T+\frac{\delta}{2}$, 取 $x_1=x-\frac{\delta}{2}, x_2=x+\frac{\delta}{2}$, 则

$$\begin{aligned}|f(x)|\delta&=\left|\int_{x_1}^{x_2} f(x)\,\mathrm{d}t-\int_{x_1}^{x_2} f(t)\,\mathrm{d}t+\int_{x_1}^{x_2} f(t)\,\mathrm{d}t\right|\\&\leqslant\int_{x_1}^{x_2}|f(x)-f(t)|\,\mathrm{d}t+\left|\int_{x_1}^{x_2} f(t)\,\mathrm{d}t\right|<\frac{\varepsilon\delta}{2}+\frac{\delta^2}{2},\end{aligned}$$

从而 $|f(x)|<\frac{\varepsilon}{2}+\frac{\delta}{2}<\varepsilon$, 故 $\lim\limits_{x\to+\infty} f(x)=0$.

4. 由题设知 $\int_1^{+\infty} f(x)f'(x)\,\mathrm{d}x$ 绝对收敛, 又

$$\int_1^{A} f(x)f'(x)\,\mathrm{d}x=\int_1^{A} f(x)\mathrm{d}f(x)=\frac{1}{2}f^2(A)-\frac{1}{2}f^2(1),$$

故知存在极限 $\lim\limits_{A\to\infty} f(A)=l$, 由 $\int_1^{+\infty} f(x)\,\mathrm{d}x$ 收敛可得 $l=0$.

5. 根据不等式

$$0<\frac{1}{f(x)}-\frac{1}{f(x)+f'(x)}=\frac{f'(x)}{f^2(x)+f(x)f'(x)}\leqslant\frac{f'(x)}{f^2(x)},$$

以及 $f(x)$ 的单调性可知存在极限 $\lim\limits_{A\to+\infty}\int_1^{A}\frac{f'(x)}{f^2(x)}\,\mathrm{d}x=\frac{1}{f(1)}-\lim\limits_{x\to+\infty}\frac{1}{f(x)}$, 于是可知积分 $\int_1^{+\infty}\left(\frac{1}{f(x)}-\frac{1}{f(x)+f'(x)}\right)\mathrm{d}x$ 收敛, 故由题设知 $\int_1^{+\infty}\frac{\mathrm{d}x}{f(x)}$ 收敛.

6. 提示: 设 $\lim\limits_{x\to+\infty} f(x)=A$.

当 $A=0$ 时, 由 $\sin^2 x=\frac{1-\cos 2x}{2}$ 可知 $\int_a^{+\infty} f(x)\,\mathrm{d}x$ 与 $\int_a^{+\infty} f(x)\sin^2 x\,\mathrm{d}x$ 有相同的收敛性.

当 $A>0$ 时, 易知 $\int_a^{+\infty} f(x)\,\mathrm{d}x$ 与 $\int_a^{+\infty} f(x)\sin^2 x\,\mathrm{d}x$ 都发散.

§8.7.2　提高与综合习题

一、求反常积分

1. 分区间 $[0,+\infty)$ 为 $[0,a]$ 与 $[a,+\infty)$, 且在第二个积分中, 令 $x=\dfrac{a^2}{t}$, 则有

$$
\begin{aligned}
I&=\int_0^a \frac{\ln x}{a^2+x^2}\,\mathrm{d}x+\int_a^{+\infty}\frac{\ln x}{a^2+x^2}\,\mathrm{d}x\\
&=\int_0^a \frac{\ln x}{a^2+x^2}\,\mathrm{d}x-\int_a^{0}\frac{\ln(a^2/t)}{a^2+(a^2/t)^2}\,\mathrm{d}t\\
&=\int_0^a \frac{\ln x}{a^2+x^2}\,\mathrm{d}x+\int_0^{a}\frac{2\ln a-\ln t}{a^2+t^2}\,\mathrm{d}t=\int_0^a\frac{2\ln a}{a^2+x^2}\,\mathrm{d}x=\frac{\pi\ln a}{2a}.
\end{aligned}
$$

2. (1) 令 $x=\dfrac{1}{t}$, 当 $x\to 0^+$ 时, $t\to+\infty$; 当 $x\to+\infty$ 时, $t\to 0^+$, 则

$$
\int_0^{+\infty}\frac{\mathrm{d}x}{1+x^4}=\int_{+\infty}^0\frac{-t^2}{1+t^4}\,\mathrm{d}t=\int_0^{+\infty}\frac{t^2}{1+t^4}\,\mathrm{d}t=\int_0^{+\infty}\frac{x^2}{1+x^4}\,\mathrm{d}x.
$$

记 $I=\displaystyle\int_0^{+\infty}\frac{x^2+1}{1+x^4}\,\mathrm{d}x$, 令 $x-\dfrac{1}{x}=t$,当 $x\to 0^+$ 时, $t\to-\infty$; 当 $x\to+\infty$ 时, $t\to+\infty$, 则

$$
\begin{aligned}
I&=\int_0^{+\infty}\frac{1+\dfrac{1}{x^2}}{\dfrac{1}{x^2}+x^2}\,\mathrm{d}x=\int_0^{+\infty}\frac{\mathrm{d}(x-\dfrac{1}{x})}{(x-\dfrac{1}{x})^2+2},\\
&=\int_{-\infty}^{+\infty}\frac{1}{2+t^2}\,\mathrm{d}t=2\int_0^{+\infty}\frac{1}{2+t^2}\,\mathrm{d}t,\\
&=\lim_{A\to+\infty}2\int_0^A\frac{1}{2+t^2}\,\mathrm{d}t=\lim_{A\to+\infty}\frac{2}{\sqrt{2}}\arctan\frac{t}{\sqrt{2}}\Big|_0^A\\
&=\lim_{A\to+\infty}\sqrt{2}\arctan\frac{A}{\sqrt{2}}=\sqrt{2}\cdot\frac{\pi}{2}.
\end{aligned}
$$

所以 $\displaystyle\int_0^{+\infty}\frac{\mathrm{d}x}{1+x^4}=\int_0^{+\infty}\frac{x^2}{1+x^4}\,\mathrm{d}x=\frac{I}{2}=\frac{\pi}{2\sqrt{2}}=\frac{\sqrt{2}}{4}\pi$.

(2) 令 $t-x=u$, 则

$$
I=\int_{-\infty}^{+\infty}|u|^{\frac12}\frac{y\mathrm{d}u}{u^2+y^2}=2\int_0^{+\infty}\frac{yu^{\frac12}\mathrm{d}u}{u^2+y^2}.
$$

再令 $\dfrac{u^{\frac12}}{\sqrt{y}}=v$, 则

$$
I=4\sqrt{y}\int_0^{+\infty}\frac{v^2\mathrm{d}v}{v^4+1}=4\sqrt{y}\cdot\frac{\sqrt{2}}{4}\pi=\pi\sqrt{2y}.
$$

3. (1) 对 $I=-\displaystyle\int_0^{+\infty}\sin^2 x\mathrm{d}\frac{1}{x}$ 进行分部积分, 可知

$$
I=-\frac{\sin^2 x}{x}\Big|_0^{+\infty}+2\int_0^{+\infty}\frac{\sin x\cos x}{x}\,\mathrm{d}x\overset{t=2x}{=\!=}\int_0^{+\infty}\frac{\sin t}{t}\,\mathrm{d}t=\frac{\pi}{2}.
$$

(2) 应用公式 $\sin^4 x = \sin^2 x(1-\cos^2 x)$, 有

$$I = \int_0^{+\infty} \frac{\sin^2 x}{x^2}\,\mathrm{d}x - \frac{1}{2}\int_0^{+\infty} \frac{\sin^2(2x)}{(2x)^2}\,\mathrm{d}(2x) = \frac{\pi}{2} - \frac{\pi}{4} = \frac{\pi}{4}.$$

(3) $I = \dfrac{3}{4}\displaystyle\int_0^{+\infty} \frac{\sin(\alpha x)}{x}\,\mathrm{d}x - \frac{1}{4}\int_0^{+\infty} \frac{\sin(3\alpha x)}{x}\,\mathrm{d}x = \frac{\pi}{4}$.

(4)

$$\begin{aligned} I &= \frac{1}{2}\int_0^{+\infty} \frac{\sin(\alpha+\beta)x}{x}\,\mathrm{d}x + \frac{1}{2}\int_0^{+\infty} \frac{\sin(\alpha-\beta)x}{x}\,\mathrm{d}x \\ &= \frac{\pi}{4}[\mathrm{sgn}(\alpha+\beta) + \mathrm{sgn}(\alpha-\beta)]. \end{aligned}$$

(5) 应用分部积分公式可得

$$\begin{aligned} I &= \int_{-\infty}^{+\infty} \frac{\mathrm{i}(a+b)\mathrm{e}^{\mathrm{i}(a+b)x} - \mathrm{i}a\mathrm{e}^{\mathrm{i}ax} - \mathrm{i}b\mathrm{e}^{\mathrm{i}bx}}{x}\,\mathrm{d}x \\ &= \int_{-\infty}^{+\infty} \frac{a\sin(ax) + b\sin(bx) - (a+b)\sin(a+b)x}{x}\,\mathrm{d}x \\ &= (|a| + |b| - |a+b|)\int_{-\infty}^{+\infty} \frac{\sin x}{x}\,\mathrm{d}x = (|a| + |b| - |a+b|)\pi. \end{aligned}$$

4. 令 $x^n = t$, 则

$$I = \frac{1}{n}\int_0^1 t^{\frac{1}{n}-1}(1-t)^{(1-\frac{1}{n})-1}\,\mathrm{d}t = \frac{1}{n}B\left(\frac{1}{n}, 1-\frac{1}{n}\right) = \frac{1}{n}\Gamma\left(\frac{1}{n}\right)\Gamma\left(1-\frac{1}{n}\right) = \frac{\pi}{n}\cdot\frac{1}{\sin\dfrac{\pi}{n}}.$$

二、判断敛散性

1. 由 $\left|\dfrac{\sin\sqrt{x}}{x}\arctan\dfrac{1}{\sqrt{x}}\right| \leqslant \left|\dfrac{1}{x}\arctan\dfrac{1}{\sqrt{x}}\right| \sim \dfrac{1}{x\sqrt{x}}\ (x\to+\infty)$, 可知 I 绝对收敛.

2. 将 $\sin\left(\dfrac{\cos x^3}{1+x^2}\right)$ 用 Taylor 公式展开,得

$$x^2\sin\left(\frac{\cos x^3}{1+x^2}\right) = x^2\left(\frac{\cos x^3}{1+x^2} + O\left(\frac{1}{x^6}\right)\right) = \frac{x^2\cos x^3}{1+x^2} + O\left(\frac{1}{x^4}\right),\quad x\to+\infty.$$

上式第二项在 $[1,+\infty)$ 上的积分是绝对收敛的. 对上式第一项, 函数 $1/(1+x^2)$ 在 $[1,+\infty)$ 上单调减少趋于零, 而 $x^2\cos x^3$ 的原函数 $\dfrac{\sin x^3}{3}$ 是有界的, 故上式第一项在 $[1,+\infty)$ 上的积分是收敛的(Dirichlet 判别法). 因此 I 是收敛的. 进一步可以证明 I 条件收敛.

3. $p>2$ 时, 易知 I 绝对收敛.

$p\leqslant 2$ 时, 令 $t=x^3$, 则有

$$\int_1^{+\infty} \frac{1+x}{x^p}\sin x^3\,\mathrm{d}x = \int_1^{+\infty} \frac{1+t^{\frac{1}{3}}}{3t^{\frac{p+2}{3}}}\sin t\,\mathrm{d}t,$$

当 $0<\dfrac{p+1}{3}\leqslant 1$ 时, 即 $-1<p\leqslant 2$ 时, $\frac{1+t^{\frac{1}{3}}}{3t^{\frac{p+2}{3}}}$ 单调减少趋于零 $(t\to+\infty)$, 而 $\displaystyle\int_1^A \sin t\,\mathrm{d}t$ 有界, 故 I 收敛, 且易知 I 是条件收敛的.

当 $p\leqslant -1$ 时, 积分发散.

4. 令 $\sqrt{x}=t$,我们有 $I=\int_{\sqrt{2}}^{+\infty}\frac{t\cos t}{t^{2p}\ln t}\mathrm{d}t=\int_{\sqrt{2}}^{+\infty}\frac{\cos t}{t^{2p-1}\ln t}\mathrm{d}t$. 由此知,当 $2p-1>1$ 即 $p>1$ 时,I 绝对收敛. 当 $2p-1\geqslant 0$ 即 $p\geqslant\frac{1}{2}$ 时, 由 Dirichlet 判别法知 I 收敛. 不难证明, 在 $\frac{1}{2}\leqslant p\leqslant 1$ 时, I 条件收敛.

5. 令 $x=\frac{1}{t}$, $\mathrm{d}x=-\frac{\mathrm{d}t}{t^2}$, 有 $I=\int_2^{+\infty}\frac{\mathrm{d}t}{t^{p-1+2}(\ln t)^{-q}}$. 故 $p>0$ 以及 $p=0$, $q<-1$ 时, I 收敛.

6. 令 $t=(1-x)^{-1}$, $\mathrm{d}x=\mathrm{d}t/t^2$, 有 $I=\int_1^{+\infty}\frac{\cos t\,\mathrm{d}t}{t^{2-\frac{1}{p}}\left(2-\frac{1}{t}\right)^{\frac{1}{p}}}$.

当 $p<0$ 或 $p>1$ 时, $2-\frac{1}{p}>1$, $\left|\frac{\cos t}{t^{2-\frac{1}{p}}\left(2-\frac{1}{t}\right)^{\frac{1}{p}}}\right|\leqslant\frac{1}{t^{2-\frac{1}{p}}\left(2-\frac{1}{t}\right)^{\frac{1}{p}}}\sim\frac{1}{t^{2-\frac{1}{p}}2^{\frac{1}{p}}}$, 所以积分绝对收敛.

当 $1\geqslant p>\frac{1}{2}$ 时, 函数 $\frac{1}{\left(2-\frac{1}{t}\right)^{\frac{1}{p}}}$ 在 $[1,+\infty)$ 上单调有界, 而积分 $\int_1^{+\infty}\frac{\cos t\,\mathrm{d}t}{t^{2-\frac{1}{p}}}$ 条件收敛, 所以由 Abel 判别法知 $1\geqslant p>\frac{1}{2}$ 时 I 收敛, 且是条件收敛. 综上, 当 $p>1$ 或 $p<0$ 时, 积分绝对收敛, $1\geqslant p>\frac{1}{2}$ 时条件收敛, 其余情况下积分发散.

7. $x=0$ 是瑕点. 令 $\frac{1}{\sqrt{x}}-1=t$, 则原积分 $I=\int_0^{+\infty}\frac{\cos t}{(t+1)^{-2\alpha+3}}\,\mathrm{d}t$. 于是, 可知当 $\alpha<1$ 时, I 绝对收敛, 当 $1\leqslant\alpha<\frac{3}{2}$ 时, I 条件收敛, 其余情况下积分发散.

8. 当$0<p<1$时积分条件收敛,其余情况下积分发散; 提示: 注意$\left|\int_0^A \mathrm{e}^{\sin x}\cos x\,\mathrm{d}x\right|\leqslant e-1$, 当$0<p<1$时, 使用Dirichlet判别法.

三、证明题

1. 提示: 当 $x\geqslant 2$ 时, $\left|\frac{1}{[x]}-\frac{1}{x}\right|\leqslant\frac{1}{x(x-1)}$, 积分收敛. 由

$$\int_1^n\left(\frac{1}{[x]}-\frac{1}{x}\right)\mathrm{d}x=1+\frac{1}{2}+\cdots+\frac{1}{n-1}-\ln n$$

知 $\int_1^{+\infty}\left(\frac{1}{[x]}-\frac{1}{x}\right)\mathrm{d}x=\lim\limits_{n\to\infty}\left(1+\frac{1}{2}+\cdots+\frac{1}{n-1}-\ln n\right)=\lim\limits_{n\to\infty}\left(1+\frac{1}{2}+\cdots+\frac{1}{n}-\ln n\right)$, 所以 $x_n=1+\frac{1}{2}+\cdots+\frac{1}{n}-\ln n$ 收敛.

2. 提示: 当 $x>0$ 时, 由 $xf(x)$ 单调减少可知 $f(x)$ 单调减少. 由 $\int_a^{+\infty}f(x)\,\mathrm{d}x$ 收敛可得 $f(x)\geqslant 0$, 于是 $xf(x)\geqslant 0$. 利用 Cauchy 准则和积分第二中值定理, 可知存在 $\xi\in(x,x^2)\ (x>1)$, 成立

$$0\leqslant\int_x^{x^2}f(t)\,\mathrm{d}t=\int_x^{x^2}tf(t)\cdot\frac{1}{t}\,\mathrm{d}t=xf(x)\int_x^{\xi}\frac{1}{t}\,\mathrm{d}t\leqslant xf(x)\int_x^{x^2}\frac{1}{t}\,\mathrm{d}t=xf(x)\ln x\to 0.$$

3. 要证明当 $x\to+\infty$ 时 $f(x)$ 有极限,只要证明 $\forall\{x_n\}\to+\infty$ 恒有 $\{f(x_n)\}$ 收敛. 事实上, 因为 $\int_a^{\infty}f'(x)\,\mathrm{d}x$ 收敛, 根据 Cauchy 收敛准则,$\forall\varepsilon>0,\exists A>a$,当 $x_1,x_2>A$ 时, 恒有 $\left|\int_{x_1}^{x_2}f'(x)\,\mathrm{d}x\right|<\varepsilon$,

即 $|f(x_2)-f(x_1)|<\varepsilon$. 因而 $\forall\{x_n\}\to+\infty$, 存在 $N>0$, 当 $n,m>N$ 时,有 $x_n,x_m>A$, 从而

$$\left|\int_{x_n}^{x_m} f'(x)\,\mathrm{d}x\right| = |f(x_n)-f(x_m)|<\varepsilon.$$

因此 $\{f(x_n)\}$ 收敛, 从而极限 $\lim\limits_{x\to+\infty} f(x)=\alpha$ 存在.

下面证明 $\alpha=0$. 若 $\alpha>0$, 则由保号性, 存在 $M>0$, 当 $x>M$ 时, 有 $f(x)>\dfrac{\alpha}{2}>0$, 从而 $A>M$ 时, $\displaystyle\int_A^{2A} f(x)\,\mathrm{d}x \geqslant \frac{\alpha}{2}A\to+\infty$ (当 $A\to+\infty$ 时). 这与 $\displaystyle\int_a^{\infty} f(x)\,\mathrm{d}x$ 收敛矛盾. 同理可证 $\alpha<0$ 也不可能, 故 $\lim\limits_{x\to+\infty} f(x)=\alpha=0$.

4. 当$\alpha\neq-1$时,

$$\frac{\alpha+1}{1-\left(\dfrac{1}{2}\right)^{\alpha+1}}\frac{x^{\alpha+1}-(\frac{x}{2})^{\alpha+1}}{\alpha+1}f(x)=x^{\alpha+1}f(x)=\frac{\alpha+1}{2^{\alpha+1}-1}\frac{(2x)^{\alpha+1}-x^{\alpha+1}}{\alpha+1}f(x)x),$$

故

$$\frac{\alpha+1}{1-\left(\dfrac{1}{2}\right)^{\alpha+1}}\int_{\frac{x}{2}}^{x} t^{\alpha} f(x)\,\mathrm{d}t = x^{\alpha+1}f(x)=\frac{\alpha+1}{2^{\alpha+1}-1}\int_x^{2x} t^{\alpha}f(x)\,\mathrm{d}t.$$

若$f(x)$单调增加, 则

$$f(x)\int_{\frac{x}{2}}^{x} t^{\alpha}\,\mathrm{d}t \geqslant \int_{\frac{x}{2}}^{x} f(t)t^{\alpha}\,\mathrm{d}t,\ f(x)\int_x^{2x} t^{\alpha}\,\mathrm{d}t\leqslant\int_x^{2x} f(t)t^{\alpha}\,\mathrm{d}t.$$

由I收敛可知$x\to+\infty$时, 上面两个不等式右边项都会趋于零, 这样即证明了 $\lim\limits_{x\to+\infty} x^{\alpha+1}f(x)=0$.

$f(x)$单调减少时同理可证, $\alpha=-1$ 时类似可证.

5. 令 $t=f(x)$, 则由题设知, 存在单调增加的反函数 $x=f^{-1}(t)$, $t\in[f(a),+\infty)$ 且有 $x\to+\infty$ 时 $t\to+\infty$, $\mathrm{d}x=\dfrac{\mathrm{d}t}{f'(f^{-1}(t))}$,以及

$$\int_a^{+\infty}\sin(f(x))\,\mathrm{d}x=\int_{f(a)}^{+\infty}\frac{\sin t}{f'(f^{-1}(t))}\,\mathrm{d}t.$$

因为 $\displaystyle\int_{f(a)}^{A}\sin t\mathrm{d}t$ 有界, 而 $\dfrac{1}{f'(f^{-1}(t))}$ 单调减少趋于零,所以根据 Dirichlet 判别法,上式右端积分收敛, 由此知原积分收敛.

6. 由题设知,对任给 $\varepsilon>0$, 存在 $X:X>a$, 使得

$$0\leqslant xf(x)\leqslant 2\int_{x/2}^{x} f(t)\,\mathrm{d}t<\varepsilon\quad(x>2X),$$

即 $xf(x)\to0\,(x\to+\infty)$. 从而由等式

$$\int_a^A xf'(x)\,\mathrm{d}x=\int_a^A x\mathrm{d}f(x)=xf(x)|_a^A-\int_a^A f(x)\,\mathrm{d}x,$$

即可得证.

附录　期中期末模拟试题

§A 期中模拟试题

期中模拟试题 1

一、判断题(在正确的命题后打 $\surd$, 在错误的命题后面打$\times$, 每小题 2 分, 共 10 分)

1. 设正数列 $\{\varepsilon_k\}$ 为一给定的无穷小量, 函数 $f(x)$ 在 x_0 的某个去心邻域内有定义, 则 $\lim\limits_{x\to x_0} f(x)=A$ 有一个充要条件是: 任给正整数 k, 存在 $\delta>0$, 使得当 $0<|x-x_0|<\delta$ 时, 有 $|f(x)-A|<\varepsilon_k$. (　　)

2. 若数列 $\{x_n\}$ 为无穷大量, 数列 $\{y_n\}$ 收敛, 则数列 $\{x_n+y_n\}$ 和 $\{x_ny_n\}$ 都是无穷大量. (　　)

3. 已知对任意的 $0<\delta<\dfrac{b-a}{2}$, 函数 $f(x)$ 在闭区间 $[a+\delta,b-\delta]$ 上都连续, 则 $f(x)$ 在开区间 (a,b) 上连续. (　　)

4. 若极限 $\lim\limits_{\Delta x\to 0}\dfrac{f(x_0+\Delta x)-f(x_0-\Delta x)}{\Delta x}$ 存在, 则 $f(x)$ 在 x_0 点处可导. (　　)

5. 若函数 $f(x)$ 在开区间 (a,b) 上可导且一致连续, 则 $f'(x)$ 在区间 (a,b) 上有界. (　　)

二、填空题(每空 3 分, 共 36 分)

1. 极限 $\lim\limits_{n\to\infty}\left(1+\dfrac{1}{\sqrt{2}}+\dfrac{1}{\sqrt{3}}+\cdots+\dfrac{1}{\sqrt{n}}\right)^{\frac{1}{n}}=$ ________.

2. 极限 $\lim\limits_{x\to 0}(x^2+\cos x)^{\frac{1}{\ln(\cos x)}}=$ ________.

3. 在 $x\to 0$ 时, 函数 $u(x)=\sqrt{1+\tan x}-\sqrt{1+\sin x}$ 是 ________ 阶无穷小.

4. 设 $f(x)$ 在 $x=1$ 处可导, 且在 $x=0$ 的某个邻域上成立

$$f(\mathrm{e}^x)-2f(\mathrm{e}^{-x})=1+6x+\alpha(x),$$

其中 $\alpha(x)$ 是 $x\to 0$ 时比 x 高阶的无穷小量, 则曲线 $y=f(x)$ 过点 $(1,f(1))$ 的切线方程为 ________.

5. 已知函数 $y=y(x)$ 由隐函数 $\mathrm{e}^{x+y}-xy-1=0$ 确定, 且有 $y(0)=0$, 则 $y'(0)=$________, $y''(0)=$ ________.

6. 设 $\begin{cases}x=a(\cos t+t\sin t),\\ y=a(\sin t-t\cos t),\end{cases}$ 则 $\dfrac{\mathrm{d}y}{\mathrm{d}x}=$ ________, $\dfrac{\mathrm{d}^2y}{\mathrm{d}x^2}=$________.

7. 已知 $y=x^2\ln(1+x)$, 则 $y^{(n)}=$__________$(n\geqslant 3)$.

8. 函数 $y=\dfrac{(x-1)^2}{3(x+1)}$ 在区间 __________ 单调增加, 在区间 __________ 上单调减少.

9. 极限 $\lim\limits_{x\to 0}\left[\dfrac{(1+x)^{\frac{1}{x}}}{\mathrm{e}}\right]^{\frac{1}{x}}=$__________.

三、(12 分) 设 $x_1\in(0,1)$, $x_{n+1}=x_n(1-x_n)$, $n=1,2,3,\cdots$.

1. 证明 $\{x_n\}$ 收敛, 并求其极限;
2. 证明 $\{nx_n\}$ 收敛, 并求其极限.

四、(10 分) 已知数列 $\{a_n\}$ 有界. 使用 Cauchy 收敛原理证明数列 $\{b_n\}$ 收敛, 其中

$$b_n=\frac{a_1}{2}+\frac{a_2}{2^2}+\cdots+\frac{a_n}{2^n},\quad n=1,2,3,\cdots.$$

五、(10 分) 证明: 函数 $y=\cos x^3$ 在区间 $[0,+\infty)$ 上不一致连续, 但对任意给定的 $A>0$, 它在区间 $[0,A]$ 上一致连续.

六、(12 分) 设 $f(x)=\begin{cases}|x|^\lambda\arctan\dfrac{1}{x}, & x\neq 0,\\ 0, & x=0,\end{cases}$ 证明:

1. 当 $\lambda\leqslant 0$ 时, $f(x)$ 在 $x=0$ 处不连续;
2. 当 $0<\lambda<1$ 时, $f(x)$ 在 $x=0$ 处不可导;
3. 当 $\lambda\geqslant 1$ 时, $f(x)$ 在 $x=0$ 处可导. 进一步地, 讨论此时 $f'(x)$ 在 $x=0$ 处的连续性.

七、(10 分) $f(x)$ 在 $[0,1]$ 上连续, 在 $(0,1)$ 上可导, 且有 $f(0)=f(1)=1$, $f\left(\dfrac{1}{2}\right)=0$. 证明:

1. 存在 $\xi\in(0,\frac{1}{2})$, 使得 $f(\xi)=\xi$;
2. 存在 $\eta\in(0,1)$, 使得 $f'(\eta)+2\eta[f(\eta)-\eta]=1$.

期中模拟试题 1 解答

一、判断题

1. $\surd$.
2. $\times$. 反例: $x_n=\sqrt{n}$, $y_n=\dfrac{1}{n}$.
3. $\surd$.
4. $\times$. 反例: $f(x)=\begin{cases}1, & x\neq 0,\\ 0, & x=0.\end{cases}$
5. $\times$. 反例: $f(x)=\sin\sqrt{x}$, $x\in[0,1]$.

二、填空题

1. 1;　2. e^{-1}.　3. 3;　4. $y+1=2(x-1)$;　5. -1, -2;　6. $\tan t$, $\dfrac{\sec^3 t}{at}$;

7. $\dfrac{(-1)^{n-1}(n-1)!x^2}{(1+x)^n}+\dfrac{2n(-1)^{n-2}(n-2)!x}{(1+x)^{n-1}}+\dfrac{n(n-1)(-1)^{n-3}(n-3)!}{(1+x)^{n-2}}$;

8. 单增区间 $(-\infty,-3]$, $[1,+\infty)$, 单减区间 $[-3,-1)$, $(-1,1]$; 9. $\mathrm{e}^{-\frac{1}{2}}$.

三、 1. 由数学归纳法可证对所有的正整数 n, 都有 $0<x_n<1$. 且对任何正整数 n, 有

$$x_{n+1}=x_n(1-x_n)<x_n,$$

因此 $\{x_n\}$ 是一个单调有界数列, 因此 $\{x_n\}$ 收敛. 设 $\lim\limits_{n\to\infty}x_n=a$, 则在递推公式

$$x_{n+1}=x_n(1-x_n)$$

中令 $n\to\infty$ 可得 $a=a(1-a)$. 解方程可得 $a=0$, 因此 x_n 单调减少, 且极限为 0.

2. 由于 x_n 单调减少且极限为 0, 因此有 $\dfrac{1}{x_n}$ 单调增加且趋于 $+\infty$. 由 Stoltz 定理可得

$$\begin{aligned}\lim_{n\to\infty}nx_n&=\lim_{n\to\infty}\frac{n}{\dfrac{1}{x_n}}=\lim_{n\to\infty}\frac{1}{\dfrac{1}{x_{n+1}}-\dfrac{1}{x_n}}=\lim_{n\to\infty}\frac{x_nx_{n+1}}{x_n-x_{n+1}}\\&=\lim_{n\to\infty}\frac{x_n^2(1-x_n)}{x_n-x_n(1-x_n)}=\lim_{n\to\infty}\frac{x_n^2(1-x_n)}{x_n^2}=1.\end{aligned}$$

四、 由题设, 存在 $M>0$, 使得对所有的正整数 n, 都有 $|a_n|\leqslant M$.

对任意的正整数 n, 以及任意的正整数 p, 有

$$|b_{n+p}-b_n|=\left|\frac{a_{n+1}}{2^{n+1}}+\cdots+\frac{a_{n+p}}{2^{n+p}}\right|\leqslant M\left(\frac{1}{2^{n+1}}+\cdots+\frac{1}{2^{n+p}}\right)\leqslant\frac{M}{2^{n+1}}.$$

因为 $\lim\limits_{n\to\infty}\dfrac{M}{2^{n+1}}=0$, 存在 N, 使得 $n>N$ 时, 有 $\dfrac{M}{2^{n+1}}<\varepsilon$, 则当 $n>N$ 时, 任取正整数 p 都有

$$|b_{n+p}-b_n|\leqslant\frac{M}{2^{n+1}}<\varepsilon.$$

因此 $\{b_n\}$ 是基本列, 故收敛.

五、 1. 在区间 $[0,+\infty)$ 上可取两个数列

$$x_n'=(2n\pi)^{\frac{1}{3}},x_n''=\left(2n\pi+\frac{\pi}{2}\right)^{\frac{1}{3}},n=1,2,3,\cdots$$

则不难验证

$$\begin{aligned}\lim_{n\to\infty}(x_n'-x_n'')&=\lim_{n\to\infty}\left[(2n\pi)^{\frac{1}{3}}-\left(2n\pi+\frac{\pi}{2}\right)^{\frac{1}{3}}\right]\\&=\lim_{n\to\infty}\frac{\dfrac{\pi}{2}}{(2n\pi)^{\frac{2}{3}}+(2n\pi)^{\frac{1}{3}}\left(2n\pi+\dfrac{\pi}{2}\right)^{\frac{1}{3}}+\left(2n\pi+\dfrac{\pi}{2}\right)^{\frac{2}{3}}}=0,\end{aligned}$$

$$\lim_{n\to\infty}(\cos(x_n')^3-\cos(x_n'')^3)=\lim_{n\to\infty}\left(\cos 2n\pi-\cos\left(2n\pi+\frac{\pi}{2}\right)\right)=1.$$

因此 $y=\cos x^3$ 在区间 $[0,+\infty)$ 上不一致连续.

2. 由于函数 $y = \cos x^3$ 是一个初等函数, 且在区间 $[0, A]$ 上有定义, 因此它在 $[0, A]$ 上连续, 由 Cantor 定理知它在 $[0, A]$ 上一致连续.

六、 1. 当 $\lambda = 0$ 时,

$$\lim_{x\to 0^+} f(x) = \lim_{x\to 0^+} \arctan\frac{1}{x} = \frac{\pi}{2},\quad \lim_{x\to 0^-} f(x) = \lim_{x\to 0^-} \arctan\frac{1}{x} = -\frac{\pi}{2}.$$

因此 $\lim\limits_{x\to 0} f(x)$ 不存在, 所以 $f(x)$ 在 $x = 0$ 处不连续.

当 $\lambda < 0$ 时,

$$\lim_{x\to 0^+} f(x) = \lim_{x\to 0^+} x^\lambda \arctan\frac{1}{x} = +\infty,\quad \lim_{x\to 0^-} f(x) = \lim_{x\to 0^-} |x|^\lambda \arctan\frac{1}{x} = -\infty.$$

即 $\lim\limits_{x\to 0} f(x)$ 不存在, 因而 $f(x)$ 在 $x = 0$ 处不连续.

2. 由导数的定义, 以及第1问中的结论知当 $\lambda < 1$ 时,

$$f'(0) = \lim_{x\to 0} \frac{f(x) - f(0)}{x} = \lim_{x\to 0} |x|^{\lambda-1} \arctan\frac{1}{x}$$

不存在, 因此 $f(x)$ 在 $x = 0$ 处不可导.

3. $\lambda = 1$. 由导数的定义有

$$f'_+(0) = \lim_{x\to 0^+} \frac{f(x) - f(0)}{x} = \lim_{x\to 0^+} \arctan\frac{1}{x} = \frac{\pi}{2},$$

$$f'_-(0) = \lim_{x\to 0^-} \frac{f(x) - f(0)}{x} = \lim_{x\to 0^-} -\arctan\frac{1}{x} = \frac{\pi}{2},$$

因此 $f(x)$ 在 $x = 0$ 处可导.

$x > 0$时, $f'(x) = (x \arctan\dfrac{1}{x})' = \arctan\dfrac{1}{x} - \dfrac{x}{1+x^2}$,

$x < 0$ 时, $f'(x) = (|x| \arctan\dfrac{1}{x})' = -\arctan\dfrac{1}{x} + \dfrac{x}{1+x^2}$,

于是 $\lim\limits_{x\to 0^-} f'(x) = \lim\limits_{x\to 0^+} f'(x) = 0 = \dfrac{\pi}{2}$, 所以 $f'(x)$ 在 $x = 0$ 处连续.

设 $\lambda > 1$. 由导数的定义有

$$f'(0) = \lim_{x\to 0} \frac{f(x) - f(0)}{x} = \lim_{x\to 0} |x|^{\lambda-1} \arctan\frac{1}{x} = 0.$$

$x > 0$时, 有

$$f'(x) = (x^\lambda \arctan\frac{1}{x})' = \lambda x^{\lambda-1} \arctan\frac{1}{x} - \frac{x^\lambda}{1+x^2},$$

$x < 0$ 时, 有

$$f'(x) = (|x|^\lambda \arctan\frac{1}{x})' = -\lambda(-x)^{\lambda-1} \arctan\frac{1}{x} - \frac{(-x)^\lambda}{1+x^2},$$

易知

$$\lim_{x\to 0^-} f'(x) = \lim_{x\to 0^+} f'(x) = 0 = f'(0),$$

因此 $f'(x)$ 在 $x = 0$ 处连续.

七、 1. 令 $F(x) = f(x) - x$, 由条件知 $F(x)$ 在 $[0,1]$ 上连续, 且有

$$F(0) = 1 > 0,\ F\left(\frac{1}{2}\right) = -\frac{1}{2} < 0,$$

由零点定理知 $F(x)$ 在 $(0,\frac{1}{2})$ 上存在一个零点, 即存在 $\xi\in(0,\frac{1}{2})$, 使得 $F(\xi)=0$, 该 ξ 即满足 $f(\xi)=\xi$.

2. 构造函数 $G(x)=\mathrm{e}^{x^2}[f(x)-x]$, 则有

$$G(1)=\mathrm{e}[f(1)-1]=0=G(\xi).$$

由 Rolle 中值定理知存在 $\eta\in(\xi,1)\subset(0,1)$, 使得 $G'(\eta)=0$. 即有

$$G'(\eta)=\mathrm{e}^{\eta^2}[f'(\eta)-1]+2\eta\mathrm{e}^{\eta^2}[f(\eta)-\eta]=\mathrm{e}^{\eta^2}\left[f'(\eta)+2\eta\left[f(\eta)-\eta\right]-1\right]=0,$$

于是可知存在 $\eta\in(0,1)$ 满足 $f'(\eta)+2\eta\left[f(\eta)-\eta\right]=1$.

期中模拟试题 2

一、判断题(在正确的命题后打 $\surd$, 在错误的命题后面打$\times$, 每小题 2 分, 共 10 分)

1. 若 $\lim\limits_{x\to+\infty}f(x)=A$, 则 $\lim\limits_{x\to0^+}f\left(\frac{1}{x}\right)=A$, 反之也真. (   )

2. 若函数 $f(x)$, $g(x)$ 在区间 (a,b) 上一致连续, 则 $f(x)\cdot g(x)$ 在区间 (a,b) 上也一致连续. (   )

3. 若 $\lim\limits_{x\to0}f(x^3)=A$, 则 $\lim\limits_{x\to0}f(x)=\lim\limits_{x\to0}f(x^3)=A$. (   )

4. 设 $F(x)=f(x)g(x)$, 若 $f(x)$ 在点 x_0 处可导, $g(x)$ 在点 x_0 处不可导, 则 $F(x)$ 在点 x_0 处不可导. (   )

5. 设 $f(x)$ 在 $[a,b]$ 内连续, 在 (a,b) 内可导, 且 (a,b) 内除有限个点之外, $f'(x)>0$, 则 $f(x)$ 在 $[a,b]$ 上严格单调增加. (   )

二、填空题(每空 4 分, 满分 44 分)

1. 若 $|\alpha|<1$, 则 $\lim\limits_{n\to\infty}(1+\alpha)(1+\alpha^2)\cdots(1+\alpha^{2^n})=$__________.

2. 在 $x\to0$ 时, 函数 $\mathrm{e}^x\sin x-x(1+x)$ 是 x 的 __________ 阶无穷小量.

3. 已知函数 $y=y(x)$ 由隐函数 $xy-\ln(1+y)=0$ 确定, 则 $y'(0)=$__________, $y''(0)=$__________.

4. 设 $\begin{cases}x=\ln(1+t^2),\\ y=t-\arctan t,\end{cases}$ 则 $\frac{\mathrm{d}y}{\mathrm{d}x}=$__________, $\frac{\mathrm{d}^2y}{\mathrm{d}x^2}=$__________.

5. 已知 $g(x)$ 任意次可微, $f(x)=g(ax)$, a 为常数, 则 $f^{(n)}(a)=$__________.

6. 函数 $f(x)=2\mathrm{e}^x+\mathrm{e}^{-x}$ 在区间 __________ 上单调增加, 在区间 __________ 上单调减少.

7. 曲线 $y=\mathrm{e}^{\arctan x}$ 的拐点为 __________.

8. 函数 $y=[x]\sin\frac{1}{x}$ 的不连续点 $x=0$ 是第 __________ 类间断点.

三、(10 分) 设 $x_1>0$, $x_{n+1}=\ln(1+x_n)$, $n=1,2,\cdots$.

(1)证明: 数列 $\{x_n\}$ 收敛, 并求其极限;

(2)证明: 数列 $\{nx_n\}$ 收敛, 并求其极限.

四、(8 分) 利用 Cauchy 收敛原理证明: 数列 $\{x_n\}$ 收敛, 其中 $x_1=p$, $x_{n+1}=p+\frac{q}{2}\sin^2x_n$, $(n=1,2,\cdots)$, p,q 为常数, 且 $0<q<1$.

五、(10 分) 设函数 $f(x)=\sqrt{x}\ln x$ 定义在区间 $[1,+\infty)$ 上.

(1) 求其导函数 $f'(x)$ 在区间 $[1,+\infty)$ 上的最大最小值;

(2) 试用定义证明: 函数 $f(x)$ 在区间 $[1,+\infty)$ 上一致连续.

六、(10 分) 设函数 $y=(\arcsin x)^2$,

(1) 证明: y 满足: $(1-x^2)y''-xy'=2$;

(2) 求 $y^{(n)}(0)$, 其中 n 为自然数.

七、(8 分) 设$f(x)$ 在 $(-1,1)$ 上有三阶连续导数, 且有 $f(0)=0$, $f'(0)=1$, $f''(0)=0$, $f'''(0)=-1$, 若数列 $\{a_n\}$: $a_{n+1}=f(a_n)$, $(a_1\in(-1,1),\ n\in N^+)$, 单调减少且极限为0, 求极限 $\lim\limits_{n\to\infty} na_n^2$.

期中模拟试题 2 解答

一、判断题

1. √; 2. √; 3. √; 4. ×; 5. √.

二、填空题

1. $\dfrac{1}{1-\alpha}$; 2. 三; 3. 0, 0; 4. $\dfrac{t}{2}$, $\dfrac{1+t^2}{4t}$; 5. $a^n g^{(n)}(a^2)$; 6. 单增区间 $[-\dfrac{\ln 2}{2},+\infty)$, 单减区间 $(-\infty,-\dfrac{\ln 2}{2}]$; 7. $(\dfrac{1}{2},\mathrm{e}^{\arctan\frac{1}{2}})$; 8. 二.

三、(1) 因为 $x_1>0$, 所以, $x_2=\ln(1+x_1)>0$, 用归纳法可证: $x_n>0, n=1,2,\cdots$. 又$x_{n+1}-x_n=\ln(1+x_n)-x_n=(\dfrac{1}{1+\xi_n}-1)x_n=-\dfrac{\xi_n}{1+\xi_n}x_n<0$, $\xi_n\in(0,x_n)$, $\{x_n\}$ 单调减少有下界. 由单调有界准则, $\lim\limits_{n\to\infty}x_n=x\geqslant 0$.

由 $x_{n+1}=\ln(1+x_n)$, 知 $x=\ln(1+x)$.

令 $F(x)=x-\ln(1+x), F'(x)=1-\dfrac{1}{1+x}=\dfrac{x}{1+x}>0$, $x\in(0,+\infty), F(0)=0$, 故 $F(x)$ 在 $[0,+\infty)$ 上, 有唯一的零点 $x=0$, $\lim\limits_{n\to\infty}x_n=0$.

(2) $\lim\limits_{n\to\infty}nx_n=\lim\limits_{n\to\infty}\dfrac{n}{\dfrac{1}{x_n}}=\lim\limits_{n\to\infty}\dfrac{n+1-n}{\dfrac{1}{x_{n+1}}-\dfrac{1}{x_n}}=\lim\limits_{n\to\infty}\dfrac{x_{n+1}x_n}{x_n-x_{n+1}}$

$$=\lim_{n\to\infty}\frac{\ln(1+x_n)x_n}{x_n-\ln(1+x_n)}=\lim_{x\to 0}\frac{\ln(1+x)x}{x-\ln(1+x)}$$

$$=\lim_{x\to 0}\frac{x^2}{x-\ln(1+x)}=\lim_{x\to 0}\frac{2x}{1-\dfrac{1}{1+x}}=2\lim_{x\to 0}(1+x)=2.$$

四、 由

$$|x_{n+1}-x_n|=|(p+\frac{q}{2}\sin^2 x_n)-(p+\frac{q}{2}\sin^2 x_{n-1})|=\frac{q}{2}|\sin^2 x_n-\sin^2 x_{n-1}|\leqslant q|x_n-x_{n-1}|$$

知

$$|x_{n+1}-x_n|\leqslant q^{n-1}|x_2-x_1|,\ n=1,2,\cdots.$$

$\forall m>n$,

$$|x_m-x_n|\leqslant|x_m-x_{m-1}|+\cdots+|x_{n+1}-x_n|\leqslant[q^{m-2}+\cdots+q^{n-1}]|x_2-x_1|$$

$$=\frac{q^{n-1}[1-q^{m-n+1}]}{1-q}|x_2-x_1|\leqslant\frac{q^{n-1}}{1-q}|x_2-x_1|.$$

而 $\lim\limits_{n\to\infty}\dfrac{q^{n-1}}{1-q}|x_2-x_1|=0$, 故$\forall\varepsilon>0$, $\exists N$, 使得, $\forall m>n>N$, $|x_m-x_n|<\varepsilon$. 所以数列 $\{x_n\}$ 收敛.

五、 (1) $f'(x)=\dfrac{2+\ln x}{2\sqrt{x}}$, $f''(x)=-\dfrac{\ln x}{4x\sqrt{x}}<0, x\in(1,+\infty)$, $f'(x)$ 在区间 $[1,+\infty)$ 上单调减少.

$$f'(1)=1,\ \lim_{x\to+\infty}f'(x)=\lim_{x\to+\infty}\frac{2+\ln x}{2\sqrt{x}}=\lim_{x\to+\infty}\frac{1/x}{\frac{1}{\sqrt{x}}}=\lim_{x\to+\infty}\frac{1}{\sqrt{x}}=0.$$

所以有 $0<f'(x)\leqslant 1$, 最大值为 $f'(1)=1$; $f'(x)$ 无最小值.

(2) $\forall x_1,x_2\in[1,+\infty)$, 且 $x_2>x_1$, 由微分中值定理和导函数的有界性可得

$$|f(x_2)-f(x_1)|=|f'(\xi)(x_2-x_1)|\leqslant|x_2-x_1|.$$

取 $\forall\varepsilon>0$, $\delta=\varepsilon$, 则 $\forall x_1,x_2\in[1,+\infty)$, 且 $x_2>x_1$, $|x_2-x_1|<\delta$, 时, 有 $|f(x_2)-f(x_1)|<\varepsilon$. 由定义知 $f(x)$ 在区间 $[1,+\infty)$ 上一致连续.

六、 (1) $y=(\arcsin x)^2$, $y'=\dfrac{2\arcsin x}{\sqrt{1-x^2}}$,

$$y''=\frac{2}{1-x^2}+2\arcsin x\cdot\left(-\frac{1}{2}\right)(1-x^2)^{-\frac{3}{2}}\cdot(-2x)=\frac{2}{1-x^2}+2x\arcsin x\cdot(1-x^2)^{-\frac{3}{2}},$$

于是 $(1-x^2)y''-xy'=2+2x\arcsin x\cdot(1-x^2)^{-\frac{1}{2}}-2x\arcsin x\cdot(1-x^2)^{-\frac{1}{2}}=2$.

(2) 在等式 $(1-x^2)y''-xy'=2$ 两端求 $n-2$ 阶导数:

$$(1-x^2)y^{(n)}+(n-2)(-2x)y^{(n-1)}+\frac{(n-2)(n-3)}{2}y^{(n-2)}(-2)-xy^{(n-1)}-(n-2)y^{(n-2)}=0,$$

将 $x=0$ 代入, $y^{(n)}(0)=(n-2)^2y^{(n-2)}(0)\ (n\geqslant 3)$, $y'(0)=0$, $y''(0)=2$. 于是由递推式可得

$$y^{(n)}(0)=\begin{cases}0,\ n=2k-1,\\ 2^{2k-1}[(k-1)!]^2,\ n=2k.\end{cases}$$

七、 根据 Taylor 公式, 对任意的 $x\in(-1,1)$, 有

$$f(x)=f(0)+f'(0)x+\frac{1}{2}f''(0)x^2+\frac{1}{6}f'''(0)x^3+o(x^3)=x-\frac{1}{6}x^3+o(x^3).$$

因为 $a_{n+1}=f(a_n)$, 且 $\{a_n\}$ 单调减少极限为0, 所以由 Stolz 公式有

$$\lim_{n\to\infty}na_n^2=\lim_{n\to\infty}\frac{n}{\frac{1}{a_n^2}}=\lim_{n\to\infty}\frac{(n+1)-1}{\frac{1}{a_{n+1}^2}-\frac{1}{a_n^2}}=\frac{f^2(a_n)a_n^2}{a_n^2-f^2(a_n)}=\lim_{x\to0}\frac{f^2(x)x^2}{x^2-f^2(x)}$$

$$=\lim_{x\to0}\frac{x}{x+f(x)}\cdot\frac{f^2(x)x}{x-f(x)}=\lim_{x\to0}\frac{x}{x+x+o(x)}\cdot\frac{x^3}{x-\left(x-\frac{1}{6}x^3+o(x^3)\right)}=3.$$

期中模拟试题 3

一、判断题(在正确的命题后打 $\surd$, 在错误的命题后面打×, 每小题2 分, 共10 分)

1. 若单调数列 $\{x_n\}$ 存在收敛子列, 则 $\{x_n\}$ 收敛. (　　)

2. 数列 $\{x_n\}$ 收敛到 a 的充分必要条件是对于任意的实数 $\varepsilon>0$, a 的邻域 $U(a,\varepsilon)$ 都包含有 $\{x_n\}$ 的无穷多项. (　　)

3. 若对任意的 $\delta\ (0<\delta<\dfrac{b-a}{2})$, 函数 $f(x)$ 在 $[a+\delta,b-\delta]$ 上连续, 则 $f(x)$ 在 $[a,b]$ 上连续. (　　)

4. 若函数 $f(x)$, $g(x)$ 在有限区间 (a,b) 一致连续, 则 $f(x)\cdot g(x)$ 在 (a,b) 一致连续. (　　)

5. 若函数 $f(x)$ 在区间 $[a,b]$ 上可导, 则它在区间 $[a,b]$ 上有界. (　　)

二、填空题(每空 4分, 共 28 分)

1. 设 $x_n=[1+(-1)^n]\dfrac{n-1}{n}$, 则 $\sup\{x_n\}=$ ____________.

2. 极限 $\lim\limits_{x\to0+}\dfrac{1+4\mathrm{e}^{\frac{1}{x}}}{1+\mathrm{e}^{\frac{1}{x}}}\arctan\dfrac{1}{x}=$ ____________

3. 极限 $\lim\limits_{x\to0}\left(\sqrt{1-x}\right)^{\frac{1}{\sin x}}=$ ____________.

4. 设函数 $f(x)=x\cos^2x$, 则 $f^{(2019)}(0)=$ ____________.

5. 设曲线 $y=\ln(1+ax)+1$ 与曲线 $y=2xy^3+b$ 在 $(0,1)$ 处相切, 则 $a+b=$ ____________.

6. 极限 $\lim\limits_{x\to0}\dfrac{x-\tan x}{\ln(1+2x^3)}=$ ____________.

7. 函数 $f(x)=\dfrac{x}{1+x}$ 在 $x=0$ 处带 Lagrange 余项的二次 Taylor 公式为 $f(x)=$ ____________.

三、(16分) 计算题

1. 设 $\begin{cases}x=t\cos t,\\ y=t\sin t,\end{cases}$ 求 $\dfrac{\mathrm{d}y}{\mathrm{d}x}$, $\dfrac{\mathrm{d}^2y}{\mathrm{d}x^2}$.

2. 设 $f(x)=x\mathrm{e}^{-x}$, 求 $f(x)$ 的单调区间、极值、凸性区间和拐点.

四、(12分) 证明: 1. 极限 $\lim\limits_{x\to+\infty}\cos x$ 不存在.

2. 若数列 $\{x_n\}$ 有界且发散, 则至少存在两个收敛到不同极限的子列.

五、(12 分) 设 $0<x_1<1$, $x_{n+1}=\sqrt{1+2x_n}-1\,(n=1,2,\cdots)$.

1. 证明数列 $\{x_n\}$ 单调有界, 且 $\lim\limits_{n\to\infty}x_n=0$;

2. 求极限 $\lim\limits_{n\to\infty}nx_n$.

六、(10分) 1. 叙述 Lagrange 中值定理.

2. 证明: 当 $x>0$ 时, $\dfrac{x}{\sqrt{1+x^2}}<\ln(x+\sqrt{1+x^2})<x$.

七、(12分) 1. 设函数 $f(x)$ 在 $[a,+\infty)$ 上连续, 且 $\lim\limits_{x\to+\infty}f(x)$ 存在, 证明 $f(x)$ 在 $[a,+\infty)$ 上一致连续.

2. 举例说明: 存在函数 $f(x)$, 它在 $[a,+\infty)$ 上一致连续, 但是 $\lim\limits_{x\to+\infty}f(x)$ 不存在.

期中模拟试题 3 解答

一、判断题

1. √; 2. ×; 3. ×; 4. √; 5. √.

二、填空题

1. 2; 2. 2π ; 3. $\mathrm{e}^{-\frac{1}{2}}$; 4. $-2019\cdot2^{2017}$; 5. 3; 6. $-\dfrac{1}{6}$; 7. $x-x^2+\dfrac{x^3}{(1+\xi)^4}$.

三、 1. $\dfrac{\mathrm{d}y}{\mathrm{d}x}=\dfrac{\frac{\mathrm{d}y}{\mathrm{d}t}}{\frac{\mathrm{d}x}{\mathrm{d}t}}=\dfrac{\sin t+t\cos t}{\cos t-t\sin t}$.

$$\frac{\mathrm{d}^2y}{\mathrm{d}x^2}=\frac{\frac{\mathrm{d}}{\mathrm{d}t}\left(\frac{\mathrm{d}y}{\mathrm{d}x}\right)}{\frac{\mathrm{d}x}{\mathrm{d}t}}=\frac{2+t^2}{(\cos t-t\sin t)^2}\cdot\frac{1}{\cos t-t\sin t}=\frac{2+t^2}{(\cos t-t\sin t)^3}.$$

2. $f(x)$ 的定义域为 $(-\infty,+\infty)$, 有任意阶导数.

$f'(x)=(1-x)\mathrm{e}^{-x}$, $f''(x)=(x-2)\mathrm{e}^{-x}$.

令 $f'(x)=0$, 求出驻点为 $x=1$. 令 $f''(x)=0$, 解得 $x=2$. 于是可得

$f(x)$ 在 $(-\infty,1]$ 单调增加, 在 $[1,+\infty)$ 单调减少, 极大值 $f(1)=\mathrm{e}^{-1}$, 没有极小值;

$f(x)$ 在 $(-\infty,2]$ 上凸, 在 $[2,+\infty)$ 下凸, 唯一的拐点是 $(2,2\mathrm{e}^{-2})$.

四、 1. 取 $x_n'=2n\pi+\dfrac{\pi}{2}$, $x_n''=2n\pi$, 当 $n\to\infty$, $x_n'\to+\infty, x_n''\to+\infty$, 而 $\cos x_n'=0, \cos x_n''=1$, 由海涅定理知极限 $\lim\limits_{x\to+\infty}\cos x$ 不存在.

2. 因为数列 $\{x_n\}$ 有界, 由致密性定理知存在收敛子列 $\{x_{n_k}'\}$, 设 $\{x_{n_k}'\}\to a$, $k\to\infty$.

又因为数列 $\{x_n\}$ 发散, 由定义知存在 $\varepsilon_0>0$, 对于任意的 $N>0$, 存在 $n>N$, 使得 $|x_n-a|\geqslant\varepsilon_0$. 即邻域 $U(a,\varepsilon_0)$ 外有 $\{x_n\}$ 的无穷多项, 再根据致密性定理知在这无穷多项中存在收敛子列 $\{x_{n_k}''\}\to b$, $k\to\infty$, 且 $|x_{n_k}''-a|\geqslant\varepsilon_0$, 所以 $b\neq a$. 得证.

五、 1. 由数学归纳法可知 $0<x_k<1$, 于是有

$$0<x_{k+1}=\sqrt{1+2x_k}-1=\frac{2x_k}{\sqrt{1+2x_k}+1}<x_k<1.$$

所以 $\{x_n\}$ 单调减少且 $0<x_n<1$, 故有极限.

设 $\lim\limits_{n\to\infty}x_n=a$, 于是有 $a=\sqrt{1+2a}-1$, 解得 $a=0$.

2. 因为 $\{x_n\}$ 单调减少极限为 0, 所以 $\{\dfrac{1}{x_n}\}$ 是单调增加的无穷大量.

根据 Taylor 公式 $\sqrt{1+x}=1+\dfrac{1}{2}x-\dfrac{1}{8}x^2+o(x^2)$ 和 Stolz 公式, 可得

$$\begin{aligned}\lim_{n\to\infty}n\,x_n&=\lim_{n\to\infty}\frac{n}{\dfrac{1}{x_n}}=\lim_{n\to\infty}\frac{n-(n-1)}{\dfrac{1}{x_n}-\dfrac{1}{x_{n-1}}}\\&=\lim_{n\to\infty}\frac{x_nx_{n-1}}{x_{n-1}-x_n}=\lim_{n\to\infty}\frac{x_{n-1}^2}{x_{n-1}-[x_{n-1}-\dfrac{1}{2}x_{n-1}^2+o(x_{n-1}^2)]}=2.\end{aligned}$$

六、 1. 略.

2. 令 $f(x)=\ln(x+\sqrt{1+x^2})$, $f'(x)=\dfrac{1}{\sqrt{1+x^2}}$.

当 $x>0$ 时, 在区间 $[0,x]$ 上应用 Lagrange 中值定理, 有

$$f(x)=f(x)-f(0)=f'(\xi)x=\frac{x}{\sqrt{1+\xi^2}},\ 0<\xi<x.$$

由 $0<\xi<x$ 有 $\dfrac{x}{\sqrt{1+x^2}}<f(x)=\dfrac{x}{\sqrt{1+\xi^2}}<x$, 所以有

$$\frac{x}{\sqrt{1+x^2}}<\ln(x+\sqrt{1+x^2})<x.$$

七、 1. 因为 $\lim\limits_{x\to+\infty}f(x)$ 存在, 所以由 Cauchy 收敛准则可知

对于任意的实数 $\varepsilon>0$, 存在 $X>0$, 对于任意的 $x_1>X$, $x_2>X$, 有

$$|f(x_1)-f(x_2)|<\varepsilon.$$

由于 $f(x)$ 在 $[a,+\infty)$ 上连续, 所以在闭区间 $[a,X+1]$ 上连续, 根据 Cantor 定理知 $f(x)$ 在闭区间 $[a,X+1]$ 上一致连续, 于是对于任意的实数 $\varepsilon>0$, 存在 $\delta_1>0$, 对于任意的 x_1, $x_2\in[a,X+1]$, 当

$|x_1-x_2|<\delta_1$ 时, 有

$$|f(x_1)-f(x_2)|<\varepsilon.$$

取 $\delta=\min\{\delta_1,1\}$, 对于任意的实数 $\varepsilon>0$, 当 x_1, $x_2\in[a,+\infty)$, $|x_1-x_2|<\delta$ 时, 有 x_1, $x_2\in[a,X+1]$ 或者 $x_1>X$, $x_2>X$, 于是有

$$|f(x_1)-f(x_2)|<\varepsilon.$$

即 $f(x)$ 在 $[a,+\infty)$ 上一致连续.

2. 可取 $f(x)=x$, $f(x)=\sin x$, $f(x)=\cos x, f(x)=\ln x$, $f(x)=\sqrt{x}$ 等, 在 $[1,+\infty)$, 需要证明 $f(x)$ 在所给出的区间一致连续, 且 $\lim\limits_{x\to+\infty}f(x)$ 不存在.

期中模拟试题 4

一、判断题(在正确的命题后打 $\surd$, 在错误的命题后面打×, 每小题 2 分, 共 10 分)

1. 若对任意给定的 $\varepsilon>0$, 存在无穷多个 x_n, 使得 $|x_n|<\varepsilon$, 则数列 $\{x_n\}$ 是无穷小量. (　　)

2. 设 $\{x_n\}$ 是一单调数列, 若其子列 $\{x_{n_k}\}$ 收敛, 则数列 $\{x_n\}$ 收敛. (　　)

3. 若函数 $|f(x)|$ 在点 x_0 连续, 则 $f(x)$ 在点 x_0 必定连续. (　　)

4. 设 $f(x)$ 在区间 $[a,b]$ 上有定义, 若 $(x_0,f(x_0))$ $(x_0\in(a,\ b))$ 是曲线 $f(x)$ 的拐点, 则 $f''(x_0)=0$. (　　)

5. 设函数 $f(x)$ 在区间 $[a,b]$ 上可导, 且 $f'_+(a)>0$, $f'_-(b)<0$, 则 $f(x)$ 的最大值一定不能在 $x=a$, $x=b$ 处取得. (　　)

二、填空题(每空 4 分, 满分 24 分)

1. 当 $x\to0$ 时, $1-\mathrm{e}^{2x}$ 与 $\sin(ax)$ 是等价无穷小量, 则 $a=$__________.

2. 当 $\alpha=$__________ 时, 函数 $f(x)=\begin{cases}\mathrm{e}^x,\ x<0\\ \alpha+x,\ x\leqslant0\end{cases}$ 处处连续.

3. $y=\ln\tan(\dfrac{1}{2}x)+3^x$, 则 $\mathrm{d}y=$__________ .

4. 曲线 $x-y+\dfrac{\sin y}{2}=0$ 在 $x=0$ 处的切线方程为 __________.

5. $\lim\limits_{x\to\infty}(\dfrac{x+3}{x+2})^{2x-1}=$__________.

6. $\lim\limits_{x\to0}\dfrac{1-\cos x\cdot\sqrt{\cos 2x}}{x^2}=$__________.

三、计算题(每小题 8 分, 共 16 分)

1. 设 $\begin{cases}x=3t^2,\\ y=\ln t,\end{cases}$ 求二阶导数 $\dfrac{\mathrm{d}^2y}{\mathrm{d}x^2}$.

2. 求极限 $\lim\limits_{x\to0}\dfrac{\mathrm{e}^{-\frac{x^2}{2}}-\cos x}{x^4}$.

四、(12 分) 设函数 $y=\dfrac{x-1}{x^2+1}$,

1. 求此函数的单调区间、极值、保凸区间和拐点;

2. 进一步讨论所有拐点是否在一条直线上.

五、(16 分) 设函数 $f(x)$ 定义在区间 $[a,b]$, 满足条件:

(i) 对任意的 $x \in [a,b], a \leqslant f(x) \leqslant b$; (ii) 对 $[a,b]$ 中任意的 x,y 有 $|f(x)-f(y)| \leqslant k|x-y|$, 其中 k 是常数, 且 $0<k<1$. 证明:

1. 函数 $f(x)$ 在区间 $[a,b]$ 上连续;

2. 存在唯一的 $x_0 \in [a,b]$, 使得 $f(x_0)=x_0$;

3. 任取 $x_1 \in [a,b]$, 并定义数列 $\{x_n\}: x_{x+1}=f(x_n), n=1,2,\cdots$, 则 $\lim\limits_{n\to\infty} x_n = x_0$, 其中 x_0 为第 2 问中所得的不动点.

六、(12 分)

1. 叙述数列的 Cauchy 收敛原理;

2. 设 $x_n = \dfrac{\sin 1!}{2\cdot 3} + \dfrac{\sin 2!}{3\cdot 4} + \cdots + \dfrac{\sin n!}{(n+1)\cdot(n+2)}$, 证明数列 $\{x_n\}$ 收敛.

七、(10 分) 设$f(x)$ 在 $[0,1]$ 上存在二阶导数, 且 $f(0)=f(1)=0$, $\max\limits_{x\in[0,1]} f(x) = \dfrac{1}{2}$, 证明: 存在 $\xi \in (0,1)$ 使得 $f''(\xi) \leqslant -4$.

期中模拟试题 4 解答

一、判断题

1. $\times$; 2. $\surd$; 3. $\times$; 4. $\times$; 5. $\surd$.

二、填空题

1. -2; 2. 1; 3. $(\csc x + 3^x \ln 3)\mathrm{d}x$; 4. $y=2x$; 5. e^2; 6. $\dfrac{3}{2}$.

三、计算题

1. $\dfrac{\mathrm{d}y}{\mathrm{d}x} = \dfrac{\frac{1}{t}}{6t} = \dfrac{1}{6t^2}$, $\dfrac{\mathrm{d}^2y}{\mathrm{d}x^2} = \dfrac{-\frac{1}{3t^3}}{6t} = -\dfrac{1}{18t^4}$.

2. 因为当 $x\to 0$ 时, 有 $\mathrm{e}^{\frac{-x^2}{2}} = 1 + (-\dfrac{1}{2}x^2) + \dfrac{1}{2!}(-\dfrac{1}{2}x^2)^2 + o(x^4)$,

$\cos x = 1 - \dfrac{1}{2!}x^2 + \dfrac{1}{4!}x^4 + o(x^4)$,

所以 $\mathrm{e}^{\frac{-x^2}{2}} - \cos x = \dfrac{1}{8}x^4 - \dfrac{1}{24}x^4 + o(x^4) = \dfrac{1}{12}x^4 + o(x^4)$,

故 $\lim\limits_{x\to 0} \dfrac{\mathrm{e}^{\frac{-x^2}{2}} - \cos x}{x^4} = \lim\limits_{x\to 0} \dfrac{\frac{x^4}{12} + o(x^4)}{x^4} = \lim\limits_{x\to 0}\left[\dfrac{1}{12} + \dfrac{o(x^4)}{x^4}\right] = \dfrac{1}{12}$.

四、 1.

$$y' = \frac{-x^2+2x+1}{(x^2+1)^2} = \frac{-[x-(1-\sqrt{2})][x-(1+\sqrt{2})]}{(x^2+1)^2},$$

$$y'' = \frac{2(x+1)[x-(2-\sqrt{3})][x-(2+\sqrt{3})]}{(x^2+1)^3}.$$

令 $y'=0$, 可得 $x_1 = 1+\sqrt{2}, x_2 = 1-\sqrt{2}$. 令 $y''=0$, 可得 $x_3=-1, x_4 = 2-\sqrt{3}$, $x_5 = 2+\sqrt{3}$.

经判断可知单调增加区间为 $[1-\sqrt{2}, 1+\sqrt{2}]$, 单调减少区间为 $(-\infty, 1-\sqrt{2}]$, $[1+\sqrt{2}, +\infty)$; 上凸区间为 $(-\infty,-1]$, $[2-\sqrt{3}, 2+\sqrt{3}]$; 下凸区间为 $[-1, 2-\sqrt{3}]$, $[2+\sqrt{3}, +\infty)$; 故极大值点为 $x_1 = 1+\sqrt{2}$, 极大值为 $\dfrac{\sqrt{2}-1}{2}$; 极小值点为 $x_2 = 1-\sqrt{2}$, 极小值为 $-\dfrac{\sqrt{2}+1}{2}$; 曲线的拐点为 $(-1,-1)$, $\left(2-\sqrt{3}, \dfrac{1-\sqrt{3}}{4(2-\sqrt{3})}\right)$, $\left(2+\sqrt{3}, \dfrac{1+\sqrt{3}}{4(2+\sqrt{3})}\right)$.

2. 经计算可得直线 AB 和直线 BC 的斜率相同, 都为 $\frac{1}{4}$, 故三个拐点在一条直线上.

五、 1. 由 $|f(x)-f(y)|\leqslant k|x-y|, 0<k<1, x,y\in[a,b]$.

对任意的 $x_0\in[a,b]$, 对任意的 $\varepsilon>0$, 取 $\delta=\frac{\varepsilon}{k}$, 只要 $|x-x_0|<\delta$, 有

$$|f(x)-f(x_0)|\leqslant k|x-x_0|<\varepsilon,$$

所以 $f(x)$ 在区间 $[a,b]$ 上连续;

2. 令 $F(x)=f(x)-x$, 由 $a\leqslant f(x)\leqslant b$, $F(a)=f(a)-a\geqslant 0, F(b)=f(b)-b\leqslant 0$.

若 $F(a)=0$ 或 $F(b)=0$, 即 a 或 b 为 x_0 点; 否则 $F(a)\cdot F(b)<0$. 由零点存在定理知: $\exists x_0\in(a,b)$ 使得 $F(x_0)=0$, 即 $f(x_0)=x_0$.

再证唯一性: 假设还有一点 $x_1\neq x_0$, 满足$f(x_1)=x_1$, 则有

$$|x_1-x_0|=|f(x_1)-f(x_0)|\leqslant k|x_1-x_0|,$$

从而得出 $k\geqslant 1$, 与已知矛盾.

所以存在唯一的 $x_0\in[a,b]$, 使得 $f(x_0)=x_0$.

3. 由于 $a\leqslant f(x)\leqslant b$, 所以 $x_n\in[a,b]$. 因为

$$\begin{aligned}|x_n-x_0|&=|f(x_{n-1})-f(x_0)|\leqslant k|x_{n-1}-x_0|\\&=k|f(x_{n-2})-f(x_0)|\leqslant k^2|x_{n-2}-x_0|\\&=k^2|f(x_{n-3})-f(x_0)|\leqslant\cdots\leqslant k^{n-1}|x_1-x_0|\to 0(n\to\infty).\end{aligned}$$

故 $\lim\limits_{n\to\infty}|x_n-x_0|=0$, 即得 $\lim\limits_{n\to\infty}x_n=x_0$.

六、 1. 略.

2. 由数列的 Cauchy 收敛原理, 只要证明 $\{x_n\}$ 是基本数列即可. 设 $m>n$, 则

$$\begin{aligned}|x_m-x_n|&=\left|\frac{\sin(n+1)!}{(n+2)\cdot(n+3)}+\cdots+\frac{\sin m!}{(m+1)\cdot(m+2)}\right|\\&\leqslant\frac{|\sin(n+1)!|}{(n+2)\cdot(n+3)}+\cdots+\frac{|\sin m!|}{(m+1)\cdot(m+2)}\\&\leqslant\frac{1}{(n+2)\cdot(n+3)}+\cdots+\frac{1}{(m+1)\cdot(m+2)}\\&=\frac{1}{(n+2)}-\frac{1}{(n+3)}+\frac{1}{(n+3)}-\frac{1}{(n+4)}+\cdots+\frac{1}{(m+1)}-\frac{1}{(m+2)}\\&=\frac{1}{(n+2)}-\frac{1}{(m+2)}<\frac{1}{(n+2)}\to 0(n\to+\infty),\end{aligned}$$

因此 $\{x_n\}$ 是基本数列, 从而收敛.

七、 由闭区间上连续函数的最值定理知, 存在 $\eta\in(0,1)$ 使得 $f(\eta)=\max\limits_{x\in[0,1]}f(x)=\frac{1}{2}$. 由Fermat 引理, $f'(\eta)=0$. 由 $f(x)$ 在 $x=\eta$ 处的带 Lagrange 余项的 Taylor 公式, 可得:

存在 $\xi_1\in(0,\eta)$ 使得: $0=f(0)=\frac{1}{2}+\frac{f''(\xi_1)}{2}(0-\eta)^2$,

存在 $\xi_2\in(\eta,1)$ 使得: $0=f(1)=\frac{1}{2}+\frac{f''(\xi_2)}{2}(1-\eta)^2$.

由以上两式, 可得: $f''(\xi_1)=-\frac{1}{\eta^2}, f''(\xi_2)=-\frac{1}{(1-\eta)^2}$.

记 $f''(\xi)=\min\{f''(\xi_1),f''(\xi_2)\}=\min\{-\frac{1}{\eta^2},-\frac{1}{(1-\eta)^2}\}$, 因此, 不论 $\eta\in(0,\frac{1}{2}]$ 或 $\eta\in[\frac{1}{2},1)$, 均存在 $\xi\in(0,1)$, 使得 $f''(\xi)\leqslant -4$.

期中模拟试题 5

一、判断题(在正确的命题后打 √, 在错误的命题后面打×, 每小题 2 分, 共 10 分)

1. 若对任意给定的 $\varepsilon>0$, 存在正整数 N, 使得当 $n>N$, 成立 $x_n<\varepsilon$, 则 $\{x_n\}$ 是无穷小量. (　　)

2. 设 $\{x_n\}$ 是无穷大量, $\{y_n\}$ 是有界量, 则 $\{x_ny_n\}$ 一定是无穷大量. (　　)

3. 若数列 $\{x_n\}$ 满足条件: $|x_{n+1}-x_n|<\frac{1}{2^n}\ (n=1,2,\cdots)$, 则 $\{x_n\}$ 是基本列. (　　)

4. 设 $a\geqslant 0$, 且 $\lim\limits_{x\to a}f(x)=A$, 则 $\lim\limits_{x\to\sqrt{a}}f(x^2)=A$. (　　)

5. 设函数 $f(x)$ 在有限区间 (a,b) 内一致连续, 则 $f(x)$ 在区间 (a,b) 内有界. (　　)

二、填空题(每空 3 分, 共 15 分)

1. 设 $\alpha>0$, β 是实数, 则 $\lim\limits_{n\to\infty}\left(1+\frac{1}{n^\alpha}\right)^\beta=$ __________.

2. 设 $f\left(\frac{x}{x-2}\right)=x-2$, 其中 $x\neq 1,\ 2$, 则 $f'(x)=$ __________.

3. 设函数 $y=y(x)$ 由方程 $xy^2+\mathrm{e}^y=\cos(x+y^2)$ 所确定, 则 $\mathrm{d}y=$ __________.

4. 设 $f(x)=x(x-1)(x-3)(x-5)$, 则方程 $f'(x)=0$ 在区间 $(0,5)$ 内有 __________ 个不等实根.

5. 若函数 $f(x)=\begin{cases}|x|^\alpha\cos\frac{1}{x^2}, & x\neq 0\\ 0, & x=0\end{cases}$ 在点 $x=0$ 处可导, 则 α 的取值范围为 __________.

三、计算题(每小题 8 分, 共 32 分)

1. 求极限 $\lim\limits_{n\to\infty}\left(1-\frac{1}{2^2}\right)\left(1-\frac{1}{3^2}\right)\cdots\left(1-\frac{1}{n^2}\right)$.

2. 求极限 $\lim\limits_{x\to 0}\frac{x-\arcsin x}{(\arcsin x)^3}$.

3. 设 $f(x)=\begin{cases}x=\mathrm{e}^t,\\ y=\sin t,\end{cases}$ 求 $\frac{\mathrm{d}^2y}{\mathrm{d}x^2}$.

4. 求极限 $\lim\limits_{x\to 0}\frac{\mathrm{e}^{-x^4}-\cos^2x-x^2}{x^4}$.

四、(10 分) 设 $a_1>1$, $a_{n+1}=2-\frac{1}{a_n}$, $n=1,2,\cdots$.

1. 证明数列 $\{a_n\}$ 收敛; 2. 求 $\{a_n\}$ 的极限.

五、(10 分) 证明: 若函数 $f(x)$ 在开区间 (a,b) 内可微, 但无界, 则 $f'(x)$ 在开区间 (a,b) 内无界. 举例说明该命题的逆命题不成立.

六、(13 分) 设 $y=\frac{x-1}{(x+1)^2}$, 填下表并作图.

$f'(x)$	
$f''(x)$	
驻点	
单增区间	
单减区间	
上凸区间	
下凸区间	
极值	
拐点	
渐近线	

七、(10 分) 设函数 $f(x)$ 定义在区间 $[a,+\infty)$ 上一致连续, $\varphi(x)$ 在 $[a,+\infty)$ 上连续, 且 $\lim\limits_{x\to+\infty}[f(x)-\varphi(x)]=0$.

1. 叙述函数 $\varphi(x)$ 在 $[a,+\infty)$ 上一致连续的定义;
2. 证明 $\varphi(x)$ 在 $[a,+\infty)$ 上一致连续.

期中模拟试题 5 解答

一、判断题

1. ×; 2. ×; 3. √; 4. √; 5. √.

二、填空题

1. 1 ; 2. $-\dfrac{2}{(x-1)^2}$; 3. $-\dfrac{y^2+\sin(x+y^2)}{2xy+\mathrm{e}^y+2y\sin(x+y^2)}\mathrm{d}x$; 4. 3 ; 5. $\alpha>1$.

三、计算题

1. 因为 $1-\dfrac{1}{k^2}=\dfrac{k-1}{k}\cdot\dfrac{k+1}{k}$, 所以

$$\lim_{n\to\infty}\left(1-\frac{1}{2^2}\right)\left(1-\frac{1}{3^2}\right)\cdots\left(1-\frac{1}{n^2}\right)=\lim_{n\to\infty}\left(\frac{1}{2}\cdot\frac{3}{2}\right)\left(\frac{2}{3}\cdot\frac{4}{3}\right)\cdots\left(\frac{n-1}{n}\cdot\frac{n+1}{n}\right)=\frac{1}{2}.$$

2. 令 $\arcsin x=t$, 则 $x=\sin t$, 且当 $x\to 0$ 时, $t\to 0$, 故

$$\lim_{x\to 0}\frac{x-\arcsin x}{(\arcsin x)^3}=\lim_{t\to 0}\frac{\sin t-t}{t^3}=-\frac{1}{6}.$$

3. $\dfrac{\mathrm{d}y}{\mathrm{d}x}=\dfrac{\cos t}{\mathrm{e}^t}$, $\dfrac{\mathrm{d}^2y}{\mathrm{d}x^2}=\dfrac{\mathrm{d}\left(\dfrac{\mathrm{d}y}{\mathrm{d}x}\right)}{\mathrm{d}x}=-\dfrac{\sin t+\cos t}{\mathrm{e}^{2t}}$.

4. 因为

$$\mathrm{e}^{-x^4}-\cos^2 x=(1-x^4+o(x^4))-\left(1-\frac{x^2}{2!}+\frac{x^4}{4!}+o(x^4)\right)^2=x^2-\frac{4}{3}x^4+o(x^4),$$

所以

$$\lim_{x\to 0}\frac{\mathrm{e}^{-x^4}-\cos^2 x-x^2}{x^4}=\lim_{x\to 0}\frac{\left[x^2-\frac{4}{3}x^4+o(x^4)\right]-x^2}{x^4}=-\frac{4}{3}.$$

四、 1. 由 $a_1>1$ 知 $a_2=2-\dfrac{1}{a_1}>1$. 假设 $a_n>1$, 则由 $a_{n+1}=2-\dfrac{1}{a_n}$ 可知 $a_{n+1}>1$, 于是 $\{a_n\}$ 有下界 1.

因为 $a_{n+1}-a_n=2-\dfrac{1}{a_n}-a_n=-\dfrac{(a_n-1)^2}{a_n}<0$, 所以$\{a_n\}$ 单调减少, 故数列 $\{a_n\}$ 单调减少有下界, 所以 $\{a_n\}$ 收敛.

2. 设极限为 a, 则 $a\geqslant 1$. 等式 $a_{n+1}=2-\dfrac{1}{a_n}$ 两端取极限, 可得 $a=2-\dfrac{1}{a}$, 解出 $a=1$.

五、 反证法. 假设 $f'(x)$ 在开区间 (a,b) 内有界, 则存在整数 M, 使得 $|f'(x)|\leqslant M$.

取定 $x_0\in(a,b)$, 对于任意 $x\in(a,b)$, 由 Lagrange 中值定理可知, 存在 $\xi\in(a,b)$, 使得 $f(x)-f(x_0)=f'(\xi)(x-x_0)$, 于是有

$$|f(x)|\leqslant|f(x_0)|+|f'(\xi)(x-x_0)|\leqslant M(b-a)+|f(x_0)|.$$

这与 $f(x)$ 在开区间 (a,b) 内无界矛盾, 所以 $f'(x)$ 在开区间 (a,b) 内无界.

反例: $f(x)=\sqrt{x}$, $x\in(0,1)$, $f(x)$ 在 $(0,1)$ 内可微且 $f'(x)$ 无界, 而 $f(x)$ 在 $(0,1)$ 内有界.

六、 见下表, 图略.

$f'(x)$	$-\dfrac{x-3}{(x+1)^3}$
$f''(x)$	$\dfrac{2x-10}{(x+1)^4}$
驻点	$x=3$
单增区间	$(-1,3)$
单减区间	$(-\infty,-1)$, $(3,+\infty)$
上凸区间	$(-\infty,-1),(-1,5)$
下凸区间	$(5,+\infty)$
极值	极大值 $f(3)=\dfrac{1}{8}$
拐点	$(5,\dfrac{1}{9})$
渐近线	$x=-1$, $y=0$

七、 1. 略.

2. 由题设, $f(x)-\varphi(x)$ 在 $[a,+\infty)$ 上连续, 又 $\lim\limits_{x\to+\infty}[f(x)-\varphi(x)]=0$, 所以 $f(x)-\varphi(x)$ 在 $[a,+\infty)$ 上一致连续, 故 $\varphi(x)=f(x)-[f(x)-\varphi(x)]$ 在 $[a,+\infty)$ 上一致连续.

期中模拟试题 6

一、判断题(10分, 在正确的命题后面打 $\surd$, 在错误的命题后面打$\times$)

1. 设 $a_n \leqslant a \leqslant b_n$, 且 $\lim\limits_{n\to\infty}(b_n - a_n) = 0$, 则数列 $\{a_n\}$ 与 $\{b_n\}$ 都收敛到 a. ( )

2. 若数列 $\{a_{n+1} - a_n\}$ 收敛, 则数列 $\{\frac{a_n}{n}\}$ 收敛. ( )

3. 若 $f(x)$ 在包含 x_0 的开区间 (a,b) 内单调有界, 则 $f(x)$ 在 x_0 处有极限, 即 $\lim\limits_{x\to x_0} f(x)$ 存在. ( )

4. 设 $f(x)$ 在 $[a,+\infty)$ 上一致连续, 若 $f'(x)$ 在 $[a,+\infty)$ 上有界, 则 $f(x)$ 在 $[a,+\infty)$ 上有界. ( )

5. 若初等函数 $f(x)$ 在 (a,b) 内可导, 则 $f'(x)$ 在 (a,b) 内连续. ( )

二、填空题(每空 4 分, 本题 60 分)

1. $\lim\limits_{n\to\infty}\left(1+\frac{1}{2}+\frac{1}{3}+\cdots+\frac{1}{n}\right)^{\frac{1}{n}} =$ ____________.

2. $\lim\limits_{n\to\infty}\left(\sqrt{n^2+2n}-n\right)^n =$ ____________.

3. 当 $x\to 1^+$时, $\sqrt{x^2+x-2}\ln^2 x$ 是 $x-1$ 的 ____________ 阶无穷小量.

4. $\lim\limits_{x\to 0^-}\dfrac{e^{\frac{1}{x}}-2e^{-\frac{1}{x}}}{e^{\frac{1}{x}}+e^{-\frac{1}{x}}}\arctan\dfrac{1}{x} =$ ____________.

5. 已知函数 $y=y(x)$ 由方程 $xe^y+y-1=0$ 所确定, 则 $y'(0)=$____________, $y''(0)=$____________.

6. 设函数 $f(x)=x\sin(-2x)$, 则 $f^{(2022)}(0)=$____________.

7. 曲线 $\begin{cases} x=e^t\sin 2t \\ y=e^t\cos t\end{cases}$ 在点 $(0,1)$ 的法线方程为 ____________.

8. 函数 $f(x)=\ln(1-2x)$ 在 $x=0$ 处带Lagrange 余项的三阶 Taylor 公式为 $f(x)=$ ____________, ξ 介于 0 与 x 之间.

9. 若 $\lim\limits_{x\to 0}\left[\dfrac{\ln^3(1-kx)}{x^4}\left(1-\dfrac{x}{e^x-1}\right)\right]=4$, 则 $k=$ ____________.

10. $\lim\limits_{x\to 0}\dfrac{\sin x-\sin(\tan x)}{\sin^3 x} =$ ____________.

11. 函数 $f(x)=e^x(x-1)^2$ 的单调增加区间为 ____________, 单调减少区间为 ____________, 上凸区间为____________, 下凸区间为____________.

三、(本题 12 分)

1. 叙述 $f(x)$ 在区间 I 上一致连续的定义;

2. 证明 $f(x)=\sin\sqrt{x}$ 在区间 $[0,+\infty)$ 上一致连续.

3. 证明 $f(x)=\sin(x^2)$ 在区间 $[0,+\infty)$ 上不一致连续.

四、(本题 10 分)

1. 叙述 Cauchy 中值定理;

2. 设 $0<a<b$, 证明: 存在 $\xi\in(a,b)$, 使得

$$a e^b - b e^a = (1-\xi)e^{\xi}(a-b).$$

五、(本题 8 分) 设 $f(x)$, $g(x)$ 在区间 $[a,+\infty)$ 上有定义, 在定义域内的任意有限区间上有界, $g(x+1)>g(x)\ (\forall x>a)$, 且 $\lim\limits_{x\to+\infty} g(x)=+\infty$, 证明:

$$\text{若} \lim_{x\to+\infty}\frac{f(x+1)-f(x)}{g(x+1)-g(x)} = A(\text{有限数}), \text{则} \lim_{x\to+\infty}\frac{f(x)}{g(x)} = A.$$

期中模拟试题 6 解答

一、判断题

1. √; 2. √; 3. ×; 4. ×; 5. √.

二、填空题

1. 1; 2. $e^{-\frac{1}{2}}$; 3. $\frac{5}{2}$; 4. π; 5. $-e, 2e^2$; 6. -1011×2^{2022}; 7. $2x+y-1=0$;

8. $-2x-2x^2-\frac{8}{3}x^3-\frac{4x^4}{(1-2\xi)^4}$; 9. -2; 10. $-\frac{1}{3}$; 11. 增区间$(-\infty,-1],[1,+\infty)$, 减区间 $[-1,1]$, 上凸区间$[-1-\sqrt{2},-1+\sqrt{2}]$, 下凸区间 $(-\infty,-1-\sqrt{2}],[-1+\sqrt{2},+\infty)$.

三、 1. $f(x)$ 在区间 I 上一致连续的定义:

$f(x)$ 在区间 I 上有定义, 若对于任意给定的 $\varepsilon>0$, 存在 $\delta>0$, 当 x_1, $x_2\in I$, $|x_1-x_2|<\delta$ 时, 成立 $|f(x_1)-f(x_2)|<\varepsilon$.

2. $|\sin\sqrt{x_1}-\sin\sqrt{x_2}|\leqslant|\sqrt{x_1}-\sqrt{x_2}|\leqslant\sqrt{|x_1-x_2|}$.

3. 取 $x_n'=\sqrt{2n\pi+\frac{\pi}{2}}$, $x_n''=\sqrt{2n\pi}$, 则 $x_n'-x_n''\to 0$, 而 $f(x_n')-f(x_n'')=1\not\to 0$, 所以结论成立.

四、 1. 设 $f(x)$, $g(x)$ 在 $[a,b]$ 上连续, 在 (a,b) 内可导, 且 $g'(x)\neq 0$, $x\in(a,b)$, 则至少存在一点 $\xi\in(a,b)$, 使得

$$\frac{f'(\xi)}{g'(\xi)}=\frac{f(b)-f(a)}{g(b)-g(a)}.$$

2. $f(x)=\frac{e^x}{x}$, $g(x)=\frac{1}{x}$.

五、 由题意知, $\forall\varepsilon>0$, $\exists X_1>0$, 当 $x>X_1$ 时, 成立

$$\left|\frac{f(x+1)-f(x)}{g(x+1)-g(x)}-A\right|<\varepsilon,$$

故有

$$\left|[f(x+1)-f(x)]-A[g(x+1)-g(x)]\right|<\varepsilon[g(x+1)-g(x)].$$

由 $f(x)$, $g(x)$ 在 $[X_1,X_1+1]$ 上有界知存在 $M>0$, 满足 $|f(x)|+|(A+1)g(x)|\leqslant M$. 又因为 $\lim\limits_{x\to+\infty}g(x)=+\infty$, 所以 $\forall\varepsilon>0$, $\exists X>X_1>0$, 当 $x>X$ 时, 成立

$$\left|\frac{M}{g(x)}\right|<\varepsilon.$$

当 $x>X$ 时, 存在自然数 n 满足 $X_1<x-n\leqslant X_1+1$, 由于

$$\begin{aligned}&f(x)-Ag(x)\\&=f(x)-f(x-1)+f(x-1)-f(x-2)+\cdots+f(x-(n-1))-f(x-n)+f(x-n)\\&\quad-A[g(x)-g(x-1)+g(x-1)-g(x-2)+\cdots+g(x-(n-1))-g(x-n)+g(x-n)],\end{aligned}$$

知

$$\begin{aligned}|f(x)-Ag(x)|&<|\varepsilon[g(x)-g(x-n)]+[f(x-n)-Ag(x-n)]|\\&=|\varepsilon g(x)+[f(x-n)-(A+\varepsilon)g(x-n)]|,\end{aligned}$$

于是 $\forall\varepsilon>0(\varepsilon<1)$, $\exists X>X_1>0$, 当 $x>X$ 时, 成立

$$\begin{aligned}&\left|\frac{f(x)}{g(x)}-A\right|=\left|\frac{f(x)-Ag(x)}{g(x)}\right|<\left|\frac{\varepsilon g(x)+[f(x-n)-(A+\varepsilon)g(x-n)]}{g(x)}\right|\\&\leqslant\varepsilon+\left|\frac{M}{g(x)}\right|=\varepsilon+\varepsilon=2\varepsilon,\end{aligned}$$

故有 $\lim\limits_{x\to+\infty}\dfrac{f(x)}{g(x)}=A$.

§B 期末模拟试题

期末模拟试题 1

一、填空题 (每小题3分, 共15分)

1. 已知$\lim\limits_{x\to0}\dfrac{(1+ax^2)\cos x-1}{x^2}=2$, 则$a=$____________.

2. 设函数 $f(x)$由方程 $\mathrm{e}^{-3x}+y^2=\cos y$确定, 则 $\mathrm{d}y=$____________.

3. $\dfrac{\mathrm{d}}{\mathrm{d}x}\displaystyle\int_0^{x^2}x\mathrm{e}^{t^2}\,\mathrm{d}t=$____________.

4. 函数 $f(x)=\sqrt{1-2x}$ 带三阶 Peano 余项的 Maclaurin公式为 ____________.

5. 曲线 $r=1-\cos\theta\,(0\leqslant\theta\leqslant2\pi)$ 的弧长为____________.

二、单项选择题 (每小题 3 分, 共 15分)

1. 当$x\to0$时, 无穷小量 (1)$\mathrm{e}^{-x^2}-1$; (2)$\sqrt{1+2x}-\sqrt{1+x}$; (3)$\mathrm{e}^x-\mathrm{e}^{\tan x}$; (4)$1-\cos x^2$, 从低阶到高阶的排列顺序为(　　).

(A) (1)(2)(3)(4);　　(B) (2)(1)(3)(4);

(C) (2)(3)(1)(4);　　(D) (1)(4)(2)(3).

2. 设函数$f(x)$在区间$(-\delta,\delta)$内有定义, 若当$x\in(-\delta,\delta)$ 时, 恒有$|f(x)|\leqslant x^2$, 则$x=0$ 必是 $f(x)$ 的 (　　).

(A)间断点;　　(B)连续但不可导的点;

(C)可导的点, 且$f'(0)=0$;　　(D)可导的点, 且$f'(0)\neq0$.

3. 设连续函数$f(x)$满足$f(x)=\mathrm{e}^{x^2}+\displaystyle\int_0^1 xf(x)\,\mathrm{d}x$, 则$\displaystyle\int_0^1 xf(x)\,\mathrm{d}x$等于(　　).

(A) $\dfrac{\mathrm{e}}{2}$;　　(B) $\dfrac{\mathrm{e}-1}{2}$;　　(C) e;　　(D) $\mathrm{e}-1$.

4. 下列反常积分中, 发散的是(　　).

(A) $\displaystyle\int_0^1\frac{\mathrm{d}x}{\sqrt{1-x^3}}$;　　(B) $\displaystyle\int_0^1\frac{\mathrm{d}x}{x\tan x}$;　　(C) $\displaystyle\int_0^{+\infty}\frac{\sin x}{x^{1.4}}\,\mathrm{d}x$　　(D) $\displaystyle\int_2^{+\infty}\frac{\mathrm{d}x}{x(\ln x)^3}$.

5. 设$f(x)$, $g(x)$在$[a,b]$上可积, 且$g(x)\geqslant0(x\in[a,b])$, 则下列选项中错误的是 (　　).

(A)$f(x)\cdot g(x)$在$[a,b]$上可积;

(B) $\max\limits_{x\in[a,b]}\{f(x),g(x)\}$在$[a,b]$上可积;

(C)存在 $\xi\in[a,b]$, 使得$\displaystyle\int_a^b f(x)g(x)dx=f(\xi)\int_a^b g(x)\,\mathrm{d}x$;

(D) $\int_a^b g(x)\,\mathrm{d}x=0$当且仅当$g(x)$在连续点处的函数值恒为零.

三、求极限 (每小题6分, 共18分)

1. $\lim\limits_{x\to 0}\left[\dfrac{1}{\ln(1+x)}-\dfrac{1}{x}\right]$;

2. $\lim\limits_{n\to\infty}\sum\limits_{k=1}^{n}\dfrac{n}{(n+k)^2}$;

3. $\lim\limits_{n\to\infty}\int_0^1\dfrac{x^n}{1+x^2}\,\mathrm{d}x$.

四、求积分 (每小题7分, 共14分)

1. $\int\dfrac{\arctan x}{(1+x)^2}\,\mathrm{d}x$;

2. $\int_{-\frac{\sqrt{2}}{2}}^{\frac{\sqrt{2}}{2}}\dfrac{x^2+x^5\cos x}{\sqrt{1-x^2}}\,\mathrm{d}x$.

五、**(8分)** 叙述闭区间套定理, 并利用它证明闭区间上连续函数的零点存在定理.

六、**(12分)** 设函数 $f(x)=\dfrac{(x-1)^3}{(x+1)^2}$, 填下表并作图.

七、**(8分)** 设 $f(x)$在区间$[0,1]$上连续, 且单调增加, 证明$\int_0^1 2xf(x)\,\mathrm{d}x\geqslant\int_0^1 f(x)\,\mathrm{d}x$.

八、**(10分)** 讨论反常积分 $\int_0^{+\infty}\dfrac{\ln(1+x)\sin x}{x^p}\,\mathrm{d}x\ (p>0)$ 的收敛性.

期末模拟试题 1 解答

一、填空题

1. $\dfrac{5}{2}$; 2. $\dfrac{3\mathrm{e}^{-3x}}{2y+\sin y}\,\mathrm{d}x$; 3. $2x^2\mathrm{e}^{x^4}+\int_0^{x^2}\mathrm{e}^{t^2}\,\mathrm{d}t$; 4. $f(x)=1-x-\dfrac{1}{2}x^2-\dfrac{1}{2}x^3+o(x^3)$; 5. 8.

二、单项选择题

1. B; 2. C; 3. D; 4. B; 5. C.

三、求极限

1. $$\lim_{x\to 0}\left[\frac{1}{\ln(1+x)}-\frac{1}{x}\right]=\lim_{x\to 0}\left[\frac{x-\ln(1+x)}{x\ln(1+x)}\right]=\lim_{x\to 0}\left[\frac{x-\left(x-\frac{1}{2}x^2+o(x^2)\right)}{x^2}\right]=\frac{1}{2}.$$

2. $$\lim_{n\to\infty}\sum_{k=1}^{n}\frac{n}{(n+k)^2}=\lim_{n\to\infty}\frac{1}{n}\sum_{k=1}^{n}\frac{1}{\left(1+\frac{k}{n}\right)^2}=\int_0^1\frac{\mathrm{d}x}{(1+x)^2}=-\frac{1}{1+x}\bigg|_0^1=\frac{1}{2}.$$

3. 由于 $x^n\geqslant 0, x\in[0,1]$, 因而由积分第一中值定理有

$$\int_0^1\frac{x^n}{(1+x)^2}\,\mathrm{d}x=\frac{1}{1+\xi^2}\int_0^1 x^n\,\mathrm{d}x=\frac{1}{(n+1)(1+\xi^2)},\xi\in[0,1],$$

所以$\lim\limits_{n\to\infty}\int_0^1\dfrac{x^n}{1+x^2}\,\mathrm{d}x=\lim\limits_{n\to\infty}\dfrac{1}{(n+1)(1+\xi^2)}=0.$

四、求积分

1.

$$\begin{aligned}\int \frac{\arctan x}{(1+x)^2}\mathrm{d}x &= \int -\arctan x \mathrm{d}\frac{1}{1+x} = -\frac{\arctan x}{1+x} + \int \frac{\mathrm{d}x}{(1+x)(1+x^2)} \\ &= -\frac{\arctan x}{1+x} + \frac{1}{2}\int \left[\frac{1}{1+x} - \frac{x-1}{1+x^2}\right]\mathrm{d}x \\ &= -\frac{\arctan x}{1+x} + \frac{1}{2}\ln|x+1| - \frac{1}{4}\ln(x^2+1) + \frac{1}{2}\arctan x + C.\end{aligned}$$

2. $\displaystyle\int_{-\frac{\sqrt{2}}{2}}^{\frac{\sqrt{2}}{2}} \frac{x^2+x^5\cos x}{\sqrt{1-x^2}}\mathrm{d}x = 2\int_0^{\frac{\sqrt{2}}{2}} \frac{x^2}{\sqrt{1-x^2}}\mathrm{d}x + 0.$

令$x=\sin t$, 则

$$\begin{aligned}\int_{-\frac{\sqrt{2}}{2}}^{\frac{\sqrt{2}}{2}} \frac{x^2+x^5\cos x}{\sqrt{1-x^2}}\mathrm{d}x &= 2\int_0^{\frac{\sqrt{2}}{2}} \frac{x^2}{\sqrt{1-x^2}}\mathrm{d}x = 2\int_0^{\pi/4} \frac{\sin^2 t \mathrm{d}\sin t}{\sqrt{1-\sin^2 t}} \\ &= 2\int_0^{\pi/4} \sin^2 t \,\mathrm{d}t = 2\int_0^{\pi/4} \frac{1-\cos 2t}{2}\mathrm{d}t \\ &= 2\left[\frac{t}{2} - \frac{\sin 2t}{4}\right]_0^{\frac{\pi}{4}} = 2\left(\frac{\pi}{8} - \frac{1}{4}\right) = \frac{\pi}{4} - \frac{1}{2}.\end{aligned}$$

五、 闭区间套定理: 如果 $\{[a_n,b_n]\}$ 是一个闭区间套, 则存在唯一的实数ξ, $\xi \in [a_n,b_n]$ $(n=1,2,\cdots)$, 且$\xi = \lim\limits_{n\to\infty} a_n = \lim\limits_{n\to\infty} b_n$.

不妨设$f(a)<0, f(b)>0$. 将$[a,b]$二等分为两个小区间$\left[a,\dfrac{a+b}{2}\right]$, $\left[\dfrac{a+b}{2},b\right]$. 分三种情形讨论.

(1) $f\left(\dfrac{a+b}{2}\right)=0$, 取$\xi=\dfrac{a+b}{2}$, 则$f(\xi)=0$;

(2) $f\left(\dfrac{a+b}{2}\right)>0$, 取$[a_1,b_1]=\left[a,\dfrac{a+b}{2}\right]$, 于是$f(a_1)<0, f(b_1)>0$;

(3) $f\left(\dfrac{a+b}{2}\right)<0$, 取$[a_1,b_1]=\left[\dfrac{a+b}{2},b\right]$, 于是$f(a_1)<0, f(b_1)>0$.

对于(2),(3), 再将$[a_1,b_1]$ 二等分为两个小区间$\left[a_1,\dfrac{a_1+b_1}{2}\right]$, $\left[\dfrac{a_1+b_1}{2},b_1\right]$, 类似上面的方法得到$[a_2,b_2]$, 满足$f(a_2)<0, f(b_2)>0$, 或者 $f\left(\dfrac{a_1+b_1}{2}\right)=0$.

……

这样的步骤一直持续, 若寻在 k, $f\left(\dfrac{a_k+b_k}{2}\right)=0$, 则令 $\xi=\dfrac{a_k+b_k}{2}$, $f(\xi)=0$; 否则将得到一个闭区间套 $\{[a_n,b_n]\}$, 满足 $f(a_n)<0, f(b_n)>0, \forall n\geqslant 1$. 根据闭区间套定理, 存在唯一的实数 ξ 属于所有的闭区间$[a_n,b_n]$, 并且 $\xi=\lim\limits_{n\to\infty} a_n = \lim\limits_{n\to\infty} b_n$.

六、 见下表, 图略.

$f'(x)$	$\dfrac{(x-1)^2(x+5)}{(x+1)^3}$
$f''(x)$	$\dfrac{24(x-1)}{(x+1)^4}$
单增区间	$(-\infty,-5),(-1,+\infty)$
单减区间	$(-5,-1)$
上凸区间	$(-\infty,-1),(-1,1)$
下凸区间	$(1,+\infty)$
极值	$f(-5)=-\dfrac{27}{2}$
拐点	$(1,0)$
渐近线	$x=-1,y=x-5$

七、 设 $F(x)=\int_0^x 2tf(t)\,\mathrm{d}t-x\int_0^x f(t)\,\mathrm{d}t$, 则

$F'(x)=2xf(x)-xf(x)-\int_0^x f(t)\,\mathrm{d}t=xf(x)-xf(\xi)$, 其中 $0\leqslant\xi\leqslant x$.

由题设知 $F'(x)\geqslant 0$, 所以 $F(1)\geqslant F(0)=0$, 即 $\int_0^1 2xf(x)\,\mathrm{d}x\geqslant\int_0^1 f(x)\,\mathrm{d}x$.

八、 $\int_0^{+\infty}\frac{\ln(1+x)\sin x}{x^p}\,\mathrm{d}x=\int_0^1\frac{\ln(1+x)\sin x}{x^p}\,\mathrm{d}x+\int_1^{+\infty}\frac{\ln(1+x)\sin x}{x^p}\,\mathrm{d}x=I_1+I_2$.

I_1 : $\frac{\ln(1+x)\sin x}{x^p}\sim\frac{1}{x^{p-2}}$, 所以$p-2<1$, 即 $p<3$ 时积分收敛.

I_2 : $1<p<3$, $\left|\frac{\ln(1+x)\sin x}{x^p}\right|\leqslant\frac{1}{x^{(p+1)/2}}$, 积分绝对收敛.

$0<p\leqslant 1$, 令 $y=\frac{\ln(1+x)}{x^p}$, $y'=\frac{x-p(1+x)\ln(1+x)}{(1+x)x^{p+1}}<0$ (x 足够大).

所以 $\frac{\ln(1+x)}{x^p}$ 单调减少, 极限为 $0\,(x\to+\infty)$,又 $\int_1^A|\sin x|\,\mathrm{d}x$ 有界, 故由 Dirichlet 判别法知 I_2 收敛.

但是 $\left|\frac{\ln(1+x)\sin x}{x^p}\right|\geqslant\left|\frac{\sin x}{2x^p}\right|$, 而$\int_1^{+\infty}\left|\frac{\sin x}{x^p}\right|\mathrm{d}x$ 发散, 所以$\int_1^{+\infty}\left|\frac{\ln(1+x)\sin x}{x^p}\right|\mathrm{d}x$发散, 故当 $0<p<1$ 时, I_2 条件收敛.

综上, $\int_0^{+\infty}\frac{\ln(1+x)\sin x}{x^p}\,\mathrm{d}x$ 当$1<p<3$ 绝对收敛, 当 $0<p\leqslant 1$ 时条件收敛.

期末模拟试题 2

一、判断题(在正确的命题后打√, 在错误的命题后面打×, 每小题2 分, 共10 分)

1. 若对于任意 $\varepsilon>0$, 在区间 $(-\varepsilon,\varepsilon)$ 外仅有数列 $\{x_n\}$ 的有限项, 则 $\lim\limits_{n\to\infty}x_n=0$. ( )
2. 函数 $f(x)$ 在 x_0 处可导的充分必要条件是曲线 $y=f(x)$ 在 $(x_0,f(x_0))$ 处有切线. ( )
3. 若 $f(x)$ 在 $[a,b]$ 内连续, 则 $F(x)=\int_a^x f(t)\mathrm{d}t$ 在 $[a,b]$ 内可导. ( )

4. 反常积分 $\int_1^{+\infty}\dfrac{x^2\arctan x}{1+x^3}\mathrm{d}x$ 收敛. (　　)

5. 若 $f(x)$ 在 $[a,b]$ 上连续, 且 $\int_a^b f^2(x)\mathrm{d}x=0$, 则 $f(x)$ 在 $[a,b]$ 上恒为零. (　　)

二、填空题(每空 4分, 共 20 分)

1. 设 $f(x)=\dfrac{1-\mathrm{e}^{\frac{1}{x}}}{1+2\mathrm{e}^{\frac{1}{x}}}$, 则 $x=0$ 为 $f(x)$ 的第________类间断点.

2. 若当 $x\to 0$ 时, $f(x)=\mathrm{e}^{2x}-\dfrac{1+ax}{1-x}$ 为 x 的3阶无穷小, 则 $a=$ ________.

3. 不定积分 $\int\dfrac{2x+3}{x^2+3x-10}\mathrm{d}x=$ ________.

4. 积分 $\int_{-\frac{\pi}{4}}^{\frac{\pi}{4}}(x^2+\tan^{2023}x)\mathrm{d}x=$ ________.

5. 曲线 $r=a(1+\cos\theta)$ $(a>0, 0\leqslant\theta\leqslant\pi)$ 的弧长为 ________.

三、计算题(每题8分, 共32分)

1. 求 $\lim\limits_{x\to\infty}\dfrac{\int_1^x[t^2(\mathrm{e}^{\frac{1}{t}}-1)-t]\mathrm{d}t}{x}$.

2.设函数 $f(x)=\int_1^{x^2}\mathrm{e}^{-t^2}\mathrm{d}t$, 求 $\int_0^1 xf(x)\mathrm{d}x$.

3.计算定积分 $\int_0^{+\infty}\dfrac{1}{(1+x^2)(1+x^{1000})}\mathrm{d}x$.

4.设平面图形由曲线 $y=\sqrt{x-1}$ 与它的过原点的切线及 x 轴围成, 求此平面图形的面积, 及该图形绕 x 轴旋转一周所得旋转体的体积.

四、讨论与作图题(10 分)

讨论函数 $y=x-2\arctan x$ 的单调性、极值、曲线的凸性、拐点和渐近线, 并作图.

五、证明题(每题10分, 共20分)

1. 证明: 函数 $f(x)=\cos x^2$ 在 $[0,+\infty)$ 上不一致连续, 而在 $[0,A]$ 上一致连续.

2. 设函数 $f(x)$ 在 $[-1,1]$ 上具有三阶连续导数, 且 $f(-1)=0$, $f(1)=1$, $f'(0)=0$.

(1) 试求带有 Lagrange 型余项的 2 阶 Maclaurin 公式;

(2) 证明: 在开区间 $(-1,1)$ 内至少存在一点 ξ, 使得 $f'''(\xi)=3$.

六、讨论题(8分)

讨论反常积分 $\int_1^{+\infty}\dfrac{x\sin x}{1+x^p}\mathrm{d}x$ 的绝对收敛与条件收敛, 其中参数 $p>1$.

期末模拟试题 2 解答

一、判断题

1. √;　2. ×;　3. √;　4. ×;　5. √.

二、填空题

1. 一;　2. 1;　3. $\ln|x^2+3x-10|+C$;　4. $\dfrac{\pi^3}{96}$;　5. $4a$.

三、计算题

1. 由L'Hosptial法则有

$$\lim_{x\to\infty}\frac{\int_1^x [t^2(\mathrm{e}^{\frac{1}{t}}-1)-t]\mathrm{d}t}{x}=\lim_{x\to\infty}\left[x^2(\mathrm{e}^{\frac{1}{x}}-1)-x\right]=\lim_{u\to 0}\frac{\mathrm{e}^u-1-u}{u^2}=\frac{1}{2}.$$

2. $\int_0^1 xf(x)\mathrm{d}x=\left[\frac{x^2}{2}f(x)\right]\Big|_0^1-\frac{1}{2}\int_0^1 x^2f'(x)\mathrm{d}x.$

又因为 $f(1)=0, f'(x)=2x\mathrm{e}^{-x^4}$, 代入上式可得,

$$\int_0^1 xf(x)\mathrm{d}x=-\frac{1}{2}\int_0^1 2x^3\mathrm{e}^{-x^4}\mathrm{d}x=\frac{1}{4}\mathrm{e}^{-x^4}\Big|_0^1=\frac{1}{4}\left(\frac{1}{\mathrm{e}}-1\right)=\frac{1-\mathrm{e}}{4\mathrm{e}}.$$

3. 令 $x=\frac{1}{t}$, 有

$$\begin{aligned}&\int_0^{+\infty}\frac{1}{(1+x^2)(1+x^{1000})}\mathrm{d}x\\&=-\int_{+\infty}^0\frac{t^{1000}}{(t^2+1)(t^{1000}+1)}\mathrm{d}t=\int_0^{+\infty}\frac{t^{1000}}{(t^2+1)(t^{1000}+1)}\mathrm{d}t\\&=\int_0^{+\infty}\frac{1}{t^2+1}\mathrm{d}t-\int_0^{+\infty}\frac{1}{(t^2+1)(t^{1000}+1)}\mathrm{d}t\\&=\arctan x|_0^{+\infty}-\int_0^{+\infty}\frac{1}{(1+x^2)(1+x^{1000})}\mathrm{d}x,\end{aligned}$$

所以 $\int_0^{+\infty}\frac{1}{(1+x^2)(1+x^{1000})}\mathrm{d}x=\frac{1}{2}\arctan x|_0^{+\infty}=\frac{\pi}{4}.$

4. 设曲线 $y=\sqrt{x-1}$ 上点 (x_0,y_0) 处切线过原点, 则 $k=\frac{1}{2\sqrt{x_0-1}}$, 所以切线为 $y=\frac{1}{2\sqrt{x_0-1}}x$, 则有 $\sqrt{x_0-1}=\frac{x_0}{2\sqrt{x_0-1}}(x_0>1)$, 因此有 $x_0=2$, 所以切线为 $y=\frac{1}{2}x$, 切点为 $(2,1)$, 此平面图形的面积为

$$S=S_\triangle-\int_1^2\sqrt{x-1}\,\mathrm{d}x=\frac{1}{2}\times 2\times 1-\left[\frac{2}{3}(x-1^{\frac{3}{2}})\right]_1^2=\frac{1}{3},$$

绕 x 轴旋转一周所得旋转体的体积为

$$V=V_1+V_2=\pi\int_0^1\left(\frac{1}{2}x\right)^2\mathrm{d}x+\pi\int_1^2\left[\left(\frac{1}{2}x\right)^2-(\sqrt{x-1})^2\right]\mathrm{d}x=\frac{\pi}{6}.$$

四、 $y'=1-\frac{2}{1+x^2}=\frac{(x-1)(x+1)}{1+x^2}$, 零点为 $x_1=1$, $x_2=-1$. $y''=\frac{4x}{(1+x^2)^2}$, 零点为 $x_3=0$, 则 $y=x-2\arctan x$ 在 $(-\infty,-1],[1,+\infty)$ 上单调增加, 在 $[-1,1]$ 上单调减少; 有极大值 $y|_{x=-1}=\frac{\pi}{2}-1$; 极小值 $y|_{x=1}=1-\frac{\pi}{2}$. 上凸区间为 $x\in(-\infty,0]$, 下凸区间 $x\in[0,+\infty)$, 函数有拐点 $(0,0)$.

由于

$$a=\lim_{x\to\infty}\frac{x-2\arctan x}{x}=1,\quad \lim_{x\to+\infty}(x-2\arctan x-ax)=-\pi,\quad \lim_{x\to-\infty}(x-2\arctan x-ax)=\pi,$$

所以函数有渐近线 $y=x-\pi\ (x\to+\infty)$, $y=x+\pi\ (x\to-\infty)$. 函数图像略.

五、

1. 取 $\{x_{n_1}\}=\sqrt{2n_1\pi}, \{x_{n_2}\}=\sqrt{2n_2\pi+\dfrac{\pi}{2}}, \lim\limits_{n\to\infty}(x_{n_1}-x_{n_2})=0(n_1,\ n_2\in\mathbb{N}^+)$, 则

$$f(x_{n_1})=\cos(2n_1\pi)=1,\ f(x_{n_2})=\cos\left(2n_2\pi+\frac{\pi}{2}\right)=0.$$

于是 $\exists\varepsilon_0\in(0,1)$, $|f(x_{n_1})-f(x_{n_2})|\geqslant\varepsilon_0$, 所以 $f(x)=\cos x^2$ 在 $[0,+\infty)$ 上不一致连续.

又因为 $f(x)=\cos x^2$ 为初等函数, 在 $[0,A]$ 上连续($A>0$), 所以由 Cantor 定理知, $f(x)=\cos x^2$ 在 $[0,A]$ 上一致连续.

2. (1) $f(x)=f(0)+\dfrac{1}{2}f''(0)x^2+\dfrac{1}{6}f'''(\xi)x^3(x\in[-1,1],\xi\in(-1,1))$.

(2) $\exists\xi_1,\ \xi_2\in(-1,1)$, 满足

$$f(-1)=f(0)+\frac{1}{2}f''(0)+\frac{1}{6}f'''(\xi_1)(-1)^3,$$

$$f(1)=f(0)+\frac{1}{2}f''(0)+\frac{1}{6}f'''(\xi_2)(1)^3,$$

因此有

$$f(1)-f(-1)=1=\frac{1}{6}[f'''(\xi_1)+f'''(\xi_2)],$$

所以 $f'''(\xi_1)+f'''(\xi_2)=6$. 由连续函数的介值性, 至少存在一点$\xi\in(-1,1)$, 使得

$$2f'''(\xi)=f'''(\xi_1)+f'''(\xi_2),$$

即至少存在一点 $\xi\in(-1,1)$, 使得 $f'''(\xi)=3$.

六、 当 $p-1>1$ 时, 即 $p>2$ 时, 由 $\dfrac{x|\sin x|}{1+x^p}<\dfrac{1}{x^{p-1}}$ 可知积分 $\displaystyle\int_1^{+\infty}\frac{x\sin x}{1+x^p}$ 绝对收敛.

当 $p-1\leqslant1$ 时, 即 $1<p\leqslant2$ 时, 因为 $F(A)=\displaystyle\int_1^A\sin x\mathrm{d}x$ 有界, 当 x 充分大时, $\dfrac{x}{1+x^p}$ 单调减少且 $\lim\limits_{x\to+\infty}\dfrac{x}{1+x^p}=0$. 由 Dirichlet 判别法, 积分 $\displaystyle\int_1^{+\infty}\frac{x\sin x}{1+x^p}\mathrm{d}x$ 收敛, 但因为积分 $\displaystyle\int_1^{+\infty}\frac{x|\sin x|}{1+x^p}\mathrm{d}x$ 发散, 所以当 $1<p\leqslant2$ 时, 积分 $\displaystyle\int_1^{+\infty}\frac{x\sin x}{1+x^p}\mathrm{d}x$ 条件收敛.

期末模拟试题 3

一、判断题 (每小题2分, 共12分, 在正确的命题后打 √, 在错误的命题后面打×)

1. 设 $\{x_{n_k}\}$ 为单调数列 $\{x_n\}$ 的某个子数列, 若 $\lim\limits_{k\to\infty}\{x_{n_k}\}=0$, 则 $\lim\limits_{n\to\infty}\{x_n\}=0$. (　　)

2. 设函数 $f(x)$ 在 x_0 的邻域内有定义, 若 $\lim\limits_{x\to x_0^+}f(x)$ 与 $\lim\limits_{x\to x_0^-}f(x)$ 都存在, 且两者相等, 则$f(x)$在x_0处连续.(　　)

3. 若$\{x_n\},\{y_n\}$ 都是无界数列, 则$\{x_ny_n\}$ 可能是有界数列. (　　)

4. 若函数 $f(x)$ 在x_0的邻域$O(x_0,\delta)$内可导, 且$f(x)>0$满足, 则 $f'(x)>0$. (　　)

5. 若函数 $|f(x)|$ 或 $f^2(x)$在$[a,b]$上可积, 则函数 $f(x)$ 在$[a,b]$ 上可能可积也可能不可积. (　　)

6. 若反常积分 $\int_a^{+\infty} f(x)\,\mathrm{d}x$ 收敛, 则$f(x)$在$[a,+\infty)$ 上一定有界. (　　)

二、填空题 (每小题4分, 共20分)

1. 已知函数$y=x^2\mathrm{e}^{\sin x}$, 则$y'''(0)=$__________.

2. 极限 $\lim\limits_{x\to 0}\dfrac{\int_1^{\cos x}\mathrm{e}^{-t^2}}{x^2}=$__________.

3. 星型线 $\begin{cases} x=a\cos^3 t \\ y=a\sin^3 t \end{cases}$ $(0\leqslant t\leqslant \pi)$ 绕 x 轴一周所得旋转曲面的面积为 __________.

4. 极限 $\lim\limits_{n\to\infty}\left(\dfrac{1}{n+\sqrt{1}}+\dfrac{1}{n+\sqrt{2}}+\cdots+\dfrac{1}{n+\sqrt{n}}\right)=$__________.

5. $\int_{-2}^{2}\left(x^3\cos^5 x+\sqrt{4-x^2}\right)=$__________.

三、计算题 (每小题7分, 共28分)

1. 设$a_n=\cos\dfrac{\theta}{2}\cos\dfrac{\theta}{2^2}\cdots\cos\dfrac{\theta}{2^n}$, 其中$\theta\neq 0$, 求 $\lim\limits_{n\to\infty} a_n$.

2. 求函数 $f(x)=\begin{cases} x^2\mathrm{e}^{-x^2}, & x<1 \\ \dfrac{1}{\mathrm{e}}, & x\geqslant 1 \end{cases}$ 的导函数.

3. 计算 $\int_0^{\pi}\dfrac{x\sin x}{1+\cos^2 x}\,\mathrm{d}x$.

4. 计算 $\int_0^1 x^n\ln^2 x\,\mathrm{d}x$, 其中$n$ 是正整数.

四、(10分) 设函数$f(x)=\dfrac{x^3}{(x-1)^2}$, 填下表并作图.

$f'(x)$	
$f''(x)$	
单增区间	
单减区间	
上凸区间	
下凸区间	
极值	
拐点	
渐近线	

五、(10分) 讨论反常积分 $\int_1^{+\infty}\dfrac{\cos x}{x^p}\,\mathrm{d}x\ (p>0)$ 的敛散性.

六、(10分) 设 $f(x)$在区间$[0,1]$上有二阶导数, 且对于任意 $x\in[0,1]$, 有$|f(x)|\leqslant 1$, $|f''(x)|\leqslant 2$.

1. 对于任意 $c\in[0,1]$, 试写出 $f(x)$ 在c处的带 Lagrange 型余项的Taylor 公式;

2. 证明在 $[0,1]$上, $|f'(x)|\leqslant 3$.

七、(10分) 设 $\int_a^{+\infty} f(x)\,\mathrm{d}x$ 收敛, 证明以下结论:

1. 若 $\lim\limits_{x\to+\infty} f(x)=A$, 则 $A=0$.

2. 若函数$f(x)$在区间$[a,+\infty)$上单调, 则 $\lim\limits_{x\to+\infty} f(x)=0$, 且 $\lim\limits_{x\to+\infty} xf(x)=0$.

期末模拟试题 3 解答

一、判断题

1. √; 2. ×; 3. √; 4. × ; 5. √; 6. ×.

二、填空题

1. 6; 2. $-\dfrac{1}{2}$; 3. $\dfrac{12}{5}\pi a^2$; 4. 1; 5. 2π.

三、计算题

1.

$$\begin{aligned}
a_n &= \cos\frac{\theta}{2}\cos\frac{\theta}{2^2}\cdots\cos\frac{\theta}{2^n} = \cos\frac{\theta}{2}\cos\frac{\theta}{2^2}\cdots\cos\frac{\theta}{2^n}\sin\frac{\theta}{2^n}\frac{1}{\sin\dfrac{\theta}{2^n}} \\
&= \cos\frac{\theta}{2}\cos\frac{\theta}{2^2}\cdots\cos\frac{\theta}{2^{n-1}}\frac{1}{2}\sin\frac{\theta}{2^{n-1}}\frac{1}{\sin\dfrac{\theta}{2^n}} \\
&= \cos\frac{\theta}{2}\cos\frac{\theta}{2^2}\cdots\cos\frac{\theta}{2^{n-2}}\frac{1}{2^2}\sin\frac{\theta}{2^{n-2}}\frac{1}{\sin\dfrac{\theta}{2^n}} = \frac{\sin\theta}{2^n\sin\dfrac{\theta}{2^n}}.
\end{aligned}$$

所以 $\lim\limits_{n\to\infty} a_n = \lim\limits_{n\to\infty}\dfrac{\sin\theta}{2^n\sin\dfrac{\theta}{2^n}} = \lim\limits_{n\to\infty}\dfrac{\sin\theta}{\theta}\cdot\dfrac{\dfrac{\theta}{2^n}}{\sin\dfrac{\theta}{2^n}} = \dfrac{\sin\theta}{\theta}$.

2. 利用求导公式可得 $f(x)=\begin{cases} 2xe^{-x^2}(1-x^2), & x<1, \\ 0, & x>1. \end{cases}$

$$\begin{aligned}
f'_+(1) &= \lim_{x\to1^+}\frac{f(x)-f(1)}{x-1} = \lim_{x\to1^+}\frac{\dfrac{1}{e}-\dfrac{1}{e}}{x-1} = 0, \\
f'_-(1) &= \lim_{x\to1^-}\frac{f(x)-f(1)}{x-1} = \lim_{x\to1^-}\frac{x^2e^{-x^2}-\dfrac{1}{e}}{x-1} = \lim_{x\to1^-}\frac{x^2e^{1-x^2}-1}{e(x-1)} \\
&= \lim_{x\to1^-}\frac{2xe^{1-x^2}+x^2e^{1-x^2}(-2x)}{e} = \lim_{x\to1^-}\frac{2xe^{1-x^2}(1-x^2)}{e} = 0.
\end{aligned}$$

或者

$$f'(1^+) = \lim_{x\to1^+} f'(x) = 0,\quad f'(1^-) = \lim_{x\to1^-} f'(x) = 0.$$

所以 $f'(1)=0$, 且 $f(x)=\begin{cases} 2xe^{-x^2}(1-x^2), & x<1, \\ 0, & x\geqslant 1. \end{cases}$

3. 作变量替换 $x=\pi-t$, 则

$$\begin{aligned}\int_0^{\pi}\frac{x\sin x}{1+\cos^2 x}\,\mathrm{d}x&=\int_{\pi}^{0}\frac{(\pi-t)\sin(\pi-t)}{1+\cos^2(\pi-t)}(-\,\mathrm{d}t)=\int_0^{\pi}\frac{(\pi-t)\sin(\pi-t)}{1+\cos^2(\pi-t)}\,\mathrm{d}t\\&=\int_0^{\pi}\frac{(\pi-t)\sin t}{1+\cos^2 t}\,\mathrm{d}t=\pi\int_0^{\pi}\frac{\sin t}{1+\cos^2 t}\,\mathrm{d}t-\int_0^{\pi}\frac{t\sin t}{1+\cos^2 t}\,\mathrm{d}t\end{aligned}$$

将上式的第二项移到等式左边得

$$\int_0^{\pi}\frac{x\sin x}{1+\cos^2 x}\,\mathrm{d}x=\frac{\pi}{2}\int_0^{\pi}\frac{\sin t}{1+\cos^2 t}\,\mathrm{d}t=-\frac{\pi}{2}\arctan\cos x\Big|_0^{\pi}=\frac{\pi^2}{4}.$$

4. 由分部积分公式可知

$$\begin{aligned}\int_0^1 x^n\ln^2 x\,\mathrm{d}x&=\frac{1}{n+1}x^{n+1}\ln^2 x\Big|_0^1-\frac{2}{n+1}\int_0^1 x^n\ln x\,\mathrm{d}x\\&=-\frac{2}{n+1}\int_0^1 x^n\ln x\,\mathrm{d}x=-\frac{2}{(n+1)^2}\int_0^1\ln x\mathrm{d}x^{n+1}\\&=-\frac{2}{(n+1)^2}x^{n+1}\ln x\Big|_0^1+\frac{2}{n+1}\int_0^1 x^n\,\mathrm{d}x=\frac{2}{(n+1)^3}.\end{aligned}$$

四、 见下表, 图略.

$f'(x)$	$\dfrac{x^2(x-3)}{(x-1)^3}$
$f''(x)$	$\dfrac{6x}{(x-1)^4}$
单增区间	$(-\infty,1),(3,+\infty)$
单减区间	$(1,3)$
上凸区间	$(-\infty,0)$
下凸区间	$(0,+\infty)$
极值	极小值为 $f(3)=\dfrac{27}{4}$
拐点	$(0,0)$
渐近线	$y=x+2$

五、 当$p>1$时, $\left|\dfrac{\cos x}{x^p}\right|\leqslant\dfrac{1}{x^p}$, 而$\displaystyle\int_1^{+\infty}\frac{1}{x^p}\,\mathrm{d}x$ 收敛, 所以当$p>1$时, 积分$\displaystyle\int_1^{+\infty}\frac{\cos x}{x^p}\,\mathrm{d}x$绝对收敛.

当$0<p\leqslant 1$时, 对于任意$A\in(1,+\infty)$, $\displaystyle\int_1^{A}\cos x\,\mathrm{d}x$ 显然有界, $\dfrac{1}{x^p}$在$[1,+\infty)$ 上单调且$\dfrac{1}{x^p}\to 0(x\to+\infty)$, 由Dirichlet 判别法知 $\displaystyle\int_1^{+\infty}\frac{\cos x}{x^p}\,\mathrm{d}x$ 收敛.

又当$0<p\leqslant 1$时, $\left|\dfrac{\cos x}{x^p}\right|\geqslant\dfrac{\cos^2 x}{x^p}=\dfrac{1}{2x^p}+\dfrac{\cos 2x}{2x^p}$. 由于$\displaystyle\int_1^{+\infty}\frac{1}{x}\,\mathrm{d}x$发散, 而$\displaystyle\int_1^{+\infty}\frac{\cos 2x}{x^p}\,\mathrm{d}x$ 收敛, 所以$\displaystyle\int_1^{+\infty}\frac{\cos^2 x}{x^p}\,\mathrm{d}x$ 发散, 由比较判别法知 $\displaystyle\int_1^{+\infty}\left|\frac{\cos x}{x^p}\right|\mathrm{d}x$ 发散, 因此当$0<p\leqslant 1$ 时, $\displaystyle\int_1^{+\infty}\frac{\cos x}{x^p}\,\mathrm{d}x$ 条件收敛.

六、 1. 对于任意$c\in[0,1]$, $f(x)$在$x=c$处的带 Lagrange 型余项的 Taylor 公式为

$f(x) = f(c) + f'(c)(x-c) + \frac{1}{2}f''(\xi)(x-c)^2$, 其中$\xi$ 位于c和x之间.

2. 对于任意的$c \in (0,1)$, 在上式中 x 分别取 0和1, 得

$f(0) = f(c) + f'(c)(0-c) + \frac{1}{2}f''(\xi_1)(0-c)^2, \xi_1 \in (0,c)$,

$f(1) = f(c) + f'(c)(1-c) + \frac{1}{2}f''(\xi_2)(1-c)^2, \xi_2 \in (c,1)$,

上述两式相减得$f'(c) = f(1) - f(0) - \frac{1}{2}[f''(\xi_2)(c-1)^2 - f''(\xi_1)c^2]$.

于是由条件 $|f(x)| \leqslant 1, |f''(x)| \leqslant 2$, 得

$|f'(c)| \leqslant |f(1)| + |f(0)| + \frac{1}{2}[|f''(\xi_2)(c-1)^2| + |f''(\xi_1)c^2|] \leqslant 2 + [(c-1)^2 + c^2]$.

令 $g(x) = x^2 + (1-x)^2 = 2x^2 - 2x + 1$, 则$g''(x) = 4 > 0$, 即$g(x)$是下凸函数, 最大值在端点达到, 即有$\max\limits_{x\in[0,1]} g(x) = 1$. 故$|f'(x)| \leqslant 3$.

当$c = 1$时, 利用$f(0) = f(c) + f'(c)(0-c) + \frac{1}{2}f''(\xi_1)(0-c)^2, \xi_1 \in (0,c)$, 可证 $|f'(1)| \leqslant 3$.

当$c = 0$ 时, 利用$f(1) = f(c) + f'(c)(1-c) + \frac{1}{2}f''(\xi_2)(1-c)^2, \xi_2 \in (c,1)$, 可证$|f'(0)| \leqslant 3$.

七、 1. 用反证法. 不妨设 $A > 0$. 对于 $\varepsilon = \frac{A}{2} > 0, \exists X > a, \forall x > X$ 有

$|f(x) - A| < \frac{1}{2}A$, 即 $f(x) > \frac{1}{2}A > 0$.

由 $B > X$ 可知, $\int_a^B f(x)\,\mathrm{d}x = \int_a^X f(x)\,\mathrm{d}x + \int_X^B f(x)\,\mathrm{d}x$, 于是

$$\int_a^X f(x)\,\mathrm{d}x > \frac{1}{2}A(B-X),$$

则 $\lim\limits_{B\to+\infty}\int_a^B f(x)\,\mathrm{d}x = +\infty$, 此与$\int_a^{+\infty} f(x)\,\mathrm{d}x$ 收敛矛盾.

2. 若函数 $f(x)$在区间$[a,+\infty)$上单调, 则 $\lim\limits_{x\to+\infty} f(x) = A$必然存在. 若不然, 由单调性知必有 $\lim\limits_{x\to\infty} f(x) = +\infty$(或者$-\infty$), 这意味着$\int_a^{+\infty} f(x)\,\mathrm{d}x$发散, 矛盾.由(1), $\lim\limits_{x\to+\infty} f(x) = A$, 且$A = 0$. 下面证明 $\lim\limits_{x\to+\infty} xf(x) = 0$.

不妨设 $f(x)$为$[a,+\infty)$ 上非负单调减少函数, 由$\int_a^{+\infty} f(x)\,\mathrm{d}x$ 收敛的 Cauchy 准则, $\forall\varepsilon > 0, \exists A > a, \forall x > 2A$ 就有$0 \leqslant \frac{1}{2}xf(x) = \int_{\frac{x}{2}}^x f(x)\,\mathrm{d}t < \int_{\frac{x}{2}}^x f(t)\,\mathrm{d}t < \varepsilon$, 即 $\lim\limits_{x\to+\infty} xf(x) = 0$.

期末模拟试题 4

一、判断题(在正确的命题后打$\surd$, 在错误的命题后面打$\times$, 每小题2 分, 共10 分)

1. 不是无穷大量的数列一定有收敛子列. (　　)

2. 若函数 $f(x)$ 在区间 I 上的导函数有界, 则 $f(x)$ 在区间 I 上一致连续. (　　)

3. 设$f(x)$在x_0的邻域内有定义, 且$f'(x_0) > 0$, 则存在x_0的一个邻域, 使得$f(x)$在此邻域内单调增加. (　　)

4. 若反常积分 $\int_a^{+\infty} f(x)\mathrm{d}x$ 收敛, 且 $f(x)$ 在 $[a,+\infty)$ 上一致连续, 则 $\lim\limits_{x\to+\infty} f(x)=0$. ( )

5. 若 $f(x)$ 在 $[a,b]$ 上连续, 且 $f(x)\neq 0$, 则 $\dfrac{1}{f(x)}$ 在 $[a,b]$ 上可积. ( )

二、填空题(每空 4分, 共 20 分)

1. 不定积分 $\int \dfrac{1}{x^3}\mathrm{e}^{\frac{1}{x^2}}\mathrm{d}x=$ ________.

2. $\lim\limits_{x\to 0}\dfrac{\sin x-\sin(\sin x)}{x^3}=$ ________.

3. $\lim\limits_{n\to\infty}\dfrac{1+2\sqrt{2}+\cdots+n\sqrt[n]{n}}{n^2}=$ ________.

4. $\dfrac{\mathrm{d}}{\mathrm{d}x}\int_0^x tf(x^2-t^2)\mathrm{d}t=$ ________.

5. 曲线 $r=\left(\sin\dfrac{\theta}{3}\right)^3\ (0\leqslant\theta\leqslant 3\pi)$ 的弧长为 ________.

三、计算题(每小题8分, 共32分)

1. 求 $\lim\limits_{x\to 0}\dfrac{1-\sqrt{\cos x}}{x\ln(1+x)}$.

2. 设函数 $y=y(x)$ 由方程 $y=1+\arctan(xy)$ 所确定, 求 $y'(0)$ 与 $y''(0)$.

3. 求极限 $\lim\limits_{n\to\infty}\sum\limits_{k=1}^{n}\dfrac{n}{n^2+k^2}$.

4. 计算 $I=\int_0^1\dfrac{x\ln(1+x^2)}{\sqrt{1+x^2}}\mathrm{d}x$.

四、(10 分) 设曲线 $y=\ln x$, 过原点作其切线, 记此曲线、切线与 x 轴所围的平面图形为 D. 求: 1. 切线方程; 2. D 的面积 A; 3. D 绕 y 轴旋转一周所得旋转体的体积 V.

五、讨论题(8分)

讨论反常积分 $\int_0^{+\infty}\dfrac{\sin x\arctan x}{x^p}\mathrm{d}x$ 的收敛情况 (包括绝对收敛、条件收敛, 其中参数 $p>0$).

六、(10分) 函数 $f(x)$ 在 $[a,b]$ 上连续, 且 $f(x)>0$, 设

$$F(x)=\int_a^x f(t)\mathrm{d}t+\int_b^x\frac{\mathrm{d}t}{f(t)},\ x\in[a,b].$$

证明: 1. $F'(x)\geqslant 2$; 2. $F(x)=0$ 在区间 $[a,b]$ 上存在唯一实根.

七、(10分) 证明: 函数 $f(x)=\sin\sqrt{x}$ 在 $[0,+\infty)$ 上一致连续, $f(x)=\sin x^2$ 在 $[0,+\infty)$ 上不一致连续.

期末模拟试题 4 解答

一、判断题

1. √; 2. √; 3. ×; 4. √; 5. √.

二、填空题

1. $-\dfrac{1}{2}\mathrm{e}^{\frac{1}{x^2}}+C$; 2. $\dfrac{1}{6}$; 3. $\dfrac{1}{2}$; 4. $xf(x^2)$; 5. $\dfrac{3\pi}{2}$.

三、计算题

1. 由等价无穷小和 L'Hosptial 法则可得,

$$\lim_{x\to 0}\frac{1-\sqrt{\cos x}}{x\ln(1+x)}=\lim_{x\to 0}\frac{1-\cos x}{(1+\sqrt{\cos x})x^2}=\frac{1}{2}\lim_{x\to 0}\frac{1-\cos x}{x^2}=\frac{1}{4}.$$

2. 方程两端同时对 x 求导, 得

$$y'=\frac{y+xy'}{1+(xy)^2}. \tag{*}$$

当 $x=0$ 时, $y=1$, 代入上式可得 $y'(0)=1$.
(*)式两端对 x 继续求导, 可得

$$y''=\frac{(2y'+xy'')[1+(xy)^2]-2xy(y+xy')^2}{[1+(xy)^2]^2}. \tag{**}$$

将 $x=0$, $y=1$, $y'(0)=1$ 代入上式, 解得 $y''(0)=2$.

3.

$$\lim_{n\to\infty}\sum_{k=1}^{n}\frac{n}{n^2+k^2}=\lim_{n\to\infty}\frac{1}{n}\sum_{k=1}^{n}\frac{1}{1+(\frac{k}{n})^2}=\int_0^1\frac{1}{1+x^2}\mathrm{d}x=\big[\arctan x\big]_0^1=\frac{\pi}{4}.$$

4.

$$\begin{aligned}I=\int_0^1\frac{x\ln(1+x^2)}{\sqrt{1+x^2}}\mathrm{d}x&=\int_0^1\ln(1+x^2)\mathrm{d}\sqrt{1+x^2}\\&=\big[\sqrt{1+x^2}\ln(1+x^2)\big]_0^1-\int_0^1\frac{2x}{\sqrt{1+x^2}}\mathrm{d}x\\&=\big[\sqrt{1+x^2}\ln(1+x^2)-2\sqrt{1+x^2}\big]_0^1\\&=\sqrt{2}\ln 2-2\sqrt{2}+2.\end{aligned}$$

四、 1. 设切点为 $(x_0,\ln x_0)$, 则切线的斜率 $k=\dfrac{1}{x_0}$, 于是切线方程为 $y=\ln x_0+\dfrac{1}{x_0}(x-x_0)$. 由切线过原点, 解出切点为 $(\mathrm{e},1)$, 所以切线方程为

$$y=\frac{1}{\mathrm{e}}x.$$

2. D 的面积为

$$A=\int_0^1(\mathrm{e}^y-\mathrm{e}y)\mathrm{d}y=\frac{\mathrm{e}}{2}-1.$$

3.

$$V=\pi\int_0^1[\mathrm{e}^{2y}-(\mathrm{e}y)^2]\mathrm{d}y=\frac{\pi}{6}(\mathrm{e}^2-3).$$

五、 $\displaystyle\int_0^{+\infty}\frac{\sin x\arctan x}{x^p}\mathrm{d}x=\int_0^1\frac{\sin x\arctan x}{x^p}\mathrm{d}x+\int_1^{+\infty}\frac{\sin x\arctan x}{x^p}\mathrm{d}x=I_1+I_2.$

因为当 $x\to 0$ 时, $\sin x\sim x$, $\arctan x\sim x$, 所以 $\dfrac{\sin x\arctan x}{x^p}\sim\dfrac{1}{x^{p-2}}$, 于是当 $p-2<1$ 即 $p<3$时, I_1 收敛.

当 $p>1$ 时, 由

$$\left|\frac{\sin x\arctan x}{x^p}\right|\leqslant\frac{\pi}{2x^p}$$

可知积分 I_2 绝对收敛.

当 $p\leqslant 1$ 时, 因为积分 $\int_1^{+\infty}\frac{\sin x}{x^p}\mathrm{d}x$ 收敛, $\arctan x$ 是单调有界函数, 由 Abel 判别法可知积分 I_2 收敛. 又当 $x\geqslant 1$ 时,

$$\left|\frac{\sin x\arctan x}{x^p}\right|\geqslant\frac{\pi|\sin x|}{4x^p},$$

而当 $p\leqslant 1$ 时, 积分 $\int_1^{+\infty}\frac{|\sin x|}{x^p}\mathrm{d}x$ 发散, 所以$p\leqslant 1$ 时, 积分 I_2 条件收敛.

综上, 当 $1<p<3$ 时, 原积分 $\int_0^{+\infty}\frac{\sin x\arctan x}{x^p}\mathrm{d}x$ 绝对收敛, 当 $0<p\leqslant 1$ 时, 原积分条件收敛.

六、(1) $F(x)=f(x)+\dfrac{1}{f(x)}=(\sqrt{f(x)})^2+\dfrac{1}{(\sqrt{f(x)})^2}\geqslant 2.$

(2) 由(1)知 $F(x)$ 在区间 $[a,b]$ 上连续单调, 又

$$F(a)=\int_b^a\frac{\mathrm{d}t}{f(t)}<0,\ F(b)=\int_a^b f(t)\mathrm{d}t>0,$$

于是根据零点存在定理可知 $F(x)=0$ 在区间 $[a,b]$ 上至少有一个实根. 所以 $F(x)=0$ 在区间 $[a,b]$ 上存在唯一实根.

七、由 Cantor 定理知 $f(x)=\sin\sqrt{x}$ 在 $[0,2]$ 上一致连续. 当 $x\geqslant 1$ 时, $|(\sin\sqrt{x})'|=|\dfrac{1}{2\sqrt{x}}\cos\sqrt{x}|\leqslant 1$, 所以$f(x)=\sin\sqrt{x}$ 在 $[1,+\infty)$ 上一致连续, 由定义可知 $f(x)=\sin\sqrt{x}$ 在 $[0,+\infty)$ 上一致连续.

取$\{x_n^{(1)}\}=\sqrt{2n\pi+\dfrac{\pi}{2}},\{x_n^{(2)}\}=\sqrt{2n\pi}$, 满足 $\lim\limits_{n\to\infty}|x_n^{(1)}-x_n^{(2)}|=0(n\in N^+)$, 但是

$$\sin(x_n^{(1)})^2=1,\quad \sin(x_n^{(2)})^2=0.$$

所以 $f(x)=\sin x^2$ 在 $[0,+\infty)$ 上不一致连续.

期末模拟试题 5

一、判断题(在正确的命题后打$\surd$, 在错误的命题后面打$\times$, 每小题2 分, 共10 分)

1. 对于数列 $\{x_n\},\{y_n\},\{z_n\}$, 若 $y_n\leqslant x_n\leqslant z_n$, 且 $\{y_n\}$ 和 $\{z_n\}$ 都收敛, 则 $\{x_n\}$ 收敛. (　　)

2. 对于数列 $\{x_n\}$, 若 $\forall G>0$, $\exists$ 子列 $\{x_{n_k}\}$, 以及 $n_0\in\mathbb{N}$, 当 $k>n_0$ 时, 有 $|x_{n_k}|>G$, 则 $\{x_n\}$ 无界. (　　)

3. 若函数 $f(x)$ 在区间 $[a,b]$ 上单调, 则 $f(x)$ 在区间 $[a,b]$ 上有界且没有第二类间断点. (　　)

4. 设 $f(x)$, $g(x)$ 在 $[a,b]$ 上可积, 则 $M(x)=\max\limits_{x\in[a,b]}\{f(x),\ g(x)\}$ 在 $[a,b]$ 上可积. (　　)

5. 设 $f(x)$在 $[a,+\infty)$ 上连续非负, 若反常积分 $\int_a^{+\infty}f(x)\mathrm{d}x$ 收敛, 则 $f(x)$在 $[a,+\infty)$ 上有界. (　　)

二、填空题(每空 4分, 共 20 分)

1. $\lim\limits_{x\to 0}\left(\sqrt{1+x}\right)^{\frac{1}{x}} =$ ________.

2. 设可微函数 $f(x)$ 满足 $f(0)=0$, $f'(0)=2$, 则 $\lim\limits_{x\to 0}\dfrac{f(3\sin x)-f(-3\sin x)}{x} =$ ________.

3. 不定积分 $\displaystyle\int x\cot(x^2)\mathrm{d}x =$ ________.

4. 函数 $f(x)=\ln\sqrt{\dfrac{1+x}{1-x}}$ 在 $x=0$ 处的 Taylor 展开中 x^{2021} 的系数为 ________.

5. 曲线 $x(t)=t-\cos t$, $y(t)=\sin t$ 对应 $0\leqslant t\leqslant \pi$ 的弧段的弧长为 ________.

三、计算题(每小题8分, 共32分)

1. 求 $\lim\limits_{x\to 0^+}\dfrac{\int_0^{x^2}\ln(1-\sqrt{t})\mathrm{d}t}{\tan^3 x}$.

2. 设函数 $f(x)=nx(1-x)^n (n\in\mathbb{N}^+)$, (1) 求 $f(x)$ 在$[0,1]$ 的最大值 M_n; (2) 求极限 $\lim\limits_{n\to\infty} M_n$.

3. 设 $x_n=\sqrt[n]{\left(1+\dfrac{1}{n}\right)\left(1+\dfrac{2}{n}\right)\cdots\left(1+\dfrac{n}{n}\right)}$, 求极限 $\lim\limits_{n\to\infty} x_n$.

4. 设连续函数 $f(x)$ 满足 $f(x)=\mathrm{e}^x\sqrt{\mathrm{e}^x-1}-\displaystyle\int_0^1 f(x)\mathrm{d}x$, 求 $f(x)$.

四、(10 分) 设曲线 $y=x^2+1\,(x>0)$, 过原点作其切线, 记此曲线、切线与 y 轴所围的平面图形为 D. 求: 1. 切线方程; 2. D 的面积 A; 3. D 绕 y 轴旋转所得旋转体的体积 V.

五、讨论题(10分) 1. 设 $\displaystyle\int_1^{+\infty}\frac{\sin x}{x}\mathrm{d}x=A$, 求 $\displaystyle\int_1^{+\infty}\frac{\sin\sqrt{x}}{x}\mathrm{d}x$.

2. 讨论反常积分 $I=\displaystyle\int_1^{+\infty}\frac{\sin\sqrt{x}}{x^p}\mathrm{d}x$ 的收敛情况 (包括绝对收敛、条件收敛, 其中参数 $p>0$).

六、(10分) 函数 $f(x)$ 在 $[-a,a]$ 二阶可导, 且 $f(0)=0$.

1. 记 $F(x)=\displaystyle\int_0^x f(t)\mathrm{d}t$, 写出 $F(x)$ 在 $x=0$ 处带 Lagrange 余项的二次 Taylor 公式.

2. 证明至少存在一点 $\eta\in(-a,a)$, 使得 $3\displaystyle\int_{-a}^a f(x)\mathrm{d}x=a^3 f''(\eta)$.

七、(8分) 1. 叙述闭区间套定理. 利用闭区间套定理证明: 非空有下界的数集有下确界.

期末模拟试题 5 解答

一、判断题

1. ×; 2. √; 3. √; 4. √; 5. ×.

二、填空题

1. $\mathrm{e}^{\frac{1}{2}}$; 2. 12; 3. $\dfrac{1}{2}\ln|\sin(x^2)|+C$; 4. $\dfrac{1}{2021}$; 5. $4\sqrt{2}$.

三、计算题

1. 由等价无穷小量与 L'Hosptial 法则可得

$$\lim_{x\to 0^+}\frac{\int_0^{x^2}\ln(1-\sqrt{t})\mathrm{d}t}{\tan^3 x}=\lim_{x\to 0^+}\frac{\int_0^{x^2}\ln(1-\sqrt{t})\mathrm{d}t}{x^3}=\lim_{x\to 0^+}\frac{2x\ln(1-x)}{3x^2}=-\frac{2}{3}.$$

2. (1) $f'(x)=n(1-x)^{n-1}[1-(n+1)x]$. 令 $f'(x)=0$, 求得驻点为 $x=1$, $x=\dfrac{1}{n+1}$.

由于 $f(0)=f(1)=0$, $f\left(\dfrac{1}{n+1}\right)=\left(\dfrac{n}{n+1}\right)^{n+1}$, 因而 $f(x)$ 在$[0,1]$ 的最大值 $M_n=\left(\dfrac{n}{n+1}\right)^{n+1}$.

(2) $\lim\limits_{n\to\infty}M_n=\lim\limits_{n\to\infty}\left(\dfrac{n}{n+1}\right)^{n+1}=\lim\limits_{n\to\infty}\dfrac{n}{n+1}\left(\dfrac{n}{n+1}\right)^{n}=\dfrac{1}{\mathrm{e}}$.

3. 记 $y_n=\ln x_n$, 则

$$\lim_{n\to\infty}y_n=\lim_{n\to\infty}\sum_{k=1}^{n}\frac{1}{n}\ln\left(1+\frac{k}{n}\right)=\int_0^1\ln(1+x)\mathrm{d}x=2\ln 2-1=\ln\frac{4}{\mathrm{e}},$$

故 $\lim\limits_{n\to\infty}x_n=\dfrac{4}{\mathrm{e}}$.

4. 令 $A=\displaystyle\int_0^1 f(x)\mathrm{d}x$, 则 $f(x)=\mathrm{e}^x\sqrt{\mathrm{e}^x-1}-A$, 于是

$$\begin{aligned}A&=\int_0^1 f(x)\mathrm{d}x=\int_0^1\mathrm{e}^x\sqrt{\mathrm{e}^x-1}\mathrm{d}x-\int_0^1 A\mathrm{d}x=\int_0^1\sqrt{\mathrm{e}^x-1}\mathrm{d}(\mathrm{e}^x-1)-A\\&=\frac{2}{3}\left[(\mathrm{e}^x-1)^{\frac{3}{2}}\right]_0^1-A=\frac{2}{3}(\mathrm{e}-1)-A,\end{aligned}$$

解得 $A=\dfrac{1}{3}(\mathrm{e}-1)$, 故

$$f(x)=\mathrm{e}^x\sqrt{\mathrm{e}^x-1}-\frac{1}{3}(\mathrm{e}-1).$$

四、 1. 设切点为 (a,a^2+1), 则切线的斜率 $k=2a$, 于是切线方程为 $y=a^2+1+2a(x-a)$. 由于切线过原点, 解出切点为 $(1,2)$, 所以切线方程为

$$y=2x.$$

2. D 的面积为

$$A=\int_0^1(x^2+1-2x)\mathrm{d}x=\frac{1}{3}.$$

3. $y=x^2+1$ 对应 $x=\sqrt{y-1}$, $y=2x$ 对应 $x=\dfrac{y}{2}$,

$$V=\pi\left[\int_0^2\frac{y^2}{4}\mathrm{d}y-\int_1^2(y-1)\mathrm{d}y\right]=\frac{\pi}{6}.$$

五、 1. 令 $x=t^2$, 则 $\displaystyle\int_1^{+\infty}\frac{\sin\sqrt{x}}{x}\mathrm{d}x=\int_1^{+\infty}\frac{\sin t}{t^2}\mathrm{d}t^2=2\int_1^{+\infty}\frac{\sin t}{t}\mathrm{d}t=2A$.

2. 令 $x=t^2$, 则 $\displaystyle\int_1^{+\infty}\frac{\sin\sqrt{x}}{x^p}\mathrm{d}x=\int_1^{+\infty}\frac{\sin t}{t^{2p}}\mathrm{d}t^2=2\int_1^{+\infty}\frac{\sin t}{x^{2p-1}}\mathrm{d}x$.

当 $2p-1>1$ 即 $p>1$ 时, 由

$$\left|\frac{\sin x}{x^{2p-1}}\right|\leqslant x^{2p-1}$$

可知积分 I 绝对收敛.

当 $0<2p-1\leqslant 1$ 即 $\dfrac{1}{2}<p\leqslant 1$ 时, 积分 $I=\displaystyle\int_1^{+\infty}\frac{\sin x}{x^{2p-1}}\mathrm{d}x$ 条件收敛.

当 $2p-1\leqslant 0$ 即 $0<p\leqslant\dfrac{1}{2}$ 时, 积分 $I=\displaystyle\int_1^{+\infty}\frac{\sin x}{x^{2p-1}}\mathrm{d}x$ 发散.

所以原积分当$p>1$ 时绝对收敛; $\frac{1}{2}<p\leqslant 1$ 时条件收敛; $0<p\leqslant\frac{1}{2}$ 时发散.

六、 1. $F(x)=F(0)+F'(0)x+\frac{F''(0)}{2}x^2+\frac{F'''(\xi)}{3!}x^3=\frac{F''(0)}{2}x^2+\frac{F'''(\xi)}{3!}x^3$, $\xi\in(-a,a)$.

2. 由第1 问知 $F(x)=\frac{F''(0)}{2}x^2+\frac{F'''(\xi)}{3!}x^3=\frac{f'(0)}{2}x^2+\frac{f''(\xi)}{3!}x^3$, 于是

$$F(a)=\frac{F''(0)}{2}a^2+\frac{F'''(\xi_1)}{3!}a^3,\quad F(-a)=\frac{F''(0)}{2}(-a)^2+\frac{F'''(\xi_2)}{3!}(-a)^3,\ \xi_1,\xi_2\in(-a,a),$$

两式相减可得

$$\int_{-a}^{a}f(x)\mathrm{d}x=F(a)-F(-a)=\frac{F'''(\xi_1)+F'''(\xi_2)}{3!}a^3=\frac{f''(\xi_1)+f''(\xi_2)}{3!}a^3,$$

由导函数的介值性可知存在一点 $\eta\in(-a,a)$, 使得 $f''(\eta)=\frac{f''(\xi_1)+f''(\xi_2)}{2}$, 故成立 $3\int_{-a}^{a}f(x)\mathrm{d}x=a^3f''(\eta)$.

七、略

期末模拟试题 6

一、判断题(在正确的命题后面打$\surd$, 在错误的命题后面打$\times$, 每小题2 分, 共10 分)

1. 对于数列 $\{x_n\},\{y_n\}$, 若 $\{x_ny_n\}$ 和 $\{x_n\}$ 都收敛, 则 $\{y_n\}$ 收敛. (　　)

2. 若连续函数 $f(x)$ 在闭区间 $[a,b]$ 上的函数值都是无理数, 则 $f(x)$ 在 $[a,b]$ 上是常值函数. (　　)

3. 若函数 $f(x)$ 在开区间 (a,b) 内单调, 且在 $x=a$ 和 $x=b$ 处有定义, 则 $f(x)$ 在区间 $[a,b]$ 上可积. (　　)

4. 设 $f(x)$ 在 $[a,b]$ 上可积, 则 $f(x)$ 在 $[a,b]$ 上存在原函数. (　　)

5. 设 $f(x),g(x)$ 在 $[a,+\infty)$ 上有定义, 且 $\lim\limits_{x\to+\infty}\frac{f(x)}{g(x)}=1$, 若反常积分 $\int_a^{+\infty}f(x)\mathrm{d}x$ 收敛, 则反常积分 $\int_a^{+\infty}g(x)\mathrm{d}x$ 收敛. (　　)

二、填空题(每空 4 分, 共 20 分)

1. $\lim\limits_{x\to1}\frac{x^3+ax^2+b}{x-1}=4$, 则 $a+b=$__________.

2. $\lim\limits_{n\to\infty}\frac{1+\frac{1}{2}+\cdots+\frac{1}{n}}{\ln(n^2)}=$__________.

3. 不定积分 $\int\frac{\cos x}{1+\sin^2x}\mathrm{d}x=$__________.

4. 若连续函数 $f(x)$ 满足 $f(x)=(x^3+1)\sqrt{1-x^2}+\int_{-1}^{1}f(x)\,\mathrm{d}x$, 则 $f(x)=$__________.

5. 曲线弧段 $y=\int_0^x\sqrt{\cos t}\,\mathrm{d}t\,(x\in[0,\frac{\pi}{3}])$ 的弧长为 __________.

三、计算题(每小题8 分, 共32 分)

1. 求极限: $\lim\limits_{x\to0}\frac{\ln(1+x^2)+2(\cos x-1)}{\sin^4x}$.

2. 设 $y=y(x)$ 由方程 $\mathrm{e}^{3y}+\int_0^{x+y}\cos(t^2)\mathrm{d}t=1$ 确定, 求 $\left.\frac{\mathrm{d}y}{\mathrm{d}x}\right|_{(0,0)}$, $\left.\frac{\mathrm{d}^2y}{\mathrm{d}x^2}\right|_{(0,0)}$.

3. 已知 $f(x)=\int_1^{x^2}\sin(t^2)\mathrm{d}t$, 求 $I=\int_0^1 xf(x)\mathrm{d}x$.

4. 求不定积分: $I=\int\frac{\arctan x}{x^2(1+x^2)}\mathrm{d}x$.

四、(**12 分**) 设函数 $f(x)=x^3-3x$.

1. 求 $f(x)$ 的单调区间与极值;

2. 设 $f(x)$ 的两个不同的极值点分别为 x_1 与 x_2, 求曲线 $y=f(x)$ 与直线 $x=x_1, x=x_2$ 和 x 轴所围图形 D 的面积;

3. 求 D 绕 x 轴旋转一周所得旋转体的体积 V.

五、**(10分)** 1. 设 $f(x)=\frac{\ln x}{x^\alpha}\ (x>0,\alpha>0)$, 证明存在常数 $a>0$, 使得函数$f(x)$ 在区间 $[a,+\infty)$ 上单调减少, 且 $\lim\limits_{x\to+\infty}f(x)=0$;

2. 讨论反常积分 $I=\int_1^{+\infty}\frac{\cos x\ln x}{x^p}\mathrm{d}x$ 的收敛情况 (包括绝对收敛、条件收敛, 参数 $p>0$).

六、**(10分)** 1. 叙述函数 $f(x)$ 在区间 $[a,b]$ 上的 Lagrange 中值定理.

2. 设函数 $f(x)$ 在 $[a,b]$ 上可导, 且有 $0<|f'(x)|\leqslant M$, 证明:

$$\text{若 } f(b)=0, \text{ 则 } \int_a^b\left|f(x)\right|\mathrm{d}x\leqslant\frac{M}{2}(b-a)^2;$$

3. 设函数 $f(x)$ 在 $[0,1]$ 上可导, 且有 $0<|f'(x)|\leqslant M$, 证明: 对于任意的正整数 n, 成立

$$\left|\int_0^1 f(x)\,\mathrm{d}x-\frac{1}{n}\sum_{k=1}^{n}f\left(\frac{k}{n}\right)\right|\leqslant\frac{M}{2n}.$$

七、**(6分)** 设 $f(x)$ 在 $[0,+\infty)$ 上一致连续, 且对于任意的正实数 h, 极限 $\lim\limits_{n\to\infty}f(nh)$ 存在, 试判断 $\lim\limits_{x\to+\infty}f(x)$ 是否存在, 并证明你的判断.

期末模拟试题 6 解答

一、判断题

1. ×; 2. √; 3. ×; 4. ×; 5. ×.

二、填空题

1. -1; 2. $\frac{1}{2}$; 3. $\arctan(\sin x)+C$; 4. $f(x)=(x^3+1)\sqrt{1-x^2}-\frac{\pi}{2}$; 5. $\sqrt{2}$.

三、计算题

1. 由等价无穷小量与 Taylor 公式可得

$$\lim_{x\to0}\frac{\ln(1+x^2)+2(\cos x-1)}{\sin^4 x}=\lim_{x\to0}\frac{\left(x^2-\frac{1}{2}x^4\right)+2\left(-\frac{1}{2}x^2+\frac{1}{4!}x^4\right)+o(x^4)}{x^4}$$

$$=-\frac{1}{2}+\frac{2}{4!}=-\frac{5}{12}.$$

2. 方程 $\mathrm{e}^{3y}+\int_0^{x+y}\cos(t^2)\mathrm{d}t=1$ 两端对 x 求导, 得

$$(3y')\mathrm{e}^{3y}+\cos(x+y)^2(1+y')=0.$$

上式继续对x 求导可得

$$(3y'')\mathrm{e}^{3y}+(3y')^2\mathrm{e}^{3y}-2(x+y)\sin(x+y)^2(1+y')^2+\cos(x+y)^2(y'')=0.$$

将 $x=0,\ y=0$ 代入, 可得

$$\frac{\mathrm{d}y}{\mathrm{d}x}\Big|_{(0,0)}=-\frac{1}{4},\qquad \frac{\mathrm{d}^2y}{\mathrm{d}x^2}\Big|_{(0,0)}=-\frac{9}{64}.$$

3. $f'(x)=2x\sin(x^4),\ f(1)=0$, 于是

$$\begin{aligned}I&=\int_0^1 f(x)\mathrm{d}(\frac{1}{2}x^2)=\frac{1}{2}x^2f(x)\Big|_0^1-\frac{1}{2}\int_0^1 x^2f'(x)\mathrm{d}x\\&=-\int_0^1 x^3\sin(x^4)\mathrm{d}x=\frac{1}{4}\cos(x^4)\Big|_0^1=\frac{1}{4}(\cos1-1).\end{aligned}$$

4.

$$\begin{aligned}I&=\int\frac{\arctan x}{x^2}\mathrm{d}x-\int\frac{\arctan x}{1+x^2}\mathrm{d}x=-\int\arctan x\mathrm{d}\left(\frac{1}{x}\right)-\frac{1}{2}(\arctan x)^2\\&=-\frac{\arctan x}{x}+\int\frac{\mathrm{d}x}{x(1+x^2)}-\frac{1}{2}(\arctan x)^2\\&=-\frac{\arctan x}{x}-\frac{1}{2}\ln(1+x^2)+\ln|x|-\frac{1}{2}(\arctan x)^2+C.\end{aligned}$$

四、 1. $y'=3x^2-3=3(x+1)(x-1)$, 令 $y'=0$, 可得 $x=-1,\ 1$, 故当 $x<-1$ 和 $x>1$ 时, $y'>0$, 当 $-1<x<1$ 时, $y'<0$, 所以单调增加区间为 $(-\infty,-1],[1,+\infty)$, 单调减少区间为 $[-1,1]$; 极大值 $f(-1)=2$, 极小值 $f(1)=-2$.

2. $D=\int_{-1}^1|f(x)|\mathrm{d}x=\int_{-1}^0 f(x)\mathrm{d}x-\int_0^1 f(x)\mathrm{d}x=\frac{5}{2}$.

3. $V=\pi\int_{-1}^1 f^2(x)\mathrm{d}x=2\pi\int_0^1 f^2(x)\mathrm{d}x=2\pi\int_0^1(x^3-3x)^2\mathrm{d}x=\frac{136\pi}{35}$.

五、 1. $y'=\frac{1-\alpha\ln x}{x^{\alpha+1}}$, 由 $1-\alpha\ln x=0$ 解得 $x=\mathrm{e}^{\frac{1}{\alpha}}$, 故可取 $a\geqslant\mathrm{e}^{\frac{1}{\alpha}}$, 当 $x\geqslant a$ 时, $y'\leqslant0$, 即函数在 $[a,+\infty)$ 上单调减少.

$$\lim_{x\to+\infty}\frac{\ln x}{x^\alpha}=\lim_{x\to+\infty}\frac{1}{\alpha x^\alpha}=0.$$

2. 当 $p>1$ 时, 有 $\frac{p+1}{2}>1,\ \frac{p-1}{2}>0$, 由第1 问的结论可知, 当 x 充分大时,

$$\left|\frac{\ln x\cos x}{x^p}\right|=\left|\frac{\ln x}{x^{\frac{p-1}{2}}}\cdot\frac{\cos x}{x^{\frac{p+1}{2}}}\right|\leqslant\frac{1}{x^{\frac{p+1}{2}}},$$

由于 $\int_a^{+\infty}\frac{1}{x^{\frac{p+1}{2}}}\mathrm{d}x$ 收敛, 因而由比较判别法知积分 I 绝对收敛.

当 $p\leqslant 1$ 时, 由第1问知, 当 $x>a$ 时, $\dfrac{\ln x}{x^p}$ 单调减少, 且 $\dfrac{\ln x}{x^p}\to 0\,(x\to+\infty)$, 已知 $\displaystyle\int_a^A \cos x\mathrm{d}x$ 有界, 故由 Dirichlet 判别法知 I 收敛. 又当 $x>e$ 时,

$$\left|\frac{\ln x\cos x}{x^p}\right|>\left|\frac{\cos x}{x^p}\right|,$$

由于 $\displaystyle\int_a^{+\infty}\left|\frac{\cos x}{x^p}\right|\mathrm{d}x$ 发散, 于是可知 I 非绝对收敛, 故此时 I 条件收敛.

综上, 当 $p>1$ 时, I 绝对收敛; 当 $p\leqslant 1$ 时, I 条件收敛.

六、 1. 略.

2. 由 $f(x)=f(b)+f'(\xi)(x-b)=f'(\xi)(x-b)$ 可得

$$|f(x)|=|f'(\xi)(x-b)|\ \leqslant M(b-x).$$

故

$$\int_a^b |f(x)|\,\mathrm{d}x\leqslant\int_a^b |M(b-x)|\,\mathrm{d}x=\frac{M}{2}(b-a)^2.$$

3. 由 $\displaystyle\int_0^1 f(x)\,\mathrm{d}x=\sum_{k=1}^n\int_{\frac{k-1}{n}}^{\frac{k}{n}} f(x)\,\mathrm{d}x$ 得

$$\int_0^1 f(x)\,\mathrm{d}x-\frac{1}{n}\sum_{k=1}^n f\left(\frac{k}{n}\right)=\sum_{k=1}^n\int_{\frac{k-1}{n}}^{\frac{k}{n}}\left[f(x)-f\left(\frac{k}{n}\right)\right]\mathrm{d}x.$$

在区间 $\left[\dfrac{k-1}{n},\dfrac{k}{n}\right]$ 上, 函数 $f_k(x)=f(x)-f\left(\dfrac{k}{n}\right)$ 在右端点 $x=\dfrac{k}{n}$ 处的函数值为零, 且 $f_k'(x)=f'(x)$, 即 $0<|f_k'(x)|\leqslant M$, 于是利用第2 问的结论可得

$$\int_{\frac{k-1}{n}}^{\frac{k}{n}}\left|f(x)-f\left(\frac{k}{n}\right)\right|\mathrm{d}x\leqslant\frac{M}{2n^2}.$$

于是有 $\displaystyle\left|\int_0^1 f(x)\,\mathrm{d}x-\frac{1}{n}\sum_{k=1}^n f\left(\frac{k}{n}\right)\right|\leqslant n\cdot\frac{M}{2n^2}=\frac{M}{2n}.$

七、 $\lim\limits_{x\to+\infty} f(x)$ 存在.

由 $f(x)$ 一致连续知 $\forall\varepsilon>0,\exists\delta>0$, 使得当 $\xi,\eta\geqslant 0$, $|\xi-\eta|<\delta$ 时, 有

$$|f(\xi)-f(\eta)|<\frac{\varepsilon}{3}.$$

对上述的 $\varepsilon>0,\delta>0$, 由 $\lim\limits_{n\to\infty} f(n\delta)$ 存在知, $\exists N\in\mathbb{N},\forall m,n>N$, 有

$$|f(n\delta)-f(m\delta)|<\frac{\varepsilon}{3}.$$

取 $Z=(N+1)\delta,\forall x_1,x_2>Z$, 有 $\left[\dfrac{x_i}{\delta}\right]>N(i=1,2)$, 且

$$\left|x_i-\left[\frac{x_i}{\delta}\right]\delta\right|=\delta\left|\frac{x_i}{\delta}-\left[\frac{x_i}{\delta}\right]\right|<\delta(i=1,2).$$

于是有 $\forall \varepsilon > 0, \exists Z > 0, \forall x_1, x_2 > Z$, 有

$$\begin{aligned}|f(x_1) - f(x_2)| &\leqslant \left|f(x_1) - f(\left[\frac{x_1}{\delta}\right]\delta)\right| + \left|f(\left[\frac{x_2}{\delta}\right]\delta) - f(\left[\frac{x_1}{\delta}\right]\delta)\right| + \left|f(\left[\frac{x_2}{\delta}\right]\delta) - f(x_2)\right| \\ &< \frac{\varepsilon}{3} + \frac{\varepsilon}{3} + \frac{\varepsilon}{3} = \varepsilon.\end{aligned}$$

故由 Cauchy 收敛原理知 $\lim\limits_{x\to+\infty} f(x)$ 存在.

参考文献

[1] 王进良, 魏光美, 孙玉泉. 理科数学分析 (上册) [M]. 北京: 北京航空航天大学出版社, 2021.
[2] 高宗升, 贺辉霞, 冯伟, 文晓. 理科数学分析 (下册) [M]. 北京: 北京航空航天大学出版社, 2021.
[3] 陈纪修, 於崇华, 金路. 数学分析 [M]. 2 版. 北京: 高等教育出版社, 2004.
[4] 林源渠, 方企勤. 数学分析解题指南 [M]. 北京: 北京大学出版社, 2003.
[5] 常庚哲, 史济怀. 数学分析教程 [M]. 北京: 高等教育出版社, 2003.
[6] 华东师范大学数学系. 数学分析 [M]. 4 版. 北京: 高等教育出版社, 2010.
[7] Walter Rudin. Principles of Mathematical Analysis[M]. th ed. McGraw-Hill Companies, Inc. 1976.
[8] Apostol Tom M. 数学分析 [M]. 2 版. 北京: 机械工业出版社, 2006.
[9] 菲赫金哥尔茨. 微积分学教程 [M]. 杨弢亮, 叶彦谦, 译. 8 版. 北京: 高等教育出版社, 2006.
[10] 杨小远. 工科数学分析教程 [M]. 北京: 科学出版社, 2018.
[11] 马知恩, 王绵森. 工科数学分析基础 (上下册) [M]. 2 版. 北京: 高等教育出版社, 2006.
[12] 吉米多维奇. 数学分析习题集 [M]. 李荣涷, 李植, 译. 北京: 高等教育出版社, 2010.
[13] 佘志坤. 全国大学生数学竞赛参赛指南 [M]. 北京: 科学出版社, 2022.
[14] 裴礼文. 数学分析中的典型问题与方法 [M]. 2 版. 北京: 高等教育出版社, 2006.
[15] 楼红卫. 数学分析技巧选讲 [M]. 北京: 高等教育出版社, 2022.
[16] 贺金陵. 大学生数学竞赛题解析 [M]. 上海: 复旦大学出版社, 2021.
[17] 汪林. 数学分析中的问题和反例 [M]. 北京: 高等教育出版社, 2015.
[18] 谢惠民, 恽自求, 易法槐, 钱定边. 数学分析习题课讲义 [M]. 2 版. 北京: 高等教育出版社, 2018.
[19] 刘三阳, 李广民. 数学分析十讲 [M]. 北京: 科学出版社, 2011.
[20] 郝彦. 数学分析习题课指导书 [M]. 杭州: 浙江大学出版社, 2009.
[21] 黄璞生. 高等数学题解词典 [M]. 2 版. 西安: 陕西科学技术出版社, 2005.

策划编辑：蔡　喆
封面设计：欧　阳

本书配套数字资源包括“自测题解答”“数学实验题解答”“典型例题讲解”等，下载方式和使用方法详见本书“前言”，如有其他问题可联系出版社编辑goodtextbook@126.com，010-82317036。

北航出版社

北航科技图书

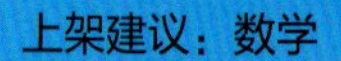
上架建议：数学

ISBN 978-7-5124-4057-9

定价：59.00元